Materialien SII · Biologie

Neurobiologie

Neurophysiologie und Verhalten

Schroedel

Materialien SII · Biologie

Neurobiologie

Neurophysiologie und Verhalten

Herausgegeben und bearbeitet von
Andrea Erdmann, Bad Sachsa
Ulf Erdmann, Bad Sachsa
Prof. Dr. Andreas Martens, Karlsruhe
Dr. Ole Müller, Libbenichen
Dr. Andreas Paul, Göttingen

Druck A [1] / Jahr 2005
Alle Drucke der Serie A sind im Unterricht parallel verwendbar.

Redaktion: Sylvia Feil
Illustrationen: Liselotte Lüddecke, Tom Menzel
Einbandgestaltung: Janssen Kahlert Design & Kommunikation
Satz: O&S Satz GmbH, Hildesheim
Druck und Bindung: westermann druck GmbH, Braunschweig

ISBN 3-507-10916-6

Bildquellen: Umschlag, Kopf einer Heidelibelle, Makroaufnahme, Wandler/Silvestris; 6.0 Johannes Lieder; 6.1 SPL/Agentur Focus; 7.1 Dr. Paul; 7.2 A, B Feil; 7.3 A Ca. Biological/Phototake/Okapia; 7.3 B Karly; 8.1 Wilmshurst/Silvestris; 10.0 Barth/Okapia; 10.1 dpa/picture-alliance; 11.1 Walter Dawn/NAS/Okapia; 11.2 dpa; 12.2 Okapia; 13.2 dpa; 14.1 Nichols/Agentur Focus; 15.2 Agentur Focus; 16.0 CNRI/Science Photo Library/Agentur Focus; 16.2 Cajal Institute, CSIC, Madrid, Spain; 17.1 SPL/Agentur Focus; 19.1 A F. Graner/Wildlife; 23.2 dpa/picture-alliance; 29.2 Lichtbild-Archiv Dr. Keil; 30.2 A dpa/picture-alliance; 30.2 B Fotex; 32.1 aus: Kandel et al., Essentials of neural science/Mc Graw Hill, New York; 32.2 Phototake/Mauritius; 32.3 aus: Neurophysiology 37, 541-559, 1974: Structual study of inferior olivary nucleus of the cat: Morphological correlates of electronic coupling by Sotelo, C, Llinás, R. and Baker, R.; 32.4 Erdmann; 33.1 Jeremy Sotton-Hibbert/Network/Agentur Focus; 47.1 A Felix Labhardt, Basel; 55.1 Hermann Bohrmann und Karsten Grabow, Karlsruhe; 55.2 Wellinghorst; 56.3 B Karsten Grabow, Karlsruhe; 58.1 Karsten Grabow, Karlsruhe; 59.2 A Sigi Köster/Tierbildarchiv Angermayer; 60.2 G.I. Bernard/OSF/Okapia; 62.1 CNRI/Science Photo Library/Agentur Focus; 62.2 Dr. Reinbacher, Kempten; 62.3 Lester V. Bergmann/Corbis; 64.2 Arbeitskreis Organspende; 66.1 aus: Huch/Bauer (Hrsg.). Mensch, Körper, Krankheit, 4. Auflage 2003 © Elsevier GmbH, Urban & Fischer Verlag München; 70.0 Prof. M. E. Raichle/Washington University School of Medicine; 71.1 A Zillmann/Okapia; 72.2 Prof. Treue/Universität Göttingen; 73.1 Minkus; 73.2 aus: Irvin Rock: Wahrnehmung, © Spektrum Akademischer Verlag, Heidelberg, 1998; 74.3 Dr. Müller; 75.5 Mauritius; 77.1 Prof. Dr. Jürgen Lethmate, Ibbenbühren; 78.2 A defd-pwe-Verlag GmbH; 78.2 B Andrew Calder; 83.1 SPL/Agentur Focus; 84.1 B Dr. Müller; 85.2 A Elizabeth DeRamus; 85.2 B Daniel Hier; 86.1 AKG; 89.1 Schwind/Okapia; 94.1 A Fotos International/action press; 94.1 B dpa/picture-alliance; 96.1 A Joe McDonald/Okapia/picture-alliance; 97.1 Bettmann/Corbis; 97.2 Erdmann; 97.3 Hans Reinhard/Mauritius; 98.1 B Prof. Dieter O. Fuerst, PhD/Universität Potsdam; 99.1 Lichtbild-Archiv Dr. Keil; 100.1 A Fotoreport Medtronic/dpa/picture-alliance; 100.2 action press; 104.2 Joachim Traudt; 105.2 FLPA/Silvestris; 105.3 Ullstein Bilderdienst; 106.1 Lichtbild-Archiv Dr. Keil; 108.1 Randler; 110.1 A aus: Urania Pflanzenreich – Blütenpflanzen 1, Die große farbige Enzyklopädie © Urania Verlag, Berlin 2000, S. 238; 110.1 B aus: Urania Pflanzenreich – Blütenpflanzen 1, Die große farbige Enzyklopädie © Urania Verlag, Berlin 2000, S. 239; 111.1 XENIEL-Dia; 111.1 Kreis K.-H. Jacobi/Okapia/picture-alliance; 114.1 Lothar Lenz/Silvestris; 114.3 Agentur Focus; 116.1 Ducke/Superbild; 119.3 Wendler/Silvestris; 120.1 Hans Reinhard/Okapia; 122.1 Dr. Müller; 122.2 Libellenfangmaske Dr. Müller; 123.1 Eric and David Hosking/Corbis; 124.1 Prof. Dr. E. Fuchs, G. de Biurrun, DPZ, Göttingen; 125.0 Bettmann/Corbis; 128.0 Rudolf Schmidt/Tierbildarchiv Angermayer; 128.1 Bildarchiv Preußischer Kulturbesitz; 129.2, 3 Prof. Dr. I. Eibl-Eibesfeldt, Andechs; 130.1 Nichols/Agentur Focus; 130.1 Nichols/Agentur Focus; 132.1 Cramm/Helga Lade; 135.1 Kon Sasaki/Photo Researchers, Inc, New York; 137.1 A Joe McDonald/Okapia; 137.1 B Foott/Okapia; 137.1 C Pfletschinger/Tierbildarchiv Angermayer; 137.1 D Switak/Okapia; 137.2 dpa-Fotoreport/picture-alliance; 138.1 Prof. Lamprecht/Max-Planck-Intitut für Verhaltensphysiologie, Seewiesen; 139.3 D. J. Cox/Wildlife; 140.1 Süddeutscher Verlag; 141.1 Heiner Müller-Elsner/Agentur Focus; 142.1 B aus: Wolfgang Köhler: Intelligenzprüfungen am Menschenaffen, Springer Verlag 1973; 145.1 B Dr. Paul; 146.2 Minkus; 148.0 Meyers/Okapia; 148.1 Buchhorn/Silvestris; 150.1 A Frank Hecker/Silvestris; 151.1 Henry H. Holdsworth/Wildlife/Okapia; 151.2 A aus: Krebs/Cadies, An Introduction to Behavioural Ecology; Fig. 5.7, p. 113; 152.1 A P. Wegner/Arco Images; 152.1 B Hans Reinhard/Tierbildarchiv Angermayer; 153.1 Deutsches Museum; 154.2 A aus John Alcock: Das Verhalten der Tiere aus evolutionsbiologischer Sicht, Gustav Fischer-Verlag 1996; 155.1 Stefan Meyers/Okapia; 156.1 Dr. Paul; 156.2 J & B Photographers/Okapia; 157.1 A Helmut Partsch/Silvestris; 157.1 B Schroedel Archiv; 157.2 A J. E. Lloyd, University of Florida; 158.1 A Dr. Paul; 159.2 A Usher D/Arco Images; 160.1 Hansgeorg Arndt/Okapia; 160.2 Sohns/Okapia; 161.1 A B. Renevey/BIOS/Okapia; 161.1 B Gerlinde Schmidt/Okapia; 162.1, 2 A Dr. Paul; 163.1 Fred Bruemmer/Okapia; 163.3 Dennis/Mauritius; 163.4 A Dr. Paul; 164.1 Peter Gaymann; 165.1 A, B Dr. Paul; 166.1 A Corbis; 168.1 Dr. Paul; 170.1 A Dr. Paul; 171.2 A Prof. Dr. T. Nishida, Koyoto; 172.1 David M. Phillips/ScienceSource/Okapia; 173.1 Ziesler/Tierbildarchiv Angermayer; 174.1 A Photo Press/Silvestris; 175.2 Giuliano Gerra & Silvio Sommazzi/BioLogis; 175.3 Dr. Paul; 176.1 A Perger/Vogelpark Walsrode; 177.1 A Tierbildarchiv Angermayer; 178.1 A, B B. Janssen/Arco Images; 178.2 Kalden/Silvestris; 182.1 A Aitken/Silvestris; 182.1 B Muller/Wildlife; 182.1 C Ernst Kullmann/Editha Kullmann; 184.1 A Weinzierl/Silvestris; 184.2 A Brandl/Silvestris; 185.1 A Stefanovic/Okapia; 185.1 B Martin Harvey/Wildlife; 185.1 C Reinhard/Mauritius; 188.1 Dr. Paul; 189.1 A Janes/Silvestris; 190.1 Pölking/Mauritius; 191.1 NDS/Helga Lade; 192.1 Aulis Verlag Deubner, Köln; 192.2 Superbild; 193.1 Lucinda Douglas-Menzies/National Portrait Gallery, London; 197.1 Laub/Okapia
Es war uns nicht bei allen Abbildungen möglich, den Inhaber der Rechte ausfindig zu machen. Berechtigte Ansprüche werden selbstverständlich im Rahmen der üblichen Vereinbarungen abgegolten.

Inhalt

Mechanismen der Verhaltenssteuerung 70

Mechanismen der Verhaltensentwicklung 128

Verhaltensökologie 148

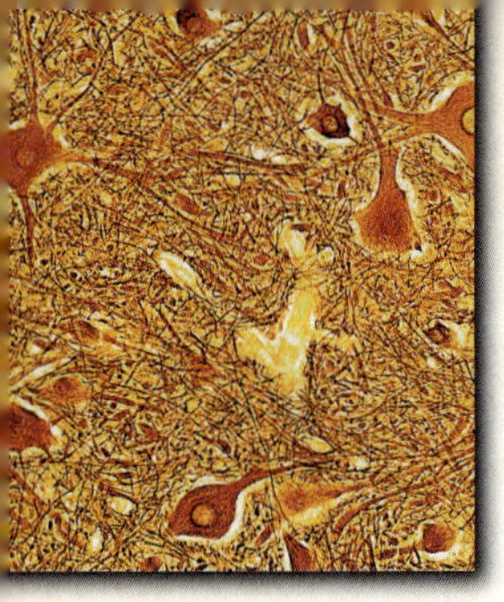

Von der Nervenzelle zum Verhalten – Fragestellungen, Zugänge und Methoden

1 Wie entsteht Verhalten?

6.1 Durch Positronen-Emissions-Tomografie sichtbar gemachte Hirnaktivitäten.
A beim Sehen;
B beim Denken

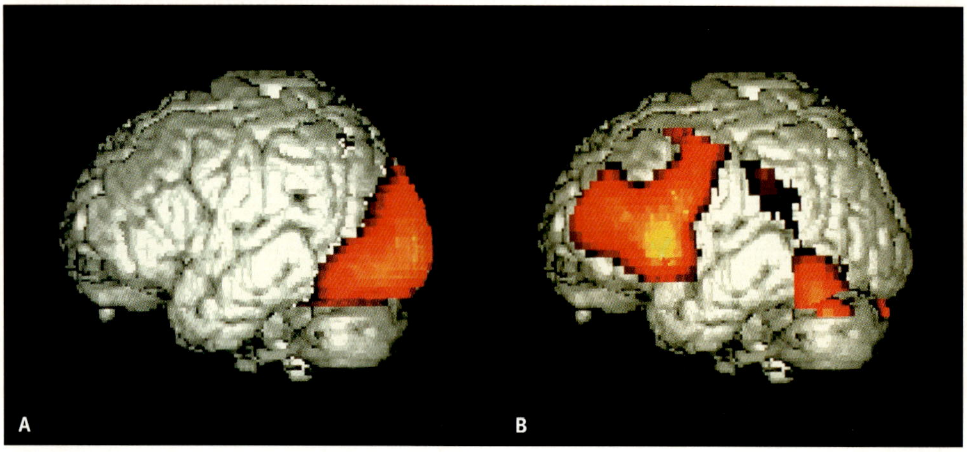

An einem schönen Septembertag des Jahres 1848 wurde in Neuengland ein junger Mann mit einer schweren Kopfverletzung ins Krankenhaus eingeliefert. Der Patient, ein Eisenbahnvorarbeiter namens Phineas GAGE, war bei vollem Bewusstsein und konnte den Ärzten sogar schildern, was passiert war: Bei einer Explosion hatte eine zwei Meter lange Eisenstange seinen Schädel wie ein Geschoss durchschlagen und war in 30 Metern Entfernung liegen geblieben.
Dass GAGE den Unfall überlebt hatte, grenzte an ein Wunder. Fast noch erstaunlicher war, dass er nach nur zwei Monaten als geheilt entlassen wurde. Der einzig bleibende Schaden schien der Verlust seines linken Augenlichtes zu sein. Aber bald wurde klar, dass dies nicht die einzige Unfallfolge war: Aus einem freundlichen, zielstrebigen und verantwortungsbewussten Mann war ein launischer, wankelmütiger Mensch geworden, der keinerlei Achtung mehr vor seinen Mitmenschen zeigte und so oft und schrecklich fluchte, dass man Frauen riet, sich von ihm fern zu halten. Phineas GAGE war die Fähigkeit abhanden gekommen, bei dem, was er tat, etwas zu empfinden.

6.2 Rekonstruktion der Verletzung von Phineas GAGE

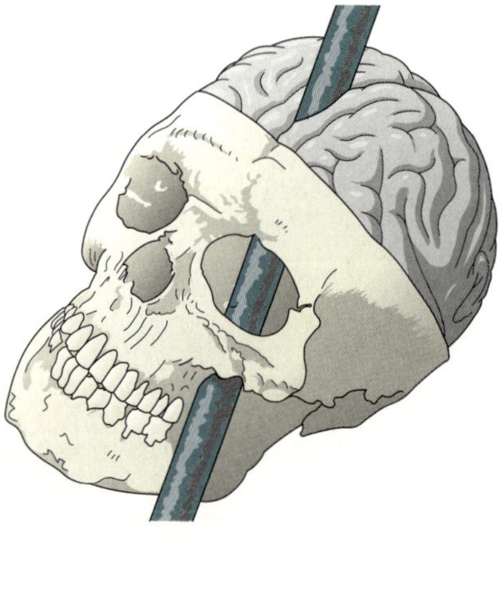

Seit langem ist bekannt, dass Verletzungen bestimmter Hirnregionen Lähmungen oder auch Sprachstörungen zur Folge haben können. Solche Fälle zeigen nicht nur, dass das Gehirn das wichtigste verhaltenssteuernde Organ ist, sondern auch, dass man bestimmten Hirnregionen bestimmte Funktionen zuschreiben kann. Aber der Fall Phineas GAGE zeigte mehr: Obwohl GAGEs Verstand nicht beeinträchtigt war, hinderte ihn seine Unfähigkeit zu fühlen auch daran, sich vernünftig und nach moralischen Prinzipien zu verhalten.

Heute lassen sich Gefühle mithilfe moderner Bild gebender Verfahren als Aktivität von Nervenzellen im Gehirn sichtbar machen. Dadurch ist es möglich, mehr über die neurophysiologischen Grundlagen des Verhaltens zu erfahren.

2 Was ist Verhalten?

Eine Katze schläft. Ein Mensch schwitzt. Ein Auto fährt, eine Kerze brennt und ein Apfel fällt vom Baum. Verhalten ist, wie an diesen Beispielen deutlich wird, gar nicht so leicht zu definieren. Verhält sich ein Apfel, der vom Baum fällt, oder eine Kerze, die brennt? Verhält sich eine Katze, die gar nichts tut – außer schlafen, oder eine Antilope wie der afrikanische Klippspringer, der völlig regungslos auf einem Felsen steht?

7.1 Klippspringer

Biologen beschränken den Begriff Verhalten auf **Aktivitäten von Lebewesen:** Ein fahrendes Auto oder ein Textverarbeitungsprogramm, das Schreibfehler korrigiert, „verhält" sich nicht, denn bei diesen „Verhaltensweisen" handelt es sich nicht um Eigenleistungen aktiv agierender oder reagierender Subjekte.
Zu den Lebewesen zählen natürlich auch Pflanzen. Aber verhalten sich Pflanzen? Ein Apfel, der vom Baum fällt, verhält sich zweifellos nicht, da er keine *aktive Eigenbewegung* ausführt, sondern nur dem Gesetz der Schwerkraft gehorcht. Aktive Eigenbewegungen gibt es aber auch bei Pflanzen – obwohl sie weder über Muskeln noch über Nervenzellen verfügen. Beispiele sind Blüten, die sich bei Tag öffnen und bei Nacht schließen, oder Pflanzen wie die Mimose, deren Blätter auf Berührungsreize reagieren. Nur zu *aktiver Fortbewegung* sind Pflanzen nicht fähig – im auffälligen Gegensatz zu vielen Einzellern und auch manchen mehrzelligen Algen, wie der zum Reich der Protisten zählenden Grünalge *Volvox,* die mithilfe zahlreicher Geißeln in der Lage ist, sich fortzubewegen.

7.2 Verhalten bei Pflanzen. **A** geschlossene Blüte der Mittagsblume; **B** geöffnete Blüte

Verhalten auf aktive Fortbewegung zu begrenzen, wäre dennoch wenig sinnvoll, denn dann würde man sämtliche Verhaltensweisen, die nicht mit aktiver Fortbewegung verbunden sind, nicht mehr als Verhalten bezeichnen können. Verhalten besteht aber aus mehr als äußerlich wahrnehmbaren *aktiven Bewegungen,* nämlich auch aus *Körperhaltungen, Lautäußerungen* und anderen *Signalen,* die der Verständigung dienen. Der Klippspringer beispielsweise markiert durch seine auffällige Körperhaltung sein Revier. Tatsächlich kann man sagen, dass sich Tiere und Menschen ständig verhalten – es sei denn, sie liegen im Koma oder sind tot.

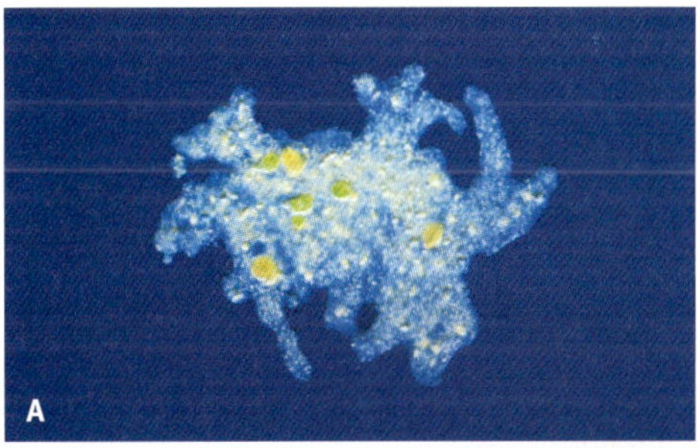

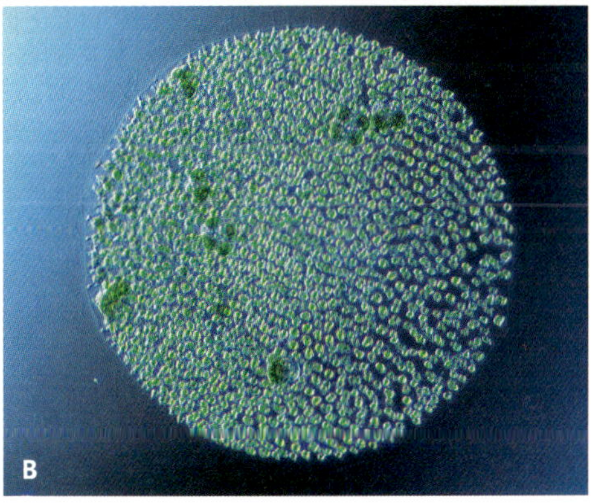

7.3 Zu aktiver Fortbewegung fähige Protisten. **A** Amöbe; **B** Grünalge *Volvox*

3 Proximate und ultimate Ursachen

8.1 Singender Buchfink

Fälle wie der von Phineas GAGE zeigen, dass das Verhalten von Tieren und Menschen von Nervenzellen gesteuert wird. Die Frage, warum sich ein Mensch wie Phineas GAGE auf eine bestimmte Weise verhält, ist mit der Aufklärung der Funktion von Nervenzellen aber keineswegs erschöpfend beantwortet.

Auch der Gesang eines Buchfinken beruht auf der Aktivität bestimmter Nervenzellen. Aber warum singt ein Buchfink so, wie er singt? Warum singen Buchfinken fast nur im Frühjahr? Und warum sind es nur die Männchen, die singen? Neurobiologische Untersuchungen zeigen, dass es strukturelle Unterschiede im Gehirn männlicher und weiblicher Singvögel gibt, die dafür verantwortlich sind, dass normalerweise nur die Männchen singen. Dies beruht auf dem organisierenden Einfluss von Geschlechtshormonen auf die Gehirnentwicklung männlicher und weiblicher Embryonen. Die Produktion von Hormonen während der Embryonalentwicklung wiederum steht unter dem Einfluss von Genen. Dass ein Buchfink so singt, wie er singt, liegt aber nicht nur an seinen Genen: Buchfinken lernen ihren Gesang – üblicherweise von ihrem Vater.

Ebenso wie die **Verhaltensentwicklung** im Laufe der Ontogenese eines Individuums wird auch die **Verhaltenssteuerung** in einer aktuellen Situation von **inneren** und **äußeren Faktoren** beeinflusst. Im Frühjahr führt der Konzentrationsanstieg von Sexualhormonen im Blut männlicher Buchfinken dazu, dass diese zu singen beginnen. Die Veränderung des Hormonspiegels wiederum wird durch einen äußeren Faktor – die Veränderung der Tageslänge – ausgelöst. Solche **Mechanismen** der Verhaltensentwicklung und Verhaltenssteuerung bezeichnet man als **proximate** oder **Wirkursachen** (lat. *proximus*, nächster).

Dass proximate Ursachen so und nicht anders wirken, hat aber wiederum Ursachen, die in den **Konsequenzen des Verhaltens** begründet sind: Ein Vogel, der durch seinen Gesang Weibchen beeindruckt, wird mehr Nachkommen hinterlassen als ein anderer und damit den Genpool seiner Population verändern. Die *Funktion* eines Verhaltens wird damit gleichzeitig zu seiner Ursache, die man als **ultimate** oder **Zweckursache** (lat. *ultimus*, letzter) bezeichnet.

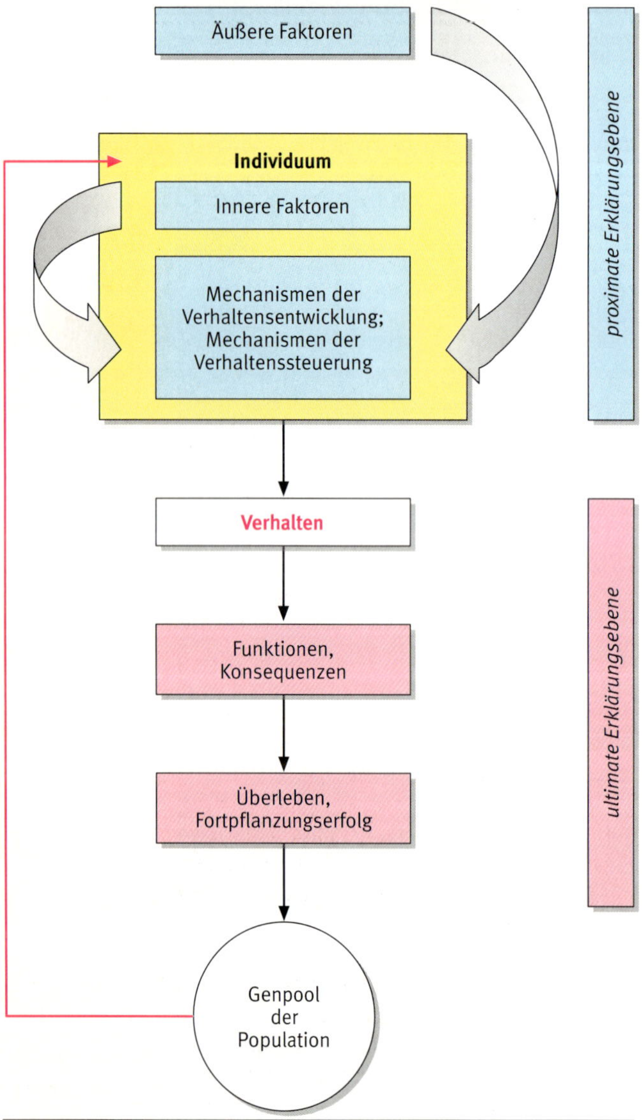

8.2 Erklärungsebenen des Verhaltens

9.1 Das „Haus der Verhaltenswissenschaften“

4 Methodische Zugänge

Mit der Erforschung des Verhaltens beschäftigen sich zahlreiche, auf den ersten Blick sehr unterschiedliche, aber eng miteinander verbundene Wissenschaften, die man sich in ihrer Gesamtheit als Gebäude vorstellen kann.

Im Kellergeschoss, das die Gebäudetechnik beherbergt, sitzt die **Neurophysiologie,** die als Teilgebiet der Physiologie (griech. *physiologia,* Naturkunde, Lehre von den Lebensvorgängen) und der Neurobiologie (griech. *neuron,* Nerv) die grundlegenden Vorgänge in Nervenzellen und Nervensystemen untersucht. Ebenfalls im Keller angesiedelt und eng verbunden mit der Neurophysiologie ist die **Hormonphysiologie,** die die Wirkungsweise von chemischen Botenstoffen auf Körperfunktionen untersucht. Ihre Verbindung zur Neurophysiologie ergibt sich aus der Tatsache, dass Nervenzellen nicht nur Erregungen weiterleiten, sondern auch chemische Botenstoffe bilden und als Neurohormone in die Blutbahn abgeben.

Direkte Verbindung zum Keller hat der Wintergarten, der die **Sinnesphysiologie** beherbergt. Sinneszellen sind spezialisierte Nervenzellen, die, mit zusätzlichen Strukturen versehen, Sinnesorgane bilden können. Sie stellen den Kontakt zur Außenwelt her, für deren Reize das Nervensystem selbst unempfänglich ist.

Alle drei Disziplinen sind experimentelle Wissenschaften, die oft mit großem apparativen Aufwand Vorgänge in einzelnen Zellen und Zellverbänden bis hinein in die molekulare Ebene untersuchen. So tragen sie zur Aufklärung proximater Mechanismen der Verhaltenssteuerung bei.

Im Erdgeschoss des Gebäudes sitzt die **Verhaltensphysiologie,** die als Teilgebiet der Verhaltensbiologie im engeren Sinne ebenfalls die physiologischen Grundlagen des Verhaltens erforscht. Sie ist aber weniger am Verhalten einzelner Zellen und Zellverbände als an dem ganzer Organismen interessiert. Nebenräume beherbergen die **Verhaltensgenetik** und Teilbereiche der **Entwicklungsbiologie,** die sich mit den Mechanismen der Verhaltensentwicklung beschäftigen.

Das Dachgeschoss des Hauses beherbergt die **Verhaltensökologie,** die mit der biologischen Angepasstheit des Verhaltens dessen ultimate Ursachen erforscht. Damit ist sie eng mit der Evolutionsbiologie verbunden. Ein Teilbereich der Verhaltensökologie ist die **Soziobiologie,** die Wissenschaft von der Angepasstheit des Sozialverhaltens.

Ursprünglich in einem Nebengebäude angesiedelt war die **Psychologie,** die heute aber mit dem Rest des Hause eng verbunden und vernetzt ist. Forschungsschwerpunkt der Psychologie sind die proximaten Ursachen menschlichen Verhaltens.

Verhaltenstheorien

1 Reflextheorie und Behaviorismus

„Gebt mir ein Dutzend Kinder und ich garantiere, dass ich irgendeines aufs Geratewohl herausnehme und so erziehe, dass es irgendein beliebiger Spezialist wird – Arzt, Jurist, Künstler, Kaufmann, ja sogar Bettler oder Dieb, ungeachtet seiner Talente, Neigungen, Absichten, Fähigkeiten und Herkunft seiner Vorfahren." So formulierte John B. WATSON (1878 bis 1958), der Begründer des **Behaviorismus** (amer. *behavior,* Verhalten), im Jahre 1924 den Anspruch seiner Lehre. Die Botschaft war klar: Der Mensch ist ein Produkt seiner Erziehung!

WATSONS Behauptung schien gewagt, war aber nicht aus der Luft gegriffen: Er stützte sich auf Forschungsergebnisse des russischen Physiologen Iwan PAWLOW, der 20 Jahre zuvor in einer Reihe berühmt gewordener Experimente herausgefunden hatte, wie sich das Verhalten von Hunden durch äußere Reize beeinflussen lässt. Jeder Hundehalter weiß, dass einem hungrigen Hund beim Anblick einer leckeren Wurst „das Wasser im Munde zusammenläuft". Bei einem gerade von der Muttermilch entwöhnten Welpen, der noch nie eine Wurst gefressen hat, setzt dieser *Speichelreflex* beim bloßen Anblick einer Wurst aber nicht ein. Obwohl Reflexe unwillkürliche, automatisch ablaufende Reaktionen sind, ist das Einsetzen des Speichelflusses beim Hund also offensichtlich von Erfahrungen abhängig. Mit seinen Untersuchungen konnte PAWLOW zeigen, dass sich der Speichelreflex bei erfahrenen Hunden auch durch neutrale Reize wie das Läuten einer Glocke auslösen lässt – vorausgesetzt, der Hund hatte gelernt, dass es zwischen zwei so unterschiedlichen Dingen wie einer Wurst und einem Glockenton einen Zusammenhang gab. Den Lernprozess, der zu einer solchen *Assoziation* führt, nannte PAWLOW **Konditionierung** (lat. *conditio,* Bedingung), und sein Ergebnis – den durch den neutralen Glockenton bedingten Speichelfluss – einen **bedingten Reflex.**

Mit dieser Entdeckung schien endlich eine uralte Streitfrage einer Klärung näher: Wird das Verhalten von Tieren und Menschen durch innere oder durch äußere Kräfte gesteuert? Diese Frage hatte schon die griechischen Philosophen der Antike beschäftigt. Vor allem ARISTOTELES (384 bis 322 v. Chr.), der sich auch als Naturforscher einen Namen gemacht hatte, hatte die Meinung vertreten, dass es innere Triebkräfte von bemerkenswerter Zweckmäßigkeit gibt, die man seit der Antike „Instinkte" nennt (lat. *instinctus,* Trieb, Antrieb).

Aber was genau war ein Instinkt? Offenbar nichts, was man sehen oder gar messen könnte! Für einen modernen Naturwissenschaftler war dies natürlich eine höchst unbefriedigende Situation. Naturwissenschaft hatte sich nach PAWLOWs Meinung auf objektiv messbare Phänomene zu beschränken. Reize und die darauf folgenden Reaktionen ließen sich auf diese Weise untersuchen, „Instinkte" jedoch nicht. Die Ergebnisse seiner Forschung bestärkten PAWLOW in seiner Ansicht, dass der Instinktbegriff ebenso nutzlos wie verzichtbar war: Ob ein Hund sabberte, wedelte, bellte oder biss, hing von äußeren Bedingungen ab. Verhalten erschien demnach nichts weiter als eine Art **Reflexkette:** eine Kette einfacher, physiologisch messbarer Reaktionen auf entsprechend dargebotene Reize.

PORTRÄT

Iwan PAWLOW (1848–1936)

Iwan Petrowitsch PAWLOW, geboren in Ryszan (Russland), war der berühmteste Physiologe seiner Zeit. Für Arbeiten auf dem Gebiet der Stoffwechselphysiologie erhielt er 1904 den Nobelpreis. Weit größer war jedoch sein Einfluss auf die Psychologie, der er mit seinen sorgfältigen experimentellen Untersuchungen über die Steuerung des Verhaltens zu einer objektiven, naturwissenschaftlichen Grundlage verhalf.

In den USA – einer Nation, die die Freiheit des Individuums zum obersten Verfassungsziel erklärt hatte – fiel PAWLOWs Reflextheorie auf fruchtbaren Boden. Wenn es nämlich äußere Umstände waren, die das Verhalten des Menschen lenkten, schien der Weg vom Tellerwäscher zum Millionär tatsächlich jedem offen zu stehen. Dass PAWLOW mit Hunden gearbeitet hatte, spielte keine Rolle: Wenn der Stoffwechsel eines Hundes ähnlich funktionierte wie der eines Menschen, warum sollte dann für den verhaltenssteuernden Apparat von Hunden und Menschen etwas anderes gelten? Tatsächlich zeigten entsprechende Experimente an Menschen, dass diese sich auf exakt dieselbe Weise konditionieren ließen wie PAWLOWs Hunde.

Der Erfolg der PAWLOWschen Methode führte in den USA zu einer schnellen Weiterentwicklung des behavioristischen Theoriengebäudes. Schon im Jahre 1913 hatte der Psychologe Edward THORNDIKE (1874 bis 1949) das „Gesetz des Erfolges" formuliert, nach dem „eine Handlung umso sicherer wiederholt wird, je befriedigender der sie begleitende Gesamtzustand ist." Darauf baute Burrhus SKINNER auf, der mit seiner Theorie des Verhaltens, dem **Neobehaviorismus,** zu einem der einflussreichsten amerikanischen Psychologen des 20. Jahrhunderts wurde.
Ebenso wie PAWLOW war SKINNER ein reiner Laborforscher. Seine bevorzugten Studienobjekte waren Ratten und Tauben, deren Verhalten er in einem eigens konstruierten Käfig untersuchte, der nach ihm benannten SKINNER-Box. In diesem Käfig, in dem das Versuchstier von der Außenwelt völlig abgeschlossen war, konnte es beispielsweise einen Hebel betätigen, wofür es dann mit einer Futtergabe belohnt wurde. Nach dem „Gesetz des Erfolges" sollte dies dazu führen, dass das Tier das Verhalten wiederholte. Diese Methode nannte SKINNER **operante Konditionierung** (lat. *opera*, Tätigkeit) oder „Verstärkung".

Die entscheidende Erweiterung der behavioristischen Theorie bestand in der Einsicht, dass sich Verhalten nicht auf einfache Reiz-Reaktions-Schemata oder „Reflexketten" reduzieren lässt, sondern viele Verhaltensweisen auch spontan auftreten. Auch solche Verhaltensweisen ließen sich aber durch die Methode der operanten Konditionierung oder des Lernens am Erfolg gezielt beeinflussen.

Mit dieser Methode – die heute von Dompteuren auf der ganzen Welt angewandt wird – konnten SKINNER und seine Schüler ihren Versuchstieren bemerkenswerte Leistungen andressieren: Tauben lernten Tischtennis zu spielen, Bären Motorrad zu fahren und Kaninchen auf Mini-Klavieren einfache Melodien zu spielen. Allerdings ging es SKINNER nicht darum zu zeigen, dass man Tieren allerlei Kunststücke beibringen kann. Viel wichtiger war, dass mit dem Prinzip der operanten Konditionierung offenbar ein Mechanismus gefunden war, der auch das Verhalten von unter natürlichen Bedingungen lebenden Tieren und Menschen erklären konnte und vage Konzepte wie das des „Instinkts" überflüssig zu machen schien: Verhalten war das Ergebnis von Lernen am Erfolg.
Dass auch das Verhalten von Menschen mit dieser Methode praktisch beliebig beeinflussbar ist, schien eine nahe liegende Schlussfolgerung zu sein. Auch SKINNER kam zu der Überzeugung, dass der Mensch ein Produkt seiner Erziehung ist.

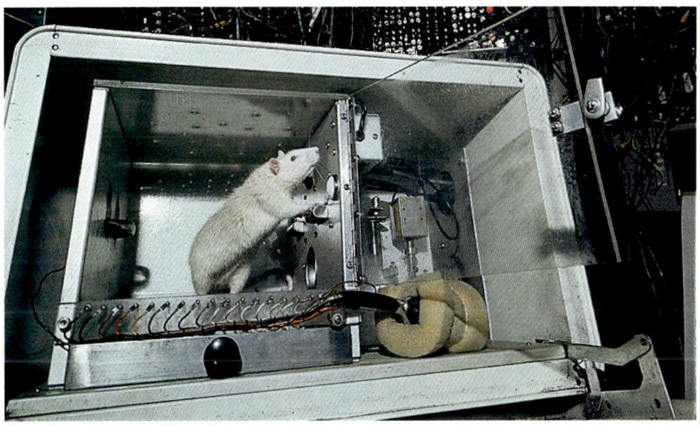

11.1 Ratte in SKINNER-Box (eine Wand ist zu Demonstrationszwecken entfernt)

PORTRÄT

Burrhus Frederick SKINNER aus Susquehanna (Pennsylvania), Professor für Psychologie an der Harvard University, vertrat die Ansicht, dass das Verhalten von Tieren und Menschen durch operante Konditionierung praktisch beliebig beeinflussbar ist und damit auch eine Welt ohne Hass und Gewalt möglich sei. Eine solche Welt beschrieb er in seinem utopischen Roman „Futurum Zwei".

Burrhus SKINNER
(1904–1990)

2 Klassische Ethologie

Im Januar 1941 kam ein Student an die Universität Königsberg (heute Kaliningrad) und fragte den dortigen Lehrstuhlinhaber des Faches Vergleichende Psychologie, ob er bei ihm Tierpsychologie studieren könne. „Es gibt nur EINE Psychologie!“, knurrte der Professor den verdutzten Studenten an. In diesem Punkt war sich Konrad LORENZ – so lautete der Name des Professors – mit den amerikanischen Behavioristen einig: Wer das Verhalten von Tieren erforschte, erfuhr auch etwas über das Verhalten von Menschen. Das Ziel der **Vergleichenden Verhaltensforschung** oder **Ethologie** (gr. *ethos,* Sitte, Gewohnheit), deren Grundlagen LORENZ zusammen mit seinem holländischen Freund und Kollegen Niko TINBERGEN in den dreißiger Jahren des 20. Jahrhunderts erarbeitet hatte, war also keine „Tierseelenkunde“, wie LORENZ betonte, sondern eine Naturwissenschaft des Verhaltens.

12.1 Eirollbewegung der Graugans

PORTRÄT

Konrad LORENZ (1903–1989)

Konrad Zacharias LORENZ, geboren in Altenberg (Österreich), entwickelte zusammen mit Niko TINBERGEN zentrale Konzepte der Ethologie, wofür beide 1973 mit dem Nobelpreis ausgezeichnet wurden. Zu den bedeutendsten Leistungen von LORENZ gehörte die Anwendung der DARWINschen Evolutionstheorie auf das Verhalten von Tieren und Menschen.

Auch in einem weiteren Punkt stimmte LORENZ mit den Behavioristen überein: Eine Psychologie, die sich als exakte Naturwissenschaft begriff, musste sich auf das beschränken, was Tiere und Menschen *tun,* und durfte sich nicht damit befassen, was sie vielleicht fühlen oder denken. Damit endeten allerdings die Gemeinsamkeiten. Als Biologen waren LORENZ und seine Mitstreiter nämlich weniger daran interessiert, was Ratten oder Tauben unter höchst künstlichen Bedingungen im Labor tun, sondern zunächst einmal daran, wie sie sich unter natürlichen Bedingungen verhalten.

Was tut beispielsweise eine brütende Gans, der eines ihrer Eier aus dem Nest kullert? Sie rollt es mit einer charakteristischen Bewegung ihres Schnabels ins Nest zurück. Das erscheint intelligent und sinnvoll, denn es dient schließlich, wie LORENZ und TINBERGEN meinten, der *Arterhaltung.* Merkwürdigerweise führt die Gans die Bewegung jedoch auch dann – geradezu zwanghaft – aus, wenn man das Ei mitten in der Bewegung entfernt. Eine solche automatisch ablaufende, formkonstante Bewegung nannten LORENZ und TINBERGEN eine **Instinkthandlung** oder *Erbkoordination.* Damit wollten sie zum Ausdruck bringen, dass es sich um eine *angeborene Verhaltensweise* handelt, die die Gans also nicht erst lernen muss: Sie ist in ihren Genen verankert. Genau in diesem Sinne hatte auch Charles DARWIN den Instinktbegriff schon verwendet, und DARWINs Evolutionstheorie bildete die Grundlage für die Theorie von LORENZ und TINBERGEN: Ebenso wie körperliche Merkmale ist auch das Verhalten von Tieren und Menschen durch natürliche Auslese in der Evolution entstanden.

LORENZ und TINBERGEN bestritten nicht, dass das Verhalten von Tieren und natürlich vor allem auch das des Menschen durch Lernen beeinflusst wird. Aber in ihrer Ethologie spielte das angeborene Verhalten eindeutig die Hauptrolle. Mit ihrer „Instinktlehre“ schufen sie bewusst einen Gegenpol zum Behaviorismus, der ihrer Meinung nach keine hinreichende Theorie zur Erklärung des Verhaltens bot. Dies führte nicht nur zu heftigen Auseinandersetzungen mit den Vertretern des Behaviorismus. Da LORENZ und seine Schüler –

ebenso wie zuvor schon DARWIN – keinen Grund sahen, den Menschen aus ihren Überlegungen auszuschließen, kam es auch zu heftigen Auseinandersetzungen mit Geistes- und Sozialwissenschaftlern. Diese hatten zwar kein Problem damit, dass Tiere „von ihren Instinkten getrieben" würden, lehnten diesen Erklärungsansatz für menschliches Verhalten aber kategorisch ab.

Auch der Instinktbegriff selbst blieb umstritten, denn es war nach wie vor unklar, was genau darunter zu verstehen ist. Für LORENZ handelte es sich um „ein spontan aktives System von Verhaltensweisen", das „an zentralnervöse Vorgänge gebunden ist, die weitgehend unabhängig von Außenreizen ablaufen." Wie dieses System funktionieren könnte, veranschaulichte er durch ein Bild, das als „psychohydraulisches Instinktmodell" in die Geschichte einging. Nach diesem Modell wurde ein Instinkt oder Trieb – LORENZ benutzte beide Begriffe synonym – durch eine spontan vom Nervensystem erzeugte „aktionsspezifische Energie" gespeist, die in einen durch ein Ventil verschlossenen Behälter fließt. Je höher der Energiepegel ist, desto stärker ist der Drang, die Instinkthandlung auszuführen. Durch einen „Schlüsselreiz", den LORENZ zunächst als am Ventil hängendes Gewicht, später als weiteren Energiezufluss darstellte, wird das Ventil geöffnet, sodass die aufgestaute Energie abfließen kann. Wird der Druck jedoch zu groß, öffnet sich das Ventil auch ohne entsprechenden Reiz: Es kommt zu einer so genannten „Leerlaufhandlung".
Ein vertrautes Phänomen schien das Modell gut zu beschreiben: Wer länger nichts gegessen hat, empfindet Hunger. Und je größer der Hunger ist, desto eher wird man sich durch den Duft frischer Brötchen verführen lassen, zum Bäcker zu gehen. Allerdings beruht das Hungergefühl nicht auf einer spontan vom Nervensystem erzeugten „aktionsspezifischen Energie", sondern auf der Bildung bestimmter Botenstoffe, die unter anderem den Füllungszustand des Magens an das Gehirn melden. Für die Erklärung anderer Verhaltensweisen erwies sich das Modell als noch weniger geeignet, sodass man es schließlich fallen ließ.

Das Fallenlassen dieses Modells hat für das Menschenbild der Biologie weitreichende Folgen: Menschen sind demnach keine von Kampf-, Sexual- und anderen sich selbst aufstauenden Trieben beherrschten Wesen, die den jeweiligen Triebstau nur dadurch in harmlosere Bahnen lenken können, indem sie beispielsweise ihren „Kampftrieb" durch Fußballspielen „abreagieren".

Da auch andere Annahmen von LORENZ und TINBERGEN im Laufe der Zeit revidiert wurden, bezeichnet man deren Theorie heute als **„Klassische Ethologie"**. Dies bedeutet jedoch weder, dass der Behaviorismus mit seiner Vision vom beliebig erzieh- und manipulierbaren Menschen recht hatte, noch dass die ethologische Theorie heute nur noch historischen Wert hat. Ihre beiden zentralen Annahmen werden heute nämlich durch eine Vielzahl von Befunden gestützt: Erstens beeinflussen Gene Verhalten, und zweitens hat Verhalten ebenso wie körperliche Merkmale eine evolutionäre Geschichte. Was dies bedeutet, hatte DARWIN schon 1859 angedeutet. Die Psychologie, so prophezeite er in seinem Buch „Die Entstehung der Arten", werde dereinst auf einem neuen Fundament aufbauen können: der Theorie der Evolution durch natürliche Selektion.

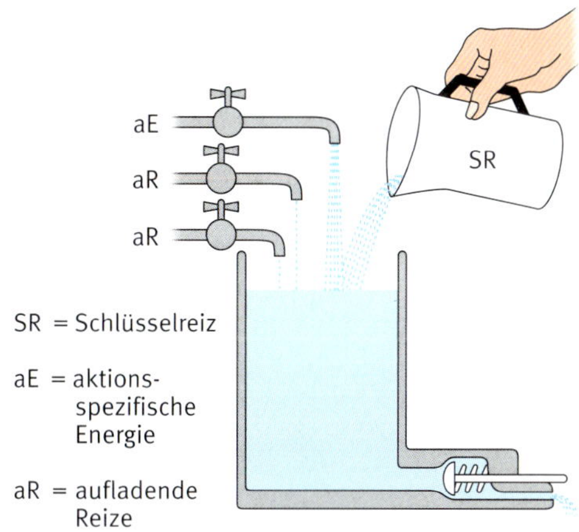

13.1 Das „psycho-hydraulische" Instinktmodell

PORTRÄT

Niko (eigentlich Nikolaas) TINBERGEN kam in Den Haag zur Welt und wurde 1949 Professor in Oxford. Er war nicht nur Mitbegründer der Ethologie, sondern auch Wegbereiter der Verhaltensökologie, für die er mit Experimenten an freilebenden Möwen und anderen Tieren sowie mit theoretischen Arbeiten wichtige Grundsteine legte.

Niko TINBERGEN
(1907–1988)

3 Soziobiologie und Verhaltensökologie

Um 1960 begannen Verhaltensforscher verstärkt damit, Tiere langfristig in ihren natürlichen Lebensräumen zu beobachten. Besonders populär wurde die Engländerin Jane GOODALL, die mit viel Geduld und noch mehr Bananen wilde Schimpansen an ihre Anwesenheit gewöhnte, ihnen Namen gab und ihr Familienleben beschrieb.
GOODALL war weniger eine Theoretikerin als eine Chronistin des Schimpansenverhaltens. Aber sie erkannte, dass man das Verhalten dieser Tiere weder adäquat beschreiben noch erklären konnte, wenn man nicht berücksichtigte, dass es sich um Individuen handelte.

Individualität hatte in den Konzepten des Behaviorismus und der Klassischen Ethologie keine Rolle gespielt. Für die Behavioristen waren Individuen erklärtermaßen austauschbar. Und die Ethologen dachten ähnlich: Nach ihrer Überzeugung hatte die Evolution ja Verhaltensweisen hervorgebracht, die einzig den Zweck hatten, den Fortbestand der Art zu sichern. „Uns ist Volk und Rasse alles, der Einzelmensch so gut wie nichts", schrieb Konrad LORENZ 1940. Laborexperimente mit Ratten, die bei Überbevölkerung die Fortpflanzung einstellten und Mütter sogar die eigenen Jungen auffraßen, schienen dieses Konzept zu bestätigen: Die Ratten verzichteten – scheinbar im Interesse der Arterhaltung – auf eigene Fortpflanzung.

14.1 Jane GOODALL begann 1960 die erste Langzeitstudie an wilden Schimpansen

Beobachtungen an freilebenden Tieren nährten an dieser Interpretation jedoch Zweifel. Immer mehr Berichte tauchten auf, nach denen Tiere, unter ihnen auch Schimpansen, Jungtiere der eigenen Art töteten. Oft waren die Täter Männchen, die ganz gezielt Kinder anderer Männchen töteten. „Das hätte ich nie geglaubt", bekannte LORENZ 1977, und er schrieb weiter: „Natürlich hat dieses Verhalten einen Selektionsvorteil, ob es aber für die Art einen Vorteil hat, ist eine große Frage."

Für andere Biologen war dies schon damals keine Frage mehr. Sie hatten nämlich erkannt, dass in dem nicht nur von LORENZ vertretenen Konzept der Gruppenselektion ein Denkfehler steckte. **Gruppenselektion** bedeutet, dass Verhaltensweisen oder andere Merkmale in der Evolution einen Selektionsvorteil haben und sich daher ausbreiten werden, wenn sie der Gruppe oder der ganzen Art zugute kommen. Ähnliche Ideen hatte schon DARWIN geäußert, denn mit seinem Konzept der **Individualselektion** schien es nicht vereinbar, dass in der Evolution Merkmale entstehen, die für das Individuum nachteilig sind. Individualselektion sollte das Gegenteil bewirken. „Die sozialen Instinkte", hatte er daher 1871 geschrieben, „sind ohne Zweifel vom Menschen ebenso wie von den niederen Tieren zum besten der ganzen Gemeinschaft erlangt worden." Mit dieser Theorie schien sich auch das „selbstlose" Verhalten der Ratten, die offenbar im Interesse der Arterhaltung auf die Fortpflanzung „verzichteten", deuten zu lassen.

Was aber würde passieren, wenn sich nur eine der Ratten aufgrund einer Mutation anders verhalten und Nachkommen produzieren würde? Ihre Gene würden sich zwangsläufig in der Population ausbreiten, während die der anderen ebenso zwangsläufig immer weniger würden. Die unvermeidliche Schlussfolgerung lautet: Verhaltensweisen, die die Ausbreitungschancen der eigenen Gene vermindern, die anderer Individuen dagegen erhöhen, werden sich in der Evolution nicht durchsetzen. Zu dieser Schlussfolgerung waren Populationsgenetiker schon in den dreißiger Jahren des 20. Jahrhunderts gelangt, und ihre Erkenntnisse ebneten den Weg für die Entstehung der **Soziobiologie** und der **Verhaltensökologie.**

Aus populationsgenetischer Sicht ist Selektion ein Prozess, der zur *Veränderung von Allelhäufigkeiten* führt. Nach dem Prinzip der Individualselektion werden sich Allele, die ihrem Träger einen Fortpflanzungsvorteil verschaffen, in der Population ausbreiten. Diesen Prozess nennt man **Fitnessmaximierung,** wobei man unter **Fitness** den Anteil der Gene versteht, den ein Individuum zum Genpool der nächsten Generation beisteuert.

Verhaltensweisen, die die *individuelle* Fitness maximieren und in diesem Sinne „egoistisch“ sind, lassen sich mit diesem Konzept leicht erklären. Auch für Sexualverhalten oder Brutpflege erweisen sich Erklärungen im Sinne der „Arterhaltung“ damit als überflüssig. Schwieriger ist es mit Verhaltensweisen, die die Fitness eines *anderen* Individuums *auf Kosten der eigenen Fitness* maximieren und in diesem Sinne **„altruistisch“** (ital. *altrui,* ein anderer) oder „uneigennützig“ sind. Wie sich dennoch altruistisches Verhalten in der Evolution entwickeln konnte, erkannte Anfang der 1960er Jahre der britische Biologe William HAMILTON. HAMILTONs Lösung basierte auf der Erkenntnis, dass nicht nur die eigenen Nachkommen Träger von Kopien der eigenen Gene sind, sondern auch andere Verwandte. Den durch gemeinsame Abstammung bedingten Anteil identischer Gene bezeichnet man als genetischen Verwandtschaftsgrad oder **Verwandtschaftskoeffizienten.** Die Folgerung, die HAMILTON aus dieser Tatsache zog, war ebenso einfach wie genial: Fitnessmaximierung kann nicht nur durch eigene Fortpflanzung erfolgen, sondern auch dadurch, dass man Verwandten hilft und so auf indirektem Wege zur Vermehrung eigener Gene beiträgt. Diesen Prozess nennt man **Verwandtenselektion.**

Mit seiner Theorie der Verwandtenselektion wurde HAMILTON nicht nur zum Begründer der Soziobiologie, sondern auch zum Auslöser eines Prozesses, den man in der Wissenschaftstheorie als *Paradigmenwechsel* bezeichnet (griech. *paradigma,* Beispiel, Muster; im übertragenen Sinn: Muster vorherrschender Denkgewohnheiten). Nunmehr stand nämlich nicht mehr das „Wohl der Art“ im Mittelpunkt des Evolutionsgeschehens, sondern das Individuum und dessen Gene. Darüber hinaus stellte sich „altruistisches“ Verhalten aus genetischer Perspektive als „egoistisch“ dar – was zu zahlreichen erregten Debatten führte.

Das Verhalten der Ratten allerdings ließ sich mit dem Konzept der Fitnessmaximierung, das die Verhaltensökologie von der Soziobiologie übernommen hatte, erklären: Unter ungünstigen Umweltbedingungen kann es sinnvoll sein, einen wenig Erfolg versprechenden Fortpflanzungsversuch abzubrechen und bessere Zeiten abzuwarten, in denen die dann geborenen Jungen bessere Überlebens- und Fortpflanzungschancen haben. Vor allem Tiere, die verhältnismäßig wenig entwickelte *Nesthocker* zur Welt bringen, zeigen dieses Verhalten.

1 Charakterisieren Sie kurz die wesentlichen Aspekte der drei vorgestellten Verhaltenstheorien. Stellen Sie Unterschiede und Gemeinsamkeiten dar.

2 Alle drei vorgestellten Verhaltenstheorien reichen in ihrer Bedeutung weit über den eigentlichen Bereich der Naturwissenschaften hinaus und wurden ideologisch interpretiert. Erläutern Sie diesen Sachverhalt.

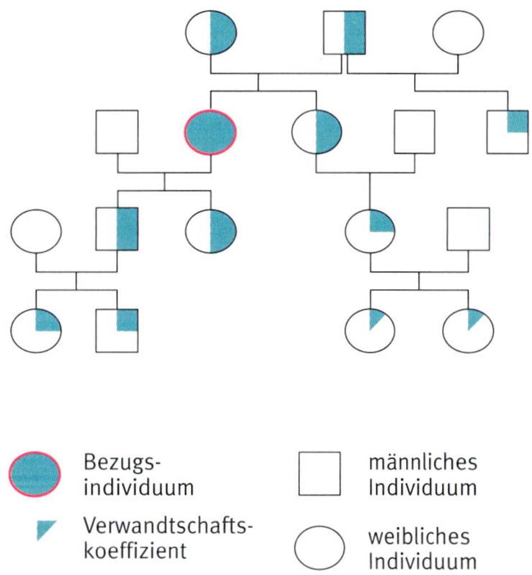

15.1 Prinzip des Verwandtschaftskoeffizienten (Schema)

PORTRÄT

William („Bill“) Donald HAMILTON, kam als britischer Staatsbürger in Kairo zur Welt. Mit seinen Ideen zur Evolution des Sozialverhaltens begründete er die Soziobiologie und revolutionierte ähnlich wie DARWIN das biologische Weltbild. In Nachrufen wurde HAMILTON daher als bedeutendster theoretischer Biologe seit DARWIN bezeichnet.

William D. HAMILTON (1936–2000)

Grundlagen der Neurobiologie

1 Bau und Funktion von Nervenzellen

1.1 Die Frösche des Luigi GALVANI

Luigi GALVANI experimentierte um 1780 mit elektrischem Strom, der mit einer Reibungsmaschine erzeugt wurde. Einmal fühlte sich seine Frau unwohl und verlangte zur Stärkung nach Froschschenkeln. GALVANI bereitete einige Frösche in seinem Arbeitszimmer zu, während seine Assistenten mit der Elektrisiermaschine Funken erzeugten.
GALVANI trennte die Schenkel zusammen mit einem kleinen Teil des Rückens vom Rumpf des Frosches und zog die Haut ab. Dabei legte er mit einem Messer die Nerven bloß. Plötzlich begannen die Muskeln des Frosches zu zucken. Dies geschah jedes Mal, wenn die Nerven des Frosches mit der Klinge berührt und gleichzeitig mit der Maschine Funken gezogen wurden.
In weiteren Experimenten fand GALVANI heraus, dass Froschmuskeln auch dann zucken, wenn die Schenkel zwei unterschiedliche Metalle berühren. Damit hatte er die Urform der GALVANIschen Elemente gefunden, bei der der fließende Strom gleichzeitig durch das Zucken des Muskels angezeigt wurde. Allerdings konnte GALVANI das elektrische Phänomen nicht erklären.

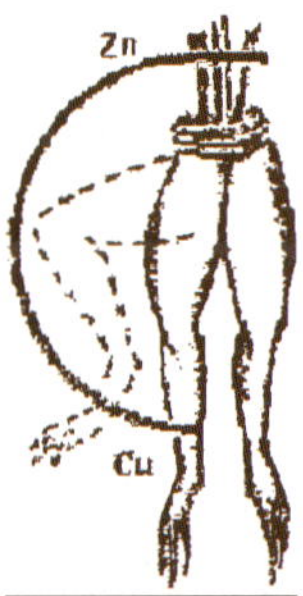

16.1 Originalabbildung aus GALVANI

Die Aufklärung der neurophysiologischen Grundlagen der Muskelzuckungen dauerte bis ins vorige Jahrhundert.

Das Nervensystem als solches war bereits seit dem Altertum bekannt. GALVANI fehlten jedoch entscheidende Kenntnisse über den zellulären Aufbau der Nerven, um die physiologischen Vorgänge zu verstehen, die zum Zucken der Muskeln führen. Diese sollen im weiteren Verlauf erarbeitet werden.

Nervenzellen wurden erstmals um 1830 bei der Präparation des Nervensystems von Wirbellosen beschrieben, aber nicht erkannt. Bald darauf fand man diese Strukturen weit verbreitet in Rückenmark und Gehirn auch bei Wirbeltieren.

Bis gegen Ende des 19. Jahrhunderts wird das Nervensystem in der Retikulartheorie (lat. *reticulum,* kleines Netz) als komplexe netzartige Struktur gesehen: Die Nervenzellen bilden Knoten eines Röhrensystems und sind mit sich stark verzweigenden Fasern untereinander verbunden.

Erst um 1890 setzt sich dank Santiago RAMON Y CAJAL die Erkenntnis durch, dass das Nervensystem aus einzelnen, unabhängigen Zellen besteht. Jede Zelle ist von einer Membran vollständig umhüllt.

Mit der von RAMON Y CAJAL entwickelten Neuronen-Theorie *(gr. neuron,* Nerv) waren erste Ansätze zur Erklärung der elektrischen Leitung gegeben: Nervenzellen empfangen mit feinen Verzweigungen auf der einen Seite elektrische Impulse und geben sie auf der anderen Seite über baumartige Endaufzweigungen ihrer langen Fortsätze weiter.

1 Welche Beobachtungen haben wohl bis gegen Ende des 19. Jahrhunderts die Idee vom Nervensystem als durchgängiger, netzartiger Struktur entstehen lassen?

PORTRÄT

Santiago RAMON Y CAJAL (1852–1934)

Der Mediziner und Histologe aus dem spanischen Petilla de Aragón, arbeitete nach seinem Studium zuerst als Militärarzt in Cuba, kehrte dann jedoch an die Hochschule zurück. Er untersuchte Nervenbahnen, Rückenmark und Gehirn und entwickelte zum Aufbau des Nervensystems die Neuronen-Theorie. Er erhielt dafür zusammen mit Camillo GOLGI (1844–1926), der wichtige Färbemethoden entwickelt hatte, 1906 den Nobelpreis.

1.2 Bau eines Neurons

Erst 1950 konnte durch elektronenmikroskopische Aufnahmen der Zellcharakter der Neuronen endgültig nachgewiesen werden: Jedes einzelne ist durch eine Lipid-Doppelschicht abgegrenzt und somit vollständig von den benachbarten Neuronen isoliert.

Neuronen sind zwar sehr vielgestaltig, haben aber trotzdem meist drei Bauabschnitte mit speziellen Funktionen gemeinsam. An dem einen Ende finden sich fein verästelte **Dendriten** (gr. *dendron,* Baum). Ihre Anzahl ist variabel, von einigen wenigen bis zu mehreren Tausenden, und sie sind bis 0,3 Millimeter lang. Die Dendriten nehmen Informationen von benachbarten Zellen auf und leiten sie weiter zum Soma.

Das **Soma** (gr. Körper) ist der eigentliche Zellkörper mit einem Durchmesser von 0,01 bis 0,1 Millimeter. In ihm selbst liegen sehr viele Mitochondrien sowie ein stark ausgeprägtes raues Endoplasmatisches Retikulum (ER) mit vielen Ribosomen. Im Cytoplasma des Soma laufen die üblichen Stoffwechselvorgänge einer Zelle ab.
Das Soma geht über in das weiterleitende **Axon** (gr. Achse), das auch **Neurit** genannt wird. Der Übergangsbereich zwischen beiden heißt Axonhügel. Axone können sehr lang werden, beim Ischias-Nerv zum Beispiel bis zu einem Meter. Neuronen sind somit die größten Zellen im menschlichen Körper. Vom Axon können Verzweigungen wegführen, die **Kollateralen** (lat. *collateralis,* seitlich). Das Axon endet üblicherweise in Verdickungen. Diese **Endknöpfchen** ermöglichen die Informationsübertragung zu benachbarten Zellen wie anderen Nerven-, Muskel- oder Drüsenzellen. Sie bilden zusammen mit Teilen der Membran der benachbarten Zelle eine **Synapse** (gr. *synapsis,* Verbindung).

Bei Wirbeltieren sind die Axone von Zellen ummantelt, die nach dem Entdecker **SCHWANNsche Zellen** heißen. Diese bilden um das Axon eine Hüllschicht, die auch Myelinscheide (gr. *myelinos,* markhaltig) genannt wird. Der Querschnitt eines solchen ummantelten Axons erinnert an den Sprossquerschnitt einer Pflanze. Dabei entspräche das Axon dem Mark und deshalb wird die Myelinscheide auch Markscheide genannt.

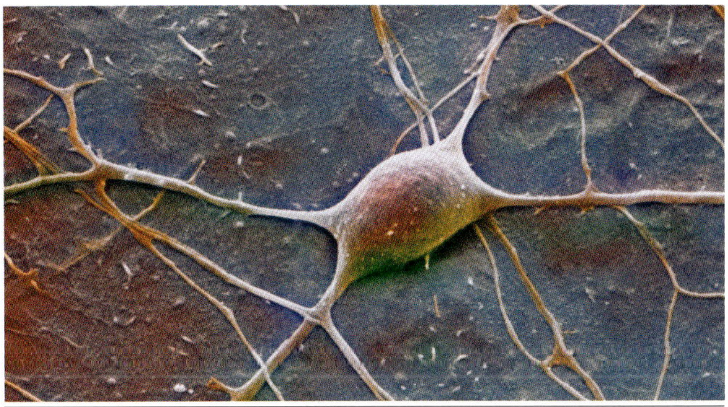

17.1 REM-Aufnahme eines Neurons

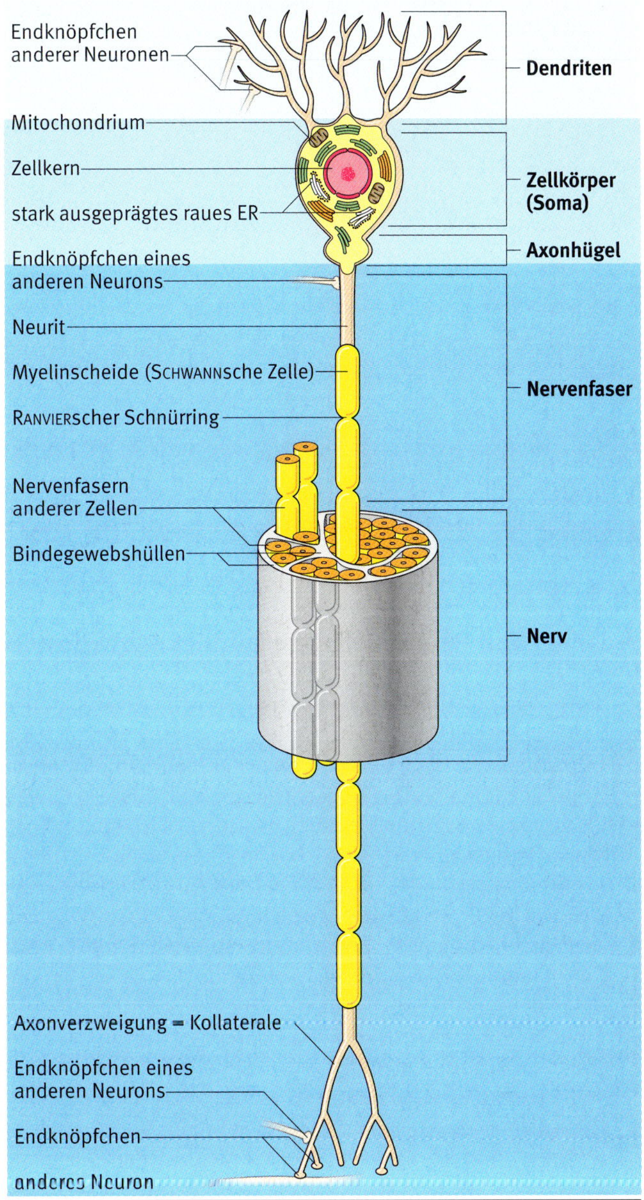

17.2 Idealisiertes Neuron (Schema)

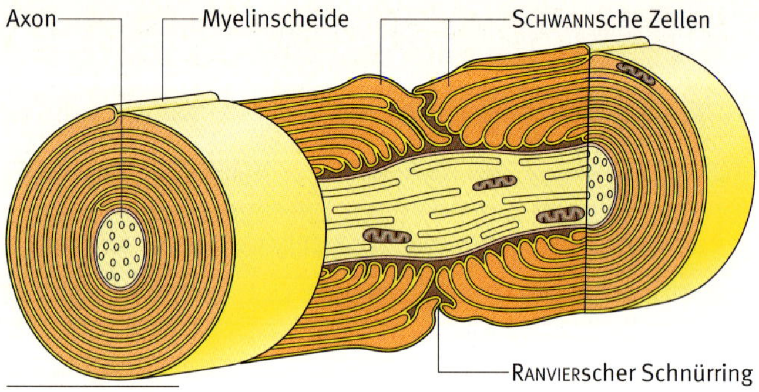

18.1 Markhaltige Nervenfaser (Schema)

Solch ein ummanteltes Axon wird auch als Nervenfaser bezeichnet. Mehrere Nervenfasern werden durch Bindegewebshüllen zu einem makroskopisch sichtbaren **Nerven** zusammengefasst.

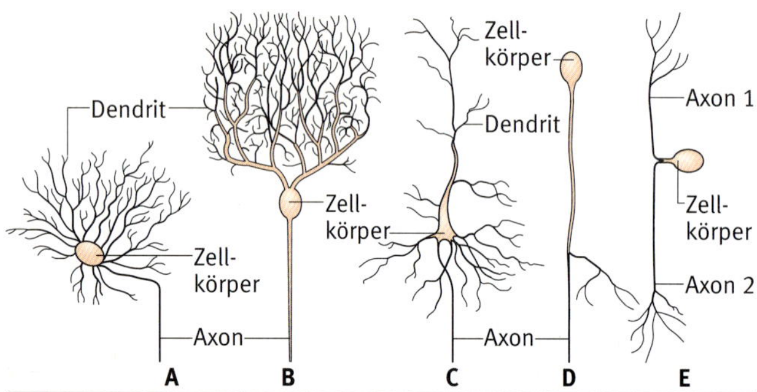

18.2 Verschiedene Typen von Neuronen im Säugergehirn. A Korbzelle; **B** PURKINJE-Zelle; **C** Pyramidenzelle; **D** Neuron eines wirbellosen Tieres; **E** Spinalganglionzelle

Die Myelinscheiden werden beim Menschen vom Stadium des Fetus bis zum zweiten Lebensjahr ausgebildet. Dabei wächst die SCHWANNsche Zelle mehrfach um das Axon. Die Myelinscheide wird im Abstand von etwa einem Millimeter durch **RANVIERsche Schnürringe** unterbrochen.

Neben markhaltigen Nervenfasern gibt es auch marklose. Sie sind auch von einfachen Hüllzellen umgeben, diese haben aber kaum isolierende Wirkung. Zu solchen marklosen Fasern gehören sowohl alle Nerven wirbelloser Tiere als auch einige Nerven des Vegetativen Nervensystems der Wirbeltiere. Marklose Nervenfasern können sehr dick werden. Bei Tintenfischen der Gattungen *Sepia* und *Loligo* erreichen einzelne Riesenaxone einen Durchmesser von 0,25 bis 1 Millimeter. Sie eignen sich deshalb besonders für experimentelle Untersuchungen.

1 Welche Funktionen üben die Mitochondrien und das raue Endoplasmatische Retikulum in einer Zelle aus? Welche Schlussfolgerung lässt die Anhäufung dieser beiden Zellorganellen für ein Neuron zu?

2 Neuronen werden nach den vorhandenen Fortsätzen klassifiziert. Vergleichen Sie die abgebildeten fünf Typen nach morphologischen Gesichtspunkten tabellarisch.

MEDIZIN

Gliazellen – lebenswichtig und lebensbedrohlich

SCHWANNsche Zellen gehören neben den Neuronen zu einem zweiten Zelltyp des Nervensystems, den **Gliazellen** (gr. *glia*, Leim). Durch die Umhüllung des Axons mit einer Myelinscheide wird dieses gegen seine Umgebung elektrisch isoliert. Dies hat Auswirkungen auf die Leitungsfähigkeit des Axons. Es gibt etwa 10- bis 50-mal so viele Gliazellen wie Neuronen. Da erstere meist jedoch deutlich kleiner sind, machen sie insgesamt nur etwa die Hälfte des Gesamtvolumens des Nervensystems aus.

Gliazellen haben unter anderem auch eine Stützfunktion zur strukturellen Verstärkung des Nervensystems, außerdem liefern sie den Neuronen Nährstoffe und können in deren Stoffwechsel eingreifen.

Gliazellen spielen jedoch auch eine außerordentlich wichtige Rolle bei einigen Krankheiten des Menschen wie zum Beispiel der *Multiplen Sklerose.* Bei dieser Autoimmunkrankheit richtet sich das Immunsystem gegen körpereigene Zellen und zerstört diese, vor allem Myelinscheiden in verschiedenen Regionen des Zentralen Nervensystems wie Großhirn, Stammhirn, Kleinhirn und Rückenmark. In diesen Entzündungsherden, die Plaques heißen, werden auch die Nervenfasern geschädigt. Außerdem kommt es durch Wucherungen weiterer Stützzellen zu vielfacher Narbenbildung. Daher rührt der Name „multiple Sklerose" (lat. *multiplex,* vielfach; gr. *skleros,* hart).

Die Krankheit verläuft in Schüben und zeigt vielseitige Symptome, je nachdem, welche Regionen des ZNS jeweils betroffen sind: So sind beispielsweise Sehstörungen, Zittern, Schwindelanfälle, Lähmungen, Sprachstörungen oder psychische Veränderungen möglich.

1.3 Ionentheorie des Ruhepotenzials

Riesenaxone der Tintenfischgattung *Loligo* sind wegen ihrer Größe ein beliebtes Untersuchungsobjekt der Neurophysiologie. An ihnen wurden erstmals elektrische Vorgänge an Nervenzellen genauer untersucht. Heute kann man mit *Mikroelektroden* wesentlich kleinere Nervenzellen untersuchen, ohne deren Membran nachhaltig zu beschädigen.

Solch eine Mikroelektrode läuft in einer Glaskapillare aus, die auf einen Durchmesser von 1 bis 0,12 Mikrometer ausgezogen wurde. Sie ist mit Kaliumchlorid-Lösung gefüllt, die die leitende Verbindung zum Cytoplasma herstellt. Die Mikroelektrode wird über ein Spannungs-Messgerät mit einer zweiten Elektrode verbunden, die als *Bezugselektrode* in das Außenmedium taucht. Der zeitliche Verlauf der Spannungsänderung kann auch mit einem Oszilloskop dargestellt werden.

Zu Beginn der Messung befinden sich beide Elektroden außerhalb des Axons im umgebenden Medium, zwischen ihnen wird keine Spannung gemessen. Das **Potenzial** des extrazellulären Raumes wird vereinbarungsgemäß als null Volt festgelegt.

Dann wird die Mikroelektrode in das Axon gestochen. Das Potenzial fällt auf etwa –75 Millivolt (mV). Also ist die Innenseite der Axonmembran gegenüber der Außenseite negativ geladen. Dieses Phänomen der Membranpolarisation heißt **Membranpotenzial** oder **Ruhepotenzial.**

Wie entsteht diese elektrische Spannung an der Membran? Für das Verständnis spielt die Verteilung von vier Ionen eine Rolle. Innerhalb der Nervenzelle ist die Konzentration an positiv geladenen Kalium-Kationen (K^+) und negativ geladenen Protein-Anionen (A^-) hoch, außerhalb die von Natrium-Kationen (Na^+) und Chlorid-Anionen (Cl^-).

Die Membran des Neurons ist im Ruhezustand gut für Kalium- und Chlorid-Ionen durchlässig, schwer hingegen für Natrium-Ionen und undurchlässig für geladene Proteine. Die selektive Permeabilität (lat. *permittere*, hindurchschicken) der Membran ergibt sich durch Proteinkanäle. Diese sind auf Grund ihrer eigenen Ladung und ihres Porendurchmessers jeweils für bestimmte Ionen durchlässig.

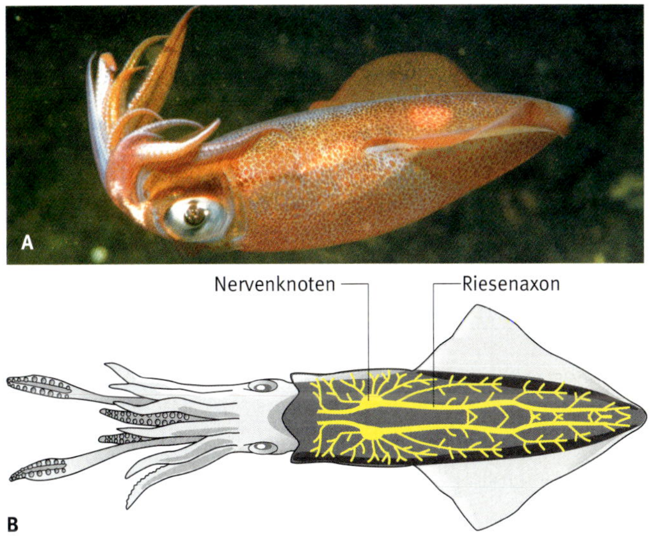

19.1 Tintenfisch *Loligo*. **A** Foto; **B** Riesenaxon (Schema)

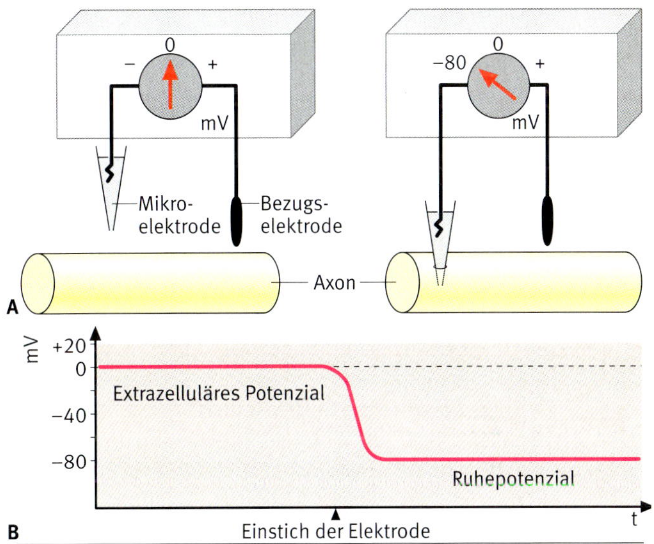

19.2 Ableitung des Ruhepotenzials mit einer Mikroelektrode. **A** Messanordnung; **B** Ruhepotenzial auf dem Bildschirm eines Oszilloskops

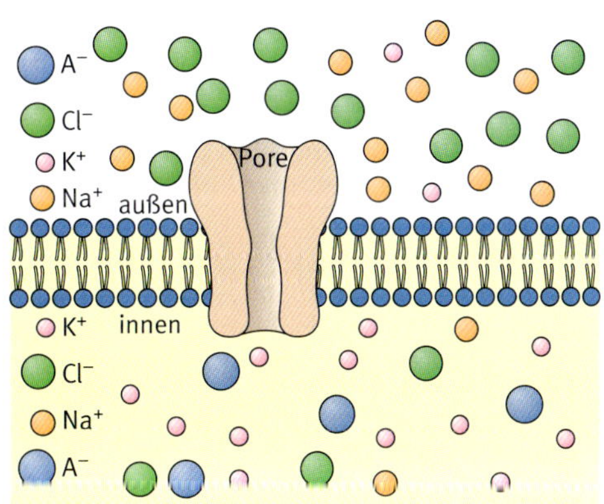

Ionenkonzentration in Millimol/Liter [mmol/l]		
Ion	innen	außen
Na^+	4	120
K^+	145	15
Cl^-	7	125
A^-	113	<1

19.3 Ungleichverteilung der Ionen an einer Membran

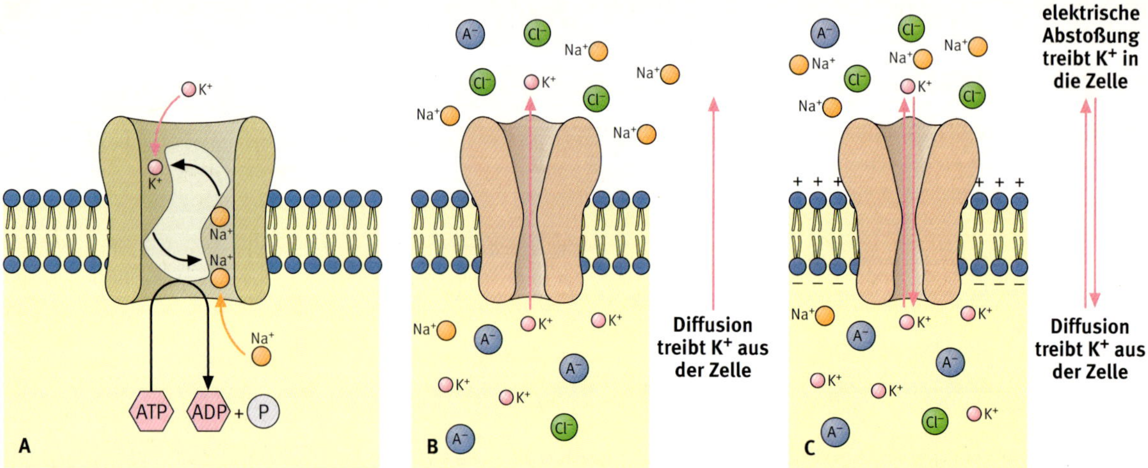

20.1 Beitrag der Kalium-Ionen zur Entstehung des Ruhepotenzials.
A Natrium-Kalium-Pumpe;
B Diffusionskraft;
C elektrostatische Abstoßung

Messungen haben gezeigt, dass dieses Membran- oder Ruhepotenzial konstant bleibt. Dafür verantwortlich ist ein Membranprotein, die **Natrium-Kalium-Pumpe.** Diese verbraucht für ihren aktiven Transport Energie in Form von Adenosintriphosphat, ATP. Die benötigte Energie macht bereits ein Drittel des menschlichen Grundumsatzes aus. Gegen den Konzentrationsgradienten transportiert die Natrium-Kalium-Pumpe kontinuierlich zwei Kalium-Ionen von außen nach innen und gleichzeitig jeweils drei Natrium-Ionen von innen nach außen.

Der Arbeit der Natrium-Kalium-Pumpe wirken Ionenflüsse entgegen. Im Ruhezustand sind Kalium- und Chlorid-Kanäle geöffnet. Entsprechend der Konzentrationsgradienten diffundieren die Ionen, angetrieben von der BROWNschen Molekularbewegung, vom Ort hoher Konzentration zum Ort niedriger Konzentration.

Die Natrium-Kanäle sind während des Ruhezustandes jedoch geschlossen. Trotzdem gibt es einen steten Einstrom von Natrium-Ionen in geringer Intensität, der in Anlehnung an den maritimen Sprachgebrauch als Leckstrom bezeichnet wird.

Trotz offener Kanäle erreichen die Kalium-Ionen den Konzentrationsausgleich nicht. Jedes Kalium-Ion, das nach außen diffundiert, nimmt seine positive Ladung mit. Es hinterlässt im Inneren des Axons ein Ion mit negativer Ladung, das nicht mehr elektrisch neutralisiert ist. So erhöht sich mit jedem austretenden Kalium-Ion der negative Ladungsüberschuss in der Nervenzelle. Gleiche Ladungen stoßen sich ab und ungleiche Ladungen ziehen sich an, deshalb erschwert jedes austretende Kalium-Ion den Nachzug weiterer Kalium-Ionen.
Im Ruhezustand liegt also für die Kalium-Ionen ein Kräftegleichgewicht vor zwischen der Diffusionskraft, die weitere Ionen zum Konzentrationsausgleich nach außen treibt, und elektrostatischen Kräften, die die Ionen innen zurückhalten.
Der geringfügige Einstrom von Natrium-Ionen schwächt das Ruhepotenzial, da der negative Ladungsüberschuss auf der Innenseite der Membran durch die hinzukommenden positiven Ladungen abgeschwächt wird.

Der Natrium-Ionen-Einstrom würde den Ausstrom weiterer Kalium-Ionen ermöglichen, wodurch der ursprüngliche Ladungsunterschied wieder hergestellt würde. Langfristig würde durch den Leckstrom von Natrium-Ionen jedoch das Konzentrationsgefälle der Natrium- und Kalium-Ionen ausgeglichen und das Ruhepotenzial zusammenbrechen. Dem wirkt die Natrium-Kalium-Pumpe durch ihre unablässige Tätigkeit entgegen.

1 Erläutern Sie ausführlich, inwieweit die Wanderung von Chlorid-Ionen das durch die Kalium-Ionen bestimmte Ruhepotenzial verstärkt.

2 Begründen Sie, warum das Ruhepotenzial auch **Kalium-Ausstrompotenzial** genannt wird.

3 Wieso handelt es sich bei der Natrium-Kalium-Pumpe um einen aktiven Transport?

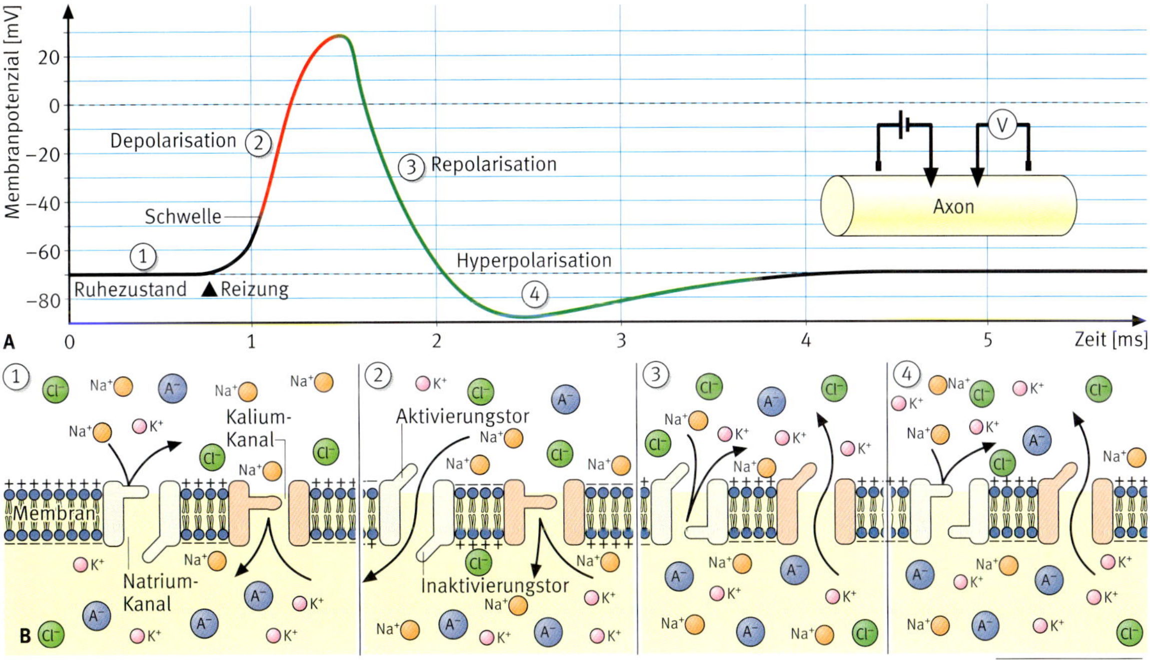

21.1 Verlauf eines Aktionspotenzials.
A auf dem Bildschirm eines Oszilloskops; **B** Membranzustände

1.4 Ionentheorie des Aktionspotenzials

Mit einer Mikroelektrode kann ein Axon durch einen kurzen elektrischen Impuls gereizt werden. Bleibt dieser Impuls unter einem bestimmten **Schwellenwert,** reagiert das Axon abgeschwächt. Wird dieser Wert überschritten, reagiert es rund um die gereizte Stelle mit immer gleicher Intensität, egal wie stark *überschwellig* der Reiz war. Axone reagieren nach dem **Alles-oder-Nichts-Prinzip.**
Leitet man die Potenzial-Veränderung mit einer weiteren Mikroelektrode ab und stellt sie mit einem Oszilloskop dar, erhält man einen charakteristischen Kurvenverlauf für das **Aktionspotenzial,** wie in der Abbildung dargestellt. Durch einen überschwelligen Reiz verändern Natrium- und Kalium-Kanal-Proteine in Abhängigkeit von der Spannung ihre Raumstruktur. Die Kanäle sind mit Toren ausgestattet, die je nach Potenzialzustand geöffnet oder geschlossen werden.

Jeder Natrium-Kanal besitzt an der Membranaußenseite ein Aktivierungstor und auf der Innenseite ein Inaktivierungstor. Die Kalium-Kanäle besitzen nur ein spannungsgesteuertes Tor. Dieses ist im Ruhezustand (1) geschlossen. Bei einer elektrischen Reizung öffnet sich das Natrium-Aktivierungstor schnell und viele Natrium-Ionen strömen, angetrieben vom Konzentrationsgradienten und angezogen von der negativen Ladung im Inneren des Axons, in hoher Zahl durch die Membran. Dadurch verändert sich das Ladungsungleichgewicht der Membran an dieser Stelle. Durch positive Rückkopplung öffnen sich weitere spannungsabhängige Natrium-Kanäle, sodass dieser Membranabschnitt an der Außenseite negativ und an der Innenseite positiv geladen ist. Die Membran wird **depolarisiert** (2) und ihr Potenzial erreicht kurzfristig positive Werte.
Durch die Depolarisation wird auch die Rückkehr zum Ausgangszustand eingeleitet, weil sich das Natrium-Inaktivierungstor, das während des Ruhezustandes geöffnet war, langsam schließt. So wird ein weiterer Natrium-Einstrom verhindert. Gleichzeitig öffnen sich die Tore spannungsabhängiger Kalium-Kanäle, durch die Kalium-Ionen von innen nach außen wandern. Dadurch kommt es erneut zu einer Ladungsumkehr, die Außenseite wird im Verhältnis zur Innenseite wieder positiv: Die Membran ist **repolarisiert** (3).
Meist strömen mehr Kalium-Ionen aus, als lokal zur Herstellung des Ausgangszustandes notwendig wären, weil sich das Kalium-Tor nur relativ langsam schließt: Die Membran wird **hyperpolarisiert** (gr. *hyper,* über) (4) und kehrt dann zum Ruhezustand zurück.

1.5 Erregungsleitung

Nach dem Alles-oder-Nichts-Prinzip wird ein Aktionspotenzial nur dann an einem Axon gebildet, wenn dieses überschwellig gereizt wurde. Unterhalb dieses Schwellenpotenzials folgt das Membranpotenzial dem Reizstrom kurzzeitig passiv, bevor es wieder auf die Höhe des Ruhepotenzials abfällt. Wird das Schwellenpotenzial überschritten, kommt es durch die beschriebene kaskadenartige Öffnung von spannungsabhängigen Natrium-Kanälen zu einem massenhaften Einstrom von Natrium-Ionen: Ein Aktionspotenzial ist entstanden.

Im Verhältnis zur Gesamtzahl der im umgebenden Medium und im Axon vorhandenen Ionen fließen während eines Aktionspotenzials relativ wenige Ionen. Diese verteilen sich durch Diffusionsprozesse jeweils in dem Medium, in das sie geströmt sind. Die Konzentrationsgradienten zwischen der Innen- und Außenseite einer Membran werden deshalb durch ein Aktionspotenzial kaum verändert. Es vergeht eine Zeitspanne von etwa zwei Millisekunden, die **Refraktärzeit** (lat. *refractarius*, widersätzlich), bis ein Neuron erneut ein Aktionspotenzial bilden kann. Dies liegt am Inaktivierungstor des Natrium-Kanals, das sich erst wieder öffnen muss.

Damit ein Aktionspotenzial als Signal auch auf weitere Entfernung wirken kann, muss es entlang des Axons weitergeleitet werden. Das Aktionspotenzial wandert dabei nicht durch das Axon wie eine Druckwelle durch einen Schlauch, sondern es wird auf der Membran entlang der Wegstrecke immer wieder neu aufgebaut.
Die Depolarisation eines Aktionspotenzials führt auch in den benachbarten Membranbereichen zur Öffnung ladungsabhängiger Natrium-Kanäle. So entsteht auch hier ein Aktionspotenzial, das wiederum in der direkten Nachbarschaft die Bildung weiterer Aktionspotenziale herbeiführt. Wegen der Refraktärzeit kann dabei immer nur der kurz zuvor nicht erregte Membranbereich ein neues Aktionspotenzial bilden. Deshalb wird dieses immer nur in eine Richtung weiter geleitet und läuft nicht zum Ursprungsort zurück.
Die Leitungsgeschwindigkeit ist bei marklosen Nerven vom Axon-Durchmesser abhängig. In dünnen Fasern beträgt sie wenige Zentimeter pro Sekunde, in Riesenaxonen der Tintenfische mit einem Millimeter Durchmesser kann sie bis zu 100 Meter pro Sekunde betragen. Solche Riesenaxone gibt es in Wirbeltieren nicht, trotzdem sind auch sie auf schnelle Reaktionen angewiesen. Bei ihnen wird die Erhöhung der Leitungsgeschwindigkeit auf andere Weise erreicht.

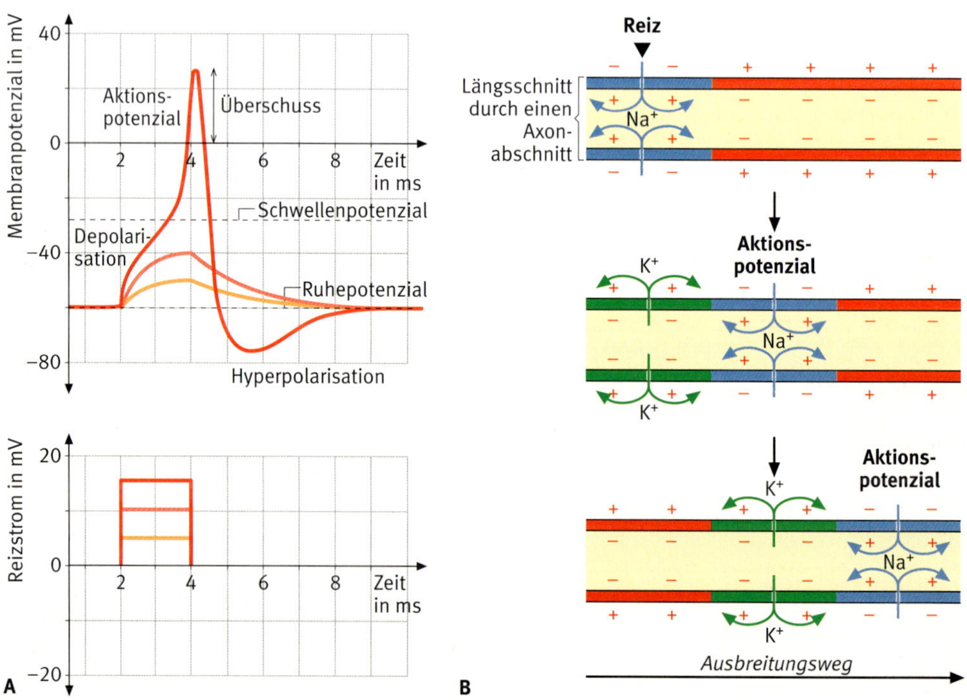

22.1 Erregungsleitung. **A** lokale Reizantwort und überschwellige Erregung; **B** Weiterleitung eines Aktionspotenzials

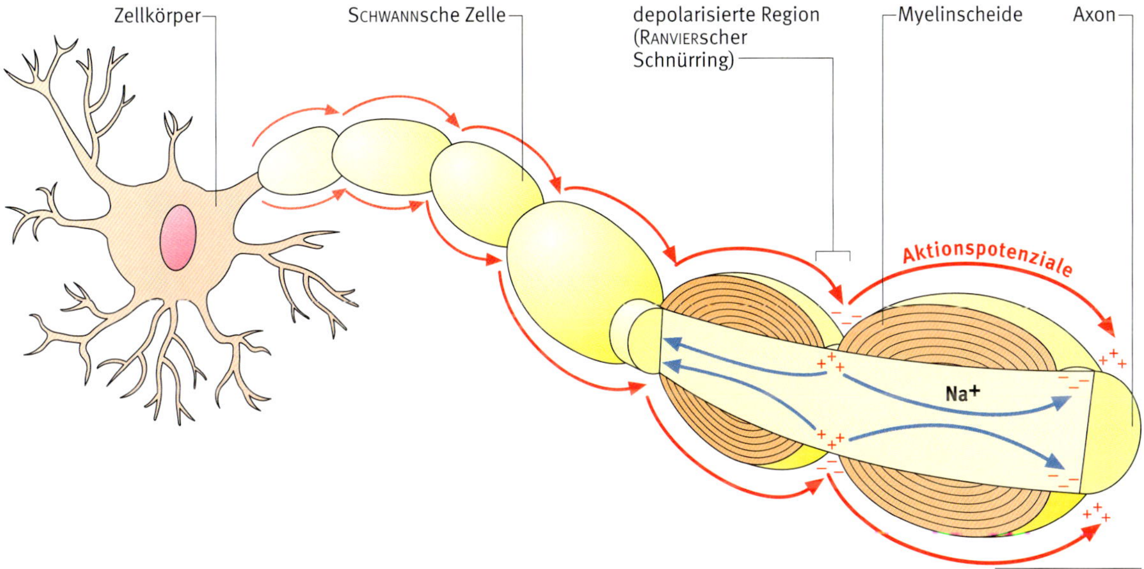

23.1 Saltatorische Erregungsleitung

Bei den meisten Axonen von Wirbeltieren handelt es sich um markhaltige Fasern mit Myelinscheiden, die jeweils von einer SCHWANNschen Zelle gebildet werden. Bei jeder Wicklung, die aus bis zu 160 Umdrehungen besteht, wird eine doppelte Schicht von Membranen um das Axon gelegt, sodass schließlich bis zu 320 Membranen in Serie zwischen Axon und Außenmedium liegen. Aufgrund ihres Lipidcharakters isolieren sie das Axon elektrisch. Alle 0,2 bis 2 Millimeter treten RANVIERsche Schnürringe auf. Diese sind die einzigen Stellen eines myelinisierten Axons, an denen diese Isolierung unterbrochen ist.

In den Axonbereichen, die von den SCHWANNschen Zellen ummantelt sind, gibt es kaum spannungsabhängige Natrium-Kanäle. In den Membran-Bereichen der RANVIERschen Schnürringe gibt es diese Kanäle und deshalb kann nur hier ein Aktionspotenzial entstehen.

Liegt dort ein Aktionspotenzial vor, diffundieren die eingeströmten Natrium-Ionen durch das Innere des Axons bis zum nächsten Schnürring. Durch den Stromfluss entsteht in Leitungsrichtung erneut ein Aktionspotenzial, es wird also scheinbar sprunghaft weitergeleitet. Deshalb spricht man von **saltatorischer Erregungsleitung** (lat. *saltare*, springen). Diese ist mit erheblichen Zeitvorteilen verbunden und erlaubt bei einem Axon-Durchmesser von 15 Mikrometern Leitungsgeschwindigkeiten von bis zu 150 Metern pro Sekunde. Neuronen gleicher Dicke ohne Myelinscheide erreichen bei Wirbeltieren nur Erregunsleitungs-Geschwindigkeiten von weniger als drei Meter pro Sekunde. Das Aktionspotenzial wird wegen der Refraktärzeit an den RANVIERschen Schnürringen auch bei markhaltigen Nervenfasern nicht zurück zum Ausgangsort geleitet.

1 Begründen sie, warum die saltatorische Erregungsleitung nicht nur schneller, sondern auch mit deutlich weniger Stoffwechselenergie abläuft als die Erregungsleitung an marklosen Fasern.

2 Warum kann der Abstand zwischen zwei RANVIERschen Schnürringen nicht beliebig vergrößert werden, um die Leitungsgeschwindigkeit weiter zu steigern?

PORTRÄT

Der englische Physiologe Andrew HUXLEY wies 1939 zusammen mit Alan HODGKIN an Riesenaxonen die Existenz von Aktionspotenzialen und die selektive Ionenpermeabilität von Membranen nach. 1949 gelang ihm der experimentelle Nachweis der saltatorischen Erregungsleitung. HUXLEY erhielt 1963 zusammen mit HODGKIN und John ECCLES den Nobelpreis.

Andrew HUXLEY (*1917)

PRAKTIKUM

Membranpotenziale und Erregungsleitung

1 Modellversuch zur Messung des Ruhepotenzials

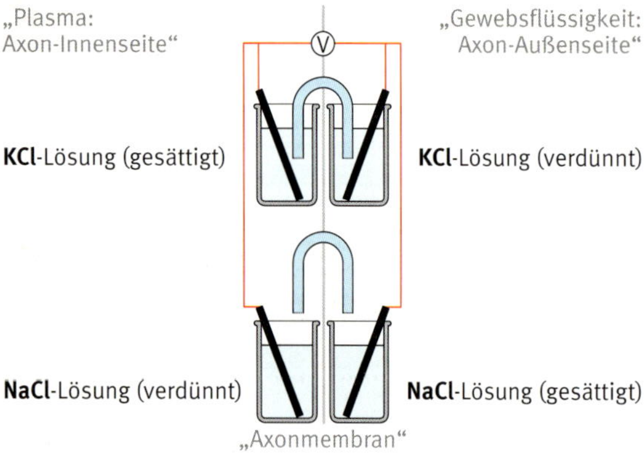

Zeit: 20 min
Material: 4 Platin-Elektroden, 4 Bechergläser (250 ml), Voltmeter, Verbindungskabel, verdünnte Salzsäure (C, 0,1 mol/l), Kaliumchlorid, Natriumchlorid, destilliertes Wasser, 2 Elektrolytbrücken mit Kaliumnitrat KNO_3

Durchführung:
1. Vier Platin-Elektroden werden am Vortag in ein Becherglas mit verdünnter Salzsäure gestellt. Am Morgen werden sie gründlich mit destilliertem Wasser abgespült und dann darin bis zum Versuchsbeginn aufbewahrt.
2. Stellen Sie in einem Becherglas eine kalt gesättigte Lösung von Kaliumchlorid her, in einem zweiten eine verdünnte. Stellen Sie im dritten Becherglas eine kalt gesättigte Lösung von Natriumchlorid her, in einem vierten eine verdünnte.
3. In jedes der vier Bechergläser wird eine Platinchlorid-Elektrode eingetaucht und die Elektroden werden gemäß der Abbildung mit dem Voltmeter verbunden.
4. Die Elektrolytbrücke wird zuerst in die Kaliumchlorid-Bechergläser getaucht, die Spannung abgelesen und die Brücke dann wieder herausgezogen.
5. Nun werden mit der zweiten Elektrolytbrücke die Bechergläser mit Natriumchlorid verbunden und die Spannung notiert.

Aufgaben:
a) Notieren Sie alle Versuchsergebnisse und erläutern Sie diese.
b) Vergleichen Sie dieses Modell mit dem Ruhepotenzial eines Neurons.
c) Begründen Sie die Polung der Elektroden bei den einzelnen Messungen.

2 Modellversuch zur Erregung von Nerven nach dem Alles-oder-Nichts-Prinzip

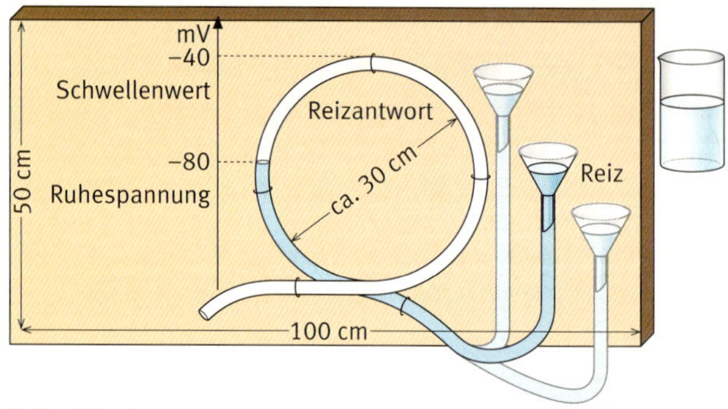

Zeit: 20 min
Material: Styropor- oder Sperrholzplatte (50 x 100 cm), evtl. Holzstücke, durchsichtiger PVC-Schlauch (Durchmesser 8 mm), Befestigungsdraht, Trichter, Wassereimer, Becherglas (300 ml), Wasser, Methylenblau oder Tinte

Durchführung:
1. Der Schlauch wird mit einem Durchmesser von 30 bis 35 cm entsprechend der Abbildung auf der Platte mit Draht befestigt. Sollte die Platte aus Styropor bestehen, muss der Draht auf der Rückseite mit Holzstücken unterlegt werden, damit das Styropor nicht zerschnitten wird.
2. Der Auslassschlauch sollte so lang gewählt werden, dass die Flüssigkeit in einem Eimer oder einem Waschbecken aufgefangen werden kann.
3. Als Ausgleichsgefäß wird auf der Reizseite ein Trichter auf den Schlauch gesteckt.
4. Die Platte wird gemäß der Abbildung beschriftet.
5. Der Schlauch wird blasenfrei mit angefärbtem Wasser befüllt.
6. Bewegen Sie den Trichter nach oben und unten, ohne dass Wasser ausläuft.
7. Heben Sie den Trichter langsam gerade über den Schwellenwert von −40 mV an.
8. Befüllen Sie die Apparatur neu und heben Sie dann den Trichter schnell deutlich über den Schwellenwert von −40 mV an.

Aufgaben:
a) Beschreiben und erläutern Sie die Versuchsergebnisse aus 6 bis 8.
b) Stellen Sie das Modell den Erregungsvorgängen einer Nervenzelle gegenüber, indem Sie folgende Modellbestandteile übertragen:
Wasserspiegel im Kreis, höchster Punkt im Kreis, Anheben des Trichters, Senken des Trichters, Bewegen des Trichters, Bewegen des Wasserspiegels, Entleeren des Schlauches, Füllen des Schlauches.

3 Das OSTWALD-LILLIE'sche Modell der Erregungsleitung

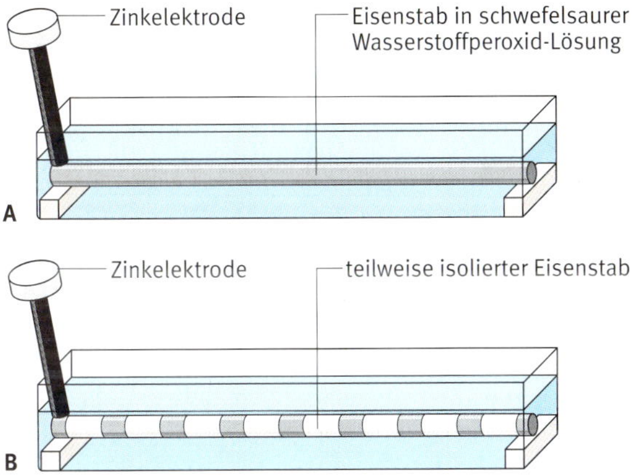

Zeit: 45 min
Material: Glaswanne, Pinzette, Becherglas (250 ml), Messzylinder (100 ml), destilliertes Wasser H_2O, Schwefelsäure H_2SO_4 (C, 1 mol/l), Wasserstoffperoxidlösung (C, 30 %), Eisenstab (3 cm Durchmesser und entsprechend der Glaswanne möglichst lang), Schmirgelpapier, Zinkelektrode, Gewebeband (1–1,5 cm breit)

Durchführung:

1. Der Eisenstab wird intensiv geschmirgelt und zum Glänzen gebracht. Er darf dabei wegen des Hautfetts nicht mit den Fingern angefasst werden.
2. In einem Becherglas werden nacheinander 97 ml destilliertes Wasser sowie 27,5 ml Schwefelsäure und 43 ml Wasserstoffperoxid-Lösung zusammengegeben.
3. Diese Elektrolyt-Lösung wird in die Glaswanne gefüllt.
4. Nun wird der Eisenstab mit der Pinzette in die Elektrolyt-Lösung gelegt.
5. Anschließend wird der Eisenstab mit der Zinkelektrode an einem Ende für 0,5 s berührt.
6. Wiederholen Sie den Versuch entsprechend Abbildung B mit einem blank geschmirgelten Eisenstab, den Sie in regelmäßigen Abständen mit Gewebeband umwickelt haben.

Anmerkung:

1. Der Eisenstab überzieht sich beim Eintauchen wegen der oxidierenden Wirkung des Wasserstoffperoxids mit einer Deckschicht aus Eisenoxid. Dabei entsteht Wasserstoffgas. Nach wenigen Sekunden hört diese Reaktion auf.
2. Berührt man diese Deckschicht dann mit einem Zinkstab, löst sich die Eisenoxidschicht dort zuerst auf und bildet sich dann unter erneuter Bildung von Wasserstoffgas zurück.

Aufgaben:

a) Notieren Sie Ihre Beobachtungen für beide Versuche getrennt.
b) Welche elektrochemischen Reaktionen finden statt?
c) Übertragen Sie diese Modellsysteme auf die Vorgänge der Erregungsleitung an Nervenzellen-Membranen.

4 Mechanisches Modell der Erregungsleitung

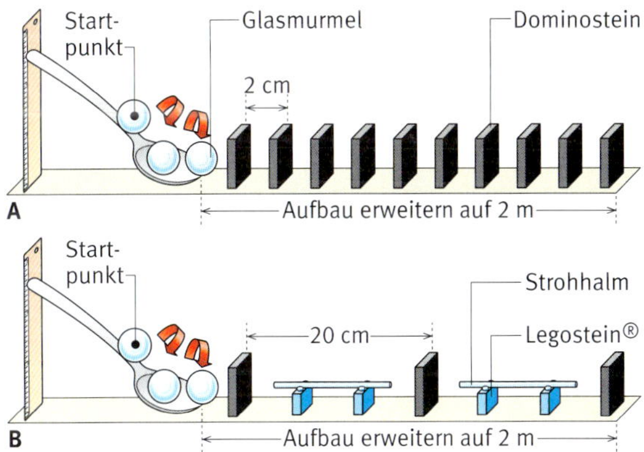

Zeit: 20 min
Material: Dominosteine, Legosteine, Strohhalme, Lineal, Esslöffel, Glasmurmel, Stoppuhr

Durchführung:

1. Bauen Sie entsprechend der Skizze nebeneinander zwei gleich lange Strecken auf. Die Dominosteine müssen bei A so stehen, dass sie in einer Kettenreaktion umfallen können. Bei B werden die Abstände jeweils so gewählt, dass ein Dominostein über den Strohhalm den nächsten Stein zum Umfallen bringen kann.
2. Heben Sie den Löffelstiel etwas an und lassen Sie die Glasmurmel in die Löffelmulde rollen. Vergrößern Sie die Höhe so lange, bis die Kugel durch den Schwung aus der Löffelmulde herausrollt. Messen Sie die Höhe.
3. Bringen Sie den Löffel nun mit der gerade festgestellten Höhe vor Dominoreihe A in Stellung.
4. Lassen Sie die Murmel über die Löffelmulde rollen. Ein Mitschüler stoppt die Zeit vom ersten umfallenden Dominostein bis zum letzten.
5. Wiederholen Sie das Experiment anschließend mit der Dominoreihe B und messen Sie wiederum die Zeit, bis der letzte Dominostein umgefallen ist.

Aufgaben:

a) Notieren Sie die Versuchsergebnisse.
b) Vergleichen Sie das Modell mit der Erregungsleitung an marklosen und markhaltigen Nervenfasern. Übertragen Sie die entsprechenden Modellteile auf die tatsächlich ablaufenden Vorgänge.

1.6 Informationsübertragung an Synapsen

Nach der Neuronen-Theorie von RAMON-Y-CAJAL besteht das Nervensystem aus einzelnen, unabhängigen Zellen. Für den Kontaktbereich zwischen den Neuronen wurde der Begriff Synapse geprägt. Bei der Weiterleitung einer Erregung ergibt sich nun das Problem, wie die Lücke zwischen den zwei Zellen überbrückt wird. Inzwischen weiß man, dass es zwei grundsätzlich verschiedene Lösungen gibt.

Auf elektronenmikroskopischen Bildern erkannte man in den sechziger Jahren des 20. Jahrhunderts spezielle Kanäle, die **gap junctions** (engl. *gap*, Lücke; *junction*, Verbindung). Sie verbinden das Cytoplasma zweier beteiligter Neuronen. Im Bereich dieser Kanäle ist der Abstand zwischen den beiden Neuronen mit 3,5 Nanometern sehr viel kleiner als der normale extrazelluläre Zwischenraum der beiden Zellen, der etwa 20 Nanometer beträgt. Der die beiden Neuronen verbindende Kanal wird aus zwei Proteinen gebildet, die sich in den beiden Membranen gegenüber liegen.

Durch solche gap junctions können die Ionenströme zwischen den beiden Neuronen fließen: Die Ionen werden direkt ausgetauscht. Somit ist eine elektrische Verbindung zwischen dem präsynaptischen und dem postsynaptischen Neuron hergestellt und Erregungen können ohne Zeit- und Intensitätsverlust übertragen werden. Ein Nachteil dieses Synapsentyps ist, dass die Übertragungen von Erregungen nicht beeinflusst werden können. Entsprechend findet man solche elektrische Synapsen vornehmlich dort, wo Bewegungen sehr schnell und automatisch ausgelöst werden sollen.

26.1 Aufbau einer elektrischen Synapse

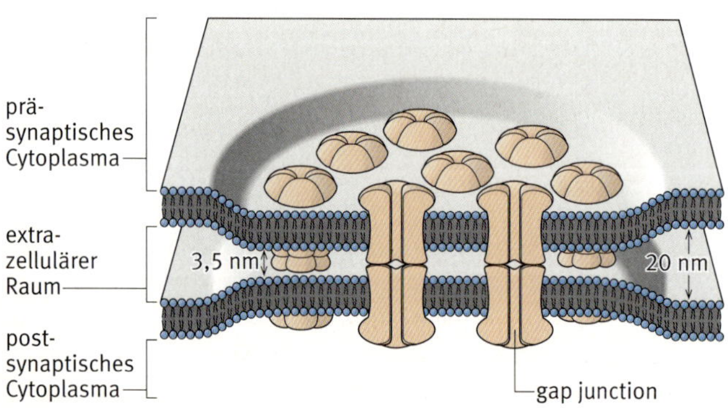

Dies ist zum Beispiel der Fall beim Schwanzschlag eines Fisches, der die Flucht vor einer Gefahrensituation einleitet.

Die Mehrzahl der Synapsen in einem Wirbeltier arbeiten jedoch nach dem chemischen Prinzip. Bei einer **chemischen Synapse** sind die beiden Neuronen nicht elektrisch leitend miteinander verbunden. Durch den 20 bis 40 Nanometer breiten **synaptischen Spalt** wird die vor dem Spalt liegende präsynaptische Zelle von der postsynaptischen Zelle getrennt. Die Synapse wird durch den synaptischen Spalt und die beiden begrenzenden Membranen gebildet. Deshalb kann eine Erregung, die am Endknöpfchen einer präsynaptischen Zelle eintrifft, nicht unmittelbar auf die Membran der postsynaptischen Zelle übertragen werden.

Eine Folge abgestimmter Reaktionen ist notwendig, um den synaptischen Spalt zu überbrücken. Dazu wird das einlaufende elektrische Signal in ein chemisches Signal und dann an der nachfolgenden Membran wieder in ein elektrisches Signal umgewandelt.

Wenn am synaptischen Endknöpfchen eine Erregung einläuft, depolarisiert sie die präsynaptische Membran. Darauf öffnen sich dort spannungsabhängige Calcium-Ionen-Kanäle (1). Durch diese strömen Calcium-Ionen in das Cytoplasma des Endknöpfchens. In diesem gibt es eine große Zahl von membranumhüllten **synaptischen Bläschen.** Durch den Anstieg der Calcium-Ionen-Konzentration verschmelzen einige der Vesikel mit der präsynaptischen Membran (2) und entlassen ihren Inhalt in den synaptischen Spalt. Bei dem am besten untersuchten Synapsentyp besteht dieser Inhalt jeweils aus etwa 5000 Molekülen des **Transmitters** (lat. *transmittere*, hinüberschicken) **Acetylcholin** (ACh). Neben dem Acetylcholin gibt es eine Vielzahl weiterer Substanzen, die als Transmitter wirken können. Die Vesikelmembran geht anschließend in der präsynaptischen Membran auf.
Die Transmittermoleküle diffundieren durch den synaptischen Spalt und erreichen in etwa 0,1 Millisekunden auch die postsynaptische Membran (3). Dort besetzten sie nach dem Schlüssel-Schloss-Prinzip für etwa eine Millisekunde die Acetylcholin-Rezeptoren von Ionenkanälen. Durch die Bindung öffnen sich die Kanäle für diese Zeit und lassen Natrium-Ionen passieren (4), weshalb die postsynapti-

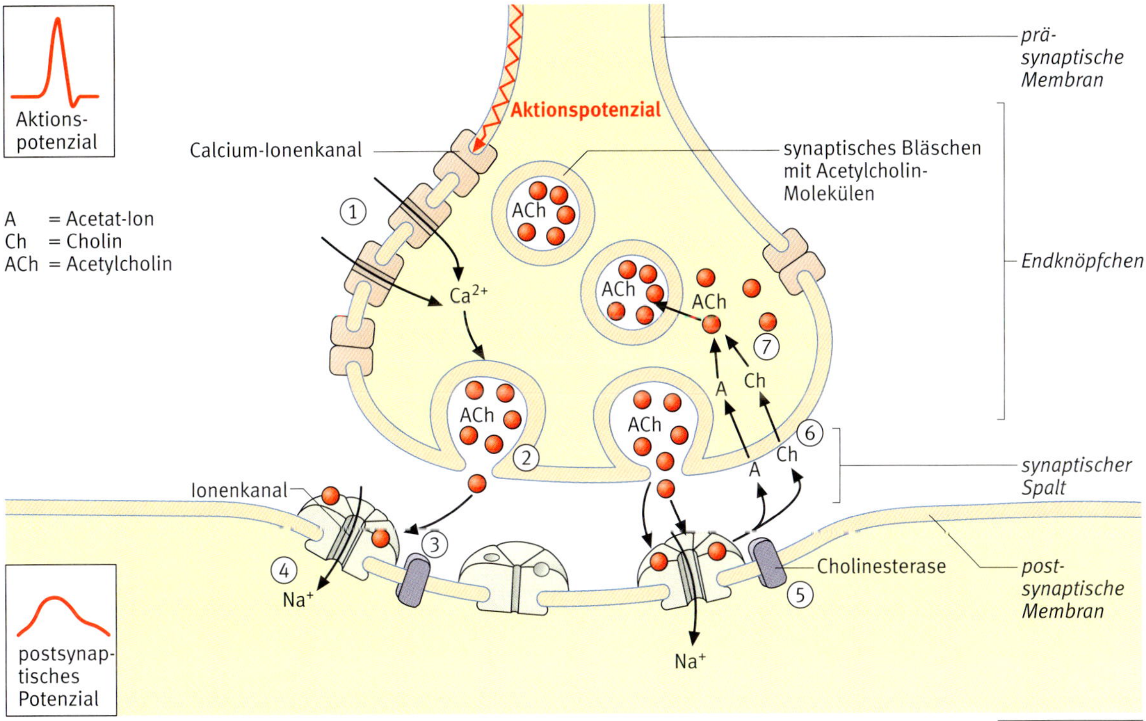

27.1 Chemische Synapse. Weiterleitung einer Erregung durch ACh

sche Membran depolarisiert wird. Das entstehende **postsynaptische Potenzial, PSP,** ist der ausgeschütteten Transmittermenge proportional.

Bei überschwelliger Depolarisation der postsynaptischen Membran entsteht am Axonhügel dieses Neurons ein Aktionspotenzial, das entsprechend weitergeleitet wird. Von der Depolarisierung der präsynaptischen Membran bis zur Generierung des neuen Aktionspotenzials vergehen in der Regel ein bis fünf Millisekunden.

Wie wird nun der Ausgangszustand wieder hergestellt? Die Acetylcholinmoleküle lösen sich nach einer Millisekunde wieder vom Rezeptor und können auf das Enzym Acetylcholinesterase treffen. Dieses ist sowohl im synaptischen Spalt als auch in der postsynaptischen Membran vorhanden (5) und spaltet den Transmitter in Cholin (Ch) und Acetat-Ionen (A). Ohne Acetylcholin verändert sich der räumliche Aufbau des Kanals wieder und die Natrium-Ionen können die postsynaptische Membran nicht mehr passieren. Die Acetat-Ionen und das Cholin werden vom Endknöpfchen aktiv aufgenommen (5). Aus ihnen wird wieder Acetylcholin hergestellt, das in Vesikel eingelagert wird (6).

Etwa zehn Prozent aller Synapsen des ZNS sowie alle Synapsen zu den Muskeln leiten die Erregung mithilfe des Acetylcholins weiter. Dabei gibt es zwei verschiedene Typen von Acetylcholin-Rezeptoren, deren Namen sich von körperfremden Naturstoffen ableiten. Der eine Typ wird durch Nikotin stimuliert und durch Kurare blockiert. Er wird deshalb **nikotinischer Rezeptor** genannt. Der andere Rezeptortyp wird durch Muskarin stimuliert und durch Atropin blockiert. Er heißt deshalb **muskarinischer Rezeptor.**

Nikotin stammt aus der Tabakpflanze, Kurare ist ein Gemisch aus verschiedenen südamerikanischen Pflanzen, Muskarin kommt in Fliegenpilzen vor und Atropin in Tollkirschen. Diese Stoffe sind organische Verbindungen, die wie Alkalien mit Säuren Salze bilden und deshalb Alkaloide heißen.

1 Vergleichen Sie die unterschiedlichen Eigenschaften von elektrischen und chemischen Synapsen in einer Tabelle.

2 Aus Abb. 27.1 ist zu ersehen, dass nicht ein, sondern jeweils zwei Acetylcholin-Moleküle die Rezeptoren an den postsynaptischen Ionenkanälen besetzen müssen. Diskutieren Sie Vor- und Nachteile, die daraus entstehen.

1.7 Verrechnung an Synapsen

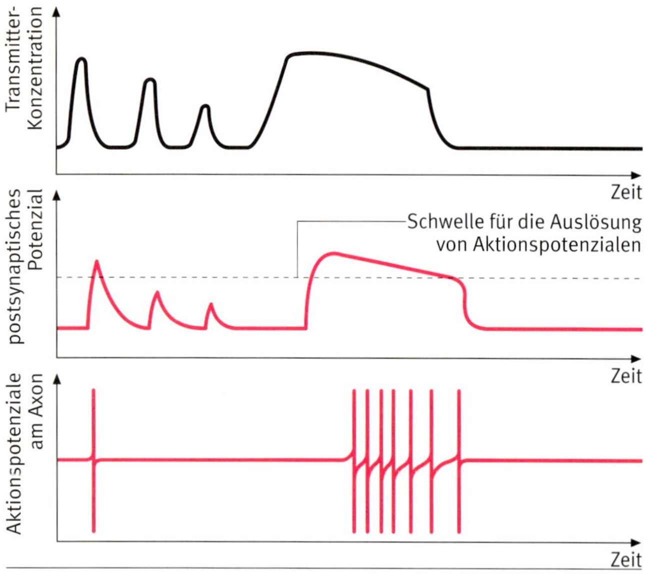

28.1 Zusammenhang von Reizintensität, Rezeptorpotenzial und Aktionspotenzialen

Nachdem das Grundprinzip der chemischen Informationsübertragung an einer Synapse geklärt ist, bleibt noch ein ungelöstes Problem: Wenn die Aktionspotenziale nach dem Alles-oder-Nichts-Prinzip in immer gleicher Intensität und Dauer gebildet werden, wie werden dann verschiedene Intensitäten von Erregungen weitergegeben?

Dies ist offensichtlich nur über den Abstand der zeitlichen Aufeinanderfolge, der Frequenz, einzelner Aktionspotenziale am Axon möglich.

Man spricht von **Frequenzmodulation** (lat. *modulatio,* Takt). Dabei wird die maximale Frequenz der Aktionspotenziale zum Beispiel durch die Refraktärzeit der Membranen begrenzt.

Laufen an der Membran eines synaptischen Endknöpfchens Aktionspotenziale ein, werden Transmitter ausgeschüttet, die an der nachfolgenden Zelle ein **postsynaptisches Potenzial, PSP,** erzeugen.

Die Frequenz der einlaufenden Aktionspotenziale bestimmt die Menge des ausgeschütteten Transmitters. Dieser bindet an spezifische Rezeptoren und löst das postsynaptische Potenzial aus, das sich deutlich von einem Aktionspotenzial unterscheidet. Das PSP folgt nicht dem Alles-oder-Nichts-Prinzip, sondern kann entsprechend der Transmitter-Konzentration in Stärke und Dauer jeden beliebigen Wert einnehmen.

Die digital codierte Intensität der Aktionspotenziale wird also in eine analoge Intensität und Dauer des postsynaptischen Potenzials übersetzt. Die Synapse fungiert als Digital-Analog-Wandler (D/A-Wandler).

Anders als ein Aktionspotenzial wird ein PSP nicht ständig neu gebildet. Es schwächt sich bei der Weiterleitung entlang der Membran des Zellkörpers ab. Ist das Potenzial am Axonhügel der postsynaptischen Zelle dann unterschwellig, passiert scheinbar nichts. Dort befinden sich bei jedem Neuron spannungsabhängige Natrium-Ionen-Kanäle. Sie öffnen sich bei Eintreffen eines überschwelligen Potenzials und erzeugen aus dem PSP Aktionspotenziale.

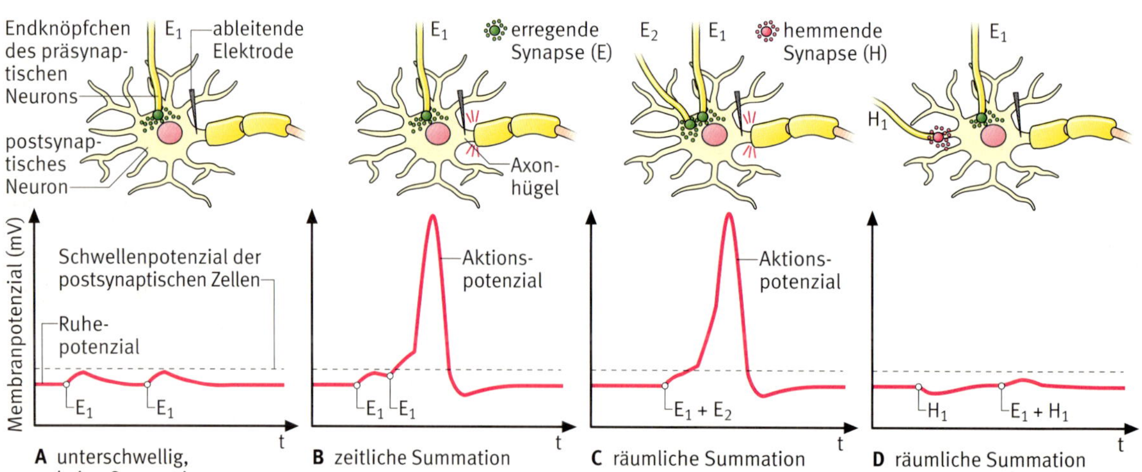

28.2 Summation postsynaptischer Potenziale.

A unterschwellig; **B** zeitliche Summation; **C** räumliche Summation; **D** räumliche Summation von EPSP und IPSP

Das überschwellige PSP bestimmt durch seine Intensität und Dauer die Frequenz der am Axonhügel neu erzeugten Aktionspotenziale. Das analoge postsynaptische Potenzial wird wieder in eine digital codierte Erregung umgewandelt, die Verrechnungsstelle fungiert als Analog-Digital-Wandler (A/D-Wandler).
Bisher wurden nur Synapsen vorgestellt, bei denen die Transmitterausschüttung eine Depolarisation der postsynaptischen Membran bewirkt. Diese *erregenden Synapsen* können ein *erregendes* oder **exzitatorisches postsynaptische Potenzial, EPSP,** auslösen (lat. *excitare,* antreiben).
Daneben gibt es auch *hemmende Synapsen.* Deren Transmitter öffnen in der postsynaptischen Membran Kanäle, die spezifisch Kalium- beziehungsweise Chlorid-Ionen passieren lassen. Dadurch wird die Membran hyperpolarisiert. Es entsteht ein hemmendes oder **inhibitorisches postsynaptisches Potenzial, IPSP** (lat. *inhibere,* hemmen), das niemals Aktionspotenziale auslösen kann.

Ein Neuron kann von vielen tausend hemmenden und erregenden Synapsen Informationen erhalten. Man bezeichnet dieses Phänomen als **Konvergenz** (lat. *convergere,* sich hinneigen). Die Effekte der verschiedenen Synapsen können sich an der postsynaptischen Membran überlagern, sodass ein Neuron nicht auf einzelne postsynaptische Potenziale von Synapsen reagiert.
Treffen innerhalb kurzer Zeit mehrere unterschwellige EPSPs am Axonhügel ein, können diese dennoch ein Aktionspotenzial auslösen. Man spricht in diesem Fall von **zeitlicher Summation.**

Bei der **räumlichen Summation** werden unterschwellige EPSPs addiert, die von verschiedenen erregenden Synapsen ausgelöst wurden. Meistens tritt zusätzlich auch eine zeitliche Summation auf: Treffen mehrere unterschwellige EPSPs von Synapsen schnell hintereinander am Axonhügel ein, können sie zu einem neuen Aktionspotenzial addiert werden.

Die Summation tritt aber auch auf, wenn die postsynaptischen Potenziale erregender und hemmender Synapsen gleichzeitig verrechnet werden. Die entsprechenden Depolarisationen und Hyperpolarisationen der postsynaptischen Membran überlagern einander, sodass am Axonhügel ein Potenzial ankommt, das der Addition der beiden Membranerregungen entspricht.
Die gebildeten Aktionspotenziale können durch Verzweigungen des Axons auf mehrere Folgeneuronen verteilt werden. Dieses heißt **Divergenz.** Die Erregungsmuster divergenter Axone unterscheiden sich nicht. Konvergenz und Divergenz sind wichtige Funktionsprinzipien der Informationsverarbeitung im ZNS.

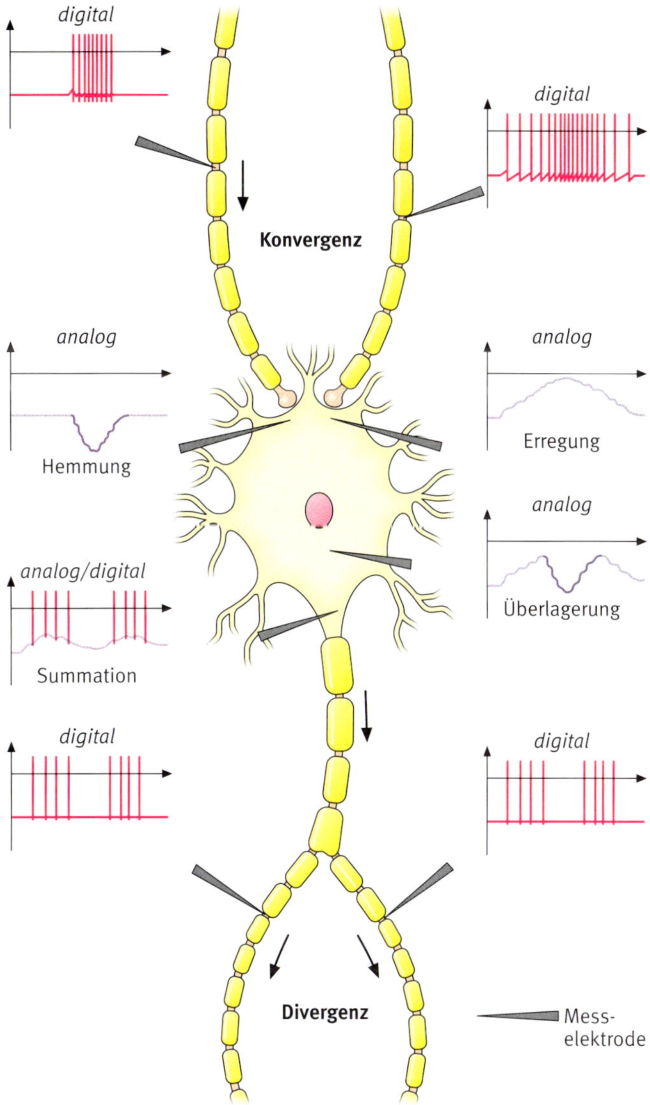

29.1 Neuronale Informationsverarbeitung: Konvergenz und Divergenz

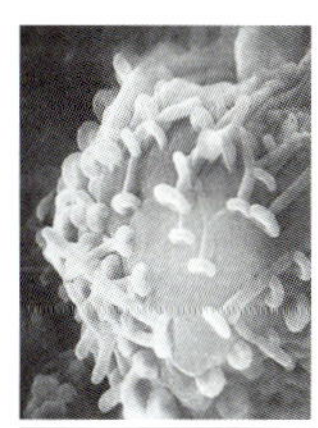

29.2 Soma mit Synapsen

1 Vergleichen Sie den Verlauf eines Aktionspotenzials mit dem eines überschwelligen postsynaptischen Potenzials.

2 Worin liegt die Bedeutung der Summation am Soma eines Neurons?

Name	Wirkung	Vorkommen
Acetylcholin	erregend bei der Übertragung auf Muskeln, sonst erregend oder hemmend	ZNS, VNS, Muskeln (bei Wirbeltieren)
Adrenalin	erregend	ZNS
Asparaginsäure (= Aspargat)	erregend	ZNS
Dopamin	meist erregend, manchmal hemmend	ZNS, VNS
Endorphin, zum Beispiel Met-Enkephalin	meist hemmend	ZNS
Gamma-Aminobuttersäure (= GABA)	hemmend	ZNS, Muskeln (bei Wirbellosen)
Glutaminsäure (= Glutamat)	erregend	ZNS, Muskeln (bei Wirbellosen)
Glycin	hemmend	ZNS
Noradrenalin	erregend oder hemmend	ZNS, VNS
Serotonin	meist hemmend	ZNS

30.1 Wichtige Transmitter

MEDIZIN

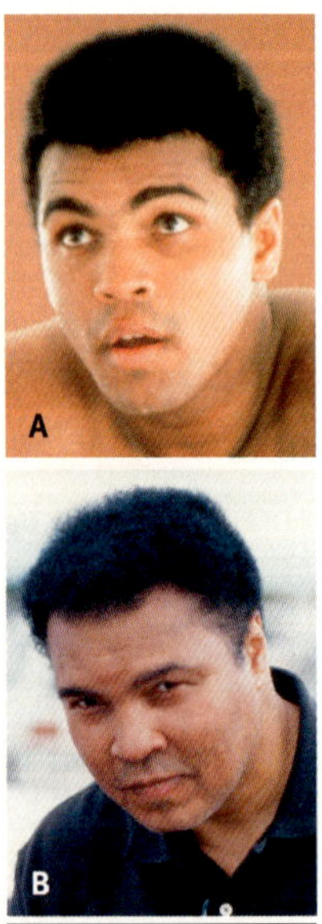

Muhammad ALI (*1942). **A** in jungen Jahren; **B** heute mit PARKINSON-Syndrom

PARKINSON-Syndrom

In Deutschland leiden etwa 250 000 Patienten an dieser Krankheit. Ihre Symptome sind verlangsamte Motorik, erhöhte Muskelspannung und ständiges Zittern. Hervorgerufen werden diese Symptome durch einen Mangel an Dopamin im Gehirn. Dieser wird durch den zunehmenden Verlust von dopaminergen Zellen in der Substantia nigra im Mittelhirn verursacht. Dopamin kann die Blut-Hirn-Schranke nicht überwinden, deshalb wird den Patienten zur Linderung der Symptome die Vorstufe L-Dopa verabreicht. Die Krankheit wird nach ihrem Entdecker, dem englischen Arzt James PARKINSON (1755–1824), benannt. Neben einer genetischen Disposition werden auch andere Ursachen diskutiert.

1.8 Transmitter

Chemische Botenstoffe müssen vier Kriterien erfüllen, damit sie als Transmitter gelten können:

- Ihre Synthese muss in Neuronen erfolgen;
- sie werden vom Endknöpfchen freigesetzt und besetzen an der postsynaptischen Membran spezifische Rezeptoren;
- Transmitter wirken nach der Rezeptorbindung nur kurzfristig, spalten danach wieder ab und werden wieder in das Endknöpfchen aufgenommen.

Acetylcholin ist bei Wirbeltieren und Wirbellosen einer der häufigsten Transmitter. Es kann sowohl inhibitorisch als auch exzitatorisch wirken und ist insbesondere an der Erregungsübertragung von Neuronen auf Muskelzellen beteiligt.

Weiterhin gibt es eine Gruppe von Transmittern, die sich als **biogene Amine** (Stickstoffverbindungen des Zellstoffwechsels) von der Aminosäure Tyrosin ableiten. Dazu gehören **Adrenalin, Noradrenalin** und **Serotonin,** die auch als Hormone wirken, sowie **Dopamin.**

Transmitter dieser Gruppe nehmen oft Einfluss auf biochemische Prozesse in postsynaptischen Zellen, indem sie die Aktivität spezifischer Enzyme regulieren. In der Regel geschieht dies im ZNS, nur Noradrenalin wirkt auch im Vegetativen Nervensystem, VNS. Ist das Zusammenspiel dieser Transmitter nachhaltig gestört, treten unterschiedliche Krankheitsbilder auf, wie zum Beispiel das PARKINSON-Syndrom.

Die halluzinogene Wirkung einiger psychoaktiver Drogen wie LSD oder Meskalin beruht offensichtlich auf Wechselwirkungen dieser Substanzen mit Serotonin- und Dopamin-Rezeptoren.

Im ZNS wurden bisher vier Aminosäuren identifiziert, die ebenfalls als Transmitter wirken. Neben der Gamma-Aminobuttersäure (GABA) sind dies Glycin, Glutaminsäure und Asparaginsäure. Die letzten sind auch wichtige, in unserem genetischen Code festgelegte Bestandteile von Proteinen. Glutamin- und Asparaginsäure werden in Anionenform auch Glutamat oder Aspartat genannt.

1.9 Neuropeptide: Neuromodulatoren und Neurohormone

Schwerverletzte spüren kurz nach einem Unfall oftmals keinen Schmerz. Dieses Phänomen ist der Medizin schon seit langem bekannt, erklären konnte man es nicht. Auch bestimmte Drogen wie Morphium können die Schmerzwahrnehmung unterdrücken oder zumindest dämpfen.

1973 entdeckten der amerikanische Pharmakologe Solomon SNYDER und seine Studentin Candace PERT im Gehirn spezielle Rezeptoren für die Drogen Morphium und Heroin. Dies war eine große Überraschung. Warum haben Menschen in ihren Gehirnen Rezeptoren für pflanzliche Inhaltsstoffe?

Ein Jahr später entdeckte John HUGHES eine erste körpereigene Substanz, die spezifisch an diese Rezeptoren bindet, das Enkephalin. Es handelt sich dabei um ein Molekül, das aus fünf Aminosäuren besteht und deshalb zur Stoffklasse der Oligopeptide gehört. Später wurden noch weitere derartige Moleküle entdeckt, die aus bis zu 30 Aminosäuren bestehen. Der Aufbau der Opiate ähnelt diesen Oligopeptiden, was ihre Bindung an die Rezeptoren erklärt. Sie können ebenfalls die Schmerzwahrnehmung unterdrücken oder dämpfen. Diese Stoffe erhielten den Namen **Endorphine.** Der Name setzt sich zusammen aus endo (gr., innen) und Morphin, dem Hauptwirkstoff des Morphiums.

Inzwischen weiß man, dass die Endorphine auch am Zustandekommen eines bekannten Phänomens beim Langstreckenlauf beteiligt sind, dem „Runner's high" oder „The second wind": Ein Sportler verspürt in der zweiten Hälfte eines Langstreckenlaufes einen deutlichen Leistungsschub. Unter dem Einfluss der bei der körperlichen Anstrengung ausgeschütteten Endorphine sinkt das Schmerzempfinden des Läufers und er gerät in einen euphorischen Zustand.

Was aber bewirken die Endorphine? Einige von ihnen lösen selbst keine postsynaptischen Potenziale aus. Sie beeinflussen aber die Wirkung anderer, klassischer Transmitter. Sie verändern sowohl die Dauer als auch die Intensität der postsynaptischen Potenziale und beeinflussen damit die Schmerzempfindung.

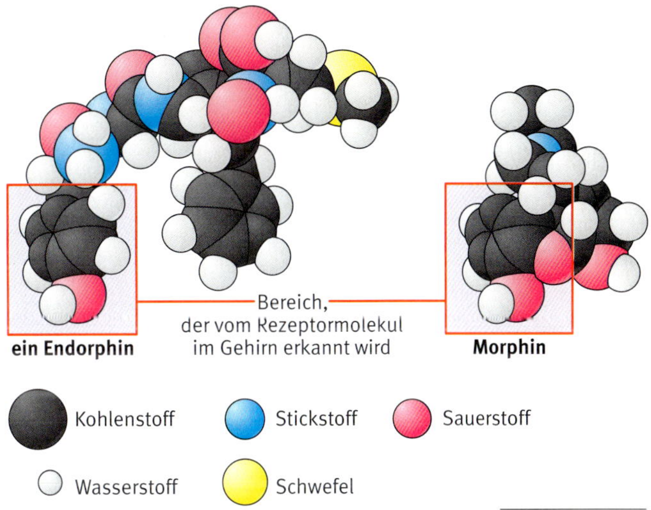

31.1 Strukturelle Ähnlichkeit von Endorphinen und Morphin

Solche Stoffe werden als **Neuromodulatoren** (lat. *modulatio,* Takt) bezeichnet.

Im Gegensatz zu den Neurotransmittern, die von Enzymen in allen Teilen des Neurons aus Vorstufen gebildet werden können, werden **Neuropeptide** von einer mRNA in ein Vorstufen-Peptid translatiert. Das geschieht immer im Zellkörper. Die Vorstufe wird noch chemisch verändert und dann erst in die Endigungen des Neurons transportiert. Dort wird sie gespeichert und auf einen Reiz zum Beispiel in Blut oder Gewebeflüssigkeit freigesetzt. Diese Neuropeptide werden dann **Neurohormone** genannt und die Neurone als neurosekretorische Zellen bezeichnet. Solch ein Neurohormon ist zum Beispiel das Wehenhormon Oxytocin, das von Zellen im Hypothalamus gebildet wird. Die Oxytocin bildenden Zellen transportieren das Neurohormon in ihren Axonen dann bis in den Hypophysen-Hinterlappen, welcher auch Neurohypophyse genannt wird.

Bei den Neuropeptiden gibt es fließende Übergänge von der Wirkung als Transmitter oder Neuromodulator bis hin zu den Neurohormonen. Neuropeptide können zum Beispiel nicht nur an Synapsen, sondern auch an anderen Stellen eines Neurons ausgeschüttet werden und wirken dann eher diffus im Gegensatz zu der streng lokalen Wirkung an den Synapsen. Die Wirkung ein und desselben Stoffes kann, je nach Zielort, unterschiedlich sein. Dies aufzuklären und zu verstehen ist das Ziel umfangreicher aktueller Forschungen auf diesem Gebiet.

Bau und Funktion von Nervenzellen

1

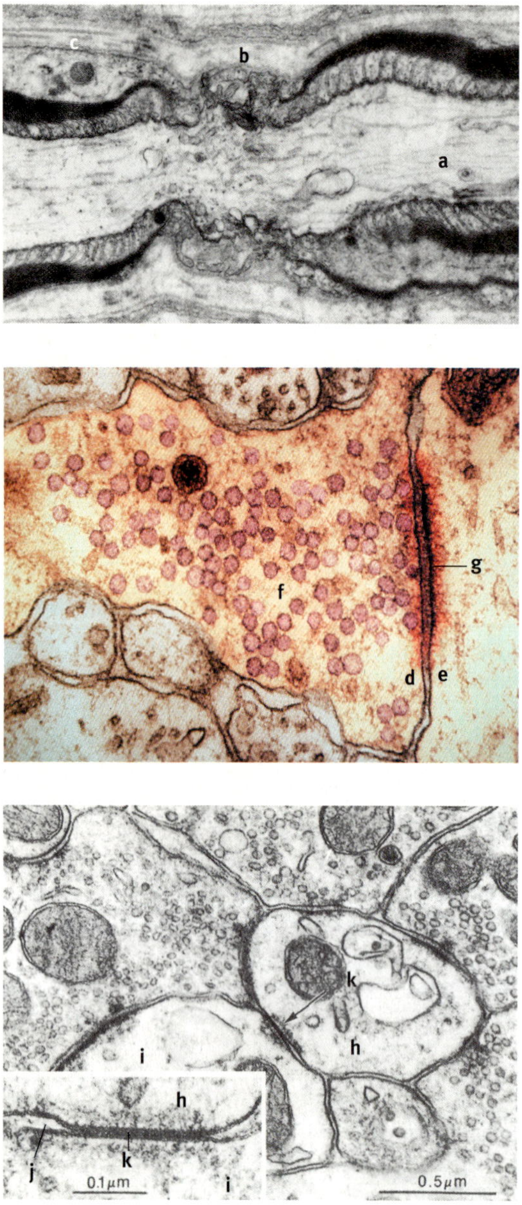

a) Was erkennen Sie in den elektronenmikroskopischen Abbildungen?

b) Beschriften Sie die Abbildungen anhand der Buchstaben.

2 Einige Erkrankungen des Nervensystems gehen einher mit eine Demyelinisierung von Nervenfasern, wie zum Beispiel das GUILLAIN-BARRÉ-Syndrom. Dieses wurde im 19. Jahrhundert nach den französischen Neurologen Georges GUILLAIN und Jean BARRÉ benannt, die es erstmals beschrieben.

Die Krankheit ist gekennzeichnet durch eine schwere Form einer akuten Entzündung des PNS, die zu einer schnell einsetzenden Lähmung der Extremitäten, der Atemmuskulatur und des Gesichts führt. Die Ursache dieser Krankheit ist unklar, häufig tritt sie jedoch nach einer viralen oder bakteriellen Infektion auf. Infolgedessen scheint es zu einer Autoimmunreaktion zu kommen, bei der das Immunsystem körpereigenes Gewebe angreift. Beim GUILLAIN-BARRÉ-Syndrom betrifft dies vor allem die Myelinscheiden, aber auch die Nervenfasern selbst können vom Immunsystem angegriffen und in Mitleidenschaft gezogen werden.

a) Erklären Sie, wie die Symptome des GUILLAIN-BARRÉ-Syndroms zustande kommen.

b) Mit welchem anderen Krankheitsbild lässt sich das GUILLAIN-BARRÉ-Syndrom vergleichen? Begründen Sie Ihre Überlegungen.

3

Jedes Jahr erkranken zwischen 20 000 und 50 000 Menschen an Ciguatera, weil sie in tropischen Ländern Meeresfische aus der Riffzone verzehrt haben. Betroffene leiden unter anderem an Kopf- und Muskelschmerzen, Kraftlosigkeit der Extremitäten, Verlangsamung oder Erhöhung des Puls sowie Missempfindungen am ganzen Körper. So ist typischerweise das Temperaturempfinden gestört, Heißes wird als kalt empfunden und umgekehrt. Diese Erkrankung wird durch Ciguatoxin, das Gift des einzelligen Dinoflagellaten *Gambierdiscus toxicus* ausgelöst. Es reichert sich in der Nahrungskette an, ohne Krustentieren oder Fischen zu schaden. Erst wenn es in den Körper eines Menschen oder anderen Säugetieres gelangt, beginnt es seine unheilvolle Wirkung.
Inzwischen gibt es einen Test-Kit, mit dem Speisefische auf das Gift untersucht werden. Man weiß auch einiges über die pharmakologische Wirkung von Ciguatoxin.
Es bindet spezifisch an spannungsabhängige Natrium-

Ionen-Kanäle in der Membran von Zellen. Durch die Bindung des Giftes verändert das Membranprotein seine Raumstruktur, sodass sich der Natrium-Ionen-Kanal bereits bei Membrandepolarisationen öffnet, die deutlich niedriger liegen als normal.

a) Welche Konsequenzen ergeben sich durch die Anlagerung des Ciguatoxins für die Erregungsleitung im Neuron?

b) Dies hat auch Auswirkungen auf die Ausschüttung von Transmittern in den synaptischen Spalt. Welche Konsequenzen ergeben sich daraus für die Erregungsübertragung?

4 Auf seiner zweiten Reise machte der britische Entdecker Sir James COOK vor Neukaledonien eine unliebsame Erfahrung: Er verzehrte Teile eines ihm unbekannten Fisches und beklagte kurz darauf eine ungewöhnliche Schwäche in all seinen Gliedern, welche von Taubheit in den Extremitäten begleitet war. Zum Glück hatte COOK nur eine sehr kleine Portion des Fisches zu sich genommen, sonst hätten sich die Symptome weiter verschlimmert: Motorische Störungen wären aufgetreten, der Blutdruck und der Sauerstoffgehalt des Blutes wären dramatisch abgesackt und schließlich wäre er gestorben. Man nimmt heute an, dass COOK damals mit dem Gift Tetrodotoxin Bekanntschaft machte. Dieses ist eines der stärksten Nichtprotein-Gifte überhaupt. Bereits ein halbes Milligramm kann aus einem Fischgericht eine Henkersmahlzeit machen.
Auch heute wollen viele Menschen auf den Nervenkitzel einer potenziellen Giftmahlzeit nicht verzichten. In Japan sind manche Kugelfische, die das Gift enthalten, als „Fugu" eine besondere Delikatesse. Besonders ausgebildete Köche belassen beim Ausnehmen der Fische gerade so wenig Gift in den Fischen, dass man die Wirkung beim Verzehr gerade zu spüren beginnt.

33.1 Der Kugelfisch *Fugu rubripes*, eine Delikatesse in Japan

Die pharmakologische Rolle des Tetrodotoxins ist inzwischen aufgeklärt: Es bindet spezifisch an spannungsabhängige Natrium-Ionen-Kanäle von Zellmembranen und blockiert diese. Gegenmittel sind bis heute nicht bekannt, und bei ausreichender Dosierung tritt der Tod binnen 6 bis 24 Stunden ein.

a) Welche physiologischen Auswirkungen hat Tetrodotoxin auf Axone von Neuronen?

b) Nennen Sie unter Berücksichtigung der genannten Symptome mögliche Todesursachen, die bei einer Vergiftung mit Tetrodotoxin auftreten können.

5 Sowohl das bekannte Insektenvernichtungsmittel E_{605} als auch das Gift des Bakteriums *Clostridium botulinum* können beim Menschen eine tödliche Atemlähmung hervorrufen.
Während der Einwirkung der beiden Gifte wurden im synaptischen Spalt jeweils Konzentrationsmessungen durchgeführt.

a) Beschreiben und interpretieren Sie die beiden Diagramme.

b) Erläutern Sie das Zustandekommen des Phänomens der Atemlähmung für beide Gifte einzeln.

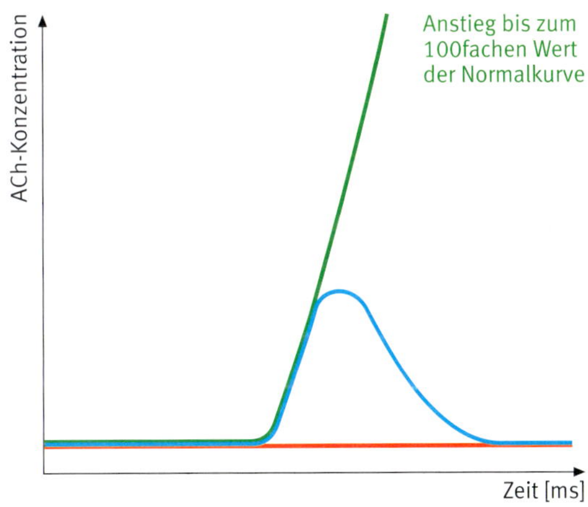

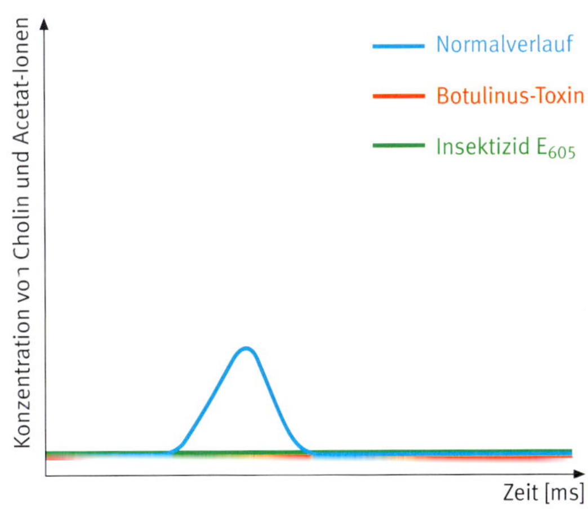

2 Aufnahme von Informationen: Sinnesphysiologie

2.1 Funktion und Arbeitsweise von Sinneszellen: Transduktion

Ein kratzender Strumpf, ein kalter Luftzug, das Aroma eines Sahnebonbons, eine rot untergehende Sonne – dies alles sind wahrnehmbare Informationen aus der Umwelt. Als **Reize** können sie von spezialisierten Zellen, den Sinneszellen oder **Rezeptoren** (lat. *recipere*, aufnehmen) aufgenommen werden. Rezeptoren sind häufig zu komplexen Organen, den Sinnesorganen, zusammengefasst. Obwohl sie auf ganz bestimmte Reize spezialisiert sind, lassen sich die Prozesse der Reizaufnahme verschiedener Sinneszellen auf ein universelles Grundprinzip zurückführen: die **Transduktion** (lat. *transducere*, überführen). Darunter versteht man die Umwandlung ganz unterschiedlicher Reize in elektrische Erregungsmuster: Stets werden dabei Membranen so beeinflusst, dass sie ihre Durchlässigkeit für Ionen und damit ihr Membranpotenzial verändern. Sinneszellen zeigen damit große Übereinstimmungen mit Nervenzellen.

34.1 Transduktion

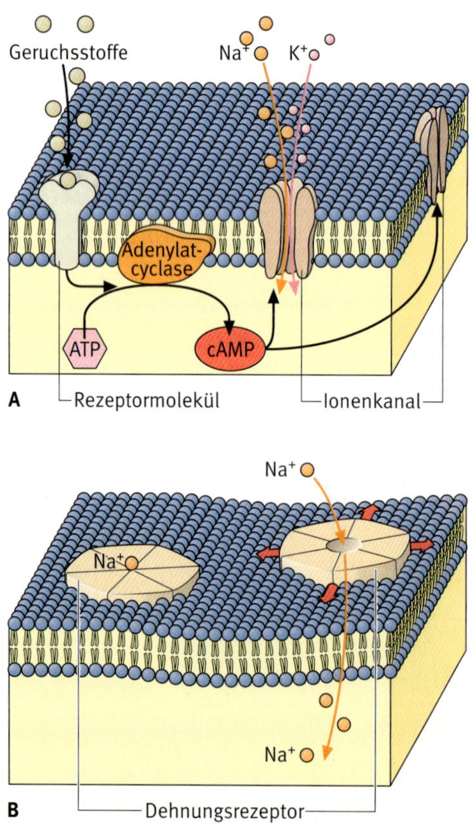

Ein *Chemorezeptor* zeigt die Verwandtschaft zu Nervenzellen besonders deutlich. Beim Neuron bewirken die an **Rezeptormolekülen** andockenden Transmitter die Öffnung von Porenproteinen: Daraus ergeben sich Ionenflüsse. Bei einer Riech- oder Schmeckzelle ist es ebenfalls ein spezifischer Stoff, der die Erregung bewirkt. Allerdings wird er nicht von einer benachbarten Nervenzelle produziert, sondern kommt als Geruchs- oder Geschmacksstoff aus der Umwelt.

Jeder Rezeptortyp ist auf die Aufnahme ganz bestimmter **adäquater Reize** spezialisiert. Im Falle eines einzelnen Geruchsstoffes kann nur die Sinneszelle reagieren, die die passenden Rezeptormoleküle besitzt. Da jede Riechsinneszelle nur einen Typ von Rezeptormolekülen besitzt, ist eine differenzierte Wahrnehmung von komplexen Gerüchen nur möglich, wenn verschiedene Sinneszellen zusammenwirken.

Mechanorezeptoren sind Sinneszellen, die durch mechanische Einflüsse gereizt werden. Als Reiz wirken Verformungen wie Verbiegen, Strecken oder Stauchen. Auf Membran-Ebene wird die mechanische Einwirkung deutlich: Kanalproteine werden verformt und ändern ihre Durchlässigkeit für Ionen.

Viele Veränderungen an der Rezeptormembran sind nur minimal, trotzdem können sie deutliche Auswirkungen haben. Im Extremfall kann ein einzelnes Geruchsstoffmolekül bereits eine Zellantwort auslösen. Es aktiviert mit seinem Andocken an das Rezeptormolekül die auf der Membraninnenseite gebundene *Adenylatcyclase.* Dieses Enzym wandelt hunderte ATP-Moleküle in **cyclisches Adenosinmonophosphat, c-AMP,** um, das unter anderem Ionenkanäle öffnet. Durch diese molekulare Kaskade kommt die benötigte Verstärkung zustande.

Die gereizte Sinneszelle bildet das – dem postsynaptischen Potenzial der Nervenzelle vergleichbare – **Rezeptorpotenzial.** Das Rezeptorpotenzial ist direkt proportional zur Reizintensität. In der Umformung und Weiterleitung der Erregung bestehen deutliche Unterschiede zwischen einzelnen Sinneszellen, die sich auch in ihrem Bau widerspiegeln. Bei **primären Sinneszellen** breitet sich das Rezeptorpotenzial bis zum Axonhügel aus. Wird dort der Schwellenwert erreicht, entstehen Aktionspotenziale, die sich über das Axon ausbreiten. Die Stärke des Rezeptorpotenzials bestimmt die Frequenz der Aktionspotenziale. Bestand vor dem Axon die Information in der Stärke der Abweichung vom Ruhepotenzial, so ist sie nun in der Zahl der Impulse pro Zeit *codiert*. Proportional dazu ist die ausgeschüttete Transmittermenge, mit der die folgende Nervenzelle beeinflusst wird. Primäre Sinneszellen haben damit große Ähnlichkeit mit Nervenzellen.

Bei **Sinnesnervenzellen** geht die Dendritenregion direkt ins Axon über, sodass der Zellkörper bei der Erregungsleitung keine Rolle spielt. Aktionspotenziale werden hier bereits am Dendriten erzeugt.

Sekundäre Sinneszellen besitzen kein Axon und bilden selbst keine Aktionspotenziale. Aktionspotenziale entstehen erst in der nachgeschalteten Nervenzelle.

Rezeptoren codieren eingehende Reize durchaus unterschiedlich. Einen einfachen Vergleich bieten hier Türklingeln. Es gibt solche, die so lange klingeln, wie man auf den Knopf drückt. Andere ertönen nur kurz mit „Ding-dong“, unabhängig, wie lange man drückt.

Der Dauerklingel entspricht der **tonische** Rezeptor. Er reagiert über die gesamte Reizdauer mit konstanten Erregungsmustern.

Bei **phasischen** Rezeptoren fällt die Zellantwort frühzeitig auf Null ab, auch wenn die Reizeinwirkung noch anhält. Sie reagieren sehr empfindlich auf Reizänderungen.

Der weitaus häufigste Typ ist der **phasisch-tonische** Rezeptor. Zu Beginn einer gleichbleibenden Dauerreizung ist die Impulsfrequenz hoch, um dann auf eine niedrige, konstante Frequenz abzufallen.

Darüber hinaus gibt es **spontanaktive** Rezeptoren. Sie geben auch ungereizt ständig Impulse ab, verändern das Impulsmuster jedoch bei Reizung. Sie sind wichtig zur Wahrnehmung von Reizen unterschiedlicher Richtung.

1 Führen Sie aus, ob der Klingelvergleich auf phasisch-tonische und spontanaktive Rezeptoren übertragbar ist.

2 Vergleichen Sie Bau und Funktion von Sinnes- und Nervenzellen.

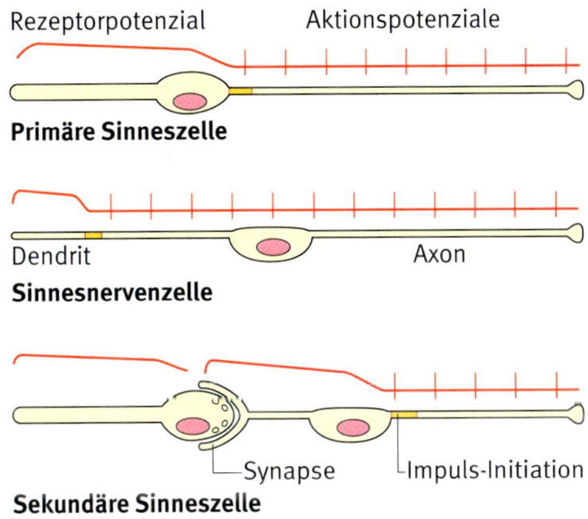

35.1 Rezeptortypen

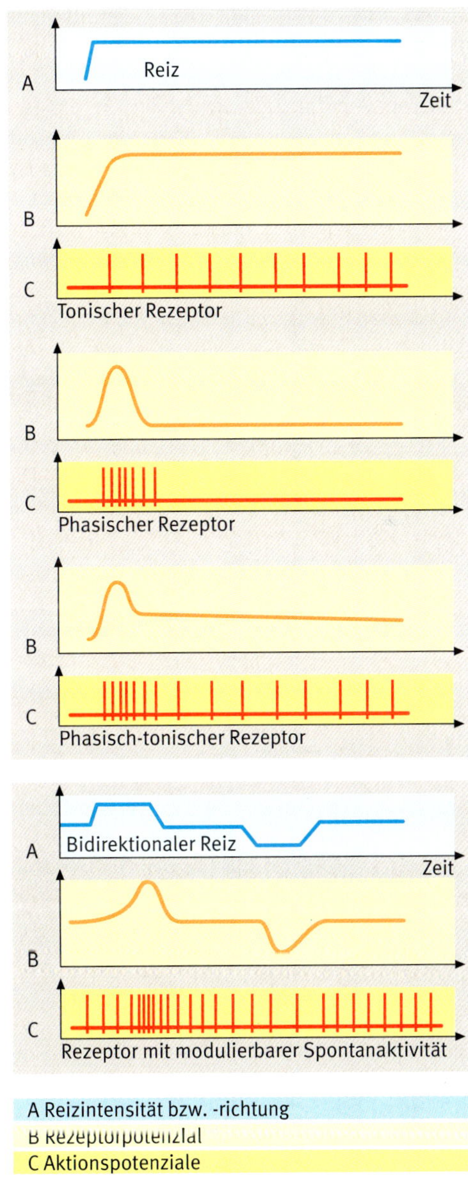

35.2 Muster von Rezeptorantworten

2.2 Codierung bei den Sinnen der Haut

Beim **Tastsinn** der Säuger findet man Rezeptoren mit allen Formen von Codierung nebeneinander. Druck, Dehnung, Berührung und Vibration sind unterschiedliche **Reizqualitäten** für die mechanischen Sinne der Haut. Die entsprechenden Mechanorezeptoren befinden sich in den verschiedenen Schichten der Haut und sind über den gesamten Körper verteilt. Die Dichte dieser Rezeptoren und damit das räumliche Auflösungsvermögen des Tastsinnes der Haut ist in den einzelnen Körperregionen sehr unterschiedlich. Besonders empfindlich sind etwa Zungenspitze, Lippen und Fingerspitzen, vergleichsweise unempfindlich ist der Rücken.

Auf anhaltenden Druck reagieren die MERKEL-Zellen mit einer zum Druck proportionalen tonischen Antwort, die *Tastscheiben* jedoch mit einer Veränderung ihrer Spontanaktivität. Die RUFFINI-Körper registrieren Dehnungen der Unterhaut. Sie gelten als tonische Rezeptoren.
Auf Berührung reagieren MEISSNERsche-Tastkörper und die *Haarwurzelrezeptoren.* Als phasische beziehungweise phasisch-tonische Geschwindigkeitsrezeptoren reagieren sie nur im Moment der Berührung der Haut oder der Ablenkung eines Haares. MEISSNERsche Tastkörper kommen ausschließlich in den nackten Hautleisten von Händen und Füßen der Primaten vor.

Vibrationen stimulieren die VATER-PACINI-Körper. Diese reagieren bei einer einmaligen Reizänderung mit einem einzigen Impuls, ganz gleich wie schnell die Reizänderung war. Bei Vibrationen ändert sich der Beschleunigungswert des Reizes ständig und damit hält die Rezeptorantwort an.

Weitere Hautsinne sind der **Temperatur**- und der **Schmerzsinn.** Der Temperatursinn hat Rezeptortypen für unterschiedliche Temperaturbereiche. Die *Kaltrezeptoren* arbeiten im Bereich von 20 °C bis 36 °C Hauttemperatur. Die *Warmrezeptoren* werden zwischen 35 °C und 43 °C gereizt. Im Bereich zwischen 20 °C und 40 °C werden ausschließlich Änderungen der Hauttemperatur wahrgenommen, bedingt durch den phasisch-tonischen Charakter der Rezeptoren. Nur tiefere oder höhere Temperaturen werden dauerhaft als warm oder kalt registriert.

Die Schmerzrezeptoren reagieren auf mechanische, chemische und Hitzereize. Sie haben im Normalzustand eine hohe Reizschwelle. Diese wird jedoch bei Entzündungen und Verletzungen durch Prostaglandine und andere Gewebshormone gesenkt und damit die Schmerzempfindung gesteigert. Alle Schmerzrezeptoren sind tonische Rezeptoren: Erinnern Sie sich nicht an tagelange Zahnschmerzen?

1 Erklären Sie, weshalb bei gleicher Rezeptordichte die nackte Primatenhaut besser zum Tasten geeignet ist als jene mit dichtem Fell.

36.1 Hautrezeptoren des Menschen

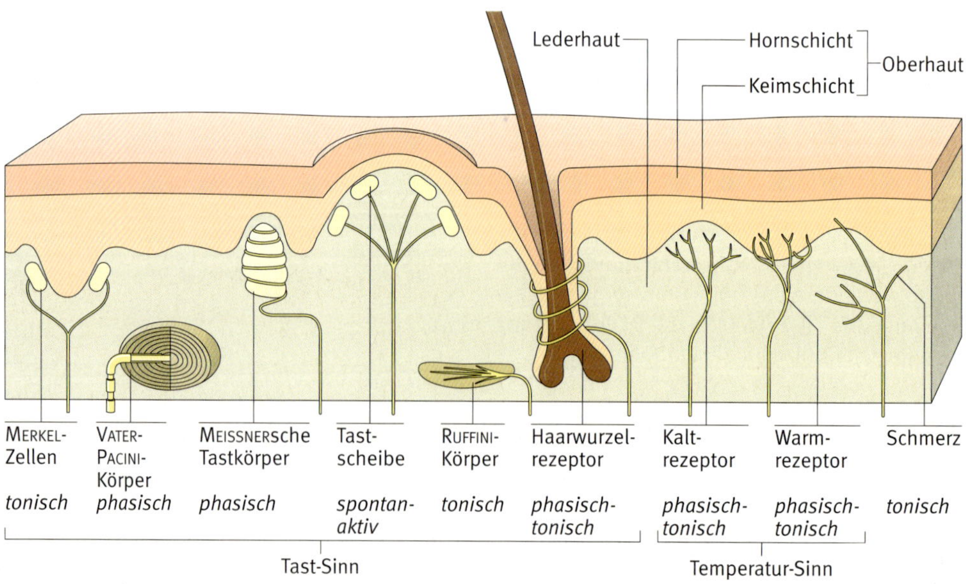

2.3 Sinnesorgane: Sinneszellen und Hilfsstrukturen

Die Schwerkraft ist ein Reiz, der in Stärke und Richtung normalerweise konstant ist. Sie ist für Tiere bei der Stabilisierung der Körperlage und der gerichteten Orientierung eine wichtige Bezugsgröße. Folglich sind Schwere-Sinnesorgane im Tierreich weit verbreitet. Für die Wirksamkeit dieser Sinnesorgane sind Hilfsstrukturen von entscheidender Bedeutung.
Stets führt die Verbiegung feiner Strukturen zum adäquaten Reiz und oft spielen Schwerekörper, **Statolithen** (gr. *statos* stehend, *lithos* Stein), eine Rolle. Häufig handelt es sich bei den Schwere-Sinnesorganen um kugelige, flüssigkeitsgefüllte Hohlräume, um **Statozysten** (gr. *kystis*, Blase).

Bei Quallen hängt der Statolith wie der Klöppel einer Glocke an einem beweglichen Stiel. Der Statolith ist mit Wimpern tragenden Sinneszellen umhüllt. Gerät die Qualle durch Wasserbewegung in eine Schieflage, so stößt der Statolith gegen die Wand der Statozyste. Je nach Raumlage der Qualle werden dabei unterschiedliche Sinneszellen gereizt.
Bei der Weinbergschnecke hingegen ist der Statolith ein kugeliges Gebilde, das sich innerhalb der Statozyste frei bewegen kann, und die Sinneszellen kleiden die Statozyste von innen aus. Je nach Raumlage lastet der Statolith auf anderen Sinneszellen und ermöglicht so die Lagewahrnehmung.
Bei Flusskrebsen ist die Statozyste nach außen offen. Ein Krebs muss sich nach jeder Häutung seines Panzers kleine Kiesel als Schwerekörper suchen und in den Hohlraum der Statozyste einführen. Bei ihm ruht der Statolith auf Borsten, die mit Streckrezeptoren verbunden sind.
Statozysten liegen bei Tieren in den unterschiedlichsten Körperteilen: bei Quallen im Schirmrand, bei Schnecken im Kriechfuß und bei Flusskrebsen in den Antennen.

Das menschliche Lagesinnesorgan wird als **Macula-Organ** bezeichnet. Es liegt in einem Hohlraumsystem des Schädels, das zum Ohr gehört, dem *Labyrinth*. Haarsinneszellen ragen in eine mit Kalkkörperchen beschwerte Gallerthaube. Kommt diese Gallertmasse in eine Schräglage, so verformt sie sich elastisch und die in ihr fixierten Sinneszellen werden abgebogen und somit gereizt.

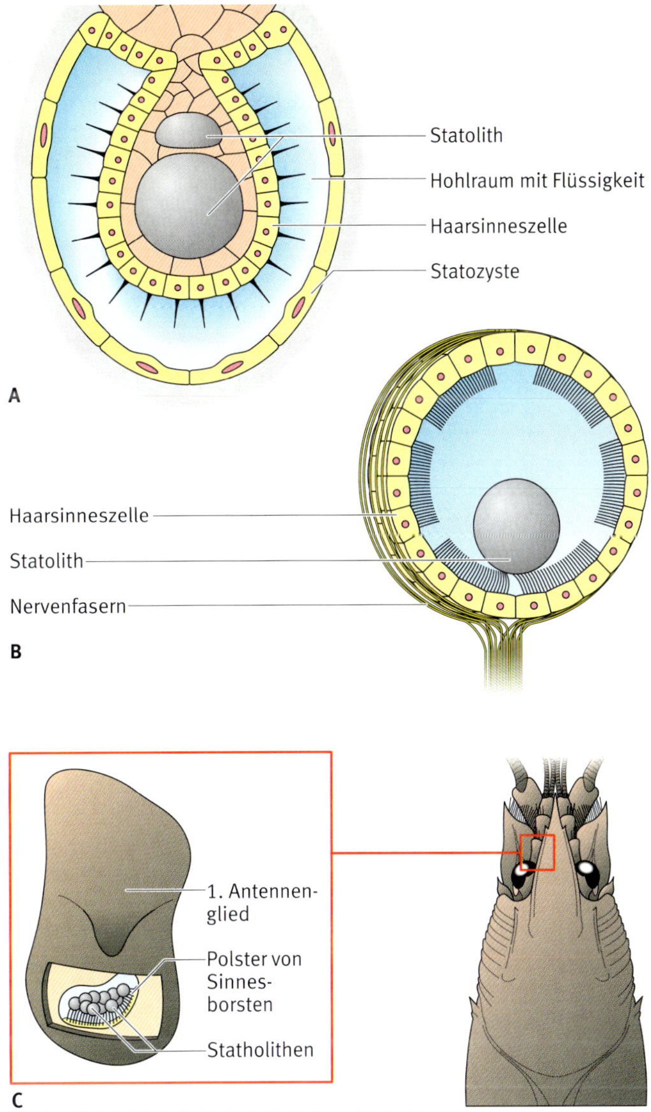

37.1 Schweresinnesorgane. A Qualle; **B** Weinbergschnecke; **C** Flusskrebs

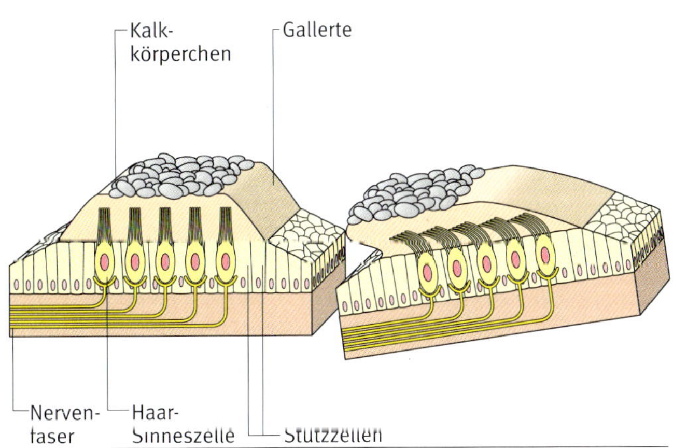

37.2 Schematische Darstellung des Macula-Organs in Funktion

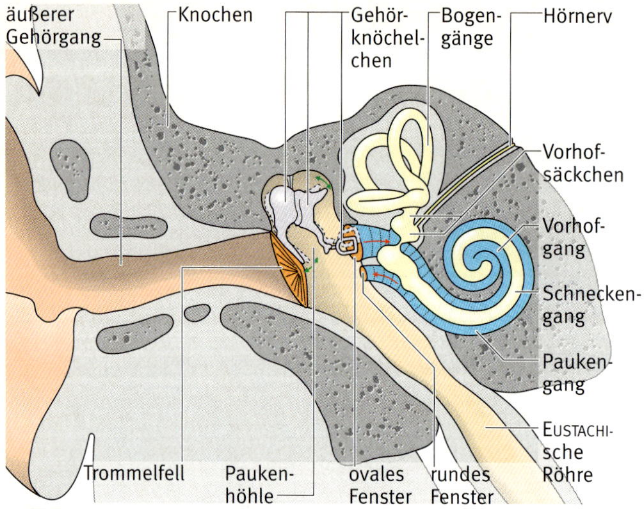

38.1 Bau des menschlichen Ohres

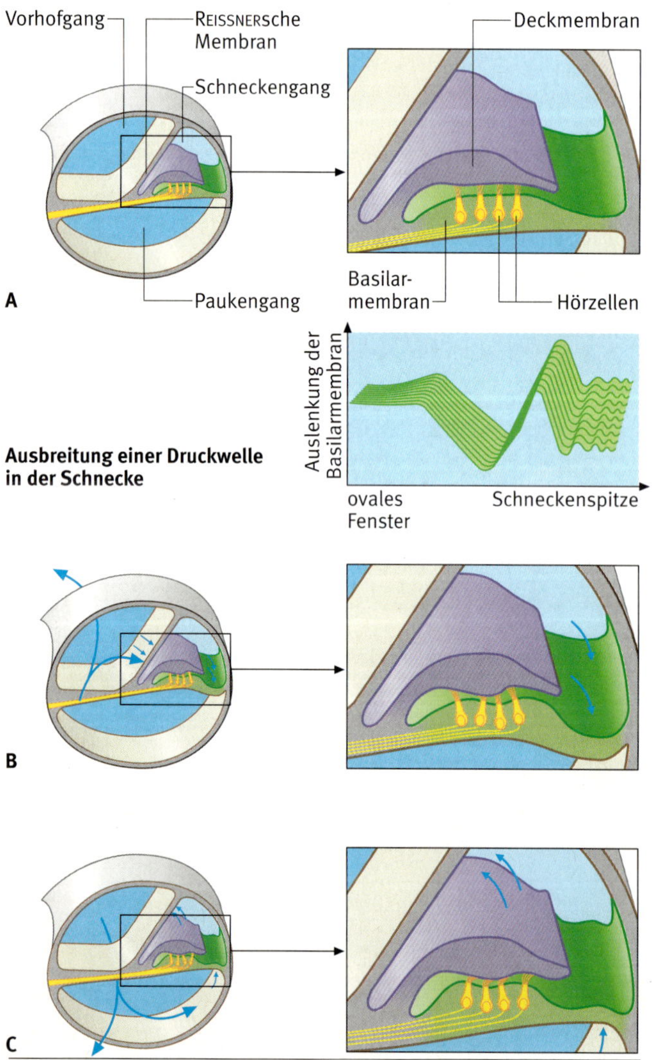

38.2 Bau und Funktion der Schnecke. A–C Ausbreitung einer Druckwelle

2.4 Das menschliche Gehör

Das menschliche Ohr gliedert sich in drei Abschnitte: das *Außen-*, das *Mittel-* und das *Innenohr.* Das Außenohr besteht aus der Ohrmuschel sowie dem trichterförmigen äußeren Gehörgang und reicht bis zum **Trommelfell.** Das Trommelfell ist eine häutige Membran, die durch Schalldruckschwankungen in Schwingungen versetzt wird. Das Außenohr wirkt in erster Linie als Verstärker in Form eines Schalltrichters und -leiters.

In der luftgefüllten *Paukenhöhle* des Mittelohrs werden die Schwingungen des Trommelfells von den drei **Gehörknöchelchen** *Hammer, Amboss* und *Steigbügel* auf das Innenohr übertragen. Durch Hebelwirkungen verstärken die gelenkig miteinander verbundenen Knöchelchen die Schwingungen des Trommelfells. Zwei an ihnen befestigte Muskeln erlauben eine reflexartige Versteifung der Gehörknöchelchen-Kette, was vor allem niederfrequenten Schall dämpft. Auf diese Weise schützen sie das Ohr vor zu starkem Schall und dämpfen körpereigene Geräusche.
Die EUSTACHIsche Röhre verbindet die Paukenhöhle mit dem Rachenraum und verhindert eine einseitige Druckbelastung des Trommelfells. Bei Schluckbewegungen öffnet sich die enge Röhre, und die Belüftung der Paukenhöhle ermöglicht den Druckausgleich.

Das Innenohr befindet sich als flüssigkeitsgefülltes Hohlraumsystem im Inneren des Schädels. Es besteht auf jeder Kopfseite aus zwei, je ein Macula-Organ enthaltenden *Vorhofsäckchen,* den *Bogengängen* und der **Schnecke.** Nur die Schnecke dient dem Hörsinn, die anderen Teile dem Lage- und Drehsinn.
Die Schnecke ist eine etwa drei Zentimeter lange Röhre, die wie ein Schneckenhaus spiralig aufgerollt ist. Drei Kanäle durchziehen die Schnecke in ganzer Länge, sie sind nur durch Membranen voneinander abgegrenzt. Der **Schneckengang** liegt in der Mitte, über ihm der **Vorhof-**, unter ihm der **Paukengang.** Der Vorhofgang beginnt am *ovalen Fenster,* einer mit dem Steigbügel verbundenen Membran zum Mittelohr, und reicht bis zur Schneckenspitze. Dort geht er in den Paukengang über, der im *runden Fenster* endet.

Die Schwingungen der Membran des ovalen Fensters führen zu einer Volumenverschiebung der Flüssigkeit, die sich bis zum runden Fenster fortsetzt. Die Flüssigkeit folgt dabei dem Vorhofgang, bis sie in Form einer Wanderwelle die **REISSNERsche Membran** zwischen Vorhof- und Schneckengang zum Mitschwingen veranlasst. Diese bringt die Füssigkeit des Schneckengangs in Bewegung, was wiederum die **Basilarmembran** zwischen Schneckengang und Paukengang in Schwingungen versetzt.

Die Hörsinneszellen befinden sich auf der Basilarmembran. Ihre Fortsätze ragen in Richtung eines im Schneckengang befindlichen Segels, der **Deckmembran.** Der für Hörsinneszellen adäquate Reiz ist die Verbiegung ihrer Zellfortsätze. Zu dieser Reizung kommt es, weil die Schwingungen von REISSNERscher Membran und Basilarmembran nicht in gleicher Weise von der Deckmembran nachvollzogen werden, und deshalb die Flüssigkeit in dem kleinen Raum zwischen Basilar- und Deckmembran und dem übrigen Schneckengang in Bewegung kommt.

In ihrem Längsverlauf wird die Basilarmembran breiter und elastischer. Hohe Töne mit hoher Frequenz versetzen sie deshalb bereits in der Nähe des ovalen Fensters in maximale Schwingungen, tiefe Töne mit niederen Frequenzen sorgen erst in Richtung der Schneckenspitze für starke Resonanz der Basilarmembran. Die Hörsinneszellen an unterschiedlichen Orten der Schnecke werden somit bei charakteristischen Tonhöhen erregt. Für die Wahrnehmung der Schallfrequenz gilt damit das *Ortsprinzip.*

Größere *Lautstärke* führt zu häufigeren Aktionspotenzialen in der ableitenden Nervenfaser und zur Einbeziehung benachbarter Sinneszellen. Eine geringere Lautstärke bewirkt gegenteilige Effekte.

Die *Schallrichtung* wird mithilfe beider Ohren erkannt: Schräg einfallende Schallwellen erreichen das eine Ohr etwas später als das andere; eine Schallverspätung von 0,0001 Sekunden, das entspricht einem Richtungsunterschied von vier Grad, kann noch unterschieden werden. Außerdem ist der Schalldruck am abgewendeten Ohr etwas geringer, was eine verzögerte Auslösung von Aktionspotenzialen hervorruft. Bei der Unterscheidung von vorn und hinten hilft die Ohrmuschel.

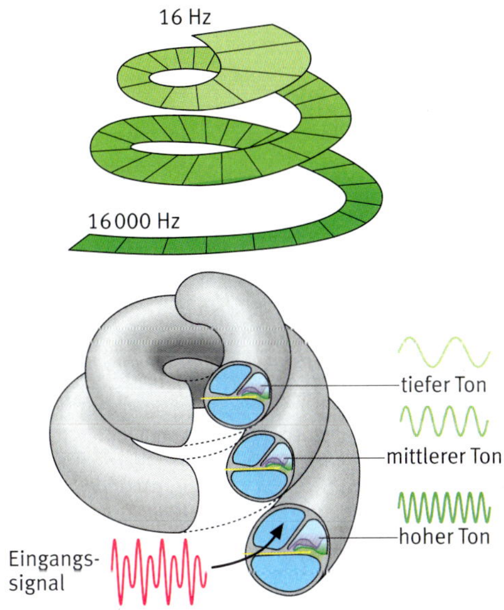

39.1 Ortsprinzip der Tonhöhenwahrnehmung

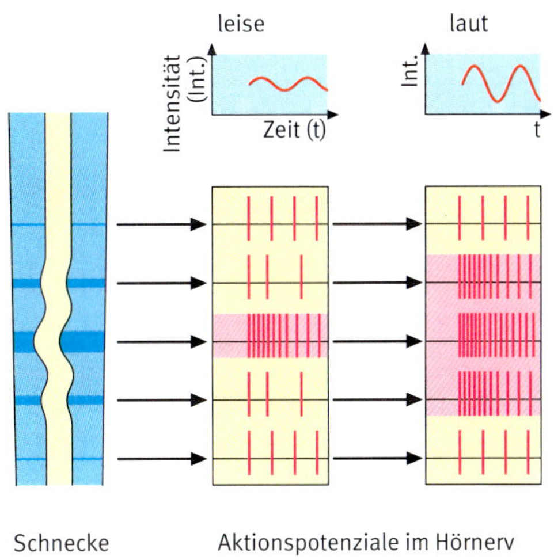

39.2 Lautstärkewahrnehmung

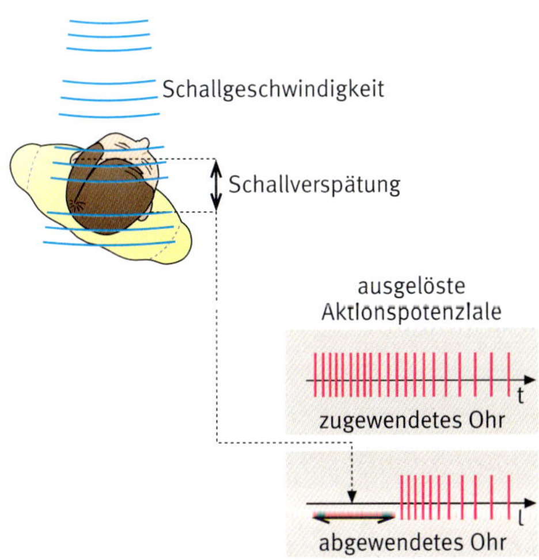

39.3 Richtungshören

Die **Haarsinneszellen** des menschlichen Innenohrs haben einen Schopf aus Zellfortsätzen. Dabei handelt es sich neben höchstens einer *Kinocilie* um 30 bis 150 spezialisierte Mikrovilli, die *Stereovilli.* Haarsinneszellen besitzen kein Axon und sind damit sekundäre Sinneszellen. Eine Haarsinneszelle überträgt die Erregung durch den Transmitter Glutamat an ein Neuron.

Auch im Ruhezustand schüttet die Sinneszelle kontinuierlich Transmitter aus. Der für sie adäquate Reiz ist die Biegung der Stereovilli. Dabei ist die Zelle in der Lage, zwei Richtungen zu unterscheiden. Bei der Biegung in Richtung der Kinocilie wird die Membran der Nervenzelle stärker erregt, bei der Biegung in Gegenrichtung schwächer, sodass Informationen in Form frequenzmodulierter Aktionspotenziale weitergegeben werden.

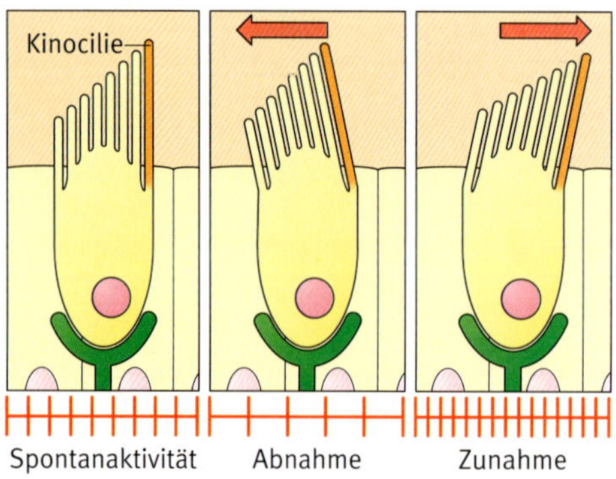

40.1 Reizung der Haarsinneszellen

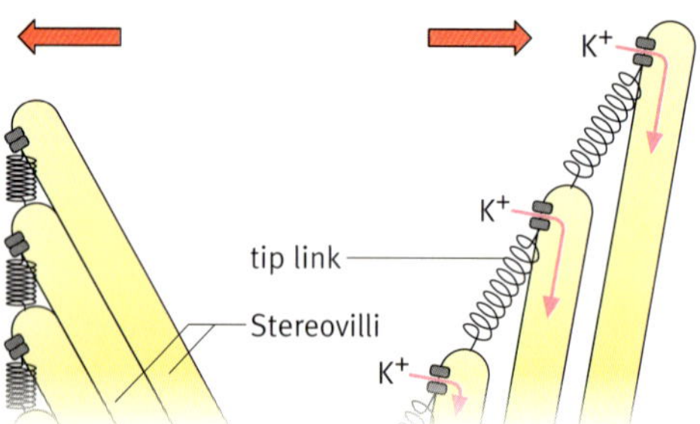

40.2 Transduktion der Haarsinneszellen

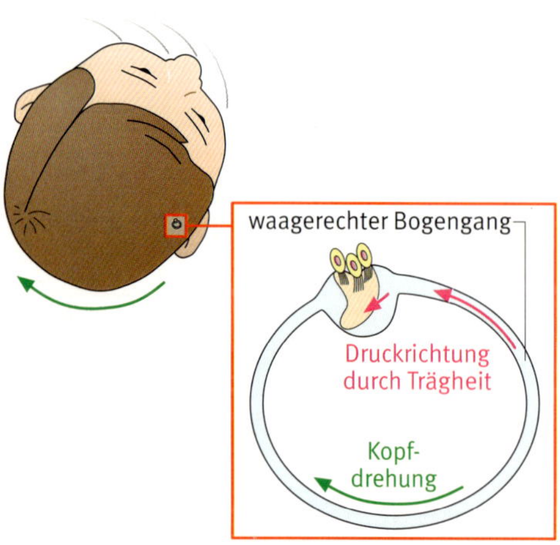

40.3 Funktion der Bogengänge (Schema)

Für diese Form von Transduktion haben Wissenschaftler heute eine Modellvorstellung: Zwischen Spitze und Porenproteinen benachbarter Stereovilli bestehen elastische Verbindungen, die *tip links* (engl., Spitzenverbindungen). Bei der Ablenkung in Richtung Kinocilie erweitern sie die Poren für Natrium- sowie Kalium-Ionen und bewirken eine Depolarisation, in Gegenrichtung verschließen sie die Poren.

Die Richtungsempfindlichkeit von Haarsinneszellen spielt auch beim **Drehsinnesorgan** eine Rolle. In jedem Ohr besitzt der Mensch drei flüssigkeitsgefüllte *Bogengänge.* Sie sind senkrecht zueinander angeordnet und sind in den drei Raumebenen empfindlich. Jeder Bogengang hat eine Erweiterung, in deren Boden eine Gruppe von Haarsinneszellen sitzt. Die Sinneszellen ragen in eine gallertige, überklappende Scheibe, die *Cupula,* die die Erweiterung elastisch verschließt.

Dreht man beispielsweise den Kopf nach links, so bewegt sich die Bogengang-Wand ebenfalls nach links, die Flüssigkeit im waagerechten Bogengang bleibt durch ihre Trägheit jedoch in Ruhe. Die zueinander relative Bewegung von Wand und Flüssigkeit drückt auf die Cupula. Die Verformung der Gallerte verbiegt die Fortsätze der Haarsinneszellen nach rechts.
Erst nach langanhaltender Rotation, etwa bei einer Pirouette, kommt die Flüssigkeit selbst in Bewegung. Bremst die Bewegung des Körpers, so bewegt sich die Flüssigkeit weiter und vermittelt die Sinnestäuschung einer entgegengesetzten Bewegung: Es entsteht ein Schwindelgefühl.

1 Grenzen Sie die drei Abschnitte des menschlichen Ohres voneinander ab und beschreiben Sie deren Aufgaben.

2 Erklären Sie, weshalb tiefe Töne nur Sinneszellen im Bereich der Schneckenspitze erregen.

3 Erläutern Sie, weshalb der in der Wissenschaft fest eingeführte Begriff der „Haarsinneszelle" nach heutigem Kenntnisstand irreführend ist.

2.5 Stammesgeschichte des Hörens

Wandernde Lachse finden in reißenden Stromschnellen treffsicher genau jene Bereiche, in denen die Strömung am schwächsten ist. Heringe im Schwarm stoßen nicht zusammen und blinde Höhlenfische schwimmen nicht gegen Hindernisse. Diese Leistungen ermöglicht das **Seitenlinienorgan,** ein System am Kopf und seitlich am Körper aufgereihter Mechanorezeptoren.

Die Rezeptoren sind Gruppen von Haarsinneszellen, die mit ihren Stereovilli in eine Gallertscheibe, die Cupula, hineinragen. Sie liegen frei auf der Körperoberfläche oder in einem Kanal unter der Haut. Der Seitenlinienkanal ist durch zahlreiche Poren mit dem Außenmedium verbunden.
Wasserströmungen dringen über die Poren unterschiedlich stark und zeitlich versetzt in Abschnitte der Seitenlinie ein, bewegen die Gallertscheiben und verbiegen die Stereovilli der Haarsinneszellen. Deren Erregungen werden über einen Nerv zum Gehirn weitergeleitet. Durch diese Informationen können Fische ihre Schwimmgeschwindigkeit und die Richtung und Stärke von Wasserströmungen messen. Auch andere Verursacher von Wasserbewegungen, ob Räuber oder Beutetiere, werden so wahrgenommen.

Die Übereinstimmungen zum Labyrinth im Hörorgan der Säugetiere sind auffällig: der Besitz von Haarsinneszellen, die gallertige Einbindung ihrer Fortsätze, die Lage der Sinneszellen in flüssigkeitsgefüllten Räumen. Evolutiv betrachtet, ist das Labyrinth ein in die Tiefe des Körpers verlagerter Teil des Seitenlinienorgans.

Auch andere Teile unseres Hörorgans leiten sich stammesgeschichtlich von Strukturen ab, die keinen erkennbaren Bezug zum Hören haben. Das Gehörknöchelchen Hammer ist bei Amphibien und Reptilien als *Articulare* noch Teil des Unterkiefers, der Amboss bildet als *Quadratum* das Gegenstück im Oberkiefer. Ihre bewegliche Verbindung ist das primäre Kiefergelenk der Wirbeltiere. Erst bei den Säugern haben sie ihre bekannte Funktion.

1 Charakterisieren Sie Aufbau, Lage sowie Wirkungsweise der Haarsinneszellen der Wirbeltiere.

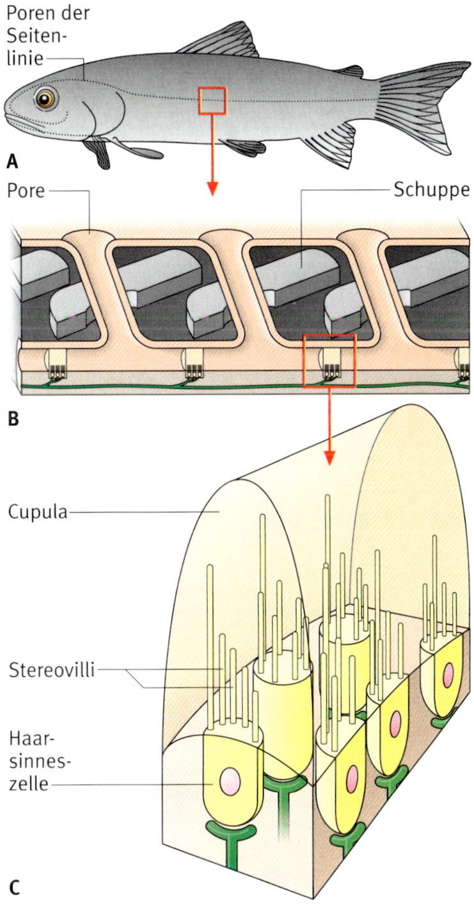

41.1 Seitenlinienorgan der Fische.
A Lage;
B Detail;
C Cupula

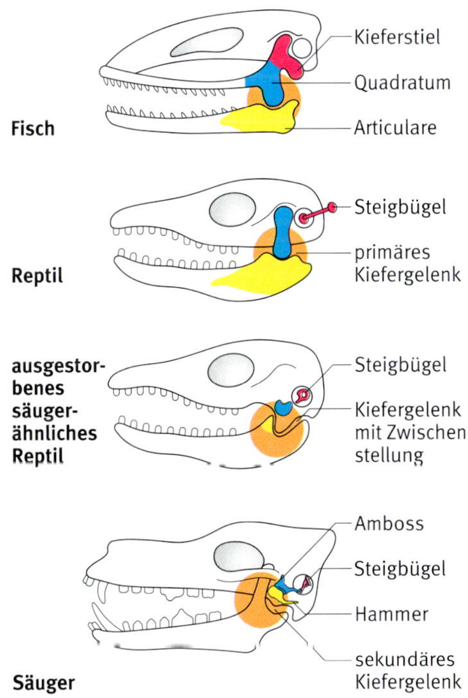

41.2 Der Funktionswandel der Gehörknöchelchen

42.1 **Schnitt durch das menschliche Auge**

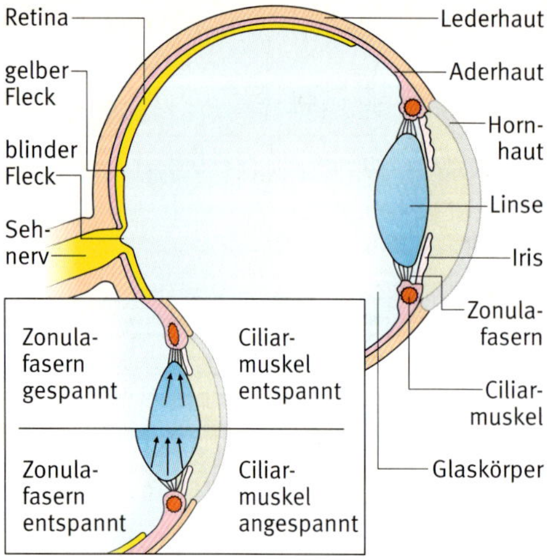

42.2 **Strahlengang bei Normal-, Kurz- und Weitsichtigkeit**

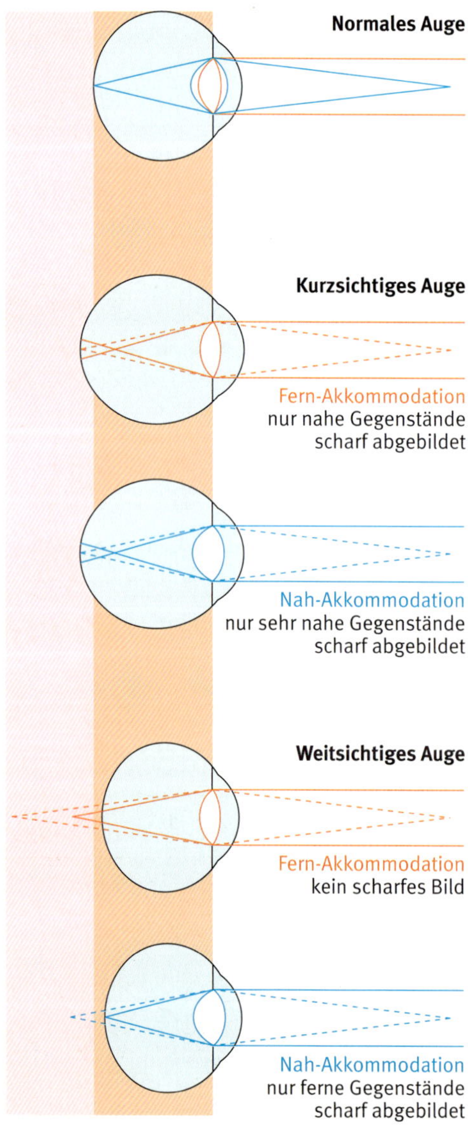

2.6 Bau und Funktion des menschlichen Auges

Das ins Auge einfallende Licht durchdringt eine Vielzahl von Strukturen, bevor es die Netzhaut mit den lichtempfindlichen Sinneszellen erreicht: die Hornhaut, das Kammerwasser der vorderen Augenkammer, die Linse und den Glaskörper. Zusammen mit der *Iris* gehören sie zum **optischen Apparat** des Auges. Die einwandfreie Bildwiedergabe wird von der Durchsichtigkeit von Strukturen, glatten Oberflächen und der festen Form des Auges bestimmt.

Der Augapfel ist annähernd kugelförmig, nur im Bereich der Hornhaut ist er zusätzlich etwas vorgewölbt. Seine Wand wird von festem Bindegewebe, der *Lederhaut,* und der gefäßführenden Aderhaut gebildet. Für die Augenform sorgen die Lederhaut, der Glaskörper und der Flüssigkeitsinnendruck des Auges, der durch das Kammerwasser erzeugt wird. Dieses wird kontinuierlich gebildet und es fließt durch eine Pore ins Venensystem ab.

Der Lichteinfall ins Auge wird durch die Iris oder Regenbogenhaut geregelt. Ihre Ringmuskeln verengen die zentrale Lichtöffnung, die Pupille, ihre radiären Muskeln erweitern sie.

Die Linse des Auges ist verformbar, ihre Wölbung dient der Schärfeeinstellung, der **Akkommodation.** Beim Sehen in die Ferne ist sie abgeflacht, bei der Nahsicht stark gewölbt. Die Linse ist mit nicht-elastischen Bändern, den Zonulafasern, am ringförmigen Ciliarmuskel aufgehängt. Kontrahiert der Muskel, so wird der Ring enger. Damit lässt die Zugwirkung der Zonulafasern auf die Linse nach und die Linse wird durch ihre Eigenelastizität kugelförmiger. Ist der Muskel entspannt, so wird die Linse auseinandergezogen und abgeflacht. Der altersbedingte Verlust der elastischen Aufwölbung der Linse reduziert die Fähigkeit der Naheinstellung und führt zur *Altersweitsichtigkeit.*

Bei der *Kurzsichtigkeit* und *Weitsichtigkeit* kann durch Abweichungen der Augenform kein scharfes Bild entstehen. Bei der Kurzsichtigkeit ist der Augapfel eiförmig-kugelig, sodass die Linsenwölbung nur im Nahbereich ein scharfes Bild erzeugen kann. Bei der Weitsichtigkeit ist der Augapfel abgeflacht kugelförmig, das scharfe Bild würde hinter der Netzhaut entstehen.

Die Netzhaut oder **Retina** besteht aus mehreren Schichten. Die äußerste, der Aderhaut aufliegende Schicht ist die Pigmenthaut, die mit ihrem dunklen Farbstoff das Augeninnere vor störenden Reflexen schützt. Die nächste Lage bilden die Sehzellen. Darauf folgen Schichten verschiedener Nervenzellen. *Bipolare Schaltzellen* stellen die Verbindung zwischen Sehzellen und *Ganglienzellen* her. Die *Horizontalzellen* und die *amakrinen Zellen* erlauben zusätzliche Querverschaltungen innerhalb der Netzhaut. Die Ganglienzellen vereinen sich zum Sehnerv, der im *blinden Fleck* den Augapfel verlässt.

Die Qualität der Bildauflösung ist in den einzelnen Bereichen der Netzhaut sehr unterschiedlich, was mehrere Ursachen hat. Der Ort des schärfsten Sehens ist der *gelbe Fleck* im Zentrum der Netzhaut. Hier sind zum Einen die vorgelagerten, die Abbildungsqualität einschränkenden Nervenschichten sehr dünn. Zweitens befinden sich die **Zapfen** dort in sehr hoher Dichte. Sie ermöglichen das farbige Sehen von Einzelheiten bei heller Beleuchtung. Drittens ist die Bildauflösung im Bereich des gelben Flecks für die Zapfen besonders gut, weil hier zu jedem Zapfen eine eigene ableitende Ganglienzelle gehört.
Außerhalb des gelben Flecks dominieren die **Stäbchen,** besonders lichtempfindliche, aber nicht farbsensitive Sehzellen. Ihre Dichte nimmt seitlich ab und der Grad der *Konvergenz,* der Verschaltungen auf eine gemeinsame, ableitende Nervenzelle, nimmt zu. Die Vorzüge der Stäbchen sind das Sehen bei schlechter Beleuchtung und, bedingt durch ihre Verschaltung, die empfindliche Wahrnehmung von Bewegungen am Rande des Gesichtsfeldes.
Die Sehschärfe ist ein wichtiges Maß für die Beurteilung des Sehvermögens. Bei guten Lichtverhältnissen kann ein normales Auge zwei Punkte gerade noch auseinanderhalten, wenn die davon ausgehenden Strahlen einen Winkel von 1/60 Grad bilden. Die Sehschärfeprüfung führt man üblicherweise mit verschieden großen Buchstaben oder LANDOLT-Ringen durch.

1 Nennen Sie die Licht undurchlässigen Teile des Auges sowie deren Aufgaben.

2 Erklären Sie folgendes Phänomen: Sobald Sie einen schwach leuchtenden Stern am Nachthimmel mit beiden Augen fixieren wollen, ist der Stern nicht mehr zu sehen.

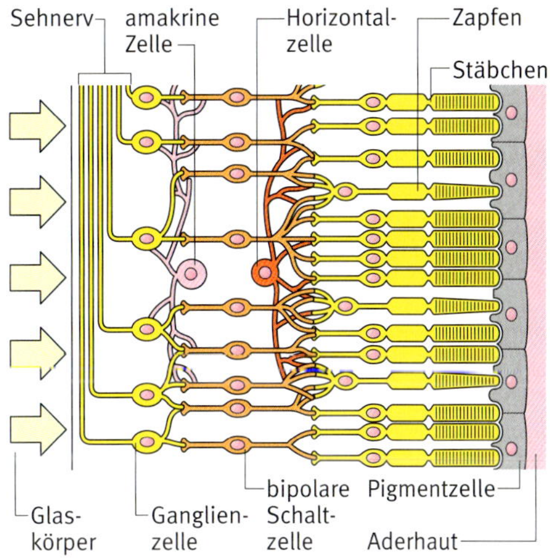

43.1 Bau der Netzhaut

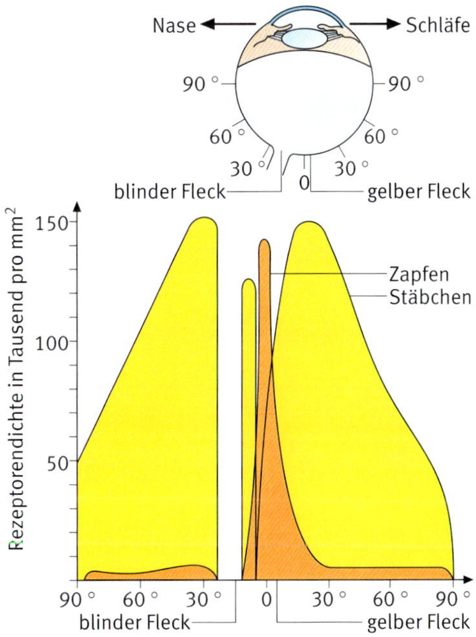

43.2 Verteilung der Sehzellen auf der Netzhaut

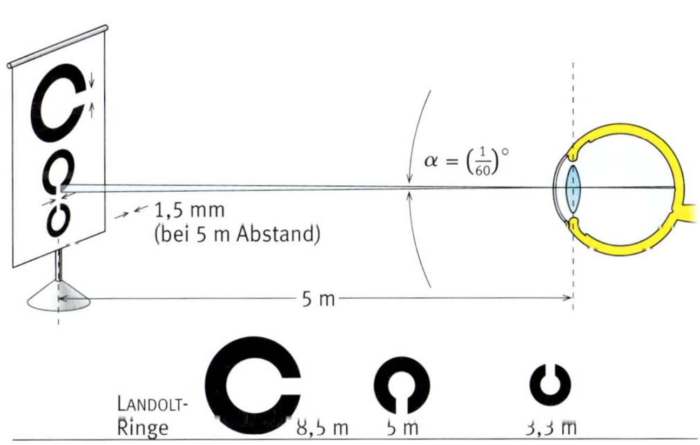

43.3 Sehschärfe

44.1 **Bau des Stäbchens**

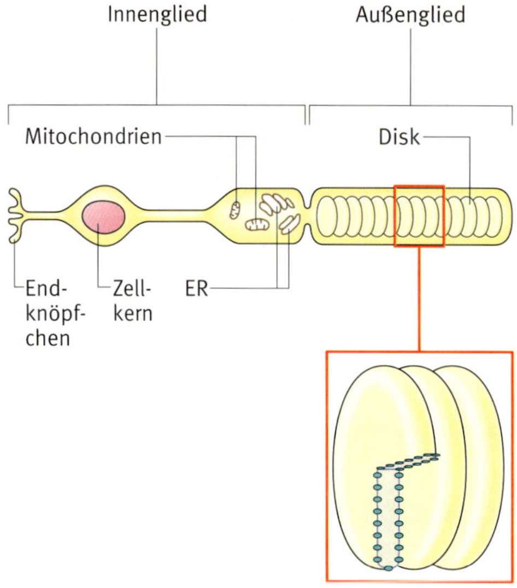

44.2 **Lage des Rhodopsins in der Membran**

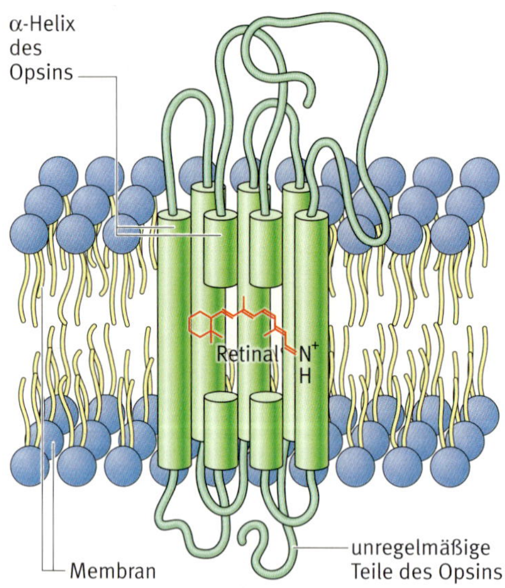

44.3 **Lichtabsorption und Konfigurationsänderung von Retinal**

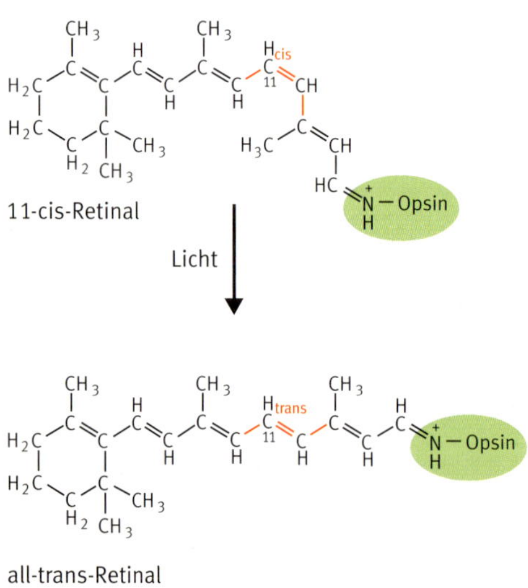

2.7 Fototransduktion

Die Sehzellen der Wirbeltiere besitzen einen charakteristischen Aufbau: Ein langgestrecktes Außenglied ist über eine schmale Brücke mit dem Innenglied verbunden. Das Innenglied, das auch den Zellkern enthält, hat ein Endknöpfchen an einem kurzen Fortsatz. Der Grundstoffwechsel findet im Innenglied statt und nur in dessen Zellmembran befinden sich Kalium-Natrium-Pumpen. Der lichtempfindliche Bereich der Stäbchen und Zapfen ist das Außenglied. In dessen Außenmembran, vor allem aber in den innen liegenden Membranscheiben, den geldrollenartig angeordneten *Disks*, sind die Sehfarbstoffe eingelagert.

Disks entstehen ständig neu, im Stäbchen etwa drei pro Stunde. Alte Disks werden an der Spitze des Fotorezeptors abgestoßen und durch Phagozytose von den Zellen der Pigmentschicht aufgenommen.

Die Sehfarbstoffe bestehen aus einem lichtabsorbierenden Pigment, dem **Retinal,** und dem Membranprotein **Opsin.** Der Verbund aus Retinal und Opsin der Stäbchen bildet das **Rhodopsin.** Stäbchen und Zapfen besitzen das gleiche Retinal, unterscheiden sich aber in der Struktur des Opsins. Diese bestimmt die unterschiedlichen Absorptionseigenschaften. Bei den Stäbchen wird das gesamte Spektrum des sichtbaren Lichts gut absorbiert, bei den einzelnen Zapfentypen nur bestimmte Bereiche.

Wenn das Rhodopsin Licht absorbiert, verändert sich das Retinal in seiner dreidimensionalen Struktur und die Reaktionskaskade der **Fototransduktion** wird in Gang gesetzt. Es wird vom räumlich gekrümmten *11-cis-Retinal* zum gestreckten *all-trans-Retinal.* Durch diese Änderung wird Rhodopsin zu einem wirksamen Enzym. Ein aktiviertes Rhodopsin-Molekül allein veranlasst über ein vermittelndes Membranprotein, das Transducin, eine Aktivierung von etwa 100 *Phospho-di-Esterase*-Molekülen (PDE). Jede PDE wiederum wandelt etwa tausendfach *cyclisches Guanosinmonophosphat* (cGMP) zu hydrolysiertem GMP um.

Im unbelichteten Stäbchen sind die Rhodopsin-Moleküle inaktiv. Das cGMP ist an spezialisierte Natrium-Kanäle der Stäbchen-Außenmembran gekoppelt und hält diese offen. Der ständige Natrium-Ionen-Einstrom depolarisiert die Zellmembran. Die Folge ist eine per-

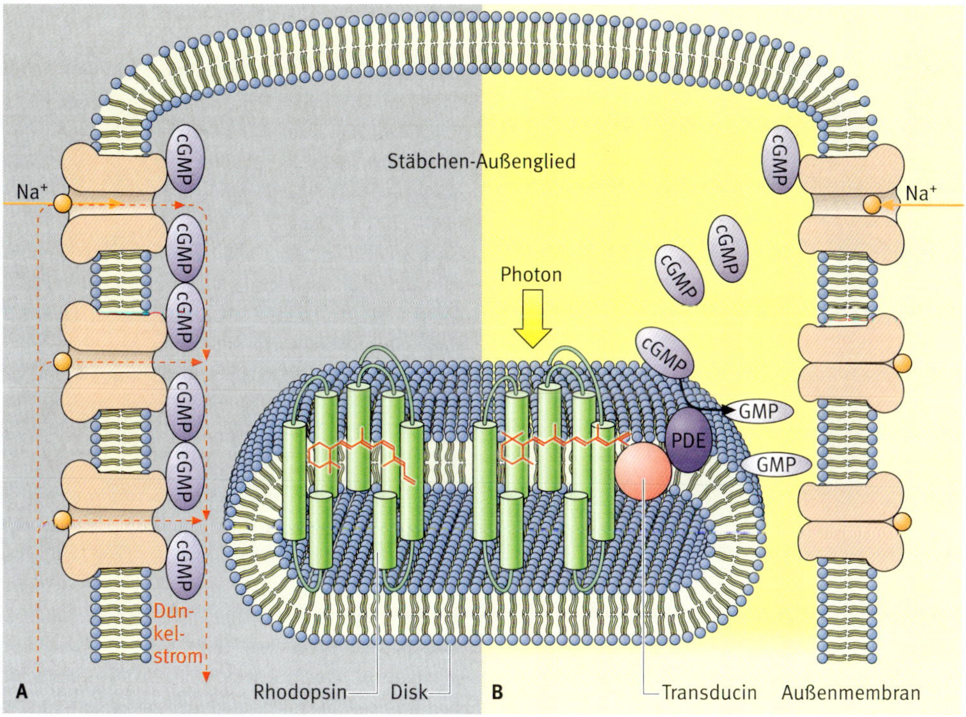

45.1 Vorgänge am Stäbchen.
A unbelichtet;
B belichtet

manente Abgabe inhibitorischer Transmitter am Endknöpfchen des Stäbchens und damit die Hemmung des nachgeschalteten Neurons.

Durch Belichtung des Stäbchens löst sich das hydrolysierte GMP von den Natrium-Kanälen, die sich daraufhin schließen. Der Natrium-Ionen-Einstrom nimmt ab und die Membran wird hyperpolarisiert. Die Abgabe von Transmittern an die nachgeschalteten Neuronen unterbleibt.

Das all-trans-Retinal wird vom Opsin abgespalten, von Proteinen zur Pigmentschicht transportiert, dort unter Verbrauch von ATP wieder in die 11-cis-Form versetzt und in die Sehzelle zurückgebracht. Dieser Vorgang dauert im Mittel mehrere Minuten.
Die Wiederherstellung des Rhodopsins ist nur im unbelichteten Stäbchen möglich. Bei hellem Licht ist das Stäbchen damit nicht funktionsfähig; jetzt sieht man nur mit den Zapfen. Viel Licht bringt viele Sehpigmente zum Zerfall. Dadurch sinkt die Konzentration intakter Rhodopsin-Moleküle und damit die Wahrscheinlichkeit, dass ein Rhodopsin von einem weiteren Photon getroffen wird. Einhergehend mit geringerer Lichtintensität steigt die Konzentration des belichtungsfähigen Sehfarbstoffes und damit die Lichtempfindlichkeit.

Die Sehzellen verhalten sich damit wie typische phasisch-tonische Rezeptoren. Bei geringer Lichtintensität ist die Rhodopsin-Konzentration groß und die Trefferwahrscheinlichkeit und damit die relative Lichtempfindlichkeit höher.

An der **Adaptation,** der Anpassung des Auges an unterschiedliche Lichtintensitäten, sind zahlreiche Prozesse beteiligt:

- der Pupillenreflex der Irismuskulatur;
- die Sicht mit Zapfen oder Stäbchen;
- das phasisch-tonische Antwortverhalten der Sehzellen;
- die Vergrößerung des Verschaltungsbereichs auf eine ableitende Ganglienzelle;
- möglicherweise die Wanderung von abschirmenden Farbstoffen in der Pigmentschicht der Netzhaut.

Eine Vorstufe des Retinals ist das Retinol oder **Vitamin A.** Chronischer Mangel an diesem vom Körper selbst nicht synthetisierbaren Stoff führt wegen des Mangels an Rhodopsin zur Nachtblindheit.

1 Sie betreten zur Nachmittagsvorstellung einen bereits abgedunkelten Kinosaal und sind zu Beginn fast blind. Erklären Sie die Zusammenhänge auch auf molekularer Ebene.

46.1 **Flachauge, Seestern**

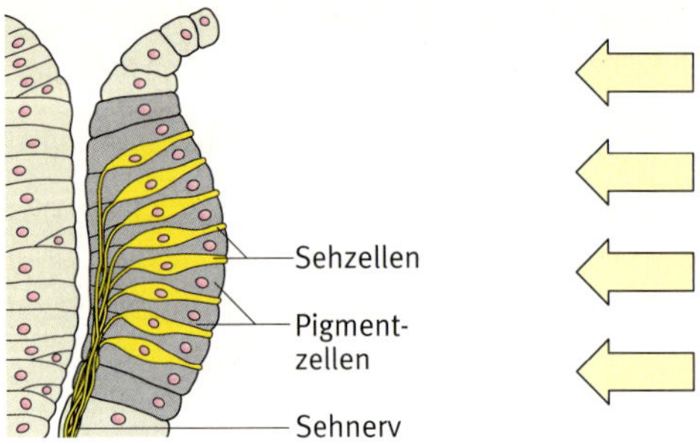

46.2 **Pigmentbecherauge, Strudelwurm**

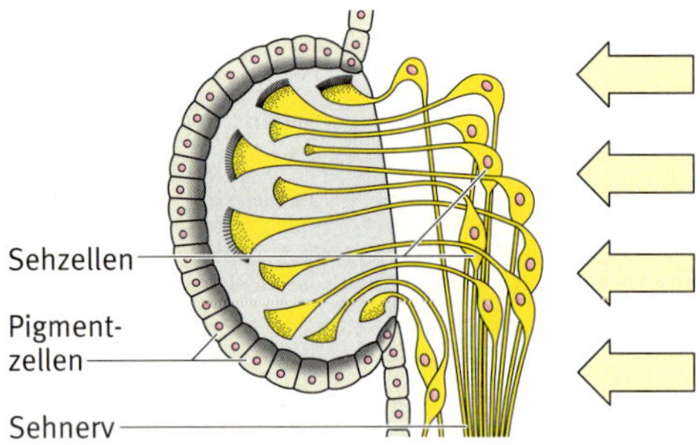

46.3 Augentypen bei Weichtieren.
A Grubenauge, Napfschnecke;
B Blasenauge, *Nautilus;*
C Linsenauge, Weinbergschnecke

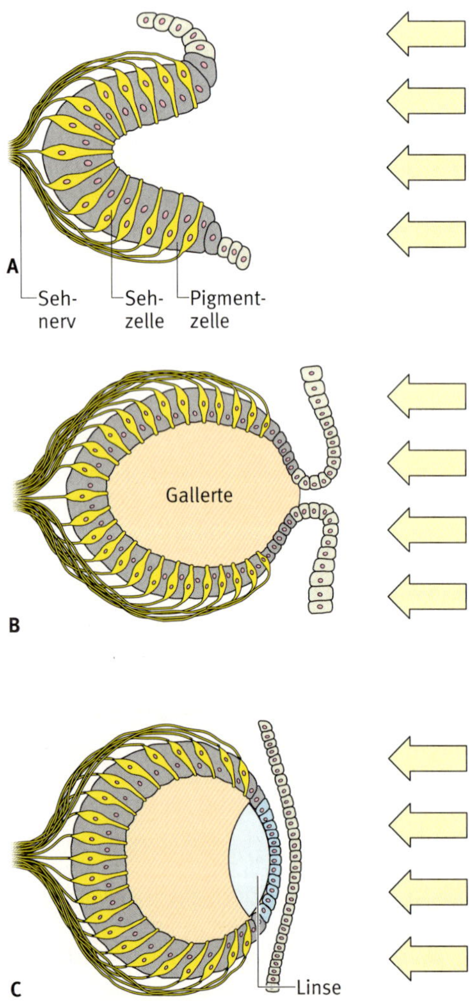

2.8 Augen und ihre Leistungen

Bei Tageslicht ziehen sich Regenwürmer sofort in ihre Wohnröhre zurück. Sie sind sehr lichtempfindlich, obwohl sie keine Augen haben. Stattdessen haben sie einzelne, in der Haut verteilte, lichtempfindliche Zellen.

Sind Lichtsinneszellen zu Gruppen zusammengefasst, kann man von einem Auge sprechen. Der einfachste Augentyp ist das *Flachauge,* wie es zum Beispiel Seesterne besitzen. Dieses einfach gebaute Auge erlaubt lediglich ein diffuses Lichtempfinden, mit dem die Tiere für sie optimale Helligkeitsbereiche aufsuchen können.

Beim *Pigmentbecherauge* und *Grubenauge* werden die Sinneszellen von einem Becher aus lichtundurchlässigen Pigmentzellen teilweise abgeschirmt. So kann das Licht die Sinneszellen nur aus einer Richtung reizen. Mit diesen Augentypen ist Hell-Dunkel-Sehen und Richtungssehen möglich. Bei den Pigmentbecheraugen der Strudelwürmer sind die Enden der Sehzellen vom Licht abgewandt und die Becheröffnung ist mit ihnen ausgefüllt. Bei Grubenaugen sind die Enden der Sehzellen dem Licht zugewandt und die Grubenöffnung ist mit Gallerte gefüllt. Solche Augen besitzen zum Beispiel Napfschnecken.

Eine Weiterentwicklung des Grubenauges ist das *Blasenauge,* das man bei *Nautilus* findet: Statt einer weiten Grubenöffnung gibt es nur noch ein kleines Loch als Öffnung. Nach dem Prinzip der Lochkamera ist damit einfaches Bildsehen möglich. Eine enge Öffnung ermöglicht ein scharfes Bild. Dieses ist jedoch lichtschwach. Eine weite Öffnung führt zu helleren, aber unscharfen Bildern.

Scharfe und gleichzeitig lichtstarke Bilder ermöglicht erst das **Linsenauge.** Die Linsenaugen der Weinbergschnecke sind relativ einfach gebaut, mit wenigen hundert Sehzellen und einer starren Linse. Leistungsfähige Augen mit einer hohen Sehzellendichte und damit einer hohen Bildauflösung, der Fähigkeit zur Nah- und Ferneinstellung und der aktiven Regelung des Lichteinfalls durch einen Blendenapparat gibt es nur bei Tintenfischen und Wirbeltieren.

Die Augen der Tintenfische und der Wirbeltiere unterscheiden sich in ihrem Feinbau und in ihrer Entstehungsweise deutlich voneinander. Tintenfische haben keinen blinden Fleck

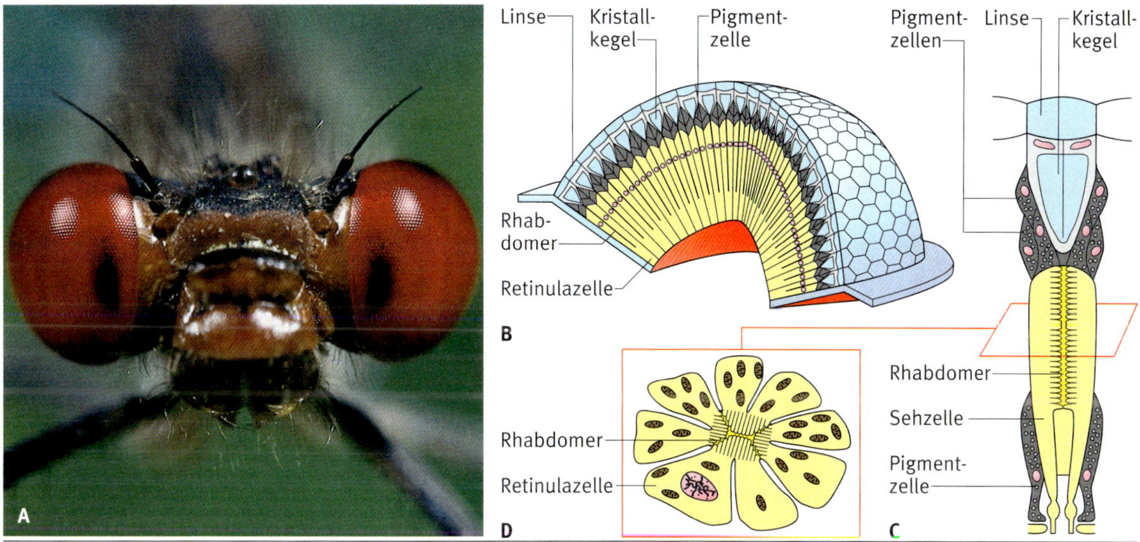

47.1 Komplexauge. A Libellenkopf; **B** Ausschnitt des Auges; **C** Ommatidium im Längsschnitt; **D** Ommatidium im Querschnitt

und die Enden ihrer Sehzellen sind auch nicht vom Licht abgewandt. Tintenfischaugen sind aus Einstülpungen der Haut entstanden, Wirbeltieraugen aus blasenartigen Ausstülpungen des Zwischenhirns.

Die Facetten- oder **Komplexaugen** der Insekten und Krebse sind ebenfalls sehr leistungsfähig, beruhen aber auf einem völlig anderen Konstruktionsprinzip als das Linsenauge. Ein Komplexauge ist ein zusammengesetztes Auge, es besteht aus zahlreichen gleichartigen Einzelaugen, den *Ommatidien* (gr. *ommatidion*, das kleine Auge). Die Zahl der Ommatidien pro Auge kann sehr unterschiedlich sein: 25 hat der Wasserfloh, bis zu 30 000 besitzen die Libellen.

Bei den Insekten besteht jedes Ommatidium aus einer aus Hornhaut und Kristallkegel zusammengesetzten Linse, acht lang gestreckten Sehzellen und einer Lichtabschirmung aus Pigmentzellen. Die acht Sehzellen bilden zusammen den Sehstab, das *Rhabdomer* (gr. *rhabdos*, Stab; *meros*, Teil). Dieses ist die lichtempfindliche Region. Sie besteht aus den bürstenartigen Auswüchsen feiner Zellstrukturen, den *Mikrovilli*, im Kontaktbereich der Sehzellen. Jedes Einzelauge ist durch lichtundurchlässige Pigmentzellen von seinen Nachbarn abgegrenzt und ist räumlich anders ausgerichtet. Deshalb nimmt es Licht aus einer bestimmten Richtung wahr. Zusammen bilden die Einzelaugen ein Mosaik von Einzelbildpunkten ab.

Eine feine Bildauflösung ist durch eine hohe Ommatidiendichte möglich. Wird diese durch die Verkleinerung der Einzelaugen erreicht, so sinkt mit dem Bildausschnitt des einzelnen Ommatidiums allerdings auch die Lichtempfindlichkeit des Auges. Bei dämmerungsaktiven Arten sind deshalb Augen entstanden, bei denen die abschirmenden, lichtundurchlässigen Pigmente zwischen den Ommatidien fast gänzlich fehlen oder je nach Lichtverhältnissen wandern. Die Lichtempfindlichkeit wird gesteigert, indem mehrere Linsen optisch zusammenwirken und Licht aus anderen Ommatidien schräg in ein Rhabdomer einfallen kann.

Insekten können mit ihren Komplexaugen auch Farben sehen. Sie können das für uns nicht sichtbare ultraviolette Licht wahrnehmen, sind dafür aber rotblind. In der Bildauflösung erreichen Komplexaugen nicht die Qualität der Linsenaugen. Der Vorzug der Komplexaugen liegt in ihrer guten Wahrnehmung von Bewegung. Eine schnellere Enzymkaskade und Erholung der Sehzellen sowie eine auf Veränderung von Bildern abgestimmte neuronale Verarbeitung ermöglichen ihnen, bis zu 330 Lichtblitze pro Sekunde noch als Einzelbild wahrzunehmen.

1 Vergleichen Sie Pigmentbecherauge und Grubenauge im Detail.

2 Erläutern Sie, weshalb sich das Tintenfischauge stammesgeschichtlich aus dem Becherauge ableiten lässt.

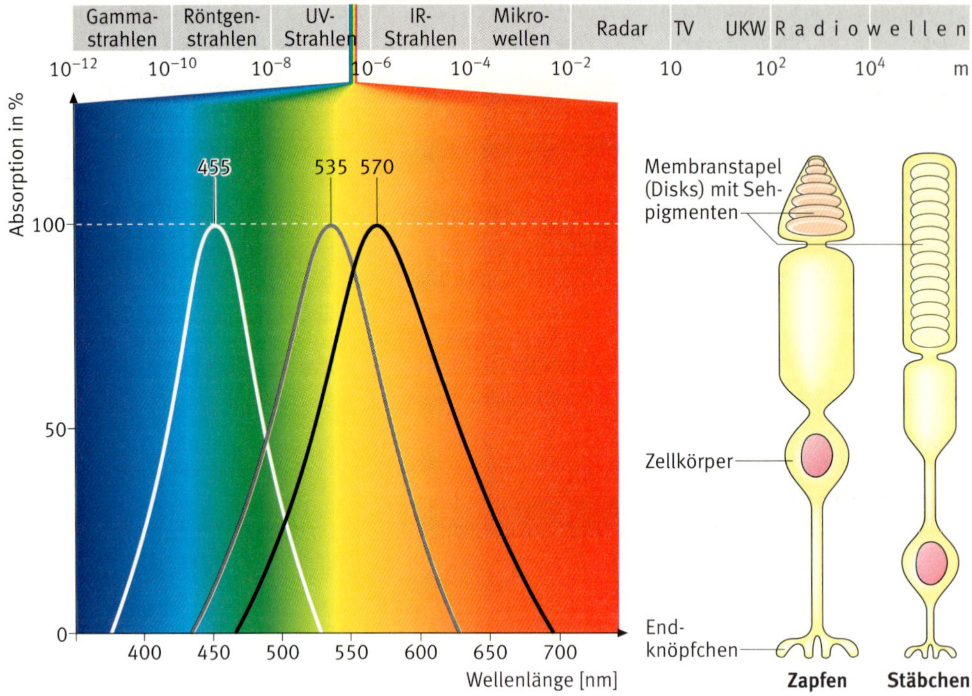

48.1 Farbensehen.
A Spektrum elektromagnetischer Wellen;
B Spektrum des sichtbaren Lichts mit Absorptionsspektren der Zapfentypen;
C Zapfenbau

2.9 Farbensehen

Was ist Farbe? Ohne eine Vorstellung davon, was Farbe ist, könnte dieses Buch nicht zur „Grünen Reihe" gehören. Farbe hat eine physikalische Basis, die mit Eigenschaften von Stoffen und mit der Beschaffenheit von Licht zu tun hat. Ein Farbeindruck ist aber gleichzeitig auch eine Sinnesempfindung, die letztlich erst in unserem Gehirn zur Wahrnehmung einer bestimmten Farbe entwickelt wird.
Licht ist ein kleiner Teil des umfangreichen Spektrums elektromagnetischer Wellen, die eine Strahlungsquelle wie etwa die Sonne aussendet. Sowohl die Fotosynthese als auch der Sehvorgang sind auf ein schmales, fast identisches Band beschränkt. Das für den Menschen *sichtbare Licht* liegt im Wellenlängenbereich zwischen 400 und 750 Nanometern.
Zur Wahrnehmung von Farbe müssen mehrere Bedingungen erfüllt sein. Zum einen benötigt ein Organismus verschiedene Rezeptortypen, die auf bestimmte Farbbereiche des Lichts empfindlicher als andere sind, die sich in ihren Empfindlichkeitsbereichen aber überlappen. Zum anderen muss genügend Licht vorhanden sein, denn die auf bestimmte Farbbereiche eingeschränkte Empfindlichkeit der Farbsehzellen macht sie insgesamt auch lichtunempfindlicher.

Der Mensch hat drei verschiedene Zapfentypen, er verfügt somit über ein **trichromatisches Farbensehen.** Seine Zapfen sind besonders im blauen, grünen oder roten Bereich des Spektrums erregbar, sie überlappen sich deutlich in ihrer Empfindlichkeit. Die Farbempfindung entsteht erst im Gehirn, wenn die Signale der Zapfen verrechnet werden.

Fische, Reptilien und Vögel haben vier Zapfentypen, sie sind *tetrachromatisch.* Die meisten Säuger sind, vermutlich wegen ihrer Abstammung von versteckt lebenden, nachtaktiven Formen, nur *dichromatisch.* Bei den Primaten entstand durch eine Mutation das trichromatische Sehen, wie wir es kennen.

Menschen nehmen Farben zum Teil sehr unterschiedlich wahr, denn schon geringe Unterschiede in der Aminosäuresequenz des Rhodopsins verändern dessen spektrale Empfindlichkeit. Oftmals sind bei einer Person bestimmte Zapfenpigmente schwächer ausgebildet. Die häufigste Form ist die Rot-Grün-Sehschwäche, die bei etwa vier Prozent der Bevölkerung – fast ausschließlich Männern – auftritt. Es kann bei einer Person auch ein einzelnes Zapfenpigment völlig fehlen, selbst dann ist ein eingeschränktes Farbensehen noch möglich.

Licht und Farbe

Weißes Licht wird allgemein als Licht aller Farben – und damit aller Wellenlängen – beschrieben. Tatsächlich kann die spektrale Zusammensetzung des weiß empfundenen Lichts sehr unterschiedlich sein. Ein weißer Karton, der von einer Wolfram-Glühbirne oder von Neonlicht angestrahlt wird, reflektiert Licht sehr unterschiedlicher Wellenlängenanteile. An einem Regentag ist die spektrale Zusammensetzung wiederum völlig anders, trotzdem wird der Karton von uns immer noch als „weiß" beschrieben.

Was passiert, wenn Licht auf einen Gegenstand trifft? Grundsätzlich kann man von drei Möglichkeiten ausgehen: Das Licht kann von einem Stoff *absorbiert* (aufgenommen) werden, es kann *reflektiert* (zurückgeworfen) oder *transmittiert* (durchgelassen) werden. Eine hohe Lichtabsorption hat zum Beispiel schwarzer Asphalt. An einem Sonnentag wird man Schwierigkeiten haben, auf seiner heißen Oberfläche barfuß zu gehen; die Sonneneinstrahlung wird fast vollständig absorbiert und in Wärme umgewandelt. Fensterglas hat hohe Transmissionswerte, ein Spiegel oder weiße Pappe hohe Reflexionswerte. Die Mehrzahl der Stoffe hat aber Eigenschaften, die zwischen diesen Extremen liegen. Oft sind sie farbig. Die Gegenstände bekommen eine Farbe, weil sie das auf sie treffende Lichtspektrum in bestimmten Wellenlängenbereichen unterschiedlich absorbieren. Weil wir nur das Restlicht wahrnehmen, bezeichnet man dieses Phänomen als *subtraktive Farbmischung.*

Durch *additive Farbmischung* kommt hingegen das bunte Fernsehbild zustande, das bei genauer Betrachtung aus Dreiergruppen von roten, grünen und blauen Strichen oder Punkten besteht. Besonders deutlich wird dieser Effekt auf beleuchteten Bühnen: Dort, wo sich die Lichtkegel eines grünen und eines roten Bühnenscheinwerfers gleicher Leuchtstärke treffen, ist es gelb. Die additive Farbmischung erhält man also, wenn auf die gleiche Netzhautstelle Licht unterschiedlicher Wellenlänge fällt. Additive Farbmischung ist ein rein physiologischer Vorgang, sie entsteht in unserem Gehirn. Dabei entstehen Farben, die es physikalisch – also als Spektralfarben – gar nicht gibt. Das zwischen rot und blau liegende Viertel eines Farbkreises gibt es ausschließlich als Mischfarbe. Vergleichbare Ursachen hat die *Farbsättigung.* Rosa ist ein Produkt zunehmender Weißverhüllung, Ocker- und Brauntöne zunehmender Schwarzverhüllung.

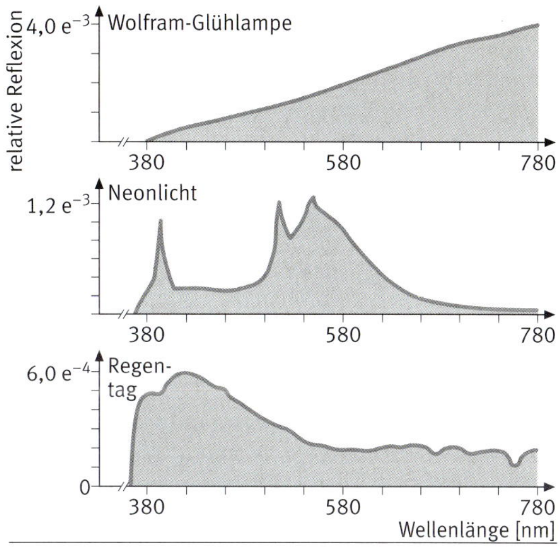

49.1 Reflexionsspektren eines weißen Kartons unter verschiedenen Beleuchtungen

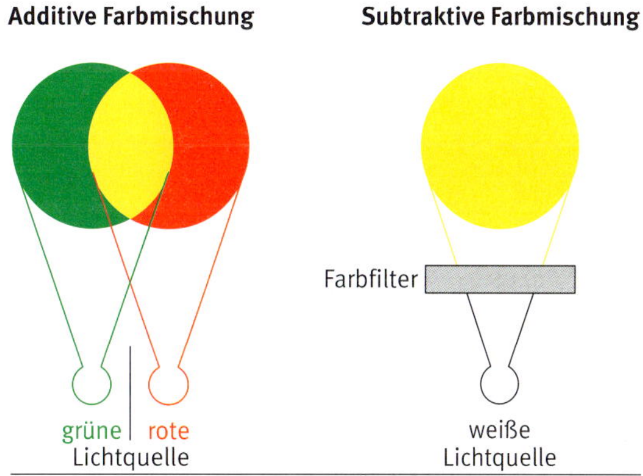

49.2 Additive und subtraktive Farbmischung (Schema)

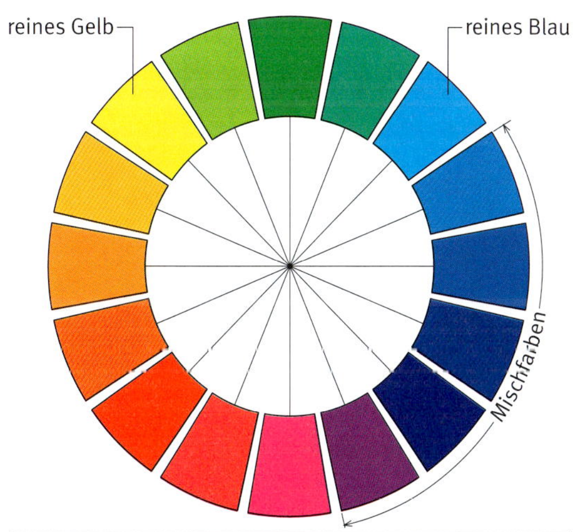

49.3 Anordnung der Farbtöne in einem Farbkreis

2.10 Räumliches Sehen

Versucht man die Kappe auf einen Filzstift zurückzustecken und schließt dabei ein Auge, so misslingt der Versuch meist. Beidäugig ist es hingegen weniger schwierig. Betrachtet man den Stift aus etwa 30 Zentimetern Abstand abwechselnd nur mit dem linken und nur mit dem rechten Auge, so scheint er vor seinem Hintergrund hin und her zu springen. Von jedem Gegenstand, den wir mit beiden Augen betrachten, erhält das Gehirn zwei Bilder. Jedes Auge sieht ihn aus einem anderen Blickwinkel und liefert deshalb auch ein anderes Bild. Das Gehirn setzt beide Bilder zusammen und vergleicht die Positionsunterschiede einander entsprechender Bildpunkte auf der Netzhaut. Durch Verrechnung dieser Positionen entsteht der räumliche Seheindruck.

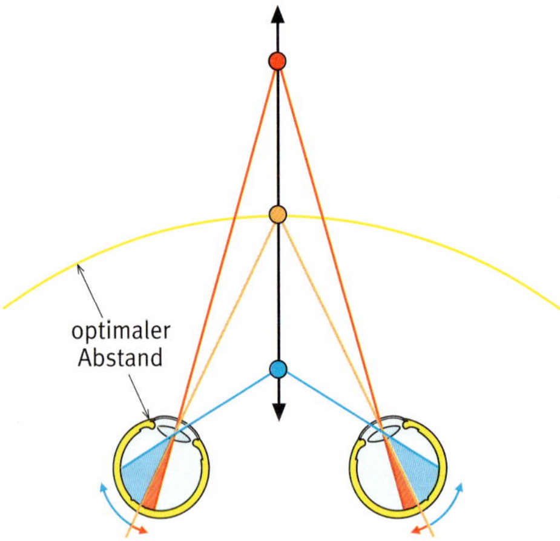

50.1 Binokulares Sehen

50.2 Entfernung und Räumlichkeit

50.3 Am Beckenrand

Zusätzliche Informationen zur Räumlichkeit liefert die Stellung der *äußeren Augenmuskeln*, die die Augen bei Nahegelegenem stärker nach innen drehen. Eine präzise Wahrnehmung von Räumlichkeit ist auf den Nahbereich beschränkt, optimal ist sie in der Distanz, die der Länge unserer Arme entspricht. Hierbei ist auch der Augenabstand von Bedeutung.

Aber auch mit einem Auge können in bestimmten Grenzen räumliche Informationen gewonnen werden. Eine Entfernungsabschätzung liefert die Verrechnung der Anspannung des Ciliarmuskels bei der *Akkommodation*. Die umfangreichen darüber hinausgehenden Informationen zur Entfernungs- und Tiefenwahrnehmung sind weitgehend ein Produkt *individueller Erfahrung*. So wissen wir, dass ein teilweise verdecktes Objekt weiter entfernt ist als der ihn verdeckende Gegenstand. Ebenso schließen wir aus der Größe eines uns in seinen Abmessungen bekannten Gegenstandes auf seine Entfernung zu uns. Licht und Schatten nutzen wir als Hinweise auf die Plastizität eines Gegenstandes: Der Schattenwurf wirkt wie ein zweites, zusätzliches Bild aus einer anderen Perspektive. Für die Abschätzung von großen Entfernungen ist Dunst eine Hilfe, in welchem die Konturen verschwimmen und Objekte zunehmend grau oder bläulich werden. Bewegungen des Kopfes oder des ganzen Körpers erleichtern zusätzlich die Wahrnehmung von räumlicher Tiefe: Ein naher Gegenstand bewegt sich schneller im Gesichtsfeld als ein entfernter.

1 Beide in Abbildung 50.3 dargestellten Personen sind bloß Farbflächen am Rande einer anderen Farbfläche. Trotzdem scheint eine Person Ihnen zeitweilig näher zu sitzen. Erklären Sie die Zusammenhänge. Welche Erfahrungen stehen diesem Eindruck entgegen und lassen Sie an Ihrem Eindruck zweifeln?

2.11 Zeitliche Bildauflösung und Bewegungswahrnehmung

Eine Videokamera macht nur 18 Bilder pro Sekunde. Trotzdem genügen diese Einzelbilder, um den menschlichen Betrachter zu täuschen. Er nimmt sie als fließende Bewegungen wahr. Vergleichbare Resultate liefert eine sich um die eigene Achse drehende Flimmerscheibe: Die deutlichen Schwarzweißmuster erzeugen bei schneller Drehung ein System aus Ringen unterschiedlicher Grauwerte. Das *zeitliche Bildauflösungsvermögen*, also die Flimmer- beziehungsweise **Verschmelzungsfrequenz**, liegt beim Menschen je nach Lichtverhältnissen bei 18 bis 24 Bildern pro Sekunde.

Die Ursachen hierfür liegen in der Verarbeitungszeit von Reizen in der Retina. In den Sinneszellen kostet die Reaktionskaskade von der Lichtabsorption durch Rhodopsin bis zur Veränderung der Membranspannung Zeit. Stäbchen als Detektoren von Schwachlicht reagieren langsamer als Zapfen, die als Lichtsammler arbeiten. Bei stärkerem Licht steigt deshalb die Verschmelzungsfrequenz an. Zeitverlust entsteht auch durch die verarbeitenden Nervenzellen der Netzhaut. Vögel und besonders Insekten sind schneller. Manche Insekten können bis zu 330 Lichtblitze pro Sekunde unterscheiden.

Die Wahrnehmung von Bewegung ist für Tiere wichtig, egal ob sie Räuber oder potenzielle Beute sind. Auch der Mensch nimmt Bewegungen wahr, ohne dass er dabei das sich bewegende Objekt als solches identifiziert. Dreht ein Autofahrer den Kopf zu seinem neben ihm vor der Ampel stehenden Nebenmann, so bekommt er von diesem einen irritierten Seitenblick. Offenkundig hat der Nebenmann eine Bewegung beziehungsweise Veränderungen von Helligkeitsmustern am Rande seines Gesichtsfeldes wahrgenommen. Seine Kopfdrehung dient jetzt dazu, jene Augenbereiche mit hoher Bildauflösung einzusetzen, und mit ihnen die Ursache der Veränderungen zu identifizieren.

Ein scharfes Bild wird nur mit der Augenmitte wahrgenommen. Im Bereich des gelben Flecks ist jeder Sehzelle eine Ganglienzelle zugeordnet. In der Peripherie der Netzhaut sind dagegen viele Sehzellenausgänge auf eine Ganglienzelle des Sehnervs zusammengeschaltet, sie bilden **rezeptive Felder.** Rezeptive Felder sind funktionale Einheiten, die sich durchdringen: Über verschiedene Netze von Interneuronen sind Stäbchen an mehreren rezeptiven Feldern beteiligt.

Eine Form der rezeptiven Felder dient der *Bewegungsdetektion*. Dabei sind benachbarte Bündel von Sehzellen jeweils mit Horizontal- oder Bipolarzellen verbunden. Die durch Reizung der Stäbchen entstandene Erregung von Horizontalzellen wirkt als Hemmung auf die zeitgleiche oder leicht zeitversetzte Aktivität benachbarter Bipolarzellen. Die Bipolarzellen wiederum sind mit Sehnervzellen verbunden. Ein solches Verschaltungsprinzip ist unten dargestellt. Bewegt sich dabei ein helles Objekt vor dunklem Hintergrund von rechts nach links (Fall 1), so hemmen die Erregungen der Horizontalzellen die Aktivität der Bipolarzelle und die Ganglienzelle bleibt „stumm". Bewegt sich (2) dasselbe Objekt in Gegenrichtung, so leitet die Ganglienzelle Schübe von Aktionspotenzialen abnehmender Frequenz zum Gehirn, die von Pausen unterbrochen sind. Ein solches rezeptives Feld dient damit nicht generell der Bewegungserkennung, es meldet dem Gehirn bestimmte Fälle. Andere Fälle übernehmen andere, sich gegenseitig überlappende, rezeptive Felder. Dieselben Stäbchen liefern so meist Informationen an mehrere Ganglienzellen.

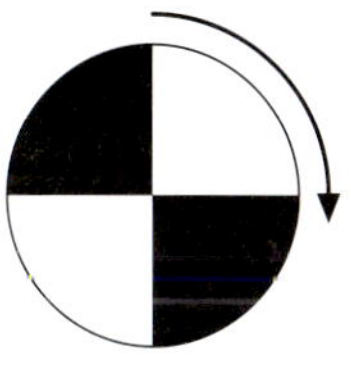

51.1 Flimmerscheibe

1 Entwickeln Sie ein rezeptives Feld, das für die Bewegung eines hellen Objekts in die entgegengesetzte Richtung sensitiv ist.

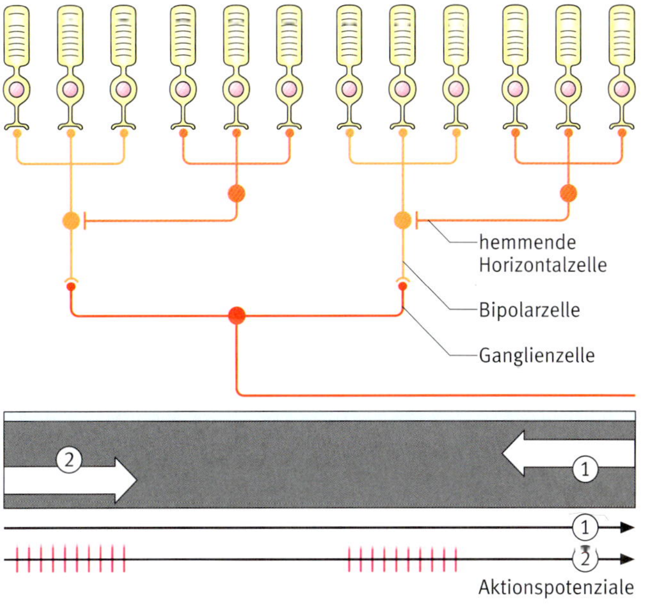

51.2 Bewegungsdetektion durch rezeptives Feld (Schema)

A B

52.1 Simultankontrast.
A HERMANNsches Gitter;
B Graukontraste

2.12 Kontrastverstärkung

Betrachtet man das oben abgebildete Gitter, so sieht man unscharfe graue Flecken an den Kreuzungspunkten, obwohl diese tatsächlich rein weiß sind. Auch die beiden grauen Scheiben in der Abbildung daneben erscheinen nicht einheitlich grau – obwohl sie es sind. In schwarzer Umgebung wirkt die Scheibe heller, in weißer Umgebung dunkler. Zusätzlich erscheint sie dem Betrachter an ihren Rändern jeweils heller oder dunkler als in der Mitte.
Beide **optischen Täuschungen** zeigen, dass die absolute Helligkeit eines Gegenstandes von untergeordneter biologischer Bedeutung ist. Um überhaupt Objekte in der Umgebung erkennen zu können, ist die Erzeugung scharfer Konturen durch Betonen von Helligkeitsunterschieden benachbarter Bereiche wichtiger. Vorhandene Unterschiede werden durch **Kontrastverstärkung** hervorgehoben.

Die Kontrastverstärkung entsteht bereits in der Retina. Sie wird durch ein besonderes Prinzip bei der Verschaltung der Sehzellen mit Interneuronen erzeugt. Während Bipolarzellen die Erregung der Sehzellen an die Ganglienzellen des Sehnervs weiterleiten, wirken Horizontalzellen hemmend auf diese Verbindungen ein. Die Horizontalzellen stellen Querbeziehungen zwischen benachbarten Sehzellen her. Sie schwächen die erhaltene Erregung und setzen sie proportional zur Reizstärke in eine Hemmung um. Dieses Verschaltungsprinzip heißt daher **laterale Inhibition** (lat. *lateral*, seitlich). Dabei haben nicht nur rechte und linke Nachbarn einen hemmenden Einfluss, auch die Nachbarn von oben und unten.

Der Mechanismus der lateralen Inhibition lässt sich an einem einfachen Modell erläutern. Man kann die Retina auf eine einfache Reihe von Sehzellen und Interneuronen reduzieren und die auf die Fotorezeptoren einwirkenden Lichtreize in Zahlenwerten codieren. Der Hemmwert der Horizontalzellen lässt sich auf ein Viertel des Ausgangswertes festlegen. Die daraus zu verrechnende Erregungsintensität soll dann jeweils an eine Ganglienzelle weitergeleitet werden. Die Intensität setzt sich zusammen aus dem Erregungswert der Bipolarzelle und den Hemmwerten der beiden zugeschalteten Horizontalzellen. Im Bereich von homogenen Flächen führt die Verrechnung zu einem einheitlichen Bild. Liegen unterschiedliche Helligkeiten direkt nebeneinander, werden die Unterschiede im Bild überhöht, denn mit einer stärkeren Erregung geht auch eine stärkere Hemmung einher. Dieses Phänomen nennt man wegen seiner zeitgleichen Wirkung auch *Simultankontrast*.

52.2 Laterale Inhibition, Verschaltungsmodell

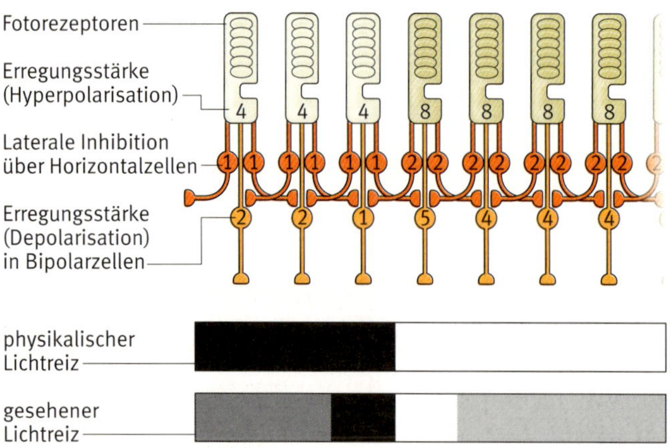

1 Arbeiten Sie mit dem links abgebildeten Modell der lateralen Inhibition: Wie stark ist der „gesehene" Lichtreiz, wenn der mittlere Fotorezeptor kaum gereizt wird (Stärke 4), alle anderen hingegen mit Stärke 8?

2 Erklären Sie die Rolle der lateralen Inhibition auf die Wirkung der im Sehtest verwendeten LANDOLT-Ringe.

2.13 Chemische Sinne

Dass einem beim Zwiebelschneiden die Augen tränen, lässt sich kaum verhindern – auch wenn man Mund und Nase verschließt. Inhaltsstoffe der Zwiebel reizen Chemorezeptoren in den Augenlidern und der Hornhaut. Der Mensch hat neben dem Geruchs- und Geschmackssinn noch Überbleibsel eines *allgemeinen chemischen Warnsinns.* Fische und Amphibien haben solche Rezeptoren über weite Teile ihrer Haut verteilt. Vermutlich leiten sich von diesem Warnsinn die Schmerzrezeptoren der menschlichen Haut ab; die wenigen eigentlichen Chemorezeptoren beschränken sich weitgehend auf die Schleimhäute.

Diffus verteilte Chemorezeptoren erlauben keine Ortung einer Reizquelle. Der in paarige Höhlungen der Nase eingesenkte Geruchssinn ermöglicht die Erkennung der Richtung, aus der die Moleküle mit der Luft herangetragenen werden. Die Nase enthält zwei verschiedene Riechorgane: das allgemeine **Riechepithel** im Dach der Nasenhöhle sowie das **JACOBSON-Organ** im Gaumendach. Das JACOBSON-Organ der Säugetiere ist auf die Wahrnehmung von Geruchsstoffen im Bereich sozialer und sexueller Kommunikation spezialisiert. Das Riechen mit diesem Organ ist mit einer besonderen Mimik verbunden, die den Transport von Geruchsstoffen zum Gaumendach erleichtert: Die Oberlippe wird hochgezogen, die Tiere *flehmen.* Dabei sind häufig die Nasenlöcher geschlossen und der Kopf angehoben. Das JACOBSON-Organ ist beim Menschen weitgehend zurückgebildet. Ob es gänzlich funktionslos ist, ist jedoch fraglich; Geruchsstoffe spielen nach neuen Erkenntnissen bei der Partnerwahl eine große Rolle.

Die Sinneszellen im Riechepithel haben eine Lebensdauer von nur zwei Wochen. Ihre Reiz aufnehmenden Strukturen bestehen aus Cilien, die mit zahlreichen Ionen-Kanälen und Rezeptormolekülen versehen sind. Geruchsmoleküle der Atemluft werden von einem Flüssigkeitsfilm eingefangen, der sie zu den Cilien heranführt und wieder fortspült.

Die Vielfalt an Stoffen erfordert eine Vielzahl unterschiedlicher Rezeptormoleküle. Bei Säugetieren werden diese mit mehr als 1000 Genen codiert, entsprechend etwa drei Prozent ihres Genoms. Mäuse bilden diese Vielzahl von Rezeptormolekülen aus, beim Menschen sind nur etwa 350 aktiv. Da jede Rezeptorzelle nur einen einzigen Typ von Rezeptormolekül ausbildet, gibt es genau so viele Varianten von Riechzellen, wie es unterschiedliche Rezeptoren gibt.

Wie ist es möglich, dass ein Mensch etwa 10 000 verschiedene Gerüche unterscheiden kann, wenn er nur 350 verschiedene Rezeptoren hat? Ein Geruch ist in der Regel aus vielen unterschiedlichen Geruchsmolekülen zusammengesetzt und reizt damit mehrere Typen von Riechzellen. Daneben kann ein einziger Stoff aber auch unterschiedliche Riechzellen stimulieren.

Die Riechzellen sind direkt mit dem als Riechkolben oder *Bulbus olfactorius* bezeichneten Teil des Gehirns verbunden. Die Eingänge gleichartiger Riechzellen werden hier von etwa 2000 als *Glomeruli* bezeichneten Schaltstationen gesammelt und über Interneuronen an die Geruchszentren des Großhirns zur Verrechnung und Verarbeitung weitergeleitet.

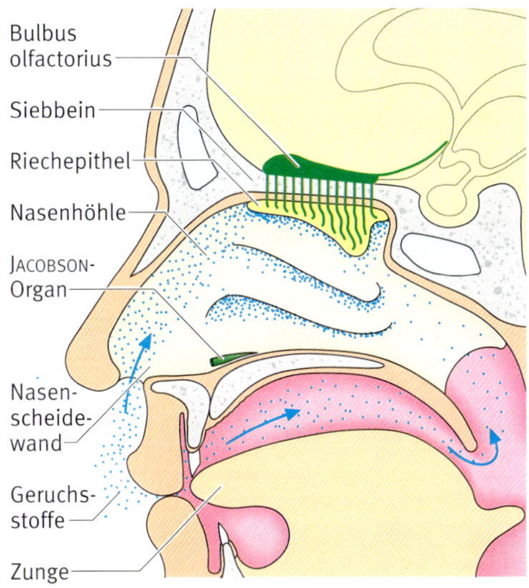

53.1 Lage der Riech- und Geschmacksorgane

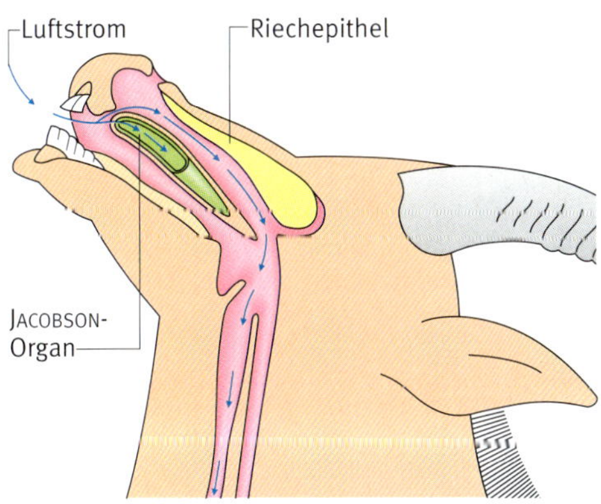

53.2 Flehmen bei einer Antilope

54.1 Chemorezeptoren. **A** Riechzelle; **B** Geschmacksknospe

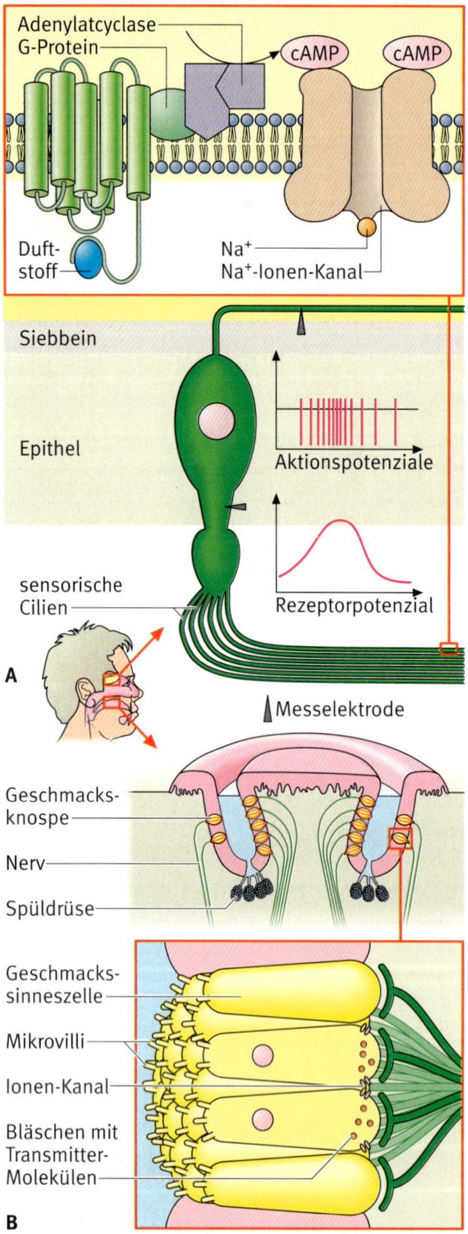

Der Geschmackssinn ist ein Kontaktsinn, der auf die Wahrnehmung wasserlöslicher Bestandteile spezialisiert ist. Der Mensch besitzt nur 100 000 Rezeptoren, die in Gruppen von *Geschmacksknospen* auf der Zunge und im hinteren Rachenraum liegen. Nach der traditionellen Lehrmeinung besitzt der Mensch nur die vier *Geschmacksqualitäten* süß, salzig, sauer und bitter. Es besteht keine Einigkeit, ob die Empfindungen scharf, metallisch, seifig, fettig und wässrig ebenfalls als echte Geschmacksempfindungen anzusehen sind. Diskutiert wird außerdem, ob die Wahrnehmung der Aminosäure Glutamat – umschreibbar mit „köstlich schmeckend" – eine eigene Geschmacksqualität darstellt.

Der Geschmackssinn dient zur Prüfung der Nahrung, auf deren Qualität er grobe Hinweise liefert. „Süß" weist auf den Kohlenhydratgehalt der Nahrung hin. Die Qualität „salzig" hilft bei Erkennung und richtiger Dosierung lebensnotwendiger Ionen. Ist der Geschmack „sauer" zu intensiv, sind Früchte noch unreif. Sauer ist gleichzeitig ein allgemeiner Hinweis auf Vitamine. „Bitter" ist ein Hinweis auf unbekömmliche Pflanzenstoffe. Kinder vermeiden diesen Geschmack, der den – verwöhnten oder abgestumpften – Gaumen der Erwachsenen reizt. Die Mechanismen der Rezeptorreizung scheinen völlig unterschiedlich zu sein. Während bei dem Geschmack süß und bitter Stoffe an spezifische Rezeptormoleküle andocken, wirken sauer und salzig direkt auf die Ionen-Kanäle. Bei sauer werden offene Ionen-Kanäle blockiert und der weitere Ausstrom von Kalium-Ionen verhindert, bei salzig strömen Ionen ein.

1 Beschreiben Sie den Transduktionsvorgang an einer Riechzelle.

54.2 Vergleich von Geruchs- und Geschmackssinn beim Menschen

	Geruchssinn	**Geschmackssinn**
Reichweite	fern (bis mehrere hundert Meter)	nah, Mundregion
Funktion	Orientierung, Nahrungssuche, Warnung, soziale Kommunikation	Nahrungsprüfung, Warnung
Reiz	flüchtige Stoffe, oft fettlöslich	wasserlösliche Stoffe
Reizqualitäten	1000 oder mehr	4 (bis 10?)
Sinneszellen	primäre Sinneszellen mit Cilien; Axone reichen bis ins Gehirn	sekundäre Sinneszellen mit Mikrovilli
Anzahl Sinneszellen	30 Millionen (geschätzt)	100 000 (geschätzt)

Mechanische Sinne

1 Modell der Bogengangfunktion

Zeit: 15 Minuten
Material: hochwandige große Petrischale (oder anderes rundes, durchsichtiges Gefäß mit senkrechter Wand), weißes Papier, Lineal, Schere, doppelseitiges Klebeband, Plastiktrinkhalm, Wasser

Durchführung: Schneiden Sie aus dem Papier ein Rechteck, das in der Länge der Hälfte des Gefäßdurchmessers und in der Breite etwas weniger als der Höhe des Gefäßes entspricht. Knicken Sie von der Längsseite etwa 0,5 cm rechtwinklig ab und kleben Sie diesen schmalen abgeknickten Streifen mit doppelseitigem Klebeband senkrecht innen an die Gefäßwand. Stabilisieren Sie die rechtwinklig abstehende Position des Papiers, indem Sie mit dem Klebeband an der Knickstelle und auf der Gegenseite passend zugeschnittene Trinkhalmstücke befestigen. Füllen Sie das Gefäß mit Wasser.

1. Drehen Sie ruckartig das Becherglas um 45 Grad in einer Richtung.
2. Drehen Sie das Gefäß langsam etwa viermal um ihre eigene Achse (etwa auf einem Drehstuhl) und brechen Sie die Bewegung dann abrupt ab.

Aufgaben:
a) Beschreiben Sie Ihre Beobachtungen von Versuch 1.
b) Beschreiben Sie die Papierbewegungen bei Versuch 2 und vergleichen Sie diese mit eigenen Erfahrungen.

2 Richtungshören

Zeit: 20 Minuten
Material: zwei Aquarienschläuche (ø 0,5 cm; 1 x 1 m, 1 x 2 m lang), Maßband, Folienschreiber.

Durchführung: Der Proband sitzt mit dem Rücken zum Tisch und hält sich die Enden des 1 m langen Schlauches in die Ohren. Der Versuchleiter klopft vorsichtig mit dem Stift auf eine Stelle des Schlauches. Der Proband gibt an, ob das Geräusch von links oder rechts kommt.

Markieren Sie die Stellen, an denen noch deutlich eine Richtung angegeben werden kann. Dazu sollte in neun von zehn Fällen an dieser Stelle eine eindeutige Richtung angegeben werden. Messen Sie danach die Lage der Markierungen aus.

Aufgaben:
a) Erläutern Sie die Ergebnisse.
b) Werden Richtungsangaben durch Verwendung eines längeren Schlauches präziser oder nicht? Formulieren Sie Ihre Hypothese und überprüfen Sie diese mithilfe des 2 m langen Schlauches.
c) Wie unterscheidet man akustisch „vorn" und „hinten"?

3 Tastsinn

Zeit: 15 Minuten
Material: Stechzirkel mit beidseitig stumpfen Spitzen, Millimeterpapier oder Lineal, Augenbinde

Durchführung: Arbeiten Sie zu zweit. Legen Sie dem Probanden die Augenbinde an. Tasten Sie mit den beiden Spitzen des Stechzirkels vorsichtig die Haut der Fingerspitzen von Daumen und kleinem Finger ab. Öffnen Sie den Zirkel zuerst nur wenig, vergrößern Sie den Abstand der Spitzen danach immer mehr. Der Proband sagt an, ob er ein oder zwei Tastempfindungen verspürt. Messen Sie den jeweiligen Spitzenabstand mithilfe des Millimeterpapiers aus und protokollieren Sie die Mindestabstände zur Wahrnehmung von zwei Tastempfindungen. Nehmen Sie vergleichende Messungen an Handinnenfläche, Handrücken, Außen- und Innenseite des Unterarms, Lippen und Wange vor.

Aufgabe:
Stellen Sie die Mindestabstände zur Wahrnehmung von zwei Tastempfindungen grafisch dar und erklären Sie die Unterschiede.

Mit eigenen Augen sehen

1 Konkurrenz der Sehfelder

Zeit: 10 Minuten
Material: zwei verschieden schraffierte oder zwei verschiedenfarbige Quadrate mit der Seitenlänge von 2,5 cm. Pappe von 14 x 12 cm, weißes Papier, Lineal, Schere, Klebstoff

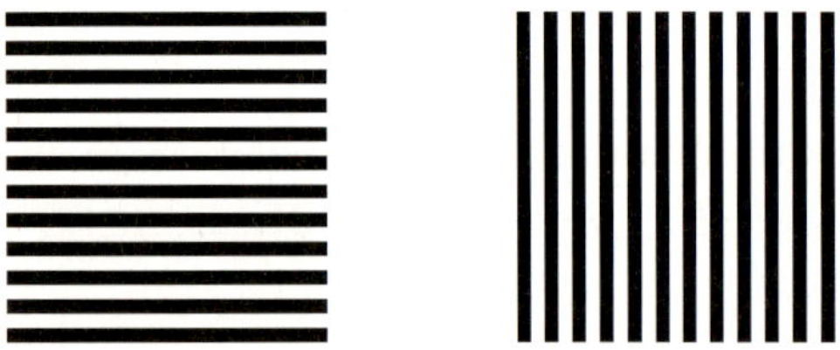

Durchführung: Kleben Sie die beiden Quadrate in einem Abstand von 1,5 cm nebeneinander auf ein weißes Blatt Papier. Halten Sie den Pappstreifen senkrecht zwischen die beiden Quadrate und betrachten Sie die Quadrate aus etwa 15 cm Entfernung, das linke Quadrat mit dem linken Auge, das rechte mit dem rechten.

Aufgaben:
a) Was beobachten Sie?
b) Was beobachten Sie, wenn Sie die Vorlage um 180 Grad drehen?
c) Erklären Sie ihre Beobachtungsergebnisse.

2 Laterale Inhibition

Zeit: 10 Minuten
Material: schwarzer Karton (DIN A4), vorbereitete weiße Papierstreifen (4 mm breit, 8, 12, 16, 20, 24, 28 und 140 mm lang), Klebstoff

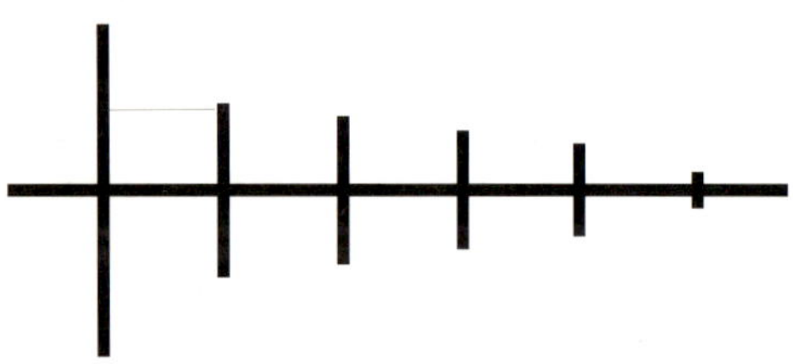

Durchführung: Kleben Sie den längsten Papierstreifen in die Mitte des Kartons. Quer dazu kleben Sie die kurzen Streifen in der oben abgebildeten Weise. Diese sollten jeweils 2 mm, 4 mm, 6 mm usw. überstehen. Betrachten Sie die Kreuzungspunkte aus etwa 2 m Beobachtungsabstand.

Aufgaben:
a) Beschreiben Sie Ihre Beobachtungen.
b) Erklären Sie das Beobachtungsergebnis.

3 Räumliches Sehen

Zeit: 20 min Vorbereitung, 5 min Durchführung
Material: Tisch, Blatt Papier im Format DIN A3, Stück Karton DIN A3, Bleistift, Lineal von ca. 40 cm Länge, Geodreieck, etwa 8 große Nägel mit flachem Kopf oder andere stabförmige Gegenstände, Klebeband, Schere

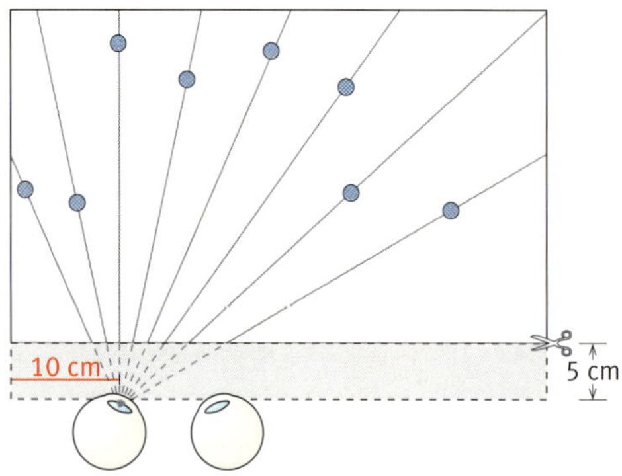

Durchführung: Zeichnen Sie auf das Blatt Papier ein Strahlenbündel, das 10 cm von der linken Ecke von einem Punkt am Rande der Längskante ausgeht. Die Winkel zwischen den Linien des Strahlenbündels betragen 12 Grad. Danach wird ein 5 cm breiter Streifen von der Unterkante abgeschnitten. Das Blatt wird so auf dem Tisch platziert, dass es bündig zur Tischkante liegt und die Spitze des Strahlenbündels über die Tischkante hinausweist. Der Karton fungiert als Sichtblende mit Sehschlitz. Schneiden Sie einen 5 cm breiten und etwa 20 cm langen Schlitz in den Karton. Befestigen Sie mit Klebeband den Karton an der Tischkante. Die Unterkante des Schlitzes sollte die Tischoberfläche dabei nur um wenige Millimeter überragen. Dann stellen Sie die Nägel an beliebige Stellen auf je eine der Linien.

Betrachten Sie die Nägel durch den Sehschlitz mit einem Auge. Ihr Auge sollte sich dazu im Bereich der Spitze des Strahlenbündels befinden und unterhalb der Tischkante, sodass Sie die Nagelstandflächen nicht erkennen können. Betrachten Sie danach die Nägel mit beiden Augen.

Aufgaben:
a) Beschreiben Sie Ihre Beobachtungen.
b) Erklären Sie Ihre Befunde.

Die Weite des Blicks und Schwere des Kopfes

1

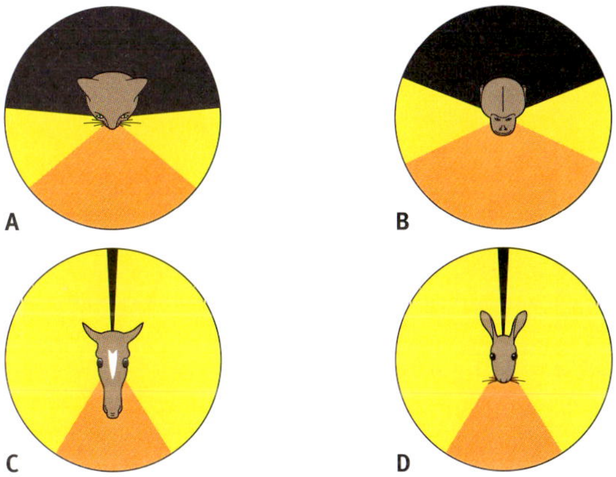

einäugig gesehener Raum (monokulares Gesichtsfeld)
beidäugig gesehener Raum (binokulares Gesichtsfeld)
nicht gesehener Raum

Abgebildet sind die Gesichtsfelder von Katze, Affe, Pferd und Kaninchen.

a) Beschreiben Sie die Gesichtsfelder aus den Abbildungen A–D.
b) Erläutern Sie die unterschiedlichen Gesichtsfelder als Angepasstheit.
c) Erläutern Sie die Aufgaben von Scheuklappen.
d) Es gibt Huftiere mit einem deutlich ausgebildeten binokularen Gesichtsfeld. Nennen Sie mindestens ein Beispiel und begründen Sie Ihre Wahl.

2

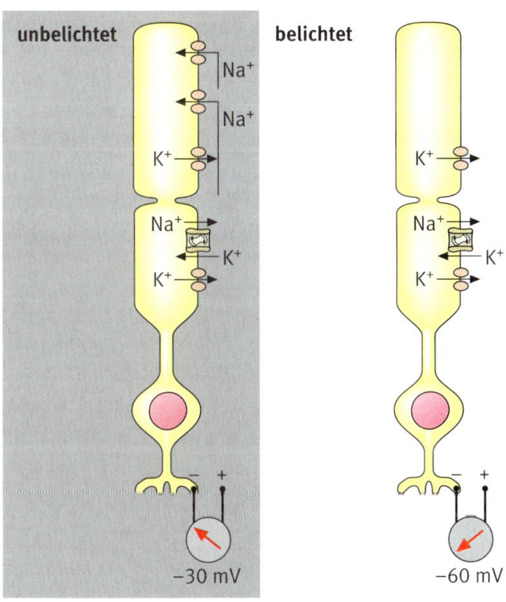

Die Membran der Stäbchenzelle ist in bestimmten Zellregionen unterschiedlich aufgebaut. Nur am Innenglied befinden sich Kalium-Natrium-Pumpen. Ausschließlich am Außenglied gibt es Natrium-Kanäle. Kalium-Kanäle sind in beiden Bereichen vorhanden. Im unbelichteten Zustand sind die Natrium-Kanäle geöffnet, bei der Belichtung werden sie durch Mangel an zyklischem Guanosinmonophosphat (cGMP) geschlossen.

a) Beschreiben Sie die Ionenströme im unbelichteten Zustand.
b) Beschreiben Sie die molekularen Vorgänge, die bei der Belichtung zum Verschluss der Natrium-Kanäle führen.
c) Erläutern Sie die Membranvorgänge, die bei einer Belichtung zu einer Hyperpolarisation führen.

3

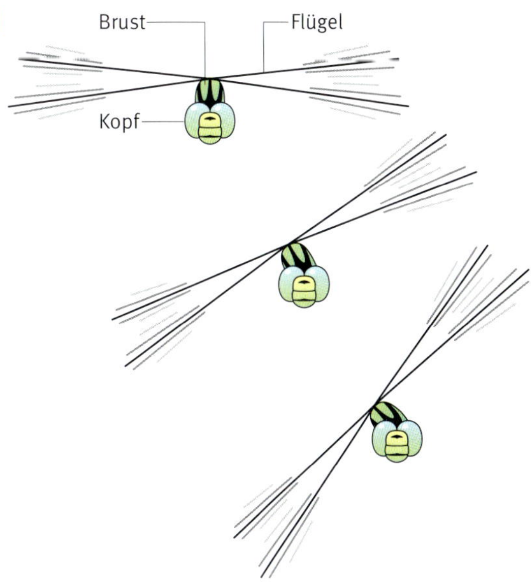

Während des Fluges ist der Kopf der Libellen frei beweglich, da er an einem kugeligen, in der oberen Kopfhälfte gelegenen, Gelenk an der Brust befestigt ist. Selbst bei Schräglage des übrigen Körpers, wie bei engem Kurvenflug oder bei starkem Seitenwind, behält er seine Ausgangslage bei.

a) Am Kopfhinterrand befinden sich Sinneshaare, die auf Verbiegungsreize ansprechen. Dieses Sinnesorgan hat verschiedene Funktionen. Erläutern Sie die Funktionen dieses Sinnesorganes, wenn die Libelle den Kopf mit Muskelkraft dreht.
b) Im Flug hat dieses Sinnesorgan zusammen mit dem Kopf eine völlig andere Aufgabe. Erläutern Sie diese.
c) Der gesamte Libellenkopf wirkt in diesem Fall als „Hilfsstruktur", welche die Rezeptorleistung überhaupt erst ermöglicht. Erklären Sie seine spezielle Funktion.
d) Beschreiben Sie den Aufbau vergleichbarer Sinnesorgane bei anderen Tieren.

3 Verarbeitung von Informationen: Nervensysteme

58.1 Strudelwurm

3.1 Nervensysteme im Tierreich

Strudelwürmer sind sehr einfach gebaute Tiere, die in Bächen auf der Unterseite von Steinen leben. Ihre Augen reichen gerade zur Wahrnehmung von Licht sowie dessen Richtung. In Höhe der Augen befindet sich eine Gruppierung von Nervenzellen. Die Ansammlung von Nervenzellen ist noch so gering, dass unter Wissenschaftlern keine Einigkeit besteht, ob dies bereits ein Gehirn ist.

Das **Gehirn** ist eine deutliche Ansammlung von Nervenzellen am Körpervorderende eines Tieres. Die Evolution dieses Organs ging von **Nervenachsen** aus und steht in direktem Zusammenhang mit der Beweglichkeit des Tieres – sowie der damit einher gehenden Sinnesausstattung.
Für Tiere, die sich fortbewegen, ist die einfachste Grundform die Wurmgestalt: Der Körper hat so einen geringeren Raumwiderstand. Gleichzeitig mit der Wurmgestalt ist das Vorderende und damit die bevorzugte Bewegungsrichtung festgelegt. Dies hatte unmittelbare evolutive Konsequenzen auf die Lage des Mundes. Weitere Selektionsvorteile ergaben sich aus der Anordnung des Geschmacks- und Tastsinns im Mundbereich. Mit der Verfeinerung dieser Nahsinne nahm die Zahl zugehöriger Nervenzellen zu.
Eine weitere Zunahme von Neuronen folgte mit der Entwicklung von Fernsinnen. Insbesondere die Evolution von Augen sowie deren weitere Leistungssteigerung ging mit der deutlichen Konzentration verarbeitender Nervenzellen zum Gehirn einher.

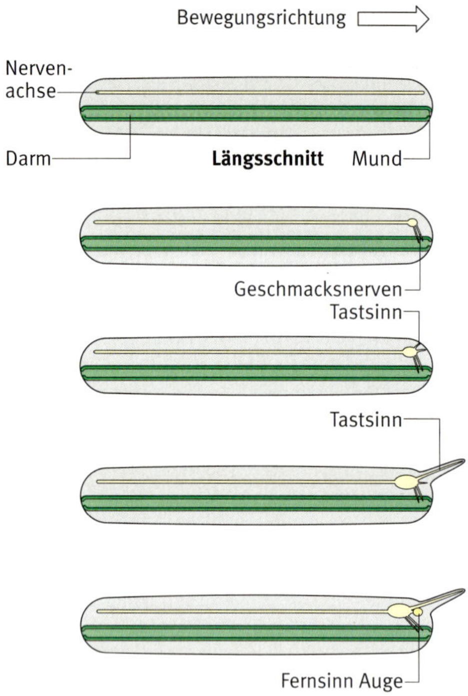

58.2 Der evolutive Trend zum Gehirn (Modellvorstellung)

Während es funktionelle Gründe für die Lage des Gehirns gibt, gibt es keine für die Lage der Nervenachsen. Abgesehen von der vom Darm stets ausgefüllten Körpermitte gibt es im Tierreich mehrere Möglichkeiten: Bei den Wirbeltieren liegt die Nervenachse im Rücken und bildet das *Rückenmark.* Bei Ringelwürmern und Insekten befinden sich die Nervenstränge auf der Bauchseite. Verschiedene Wurmformen besitzen doppelte Achsen, bei den Plattwürmern, wie den oben genannten Strudelwürmern, liegen die Nervenachsen links und rechts vom Darm, bei Fadenwürmern ober- und unterhalb des Darmes.

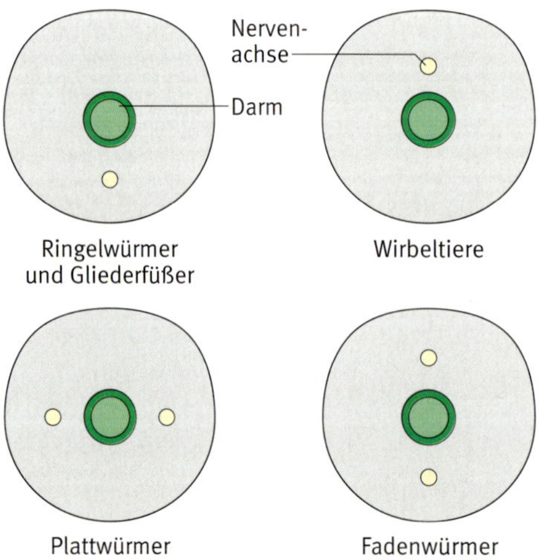

58.3 Lage der Nervenachsen relativ zum Darm

Gliederfüßer wie Insekten, Krebse und Spinnen bilden heute die artenreichste Tiergruppe der Welt. Ihre Körper bestehen genau wie bei den Gliederwürmern aus Segmenten, das heißt prinzipiell baugleichen, hintereinander liegenden Elementen. Die Segmentbauweise findet sich auch in der Anordnung der Nervenzellen, dem **Strickleiternervensystem** wieder. Die Zellkörper der Nerven sind in den Körperabschnitten in paarigen Knoten orientiert, den **Ganglien** (gr. Knoten). Zwischen den paarigen Ganglien eines Segmentes bestehen Querverbindungen, die Kommissuren (lat. *commissura*, Verbindung). Die Konnektive verbinden die Ganglien aufeinanderfolgender Segmente in Längsrichtung miteinander.
Die Nerven liegen auf der Bauchseite und bilden das Bauchmark. Ausschließlich das größte Ganglienpaar am Körpervorderende liegt oberhalb des Darmes und wird als *Oberschlundganglion* bezeichnet. In seinen koordinierenden Funktionen kann man es mit dem Gehirn der Wirbeltiere vergleichen.
Dem Bauprinzip mit mehreren lokalen, paarigen Ganglien folgen auch die Weichtiere, also die Schnecken, Muscheln und Tintenfische.

1 Beschreiben Sie die evolutiven Grundtendenzen bei der Entwicklung von Nervensystemen im Tierreich.

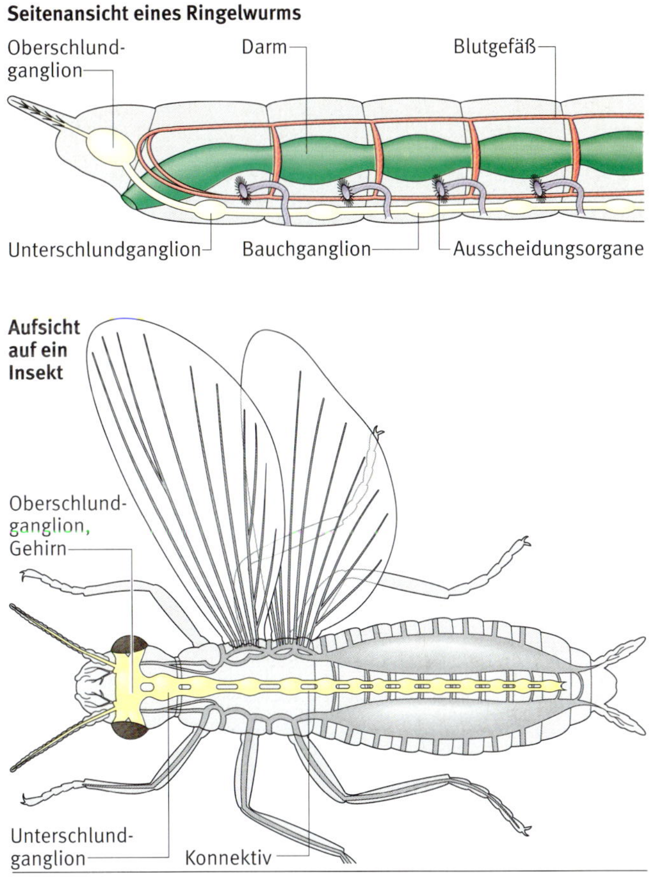

59.1 Das Strickleiternervensystem der Ringelwürmer und Insekten

Nervensysteme festsitzender Tiere

Sessile, das heißt festsitzende, Tiere sind im Meer und im Süßwasser weit verbreitet, wo sie sich hauptsächlich von Plankton ernähren. Bei ihnen fehlt die deutliche Vorn-Hinten-Orientierung. Stattdessen besitzen sie Fangarme, die in alle Richtungen reichen. Sessile Tiere sind im Regelfall nur gering mit Sinnesorganen ausgestattet. Deshalb benötigen sie auch deutlich weniger Nervenzellen. Ein Süßwasserpolyp, eine Seeanemone oder eine Koralle besitzt kein Gehirn, auch zentrale Nervenachsen können vollständig fehlen oder nur schwach ausgebildet sein. Bei Tieren, wie Muscheln oder Seepocken, die von beweglichen Formen abstammen, aber heute eine sessile Lebensweise führen, ist der Trend zur Rückbildung des Gehirns deutlich erkennbar.

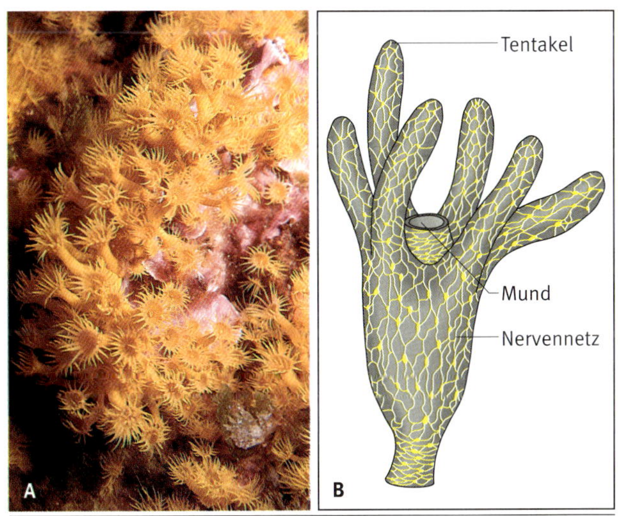

59.2 A Seeanemonen in einem Riff; B Nervennetz eines Süßwasserpolypen

ÖKOLOGIE

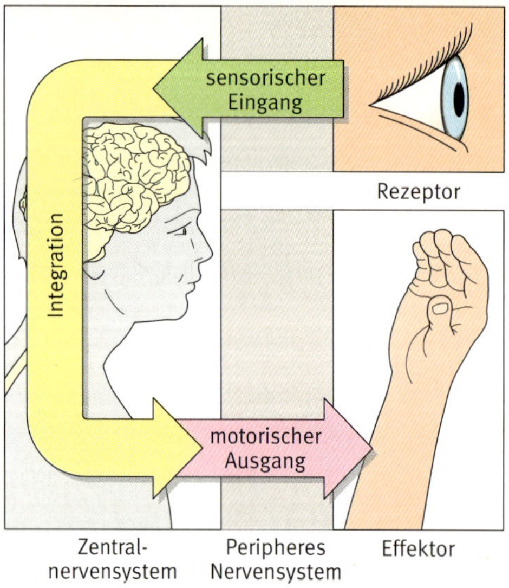

60.1 Informationsverarbeitung im Wirbeltier-Nervensystem

60.2 Lanzettfischchen *Branchiostoma lanceolatum*

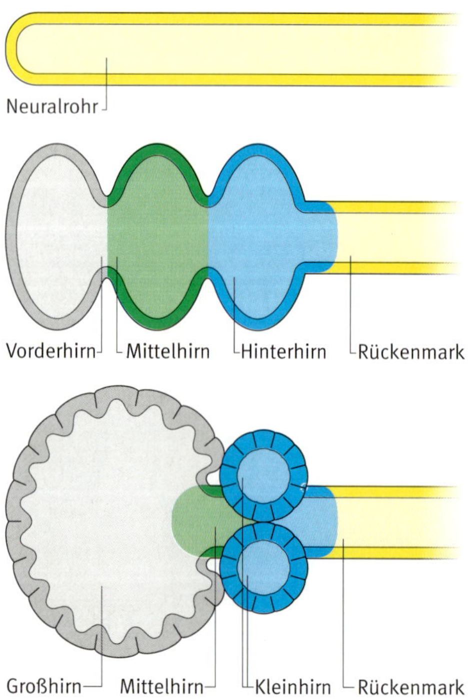

60.3 Vom Neuralrohr zum Gehirn (Schema)

3.2 Nervensysteme der Wirbeltiere

Bei den Wirbeltieren besitzt das Nervensystem eine deutliche hierarchische Ordnung. Die Verarbeitung der Informationen findet im **Zentralnervensystem (ZNS)** statt, welches das Gehirn und das Rückenmark umfasst. Das **Periphere Nervensystem (PNS)** übernimmt die Informationsleitung vom und zum ZNS. *Sensorische* Nerven leiten die Informationen von den Sinnesorganen zum ZNS, *motorische* Nerven geben Befehle vom ZNS an die Zielorgane weiter. Davon unabhängig ist allein die Steuerung der inneren Organe, sie erfolgt durch das *Vegetative Nervensystem.*

Das ZNS war ursprünglich nicht deutlich gegliedert. Bei den ersten Wirbeltieren bestand es wahrscheinlich nur aus einem *Neuralrohr,* einem einfachen, röhrenförmigen Nervenstrang auf dem Rücken, wie wir es heute noch bei den Lanzettfischchen finden. Die Lanzettfischen sind unscheinbare fischähnliche Tiere, welche statt der Wirbelsäule einen biegsamen Stützstab besitzen. Sie gehören nicht zu den Wirbeltieren, von ihrem einfachen Grundbauplan lässt sich jedoch der der Wirbeltiere ableiten. Sie leben eingegraben im Sand der Küstenmeere und filtrieren Plankton, nur ihr Mund schaut dabei heraus. Sie schwimmen selten und dann nur kurze Strecken. Ihre Sinne und ihr Nervensystem sind entsprechend ihrer halbsessilen Lebensweise gering ausgebildet.

Die Evolution des Wirbeltiergehirns begann mit einer blasigen Vergrößerung des Neuralrohrs am Körpervorderende. Die Vergrößerung der Oberfläche lieferte Platz für weitere Neuronen. Ursprünglich bildeten sich drei große blasige Zentren aus. Entsprechend ihrer Lage zu Sinnes- beziehungsweise Erfolgsorganen waren dies das **Vorderhirn** zum Riechen, das **Mittelhirn** zur Verarbeitung der Informationen der Augen sowie das **Hinterhirn** zur Bewegungskontrolle und Orientierung im Raum.

Das Vorderhirn wurde im Laufe der Wirbeltier-Evolution immer weiter vergrößert, dabei konnte die Oberfläche auch durch Faltungen erweitert werden. Die integrativen Fähigkeiten dieses bei Vögeln und Säugern als **Großhirn** bezeichneten Abschnitts nahmen dabei zu. Plakativ lässt sich die Funktion des Großhirns umschreiben als: „Wir denken mit dem Gehirnbereich, mit dem die Haie riechen". Das Mittelhirn verlor zugunsten des Großhirns an Bedeutung. Beim Menschen erfolgt zum Beispiel die Verarbeitung der Sehinformationen in der Großhirnrinde, das Mittelhirn dient hier im Wesentlichen nur noch der Übertragung.

Unser ebenfalls stark aufgewölbtes und gefurchtes **Kleinhirn** gehört zum Hinterhirn. Als Koordinator der Bewegungsabläufe gibt es nicht nur Befehle an die Muskulatur, es ist auch mit Sinnesorganen in den Gelenken und Muskeln sowie mit dem Gleichgewichtssinn verbunden. Das Seitenlinienorgan der Fische mit seiner Fähigkeit zur Wahrnehmung von Wasserströmungen ist ebenfalls mit dem Kleinhirn direkt verbunden.

Als weitere Gehirnbereiche lassen sich das zwischen Vorder- und Mittelhirn liegende *Zwischenhirn* und das *Nachhirn* als Übergang zum Rückenmark abgrenzen.

Tatsächlich weichen die Wirbeltiergehirne äußerlich von diesem einfachen Bauschema deutlich ab. Bei den heute lebenden Vertretern stehen die Größenunterschiede von Gehirnteilen mit den jeweiligen Aufgaben in engem Zusammenhang. Bei Haien ist das Vorderhirn als Riechhirn gut ausgebildet. Zusätzlich sind die Riechbahnen so stark ausgeprägt, dass nicht klar ist, ob man sie bereits zum Gehirn zählen kann oder nicht.
Bei Fischen, Amphibien und einigen Reptilien ist ein Teil des Mittelhirns, die *Epiphyse,* besonders stark ausgebildet. Diese Tiere besitzen ein zusätzliches lichtempfindliches Organ zwischen den Augen. Es ist mit der Epiphyse verbunden.

Bei aller Vielfalt im Gehirnbau der Wirbeltiere bleibt die prinzipielle Anordnung und Aufgabenverteilung der Elemente erhalten.

1 Stellen Sie in einer tabellarischen Übersicht Gemeinsamkeiten und Unterschiede der Wirbeltiergehirne zusammen.

2 Begründen Sie die Entwicklung der auffälligen Unterschiede in der Größe des Kleinhirns bei Hai, Frosch und Gans.

3 Das Nachhirn, das Mittelhirn und das Zwischenhirn werden häufig als Hirnstamm bezeichnet. Erklären Sie diese Begriffswahl.

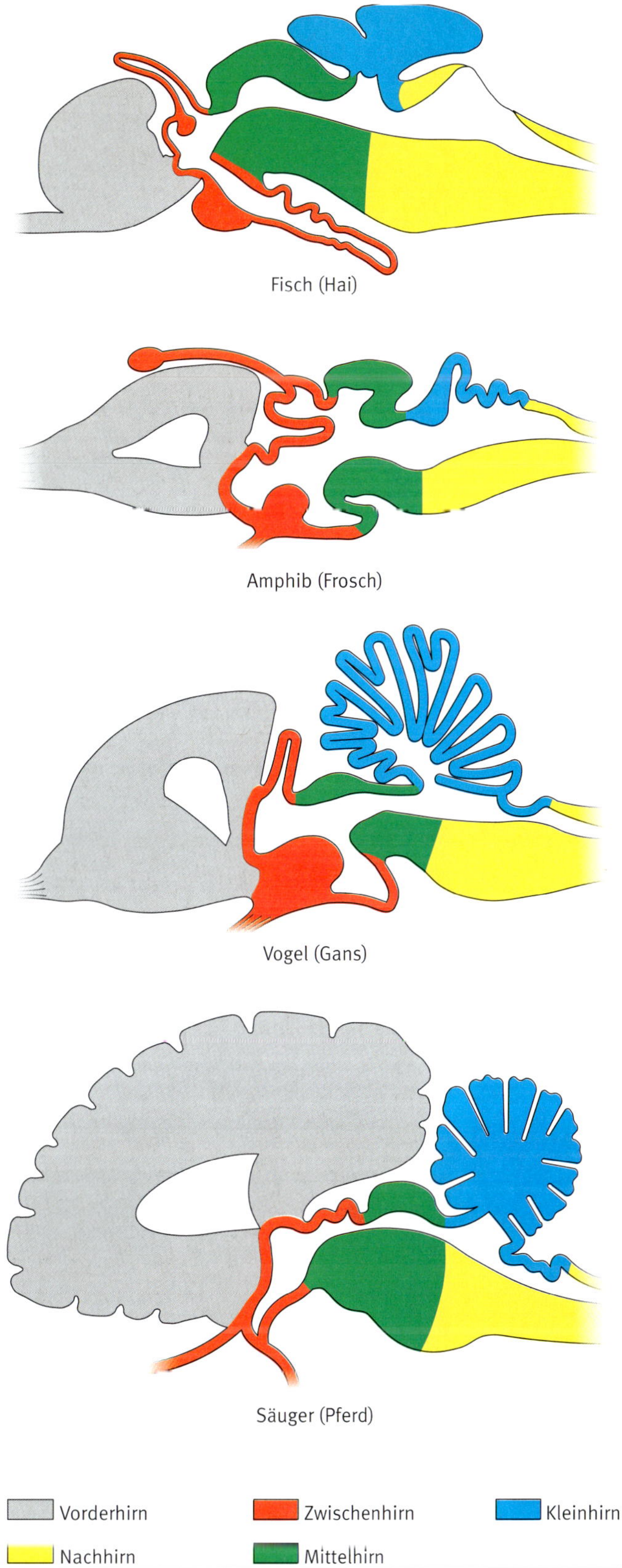

61.1 Verschiedene Wirbeltiergehirne

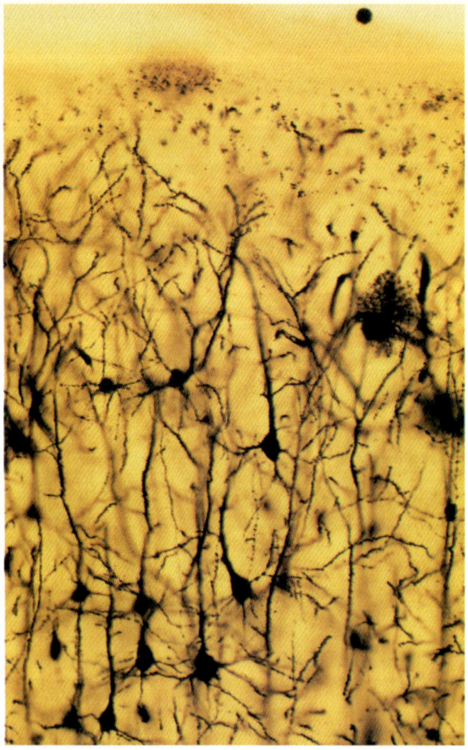

62.1 Nervenzellen in der Großhirnrinde (mikroskopische Aufnahme)

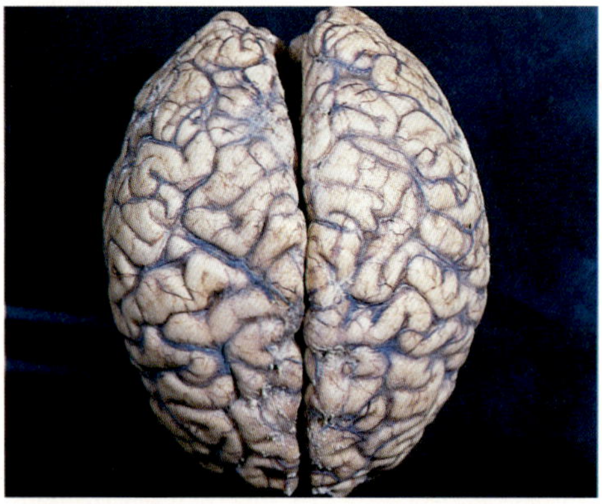

62.2 Gehirn, Aufsicht

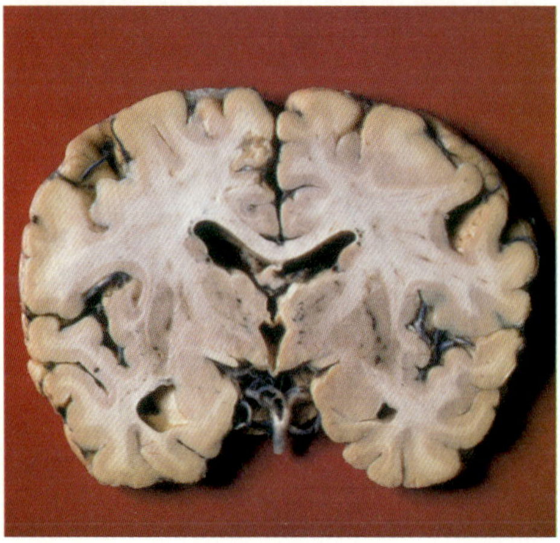

62.3 Gehirn, Frontalschnitt

3.3 Bau des menschlichen Gehirns

Das Gehirn eines erwachsenen Menschen wiegt im Mittel 1330 Gramm und besteht nach Schätzungen aus 100 Milliarden Nervenzellen. Jede dieser Nervenzellen hat Kontakt zu 100 bis 10 000 anderen. Die Leitungsbahnen im Gehirn sind insgesamt etwa 750 000 Kilometer lang. Das Gehirn zu erforschen ist eine der größten Herausforderungen für die Naturwissenschaft. Trotz aller Komplexität ist eine klare Grundstruktur vorhanden. Die Hauptabschnitte des Gehirns lassen sich sowohl anatomisch als auch funktionell deutlich unterscheiden.

Das Großhirn ist der auffälligste und komplexeste Bestandteil. Es ist der Ursprung aller bewussten Handlungen, Sammelstation der bewussten und unbewussten Sinneseindrücke, Sitz des Gedächtnisses, der Sprachbildung und des Sprachverständnisses, der Motivation und der Emotionen. Das Großhirn ist in eine linke und eine rechte *Hemisphäre* unterteilt. Die Oberfläche der Hemisphären ist durch Furchen und Windungen stark vergrößert. Die äußere Schicht besteht aus grauer Substanz, der Großhirnrinde *(Cortex)*. In ihr befinden sich die Zellkörper der Nervenzellen. Die weiße Substanz im Inneren besteht aus den Axonen der Neuronen. Man kann drei Gruppen von Nervenfaserzügen identifizieren: *Assoziationsbahnen* verbinden verschiedene Bereiche einer Großhirnhälfte, *Kommissurenbahnen* stellen eine Verbindung zwischen den Hemisphären über den *Balken* her und die *Projektionsbahnen* verbinden das Großhirn mit den anderen Hirnteilen und dem Rückenmark. Tief innerhalb der weißen Substanz des Großhirns befindet sich ein graues Kerngebiet, das mehrere *Basalganglien* enthält.

Das vom Großhirn völlig umschlossene Zwischenhirn umfasst im Wesentlichen den **Thalamus** (gr. *thalamos,* innere Kammer) und den **Hypothalamus.** Der Thalamus dient als Hauptschaltstation zur Großhirnrinde und steuert die Aufmerksamkeit und Verhaltensbereitschaft. Er ist das unterhalb der Großhirnebene wichtigste Zentrum für unbewusste Prozesse der Sinneswahrnehmung. Daneben steuert der Thalamus unbewusstes Verhalten, etwa die emotionalen Anteile von Mimik, Gestik und Sprache.

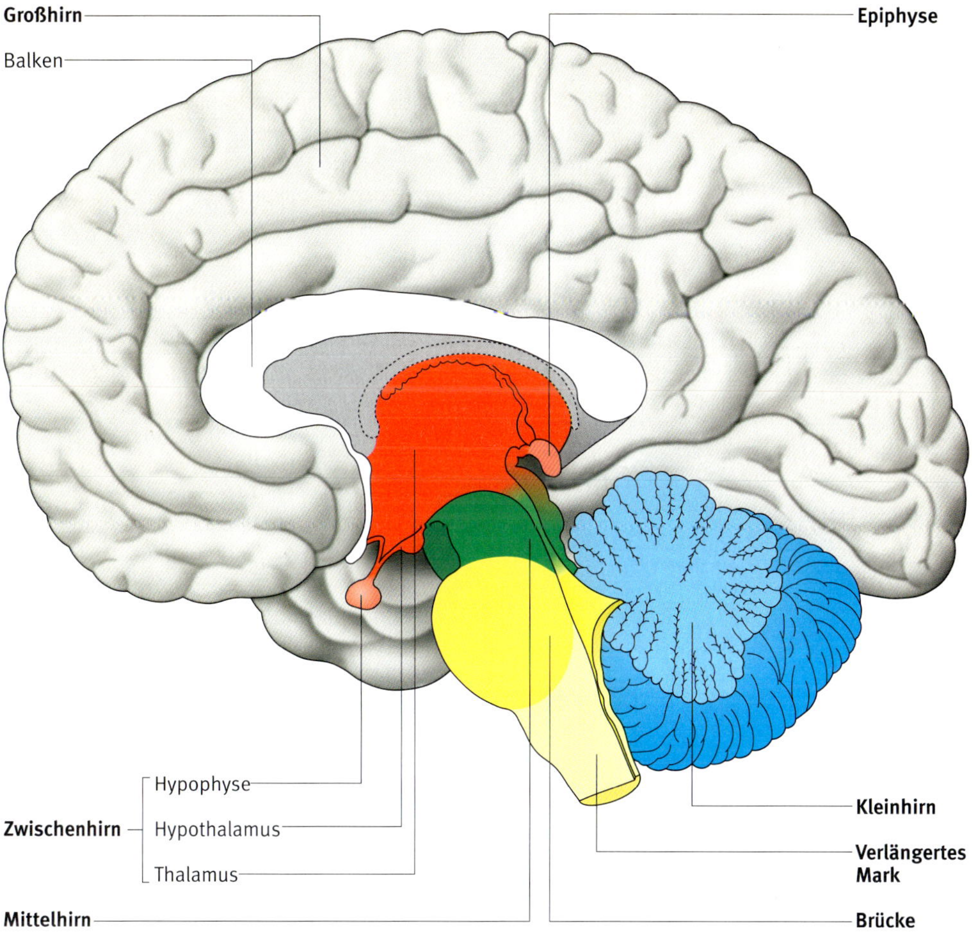

63.1 Hauptabschnitte des Gehirns

Der Hypothalamus enthält wichtige Zentren zur Regulation und Stabilisierung des körperlichen Grundzustandes. Hier erfolgt die Regulation der Biorhythmen, der Körpertemperatur und des Blutzuckerspiegels. Der Hypothalamus ist oberstes Zentrum des vegetativen Nervensystems und ein wichtiger Teil des Hormonsystems. Er fungiert selbst auch als Hormondrüse. Die von ihm gebildeten *Releasing Hormone* beeinflussen die Ausschüttung von Hormonen in der nahe gelegenen *Hypophyse.*

Das Mittelhirn enthält die Zentren für die Aufnahme und Verarbeitung sensorischer Informationen. Hier münden die Fasern vom Gehör und den Augen. Die Verarbeitung der visuellen Informationen erfolgt im Großhirn, das Mittelhirn übernimmt nur noch Teilaufgaben, wie die Reflexe der Augen und die Blickverfolgung eines Objektes.

Das Kleinhirn dient der Koordination der Bewegung. Es erhält permanent Informationen über die Gelenkstellungen und Dehnungszustände der Skelettmuskeln sowie Informationen von den Augen und vom Innenohr. Sobald vom Großhirn motorische Kommandos eintreffen, kann das Kleinhirn mithilfe dieser Informationen automatisch die Körperhaltung und -bewegung koordinieren. Damit sorgt es für fließende Bewegungsabläufe und die Einhaltung des Gleichgewichts.

Das Nachhirn ist in das *verlängerte Rückenmark* und die *Brücke* unterteilt und enthält Zentren für vegetative Funktionen, wie die Kontrolle der Atmung, des Herzschlags, des Blutkreislaufs und der Verdauung. Gleichzeitig liegt hier die Kontrolle wichtiger Reflexe, wie des Schluckens, Hustens, Niesens und Erbrechens. Im Bereich des verlängerten Rückenmarks kreuzen die meisten absteigenden Nerven für Bewegungskommandos von einer Nervenhemisphäre in die andere. Somit steuert die linke Hirnhälfte die Bewegung der rechten Körperseite und umgekehrt.

3.4 Die Versorgung des Gehirns

Die Durchblutung und Sauerstoffversorgung des Gehirns ist besonders wichtig: Das Gehirn allein benötigt täglich 75 Liter Sauerstoff und 120 Gramm Glucose. Die Blutversorgung der Großhirnrinde zählt zur intensivsten unseres Körpers.

64.1 Mittlere Organdurchblutungsrate

Organ	**Durchblutungsrate** in Milliliter pro Minute pro Gramm Organgewicht [ml/min · $g_{(Organ)}$]
Gehirn	0,56
Hirnrinde	1,00
Weiße Substanz	0,20
Herzmuskulatur	0,83
Skelettmuskulatur	0,03
Haut	0,05
Leber	1,00

Etwa ein Fünftel des arteriellen Blutes wird, ausgehend von den beiden Halsschlagadern, über vier Arterien dem Gehirn zugeführt. Der Stoffaustausch erfolgt über die Gliazellen sowie die Interzellularflüssigkeit von Gehirn und Rückenmark, den *Liquor.* Durch den Liquor werden Sauerstoff, Kohlenstoffdioxid und Wasser ausgetauscht. Der Austausch anderer Stoffe wird behindert, man spricht von der *Blut-Hirn-Schranke.* Die weitere Versorgung der Hirnneuronen, zum Beispiel mit Glucose, sichern die Gliazellen.

Das Gehirn leidet sehr schnell unter Versorgungslücken. Ist die Blutzufuhr zehn Sekunden unterbrochen, fällt man in Ohnmacht. Der Zelltod beginnt im Bereich der Großhirnrinde bereits nach etwa drei Minuten, im Hirnstamm nach etwa sieben Minuten. Nach etwa zehn Minuten sind alle Gehirnzellen abgestorben und der *Hirntod* ist eingetreten. Eine erfolgreiche Wiederbelebung bei Herzstillstand ist nur innerhalb einer Spanne von vier Minuten möglich, weil das Herz, durch den erlittenen Sauerstoffmangel, nicht sofort die für das Gehirn erforderliche Pumpleistung erzielen kann. Bei Unterkühlungen, wenn der Sauerstoff-Verbrauch der Gewebe geringer ist, sind Wiederbelebungsmaßnahmen über diese Frist hinaus sinnvoll.

MEDIZIN

Schlaganfall

In Deutschland erleidet alle zwei Minuten ein Mensch einen Schlaganfall. Ein Drittel der Betroffenen stirbt daran, Überlebende behalten häufig schwere Schäden zurück.
Ein Schlaganfall entsteht durch eine Unterversorgung eines Großhirnbereiches mit Blut. Je nachdem, welches Gebiet betroffen ist, fallen die Symptome unterschiedlich aus: Lähmungen, Seh- und Sprachstörungen oder Koma. Solch eine Unterversorgung tritt ein, wenn ein Blutgerinnsel ein Gehirngefäß verstopft oder eine Gehirnarterie durch Arteriosklerose, innere Ablagerungen, stark verengt wurde. Seltener entsteht ein Schlaganfall durch das Zerreißen eines Blutgefäßes.

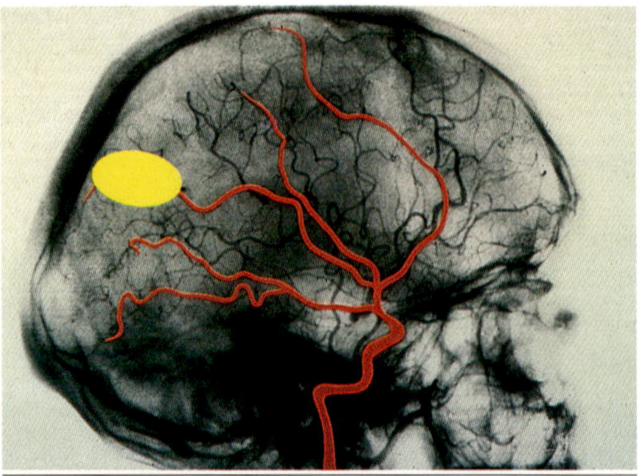

64.2 Unterbrochene Blutzufuhr eines Gehirnbereiches

Wenige Minuten nach der Unterbrechung der Blutzufuhr kommt es durch die massive Freisetzung von Transmittern zur übermäßigen Erregung von Nervenzellen, wodurch diese anschwellen oder gar platzen. Aber nicht der Tod dieser Zellen verursacht die nachhaltigen Schäden, sondern der im Anschluss ablaufende Prozess: Die benachbarten, noch schwach versorgten Zellen beginnen, wenn sie keine aktivierbaren Verbindungen mehr haben, im Verlauf von Stunden bis Tagen mit dem **programmierten Zelltod.** Dieser ist ein normaler Regulationsprozess in unserem Körper. Im Gehirn ist dieser Vorgang wichtig für die Beseitigung solcher Gehirnzellen, die keinen Kontakt mit anderen Nervenzellen herstellen konnten. Da Verluste von Nervenzellen im Gehirn nicht ausgeglichen werden können, sind die Zerstörungen irreparabel.

3.5 Rückenmark und peripheres Nervensystem

Streicht man einer Person mit einer Nadel von der Ferse zur großen Zehe über die Fußsohle, so krümmen sich unwillkürlich die Zehen in einem *Reflex*. An der gesamten Reaktion sind nur wenige Elemente des Körpers beteiligt: Hautsinneszellen, zum Rückenmark führende **sensorische** Nerven, *Interneuronen* als Umschaltstationen im Rückenmark, zu Muskeln führende **motorische** Nerven sowie die Zehenbeugemuskeln.

Reflexe wie dieser verdeutlichen den Aufbau und die Funktionsweise des peripheren Nervensystems. Die Nerven der Peripherie lassen sich klar zwei Typen zuordnen, die sensorischen Nerven leiten die Erregungen von Sinnesorganen zum ZNS, die motorischen Nerven hingegen vom ZNS zu Muskeln oder Drüsen. Die einfache Nervenschaltung eines Reflexes heißt **Reflexbogen.**

Das Rückenmark erfüllt zwei Aufgaben: Es steuert einfache Reaktionen auf bestimmte Reize in Form von Reflexen und es leitet Informationen vom und zum Gehirn weiter.

Das Rückenmark liegt im Inneren der Wirbelsäule. Im Querschnitt fällt im Zentrum eine dunkler gefärbte, schmetterlingsförmige Struktur auf, die **graue Substanz.** Sie besteht zum größten Teil aus Nervenzellkörpern. Das heller gefärbte Äußere, die **weiße Substanz,** besteht ausschließlich aus Axonen. Diese ziehen als absteigende Bahnen vom Gehirn in die Körperperipherie und als aufsteigende Bahnen zum Gehirn.

Die peripheren Nerven zweigen regelmäßig vom Rückenmark ab. Zwischen den Wirbeln der Wirbelsäule entspringt rechts und links jeweils ein Spinalnerv. In dessen hinterer Wurzel liegen die sensorischen Nerven, die Zellkörper dieser Zellen befinden sich im *Spinalganglion.* Die vordere Wurzel der Spinalnerven enthält die motorischen Nerven. Deren Zellkörper befinden sich in der grauen Substanz des Rückenmarks.

1 Der Anteil der weißen Substanz am Gesamtquerschnitt des Rückenmarks ist im Bereich des Halses deutlich größer als in der Beckenregion. Erklären Sie die Zusammenhänge.

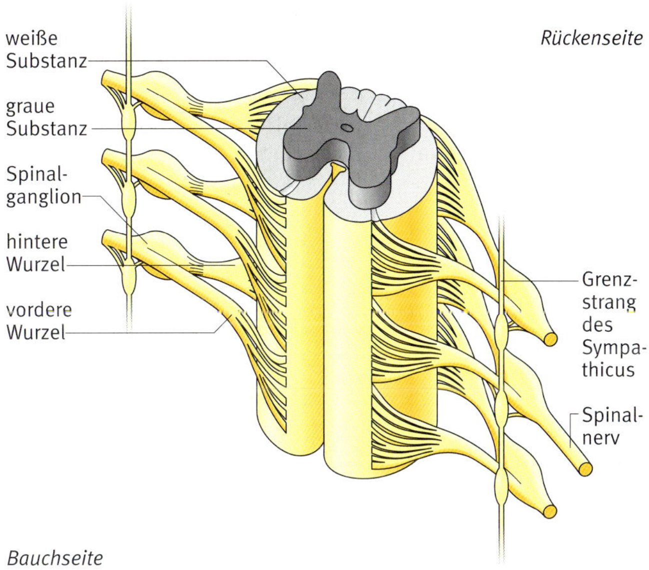

65.1 Rückenmark mit Spinalnerven

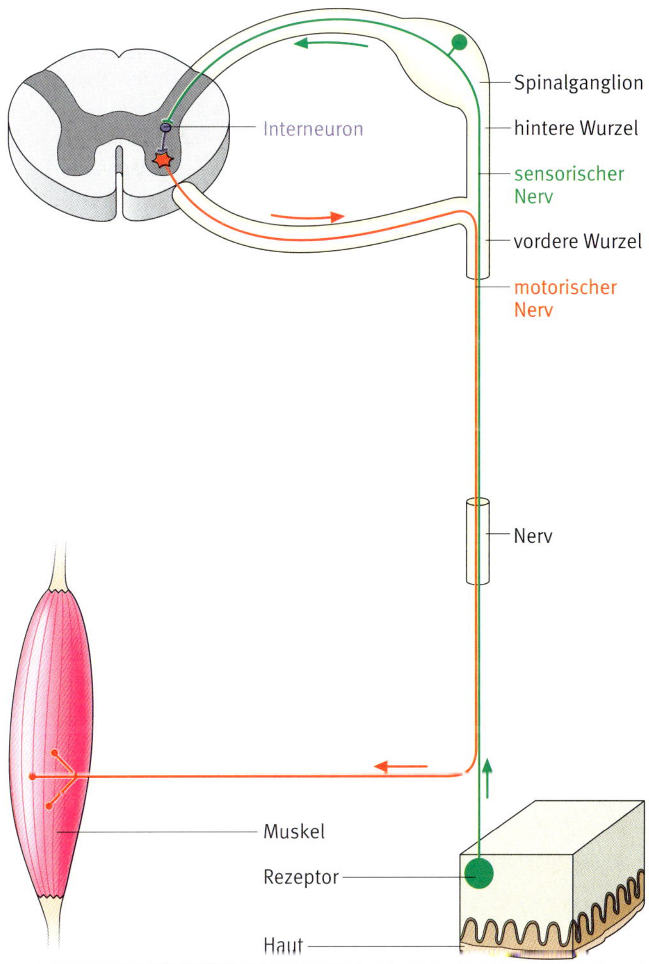

65.2 Beispiel eines Reflexbogens

3.6 Vegetatives Nervensystem

Bereits kurze Zeit nach einer Pilzmahlzeit klagen nahezu alle beteiligten Personen über Übelkeit, Magen-Darm-Koliken und stark tränende Augen. Ein Arzt stellt zudem stark verminderten Puls, verringerten Blutdruck und verengte Pupillen fest. Er bestätigt den Verdacht einer Pilzvergiftung: Alle Symptome sprechen für das Muscarin-Syndrom, das durch Vergiftung durch Risspilze oder Trichterlinge hervorgerufen wird. Das lebensrettende Gegenmittel ist Atropin in hoher Dosierung.

Muscarin und Atropin sind Nervengifte. Die Wirkung des Muscarins lässt sich mit seinem chemischen Aufbau erklären. Es ist dem Transmitter Acetylcholin sehr ähnlich. Deshalb ruft es im Körper vergleichbare Wirkungen hervor. Muscarin kann im Gegensatz zu Acetylcholin jedoch nicht durch Enzyme abgebaut werden. So bewirkt es eine überschießende Reaktion in dem **Parasympathicus** genannten Teil des Nervensystems, für den Acetylcholin der besonders verbreitete Transmitter ist. Atropin wirkt ebenfalls spezifisch an Acetylcholin-Rezeptoren, indem es diese blockiert.

Der Parasympathicus bildet zusammen mit dem **Sympathicus** und einem eigenständigen *Darmnervensystem* das **Vegetative Nervensystem** (VNS). Es stimmt die Versorgungssysteme des Körpers auf die augenblickliche Tätigkeit ab und es hält das innere Milieu in einem dynamischen Gleichgewicht. Es steuert die inneren Organe, die die Nährstoff- und Sauerstoffversorgung sowie die Entsorgung von Stoffwechselendprodukten des Körpers sichern.

66.1 Der Antagonismus von Sympathicus und Parasympathicus im Cartoon

Es erfüllt seine Aufgaben selbstständig, ohne willkürlichen Impuls; daher wird es auch *autonomes Nervensystem* genannt. Sympathicus und Parasympathicus spielen gegensätzliche Rollen bei der Regulation vieler Vorgänge; sie wirken dann *antagonistisch* (gr. *antagonistes*, Widersacher). Der Parasympathicus dient der Regeneration, zum Beispiel durch Förderung von Verdauung und Nierentätigkeit. Der Sympathicus (lat., mitleidig) dient hingegen der körperlichen Aktivität, er fördert Atmung und Kreislauf und hemmt die Verdauung.

Die wechselnde Dominanz der Antagonisten wird deutlich im Tag-Nacht-Rhythmus von Aktivität und Schlaf. Dieses feste Muster, das auch von Hormonen beeinflusst ist, kann situationsabhängig verstärkt oder verschoben werden. So wird in Alarmsituationen der Sympathicus aktiv, wodurch der Mensch rasch in den Zustand höchster Leistungsfähigkeit versetzt wird. Insbesondere die Aktivierung der Nebennieren zur Ausschüttung der Stresshormone *Adrenalin* und *Noradrenalin* ins Blut kann die körperliche Aktionsbereitschaft zusätzlich verstärken. Dennoch reagiert das VNS deutlich träger als das übrige Nervensystem. Die Nervenfasern des VNS sind im Vergleich zu anderen Nerven deutlich dünner, zum großen Teil sind sie marklos. Die Reizleitungsgeschwindigkeit ist mit maximal 15 Metern pro Sekunde entsprechend gering, verglichen mit bis zu 130 Meter pro Sekunde von Motoneuronen zu den Skelettmuskeln.

Das VNS entspringt im Hypothalamus. Während der Parasympathicus vom Hirnstamm und Kreuzbereich ausgeht und wesentliche Teile aus einem Gehirnnerv und seinen Verzweigungen bestehen, kennzeichnen den Sympathicus beiderseits der Wirbelsäule verlaufende *Grenzstränge*. Deren, zu den inneren Organen führenden, Ganglien sind strickleiterartig miteinander verbunden.

1 Atropin, das Gift der Tollkirsche, blockiert die Acetylcholin-Rezeptoren des VNS. Stellen Sie die Symptome einer Atropinvergiftung anhand der Informationen aus der Abbildung zusammen.

2 Das VNS wirkt bei der Blase sowohl auf die Wandmuskulatur als auch auf den Schließmuskel. Erklären Sie für dieses Organ die jeweilige Rolle von Sympathicus und Parasympathicus.

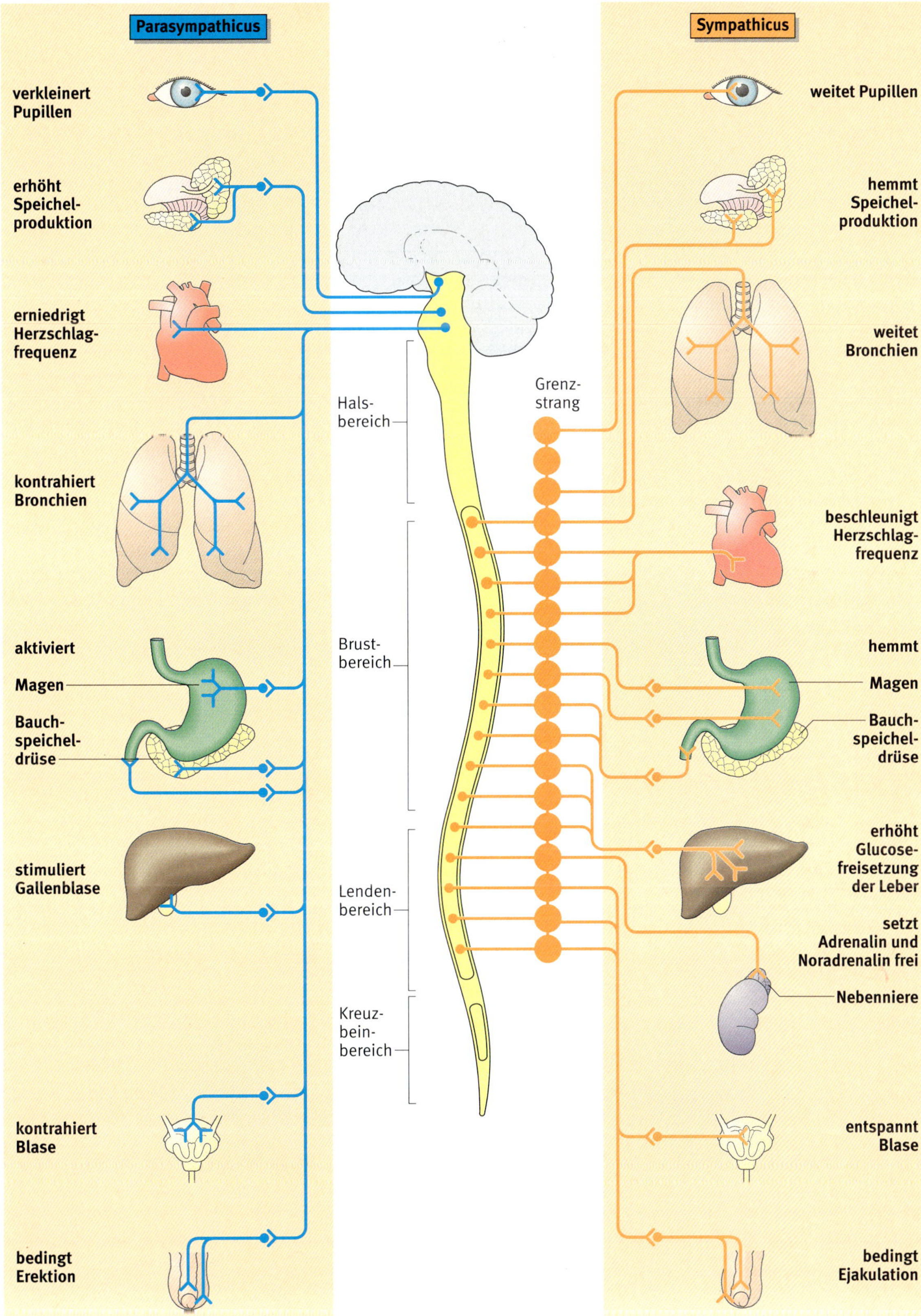

67.1 Bau und Wirkungsweise des Vegetativen Nervensystems

Sonderstellung des Menschen?

Die „Sonderstellung“ des Menschen wird heute noch vielfach beschworen. Als wichtige Argumente werden zum Beispiel Kultur, Bewusstsein oder Sprache genannt, allesamt Merkmale, die offenbar mit dem Gehirn des Menschen in Zusammenhang stehen. Ist dieses menschliche Gehirn anders als bei anderen Tieren?

Im grundsätzlichen Aufbau besteht kein Unterschied zu Gehirnen anderer Säugetiere, erst Recht nicht zu anderen Primaten. Die besonderen Intelligenzleistungen des Menschen lassen sich auch nicht an besonders vielen Gehirnwindungen oder tiefen Furchungen der Großhirnrinde festmachen: Delfine haben eine erheblich stärker gewundene Großhirnrinde als der Mensch.

Hat der Mensch im Vergleich zu den Tieren ein besonders großes Gehirn? Das Gehirn des Menschen wiegt durchschnittlich 1400 Gramm und übertrifft das eines Schimpansen (400 Gramm) oder Gorillas (650 Gramm). Das größte Gehirn hat er jedoch nicht, erheblich größere Gehirne haben Pottwal (8500 Gramm), Blauwal (4700 Gramm) oder Elefanten (5000 Gramm). Berücksichtigt man die Körpermasse, schneidet der Mensch auch nicht eindeutig besser ab. Das Gehirn eines Halbaffen wie des Koboldmakis macht drei Prozent seines Körpergewichtes aus, ein Mensch kommt nur auf zwei Prozent. Kleine Tiere haben relativ zu ihrer Körpermasse größere Gehirne als große Tiere. Es gibt aber keine 1:1-Beziehung zwischen Gehirn- und Körpermasse. Diesen Zusammenhang bezeichnet man als *Hirn-Allometrie.* Beim Vergleich solcher Relationen schneidet der Mensch deutlich besser ab, sein Gehirn ist 4,5-mal größer als das eines Durchschnittssäugers gleicher Größe. Sein Wert liegt am weitesten oberhalb des Mittelwertes, der logarithmisch dargestellten Allometriegeraden – zusammen mit denen der Delfine.

Die Hirnforschung liefert also keinen Anhaltspunkt für eine Sonderstellung des Menschen. Sein Gehirn ist zwar größer und leistungsfähiger, worin sich die unterschiedliche Leistungsfähigkeit begründet, ist jedoch nicht klar.

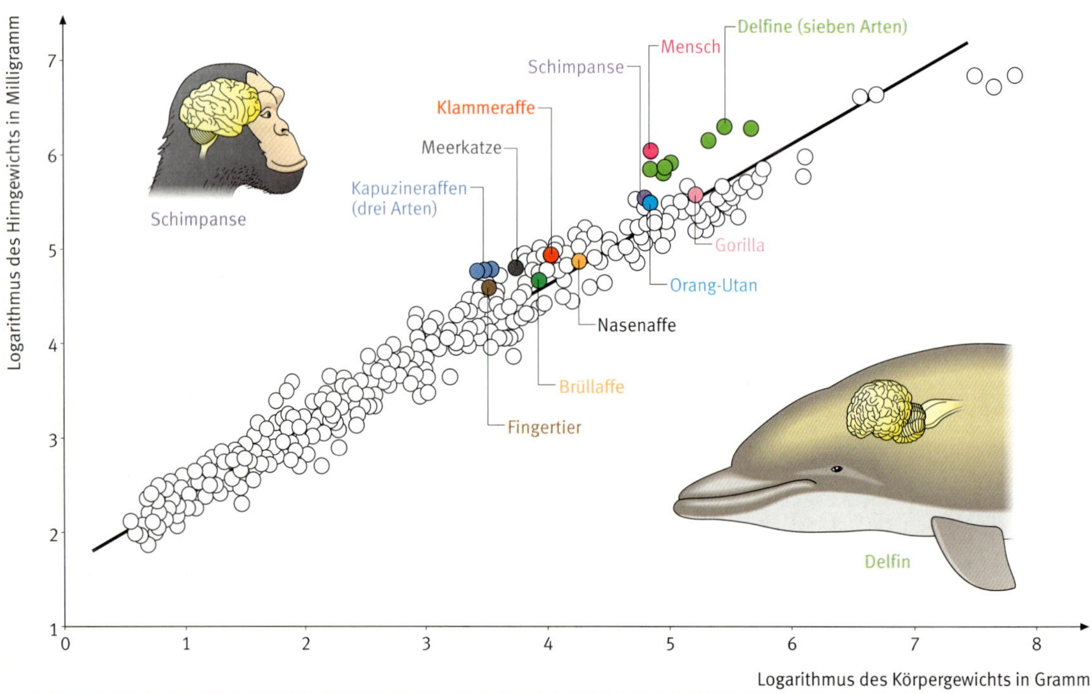

68.1 Die Beziehung zwischen Gehirn- und Körpergewicht bei Säugern

Blasse Wangen oder roter Kopf?

1 Viele Muscheln leben halb eingegraben im Gewässergrund. Sie erzeugen einen Wasserstrom zu ihren Kiemen, mit denen sie feine Schwebeteilchen als Nahrung herausfiltern. Mit ihrem großen, muskulösen Fuß können sie über den Grund kriechen oder sich eingraben.

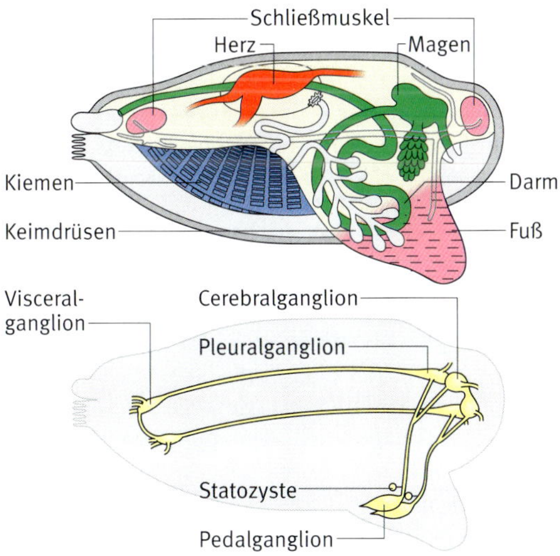

a) Nennen Sie die Übereinstimmungen zwischen dem Nervensystem der Muscheln und dem Strickleiternervensystem.

b) Muscheln besitzen im Körper verteilt mehrere Nervenansammlungen. Ordnen Sie diesen Nervenzentren mögliche Aufgabenbereiche zu.

c) Das paarige Cerebralganglion unterscheidet sich in seiner Größe kaum von den anderen Nervenansammlungen. Erklären Sie diesen Befund.

2

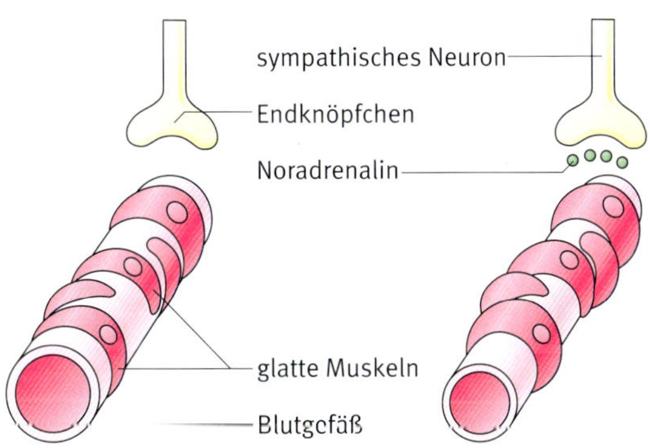

Nerven führen auch zu Blutgefäßen. In der Regel sind es die kleineren Arterien und Arteriolen, die mit Fasern des Sympathicus verbunden sind. Die Synapsen dieser Nerven schütten den Neurotransmitter Noradrenalin aus und bewirken eine Kontraktion der glatten Gefäßmuskulatur der Blutgefäße und damit deren Verengung.

a) Erklären Sie, weshalb eine Stress-Situation zu blassen Wangen führt.

b) Es kann in der gleichen Situation zu einem „roten Kopf" kommen! Klären Sie diesen scheinbaren Widerspruch auf.

c) Die Herzkranzgefäße besitzen keine nervöse Verbindung mit dem Sympathicus. Hier wirkt der Sympathicus indirekt ein: Er aktiviert die Nebennieren zur Ausschüttung von Adrenalin ins Blut. Die Muskeln der Herzkranzgefäße besitzen Adrenalin-Rezeptoren. Das Hormon bewirkt die Muskelentspannung und damit die Gefäßerweiterung. Erklären Sie, weshalb die Blutgefäße lokal unterschiedlich reagieren sollten.

d) Nennen Sie weitere Gefäße, die auf Adrenalin mit Durchflusserweiterung ansprechen sollten.

3 Die Steuerung der Körperbewegung bei Säugetieren ist ein komplexer Vorgang. Zahlreiche Teile des Nervensystems sind daran auf unterschiedliche Weise beteiligt. In der Fachliteratur sind entsprechend komplexe Darstellungen wie die folgende zu finden, welche die wesentlichen Prozesse in einer einzigen Grafik zusammenfassen.

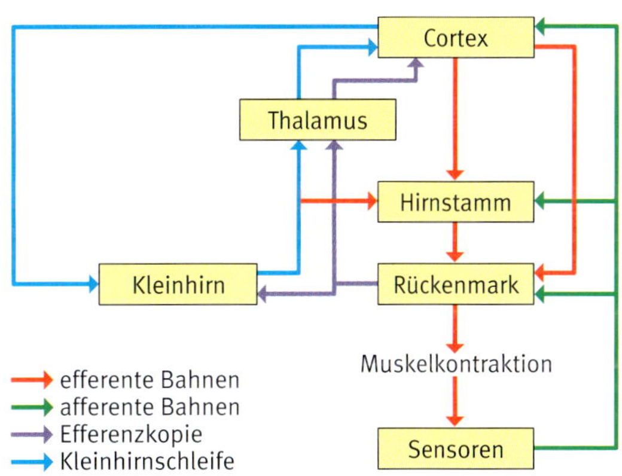

a) Wesentlichen Anteil haben Pfeile, die efferente (= motorische) und afferente (= sensorische) Bahnen kennzeichnen. Erklären Sie die Begriffe und die zugehörigen Funktionen.

b) Der Hirnstamm, der das Mittelhirn und das Nachhirn umfasst, wird als Gehirnregion besonders hervorgehoben. Nennen Sie dessen vom Großhirn unabhängige Aufgaben.

c) Eine Efferenzkopie ist eine Kopie eines weitergeleiteten Kommandos an eine übergeordnete Stelle. Erklären Sie den Unterschied zwischen Efferenzkopien und der Meldung afferenter Bahnen.

d) Die Grafik betont die hierarchische Folge von Verarbeitungsschritten. Beschreiben Sie die besondere Rolle des Großhirns bei den Säugetieren.

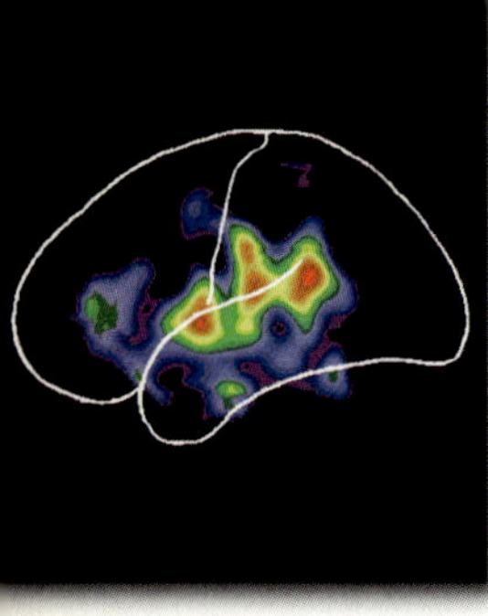

Mechanismen der Verhaltenssteuerung

1 Informationsverarbeitung und Speicherung

1.1 Funktionelle Hirnanatomie

Wird ein Reiz wahrgenommen oder ein Verhaltensablauf geplant und realisiert, dann sind spezifische Gehirnregionen aktiv. Diese Aktivität kann mit verschiedenen Methoden gemessen oder sichtbar gemacht werden. Auf dem Bildschirm eines Positronen-Emissions-Tomographen (PET) zeigt ein Muster von Lichtblitzen den Wissenschaftlern die zum Beispiel für die Wahrnehmung von Tönen verantwortliche Gehirnregion, wenn eine Versuchsperson Musik hört. Mithilfe solcher Methoden lassen sich die Funktionen bestimmter Gehirnregionen heute sehr genau bestimmen.

70.1 Großhirn. **A** funktionelle Gliederung; **B** motorische und somatosensorische Areale der Großhirnrinde

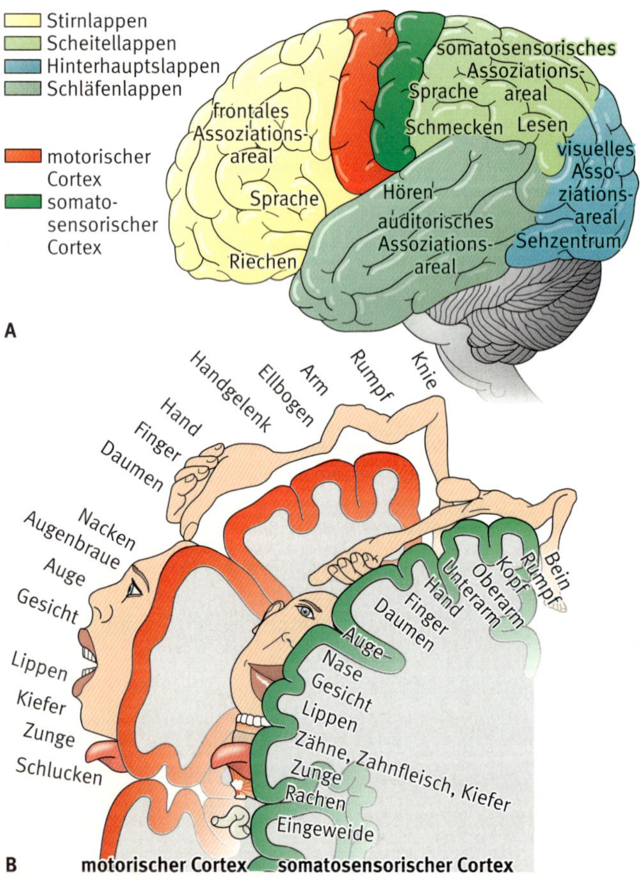

Die ersten „Landkarten“ der Großhirnrinde entstanden allerdings durch das Studium an Patienten mit Erkrankungen und Verletzungen, die charakteristische Ausfallerscheinungen bestimmter Gehirnfunktionen aufwiesen.
Die zwei Hemisphären der Großhirnrinde gliedern sich in je vier große Lappen. Jeder dieser Lappen wiederum umfasst Areale (Felder) mit ganz unterschiedlichen Funktionen. Primär **sensorische Felder** erhalten ihre Erregung meist über den Thalamus von den Sinnesorganen. Sensorische Felder sind das *Hörzentrum* im Schläfenlappen, das *Sehzentrum* im Hinterhauptslappen, das *Riechzentrum* im Stirnlappen und das *Schmeckzentrum* im Scheitellappen. In das *somatosensorische Zentrum* gelangen Signale von den Tastsinneszellen, von Schmerz- und von Temperaturrezeptoren sowie Informationen über die Extremitätenstellung.
Eine Gruppe von **assoziativen Feldern** in der Nähe der Sinneszentren integriert die Signale verschiedener sensorischer Eingänge miteinander. Die dabei entstehenden Erregungsmuster werden anschließend in höhere Assoziationsareale des Stirnlappens umgeschaltet. Dort werden aus allen eingehenden Informationen Programme entwickelt, die vom **motorischen Zentrum** zur Ansteuerung der Muskulatur benutzt werden.
Im Laufe der Individualentwicklung spezialisieren sich die beiden Hemisphären auf ganz unterschiedliche Art und Weise. Am Ende dieses als *Lateralisierung* bezeichneten Entwicklungsvorganges ist die rechte Hemisphäre in der Regel besser auf die Erkennung räumlicher Zusammenhänge und Muster, die Gesichtserkennung sowie die Erzeugung feiner sprachlicher Intonation spezialisiert. Die linke Hemisphäre spezialisiert sich dagegen auf Sprache, logische Operationen und die schnelle Verarbeitung von Informationen.

1 Interpretieren Sie die Unterschiede in der räumlichen Ausdehnung der für die Körperzonen verantwortlichen Gehirnoberflächen.

Methoden der Gehirnforschung

TECHNIK

Heute ist man in der Lage, die Struktur und Funktion der Gehirne lebender Menschen auch ohne chirurgische Eingriffe zu erforschen.

Die Neurone eines aktiven Gehirns produzieren in jeder Sekunde mehrere Millionen Impulse, die mit der **E**lektro**e**ncephalo**g**raphie (EEG) auf der Kopfhaut messbar sind. Zwischen einer Bezugselektrode am Ohrläppchen und jeweils einer von 20 weiteren Elektroden wird der zeitliche Verlauf von Spannungsschwankungen gemessen. Je nach Hirnaktivität beeinflusst die Summe der Impulse den Spannungsverlauf zwischen den Elektroden. Ärzte können am Verlauf der Kurven Veränderungen des Aktivitätszustandes des Gehirns erkennen. Die Methode findet Anwendung bei der Schlafforschung und Diagnose von Anfallsleiden wie etwa der Epilepsie.

Mit den Verfahren der **Tomographie** können verschiedene Ebenen des Gehirns gescannt werden. Die entstehenden zweidimensionalen Bilder lassen sich mit Computern in dreidimensionale Bilder umwandeln. Sie vermitteln einen plastischen Eindruck von den Gehirnstrukturen und den Hirnaktivitäten.

Bei der **M**agnet**r**esonanz-**T**omographie (MRT) wird ein starkes Magnetfeld genutzt, um die Wasserstoffkerne des im Gewebe enthaltenen Wassers für einen kurzen Moment anzuregen. Nach dem Abschalten des Magnetfeldes fallen die Kerne wieder in ihren Grundzustand zurück. Dabei geben sie Radiowellen ab, die von ringförmig angeordneten Detektoren gemessen werden. Da sich die Gehirngewebe in ihrem Wassergehalt unterscheiden, senden sie jeweils charakteristische Muster von Radiowellen aus. Die Signale der einzelnen Detektoren werden vom Computer zu einem Bild verrechnet auf dem sich gesunde, aber auch krankhaft veränderte Gehirnstrukturen, wie etwa Tumoren, gegeneinander absetzen.

Die **P**ositronen-**E**missions-**T**omographie (PET) nutzt man vor allem, um Funktionen der Gehirnbereiche und ihre räumlichen und zeitlichen Beziehungen zueinander sichtbar zu machen. Dem Patienten werden leicht radioaktiv strahlende kohlenstoff-, sauerstoff- oder fluorhaltige Verbindungen injiziert. Je nach Aktivität einzelner Gehirnbereiche verteilen sich diese Stoffe nach kurzer Zeit in charakteristischer Weise in den unterschiedlichen Geweben. Ihre räumliche Verteilung wird von Strahlungsdetektoren gemessen. Markierte Glucose findet man zum Beispiel in hohen Konzentrationen in solchen Gehirnbereichen, die einen hohen Energieverbrauch haben. Auf diese Weise lassen sich Echtzeitaufnahmen der Hirnaktivität erzeugen.

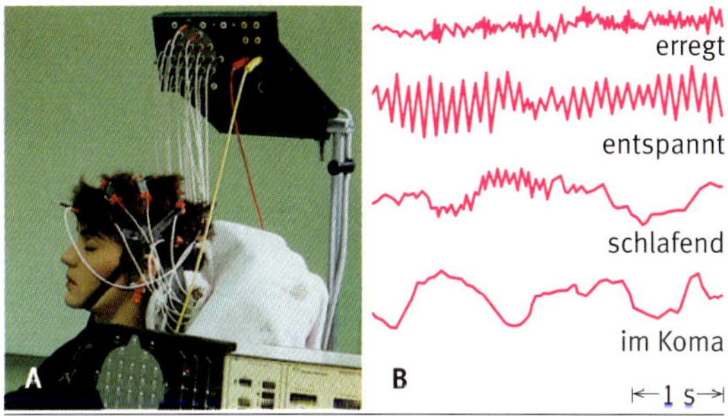

71.1 EEG

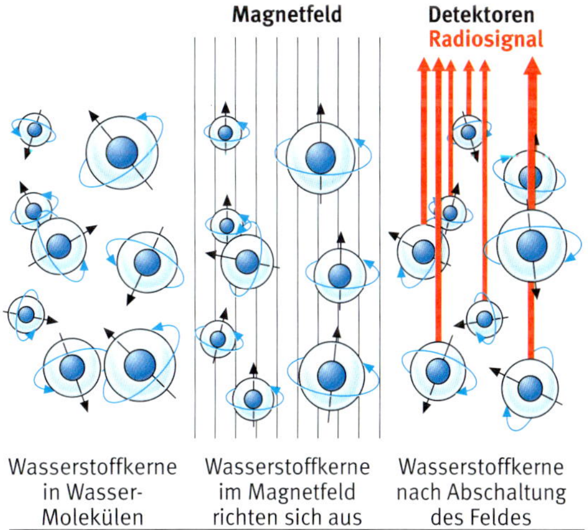

71.2 Prinzip der MRT

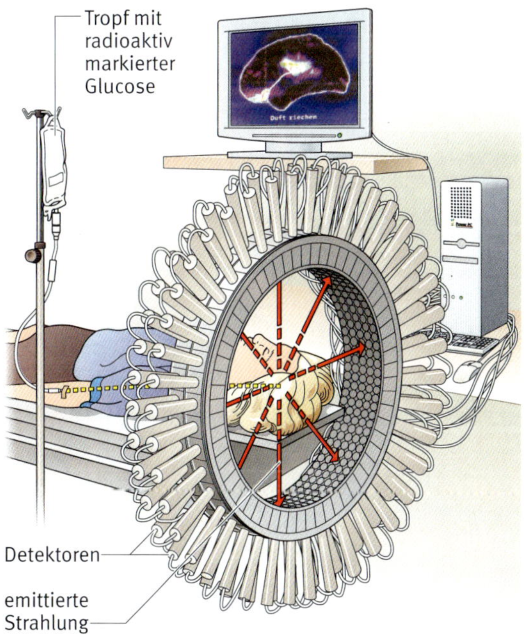

71.3 Aufbau eines PET-Gerätes

1.2 Informationsverarbeitung im Gehirn: Wahrnehmung

Betrachtet man das Schwarz-Weiß-Bild ganz unvoreingenommen, stellt man fest, dass der Abdruck auf dem Papier eigentlich nur aus einem scheinbar ungeordneten Muster schwarzer und weißer Flächen besteht. Mit ein wenig Phantasie kann man jedoch auch einen Geparden erkennen. Wie kann man das erklären?

72.1 Nur Punkte und Kleckse?

72.2 Vergleich eines Bildpaares

Welche Prozesse ablaufen, wenn dieses Muster auf die Netzhaut projiziert wird und wie die einfallenden Lichtquanten in ein neuronales Erregungsmuster umcodiert werden, ist bekannt. Aber warum nehmen die meisten Menschen beim Anblick des Bildes kein Fleckenmuster, sondern einen Geparden wahr? Die **Wahrnehmung** eines Objektes ist das Resultat eines komplizierten Verarbeitungsprozesses in der Hirnrinde. Dieser umfasst das Erkennen eines Sachverhaltes oder eines Objektes durch Sinneseindrücke und die individuelle Einordnung in das innere Bild der Welt.

Die beiden Bilder der Menschengruppe unterscheiden sich in einigen Details. Es ist nicht möglich, alle Unterschiede der dargestellten Szenen mit einem flüchtigen Blick zu erfassen, obwohl dem Gehirn dafür verschiedene reelle Netzhautbilder zur Verfügung stehen. Um nach Unterschieden zu suchen, wird der Betrachter die Bildbereiche ganz gezielt im Gelben Fleck fokussieren und willentlich danach suchen müssen. In welcher Reihenfolge die Bildbereiche „gescannt" werden und welche Informationen über die Umwelt tatsächlich gesammelt werden, hängt vom Betrachter ab. Die Wahrnehmung der Welt wird stark von der individuellen *Aufmerksamkeit* bestimmt.

Am Beispiel des optischen Sinnes ist das Phänomen der Wahrnehmung besonders eingehend analysiert worden. Zahlreiche Versuche weisen darauf hin, dass im Verlauf der Entstehung einer Wahrnehmung aus einem Netzhautbild bestimmte Informationen extrahiert und neu integriert werden müssen.

So beeinflussen die *Größenverhältnisse* von Objekten, die in einem räumlichen Bezug stehen, unsere Wahrnehmung. Wird die Hand im Bild verdeckt, meint man, die glückliche Anglerin hätte einen besonders großen Fisch gefangen. Verdecken wir dagegen die Anglerin, wird ein Tunfisch plötzlich zur Makrele.

Auch für die *räumliche Wahrnehmung* spielen Bezugssysteme eine wichtige Rolle. Die Bilder der babylonischen Keilschrifttafeln sind identisch aber gegeneinander horizontal gespiegelt. Im linken Bild wirken die Schriftzeichen als Erhebungen, im rechten Bild als Vertiefungen. Die Anordnung von Licht und Schatten erzeugt die räumliche Wahrnehmung. Wenn man das Buch auf den Kopf stellt und beide Bilder erneut betrachtet, kann man eine interessante Beobachtung machen.

In der primären Sehrinde werden die einlaufenden Erregungsmuster auf Gruppen von Nervenzellen übertragen, die auf bestimmte Merkmale des auf die Netzhaut projizierten Objektes ansprechen. Jedes Bild enthält eine Vielzahl einfacher Objektmerkmale, wie etwa Farbe und Bewegung, Helligkeiten und Konturen. Diese Teilinformationen werden getrennt und nahezu zeitgleich in verschiedenen Arealen der Großhirnrinde verarbeitet. Erst die Vernetzung dieser Areale gewährleistet eine erneute Integration der Informationen, nachdem sie mit Gedächtnisinhalten abgeglichen wurden. Es entsteht ein durch neuronale Prozesse verändertes Bild des Objektes.

Bei der Betrachtung eines Objektes bewegt sich das menschliche Auge unbewusst etwa dreimal in der Sekunde. Außerdem kann sich das Objekt selbst bewegen. Obwohl sich rein optisch bei jeder dieser Bewegungen auch das Netzhautbild ändert, nehmen wir keine verwackelten Bilder wahr. Das wahrgenommene Bild setzt sich aus dem aktuellen visuellen Bild der Netzhaut und den Gedächtnisinhalten zusammen.

Ein Modell erklärt, wie die aktuellen Bilder mit dem Gedächtnis abgeglichen werden: In der primären Sehrinde, der Bilddomäne, werden aus den vom Sehnerv einlaufenden Signalen charakteristische Erregungsmuster erzeugt. Sie repräsentieren das aktuelle Netzhautbild. Die Modelldomäne in den Schläfen- und Scheitellappen speichert unzählige Daten verschiedener Objektmodelle mit ganz bestimmten Eigenschaften. Die Erregungsmuster der Bild- und der Modelldomäne werden über besonders schnelle Neuronen miteinander verglichen, indem Links (engl., Bindeglieder) zwischen korrespondierenden Merkmalen der Domänen hergestellt werden. Die Links sind dynamisch, weil sie nach Bruchteilen einer Sekunde wieder neu geknüpft werden. Der Vergleich erfolgt nach jeder Augenbewegung, jeder kleinsten Verschiebung des Objektes und jeder Veränderung der Aufmerksamkeit. Auf diese Weise können im „inneren Auge" stabile Bilder entstehen und Objekte erkannt werden. Wir sehen also nicht nur mit den Augen sondern vor allem mit dem Gehirn.

1 Bieten Sie eine Erklärung für die unterschiedliche räumliche Wahrnehmung der Keilschrifttafeln.

73.1 Größenwahrnehmung

73.2 Raumwahrnehmung. Keilschrifttafeln

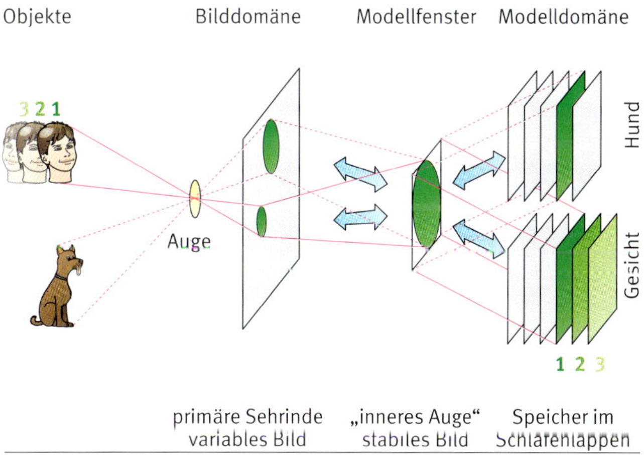

73.3 Objekterkennungsmodell für die Wahrnehmung von Bildern

Optische Sinnestäuschungen

1 Schwarz-Weiß-Nachbilder

Zeit: 15 Minuten
Material: Weißes Blatt Papier (DIN A4), schwarzer Karton (DIN A6)

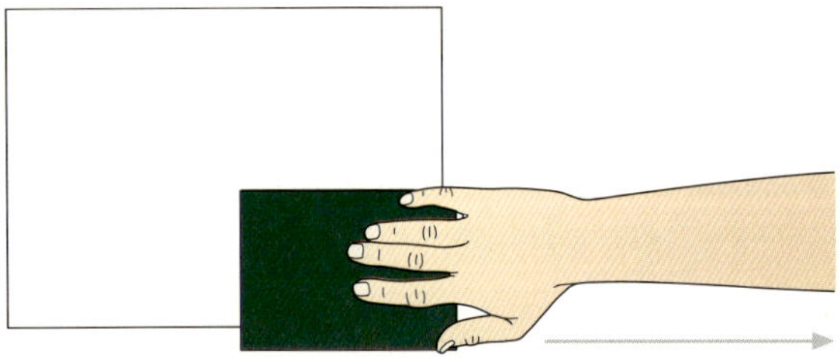

Durchführung: Auf einem gut beleuchteten Tisch wird die schwarze Pappe so auf dem weißen Blatt Papier positioniert, dass sich ihre linke obere Ecke im Schnittpunkt der Diagonalen des weißen Papiers befindet.
Betrachten Sie die Versuchsanordnungen für etwa 3 Minuten im Schnittpunkt der Diagonalen.
Ziehen Sie anschließend die schwarze Pappe nach rechts aus Ihrem Gesichtsfeld ohne Ihren Blick von der Versuchsanordnung zu lösen.

Aufgaben:

a) Beschreiben Sie den ungewöhnlichen Sinneseindruck, der beim Vergleich der vorher abgedeckten Fläche mit der restlichen Fläche des weißen Papiers entsteht.
b) Erklären Sie das Phänomen mit Ihren Kenntnissen zur Fototransduktion in Stäbchen.

2 Mehrdeutige Bilder

Zeit: 15 Minuten

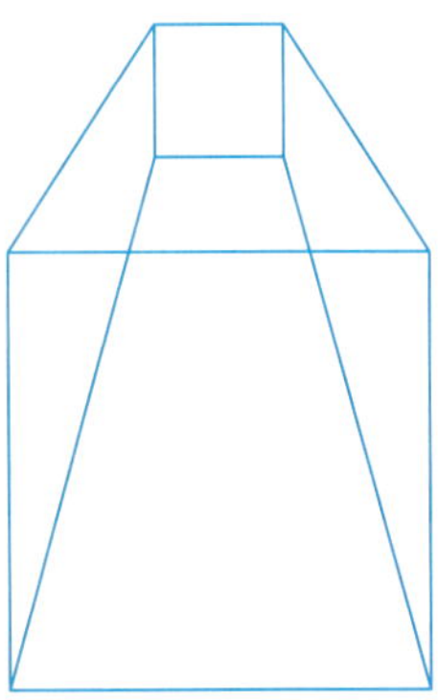

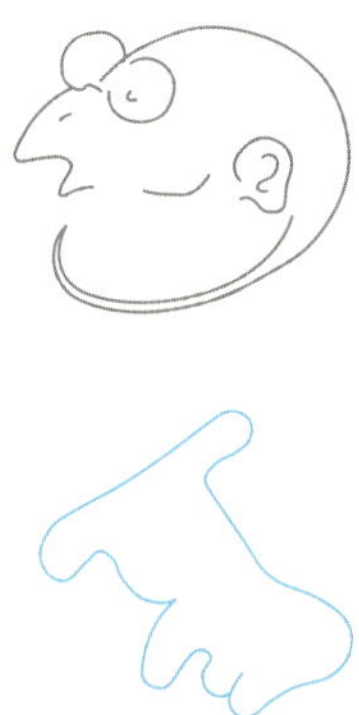

Aufgabe: Beschreiben Sie, welche Objekte Sie wahrnehmen, und erläutern Sie, warum Menschen das Bild unterschiedlich wahrnehmen.

3 Farbige Nachbilder an rotierenden Scheiben

Zeit: 90 Minuten
Material: dünnes Sperrholz oder stabile Wellpappe (ca. 25 x 25 cm), Zirkel, Lineal, Laubsäge, Schere, kurze Gewindestange (M6 oder M8, 10 cm Länge) mit je zwei passenden Muttern und großen Unterlegscheiben, passende Maulschlüssel, weißes, rotes und grünes Papier (DIN A4), regelbares Rührgerät oder Bohrmaschine mit Bohrfutter, Schraubzwinge, Alleskleber

Durchführung: Aus dem Sperrholz oder der Pappe wird ein Kreis mit einem Radius von 10 cm geschnitten. Schneiden Sie ebensolche Kreise aus dem weißen und dem roten Papier. Vierteln Sie den roten Kreis und kleben Sie die entstehenden Teile so auf das weiße Papier, dass ein Objekt aus abwechselnd roten und weißen Vierteln entsteht. Bekleben Sie die Sperrholzscheibe mit diesem Objekt. Die so vorbereitete Scheibe wird im Kreismittelpunkt mit den Muttern und Unterlegscheiben an der Gewindestange befestigt. Die Gewindestange wird fest in das Bohrfutter eingespannt. Das Rührwerk oder die Bohrmaschine muss mit der Schraubzwinge am Tisch befestigt werden. Achten Sie darauf, dass beim Einspannen nicht das Gehäuse des elektrischen Gerätes beschädigt oder das Kabel eingeklemmt wird. Regulieren Sie vor dem eigentlichen Versuchsbeginn vorsichtig die Drehzahl des Gerätes nach oben und prüfen Sie alle Bestandteile der Versuchsanordnung auf festen Sitz.

Aufgaben:

a) Betrachten Sie die rotierende Scheibe bei mittleren Geschwindigkeiten (etwa 150 bis 200 U/min) und beschreiben Sie die beobachtete optische Täuschung.
b) Variieren Sie die Geschwindigkeit der rotierenden Scheibe und vergleichen Sie die Veränderungen der Effekte miteinander.
c) Erklären Sie ausführlich die Entstehung der Täuschung. Ziehen Sie zur Erklärung die neurobiologischen Vorgänge an den Zapfen heran.
d) Formulieren Sie eine Hypothese zu den nach Ihrer Theorie zu erwartenden Ergebnissen, wenn ein vergleichbares grün-weißes Objekt betrachtet wird. Überprüfen Sie Ihre Vermutung experimentell.

4 Geometrische Täuschungen

Zeit: 90 Minuten
Material: 3 Blatt weißes Papier DIN A4, Transparentfolie DIN A4, Bleistift, Fineliner schwarz, wasserlöslicher Folienschreiber schwarz, Geodreieck, Taschenrechner, Millimeterpapier, Streichhölzer, feuchter Zellstoff

Durchführung: Auf je einen Bogen Papier werden mit Bleistift dünne Hilfslinien von je 16 cm Länge nach folgender Vorlage gezeichnet:

A

In die entstehenden Figuren werden Basisstrecken von 8 cm Länge in der vorgegebenen Weise mit dem Fineliner nachgezeichnet:

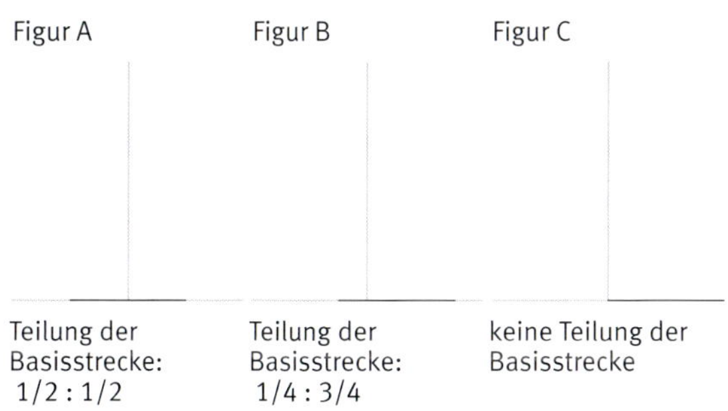

B

Die Figur A wird mit der Folie abgedeckt und der Versuchsperson (VP) vorgelegt. Mit dem Folienschreiber markiert die VP auf der Folie den Schnittpunkt der senkrechten Hilfslinie und der Basisstrecke. Durch Schätzung soll die VP nun einen weiteren Punkt auf der senkrechten Hilfslinie so setzen, dass die entstehende Strecke zwischen den Punkten der Länge der Basisstrecke entspricht. Die resultierende Strecke wird vom Versuchsleiter (VL) vermessen. Während der VL die Ergebnisse notiert, entfernt die VP die Punkte mit dem Zellstoff von der Folie.
Die Versuchsperson sollte die Messergebnisse erst in der Auswertungsphase erfahren. Der Versuch wird auf diese Weise mindestens 10-mal wiederholt.
Weitere zehn Messergebnisse werden an der Figur A erhoben, nachdem sie um 90° im Uhrzeigersinn gekippt wurde.

Aufgaben:

a) Bilden Sie von beiden Messreihen Mittelwerte und Standardabweichungen und vergleichen Sie die Schätzungen mit dem realen Längenmaß der Basisstrecke. Fertigen Sie ein Diagramm an, das die Abweichungen verdeutlicht.

b) Legen Sie zwei gleichlange Streichhölzer so auf den Tisch, dass eine T-Figur entsteht. Beschreiben Sie die optischen Täuschungen, die zu beobachten sind, wenn sie die Längen der beiden Streichhölzer einer auf dem Kopf stehenden sowie einer liegenden T-Figur vergleichen.

c) Formulieren Sie aus den Beobachtungen von Aufgabe b) je eine Regel zur subjektiven Schätzung der Längen vertikaler gegenüber horizontaler Strecken sowie teilender gegenüber geteilter Linien.

d) Interpretieren Sie unter Einbeziehung der Regeln aus Aufgabe c) Ihre Messergebnisse aus Versuch a).

e) Belegen Sie folgende These mit ähnlichen Versuchen an den Figuren B und C: Der Täuschungsbetrag hängt davon ab, in welchem räumlichen Bezug sich horizontale und vertikale Strukturen befinden.

5 Perspektivische Täuschungen

Zeit: 30 Minuten
Material: Zeichenpapier, schwarzer Fineliner, Lineal, Geodreieck mit Winkelmesser

Aufgaben:

a) Beschreiben Sie den Täuschungseffekt.

b) Finden Sie eine Erklärung für solche Täuschungen.

c) Entwerfen Sie eigene geometrische Konstruktionen, die ähnliche Effekte wie im Foto hervorrufen.

1.3 Bewusstsein

Ein Mediziner verwendet den Begriff **Bewusstsein** anders als ein Psychologe. Der Mediziner meint damit die Fähigkeit eines Patienten, Informationen verarbeiten zu können und darauf physiologisch geordnet zu reagieren. Ein Zustand der *Bewusstlosigkeit* zeigt ihm bestimmte Fehlfunktionen des Körpers an. Der Psychologe beschreibt mit „Bewusstsein" den allgemeinen Zustand des Geistes, also alle inneren Vorgänge, die wir bemerken und über die wir berichten können. Umgangssprachlich wird der Begriff wieder anders gebraucht: Wenn wir uns einer Sache bewusst werden, dann richten wir unsere Konzentration auf etwas und setzen uns damit auseinander. Ungeachtet der verschiedenen Verwendung des Begriffes stimmen die Auffassungen in einem wichtigen Punkt überein: Bewusstsein ist ein besonderer Zustand unseres Nervensystems, der durch *Wachheit* und *Aufmerksamkeit* gekennzeichnet ist.

Hirnforscher unterscheiden zwei Formen des Bewusstseins. Das *Hintergrundbewusstsein* beleuchtet das eigene „Ich". Dazu gehört die Kontrolle des eigenen Körpers sowie die Erkenntnis, eine eigene Identität zu haben und zwischen Vorstellung und Realität unterscheiden zu können. Das *Aktualbewusstsein* rückt situationsbezogene Sinneswahrnehmungen, Denken, Vorstellungen sowie Erinnerungen, Emotionen und Wünsche in das Blickfeld.

Was wissen die Hirnforscher von der Entstehung des Bewusstseins? Bildgebende Verfahren können Gehirnbereiche sichtbar machen, deren Aktivität sich bei bewussten Sinneswahrnehmungen verändert.

76.1 Die Formatio reticularis als Filter

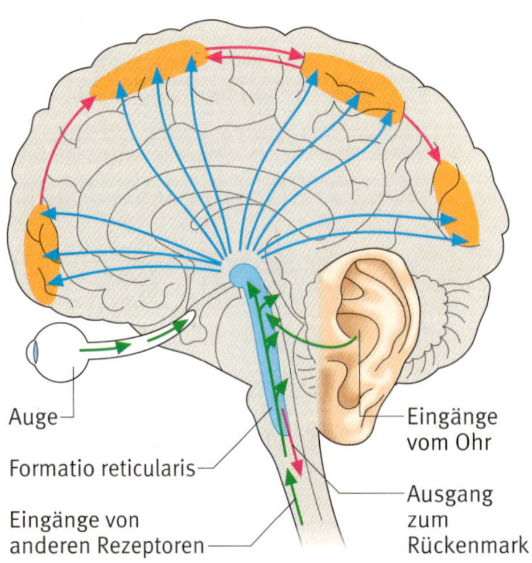

Nur wenn Signale der Sinneszellen bis in die Großhirnrinde, den *Cortex,* vordringen können, werden sie bewusst wahrgenommen. Bewusstsein ist damit in erster Linie an die Aktivität des Cortex gebunden. Daneben sind aber viele andere Hirnbereiche beteilligt.

Unmittelbare Eintrittspforte zum Cortex ist eine Nervenachse, die aus der **Formatio reticularis** (lat. *reticulum,* kleines Netz) im Hirnstamm und dem *Thalamus* im Zwischenhirn besteht. Beide Hirnbereiche bilden ein Filtersystem, dessen Eigenschaften darüber entscheiden, in welcher Intensität einzelne Cortexbereiche aktiviert werden können und wie bewusst ein Sinneseindruck wahrgenommen wird.

Die Formatio reticularis ist eine Struktur, die aus drei Längsreihen spezieller Nervengruppen, den Kernen, gebildet wird. Die Kerne erfüllen bei der Bewusstseinsbildung des Menschen unterschiedliche Funktionen, wie die Aktivierung von Denkprozessen und Emotionen, die Kontrolle über den Wachzustand oder die Bewertung der Bedeutsamkeit von Reizen. Der Thalamus filtert die von der Formatio reticularis aufsteigenden Signale erneut und lenkt sie in spezielle sensorische Regionen des Cortex.

Der Cortex selbst unterteilt sich in funktional unterschiedliche Areale, die über die verschiedenen Großhirnlappen verteilt sind. Während die sensorischen und motorischen Areale unmittelbare Sinneswahrnehmungen verarbeiten oder Willkürbewegungen steuern, ist lediglich die Aktivität der assoziativen Areale von Bewusstsein begleitet. Assoziative Areale kooperieren untereinander: Durch besonders viele Verschaltungen sind sie in der Lage, Erregungsmuster verschiedener Sinneskanäle mit anderen, gerade ablaufenden Vorgängen im Cortex zu integrieren und zu synchronisieren. Diese Synchronisation wird als Prozess verstanden, als dessen Resultat ein Bewusstseinszustand wie zum Beispiel das „Sich-selbst-erleben" entsteht.

Da Bewusstsein viele unterschiedliche Zustände umfasst, ist die Frage, ob Tiere ein Bewusstsein haben, nicht mit einem einfachen ja oder nein zu beantworten. Einer im Flug jagenden Libelle kann man Aufmerksamkeit und Wachheit wohl nicht absprechen. Ob sie aber ein Selbstbewusstsein oder gar die Fähigkeit besitzt, sich in andere Artgenossen hineinzuversetzen, ist eher zweifelhaft. Bei Arten, die uns stammesgeschichtlich näher stehen, sind Formen von Bewusstsein wie die Selbsterkenntnis durch Experimente belegt. Schimpansen untersuchen den Fleck, der ihnen unter Narkose auf das Gesicht gemalt wurde, neugierig im Spiegel: Sie erkennen sich selbst. Aber nicht nur Menschenaffen sind bestimmte Bewusstseinszustände eigen. Auch Rabenvögel wie der Buschhäher sind sich ihrer inneren Zustände und der Wirkung ihres Verhaltens bewusst. Sie verstecken ihre Nahrung vor Artgenossen nur dann besonders sicher, wenn sie selbst schon einmal gestohlen hatten.

77.1 Schimpanse, der sein „Ich" im Spiegel betrachtet

Und wie verhält es sich mit dem Bewusstsein, wenn man schläft? Selbst im Schlaf nimmt man manchmal Notiz von seiner Außenwelt – allerdings anders als im Wachzustand.
Ein erwachsener Mensch schläft etwa 30, ein Säugling sogar 70 Prozent eines Tages. Schlafmangel kann zu erheblichen psychischen und auch körperlichen Störungen führen. Alles deutet darauf hin, dass der Schlaf ein lebensnotwendiger Vorgang ist. Um Menschen mit Schlafstörungen zu helfen, können Mediziner im Schlaflabor verschiedene Körperfunktionen messen. Mit einem *Elektroencephalogramm (EEG)* werden Gehirnströme erfasst, das *Elektrokardiogramm (EKG)* kontrolliert die Herztätigkeit und mit einem *Elektromyogramm (EMG)* kann der Spannungszustand bestimmter Muskeln registriert werden. Das Gesamtbild dieser Messungen zeigt, dass Schlaf zwar mit körperlicher Ruhe einhergeht, das Gehirn in verschiedenen Abschnitten des Schlafes aber sehr aktiv sein kann.
Der Schlaf eines Menschen zeigt einen charakteristischen Verlauf: **Leichtschlaf, Tiefschlaf** und die so genannten **REM-Phasen** (engl. *rapid **e**ye **m**ovement*), die durch schnelle Bewegungen der Augen unter den geschlossenen Lidern gekennzeichnet sind, bilden einen Zyklus. In einem Abstand von neunzig Minuten beginnt ein neuer Schlafzyklus. Experten raten Erwachsenen zu einer täglichen Schlafdauer von mindestens fünf Stunden. Der Tiefschlaf ist für die körperliche Erholung wichtig, während der Leichtschlaf diese Phase vorbereitet. In den REM-Phasen erleben die meisten Menschen Träume. Neben der Funktion der Regeneration und Erholung haben Schlaf und Traum auch Bedeutung für Lernprozesse. Zebrafinken lernen im Schlaf den arttypischen Gesang. Lernende können ihr Wissen besser im Gedächtnis verankern, wenn sie in den Nächten nach den Lernphasen gut schlafen.

Schlaf und Wachzustand werden durch die *Formatio reticularis* kontrolliert. Je weniger dieser Filter durchlässt, um so eher wird ein bewusster Wachzustand zum Dämmerzustand und schließlich zum Schlaf. Daneben können auch Zellgruppen der *Brücke* und des Nachhirns Schlaf auslösen, wenn sie stimuliert werden. Wichtige Neurotransmitter im Schlafgeschehen sind Serotonin und Acetylcholin.

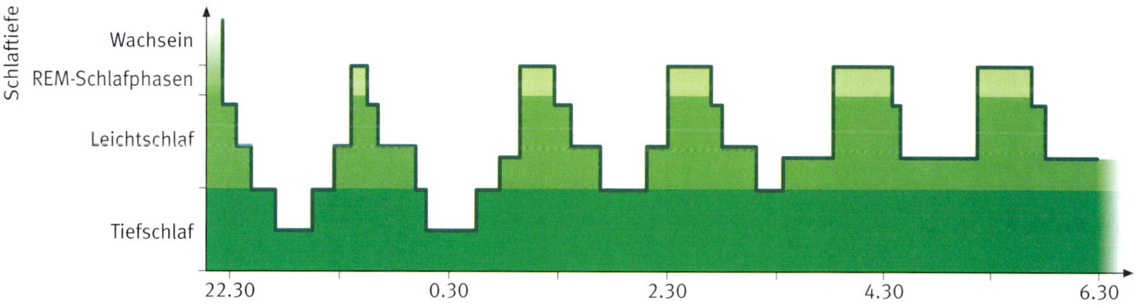

77.2 Verteilung der Schlafphasen während einer Nacht

1.4 Emotionen

Nur wenige Menschen sehen in einer Prüfung eine willkommene Herausforderung. Für die meisten ist sie einfach nur unangenehm oder erzeugt sogar Angst. Die Angst vor Misserfolgen kann so stark sein, dass die neuronalen Prozesse der eigentlichen Problemlösung gestört werden. Aufgabenstellungen werden falsch interpretiert und die relevanten Lösungsschritte bleiben aus. In der Regel beeinflusst die Prüfungsangst unser Verhalten jedoch im positiven Sinne: Unter dem Einfluss dieses *Gefühls* verhalten wir uns angepasst, versuchen uns besonders gut vorzubereiten und bestehen die Prüfung.

Genau wie Zorn, Trauer, Abscheu und Freude gehört auch die Angst zu den primären **Emotionen** (frz., Erregung) des Menschen. Emotionen als *subjektive Begleitempfindungen* von Verhaltensweisen und Sinneswahrnehmungen werden auch stammesgeschichtlich verwandten Tieren zugeschrieben. Ob ein Affe allerdings Freude in gleicher Weise empfindet wie ein Mensch, entzieht sich unserem Zugang.

78.1 Das limbische System

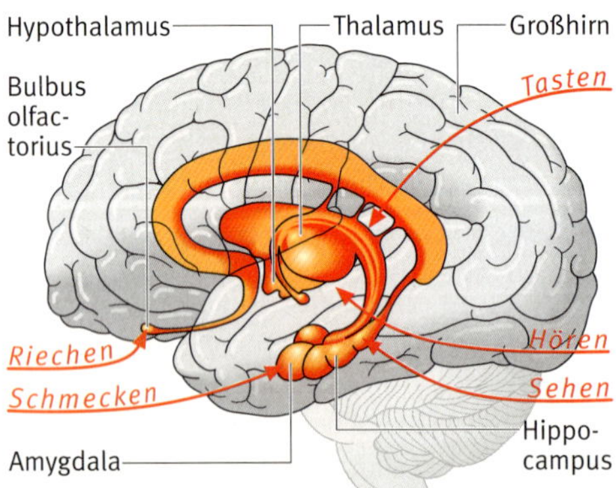

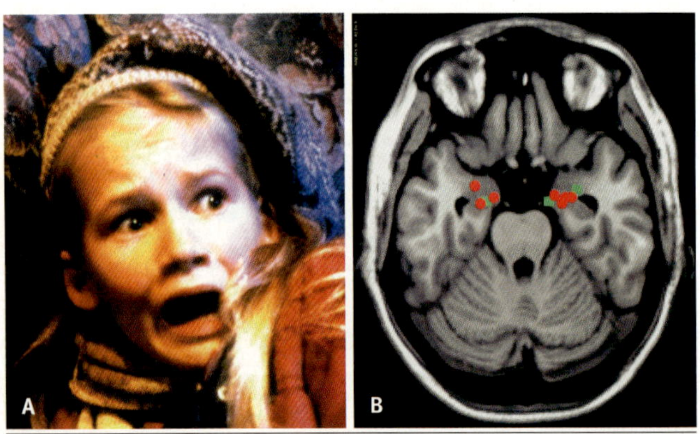

78.2 Emotion Angst. A Mimik; **B** PET-Aufnahme mit aktiver Amygdala (rote Areale)

Emotionen haben viele Funktionen: Sie steuern ganz unmittelbar die Planung und Auswahl angepasster Verhaltensweisen. Weil praktisch jedem bewussten Entschluss eine unbewusste, emotional geprägte Entscheidung vorausgeht, ist die Trennung von Emotionen und Vernunft nicht möglich. Ohne lange nachzudenken entscheiden wir manchmal „aus dem Bauch heraus“ und tun genau das Richtige.

Emotionen entstehen als Folge des Zusammenwirkens vieler Gehirnbereiche. Eine Schlüsselrolle spielt dabei das unbewusst arbeitende **limbische System,** das große Teile des Gehirns durchzieht. An seinem Aufbau sind unter anderem Teile der Großhirnrinde, des Mittelhirns und Zwischenhirnzentren beteiligt.

Die Neurobiologie von Emotionen ist besonders intensiv an der Angst untersucht worden. Mit einer elektrischen Reizung der *Mandelkerne* (Amygdalae) in den Schläfenlappen der Großhirnrinde lassen sich künstliche Angstzustände erzeugen, wohingegen Patienten mit Verletzungen in diesem Bereich auffallend furchtlos sind. Jede Amygdala erhält Signale aus der Großhirnrinde und dem Thalamus. Diese Bereiche sind ganz wesentlich an der Verarbeitung sensorischer Signale aus der Umwelt beteiligt. Die Amygdala wirkt wie eine Relaisstation, indem sie aufgenommene Reize emotional bewertet. Auf eine als bedrohlich empfundene Situation kann der Körper schon im Bruchteil von Sekunden mit erhöhter Reaktionsbereitschaft antworten. Wird diese Körperreaktion bewusst wahrgenommen, empfindet man Angst.

An der Entstehung von Emotionen sind verschiedene Neurotransmitter beteiligt. Ein Ungleichgewicht im Transmitterhaushalt kann deshalb zu psychischen Erkrankungen führen. Ist zum Beispiel die Konzentration von Gamma-Aminobuttersäure (GABA) in der Amygdala sehr gering, entstehen krankhafte Angstzustände. Emotionale Wirkungen sind ebenfalls von den so genannten Glückshormonen Serotonin und Dopamin sowie einigen Endorphinen bekannt. Da man heute die Signalwege vieler Neurotransmitter gut kennt, können agonistisch oder antagonistisch wirkende *Psychopharmaka* therapeutisch eingesetzt werden.

1 Beschreiben Sie emotionale körperliche Reaktionen und erläutern Sie ihre Entstehung.

Drogen und Sucht

In einem Artikel der Wissenschaftszeitschrift *Nature* stellten Forscher im Mai 2004 ein eigenartiges Experiment vor: Eine Ratte, die mittels Fernsteuerung wie ein Spielzeugauto gelenkt werden konnte: Roborat. Mit einem Paar feiner Elektroden konnten in den motorischen Zentren des Rattenhirns solche Signale imitiert werden, wie sie bei der Berührung der Tasthaare an der Schnauzenspitze entstehen. Das Tier wich nach der Reizung den nicht vorhandenen Hindernissen aus. Der Clou war aber ein zweites Paar Elektroden, die das Belohnungssystem im *Nucleus accumbens* im Endhirn immer dann reizten, wenn die Ratte richtig auf die Steuersignale reagierte. Schnell lernte das so präparierte Versuchstier, dass es bei einer bestimmten Reaktion mit angenehmen Gefühlen belohnt wurde: „Sie arbeiten für Freude" schrieb der leitende Wissenschaftler in seinem Aufsatz.

Ganz ähnlich, nur auf chemischem Weg, können **Drogen** unser Verhalten steuern. Drogen sind körperfremde Substanzen, die *psychoaktive Wirkungen* entfalten und dadurch Stimmungen, Emotionen, Wahrnehmungen und das Denken verändern.

Einige dieser Substanzen beeinflussen das Nervensystem, weil sie ähnlich wirken wie eine Gruppe von Neurotransmittern, die der menschliche Körper selber produziert. Die *Endorphine* hemmen bestimmte Neuronen im Hypothalamus, im limbischen System sowie im Rückenmark. Endorphine werden nur unter ganz bestimmten Bedingungen ausgeschüttet: Wenn wir uns verletzt haben, lindern sie die Schmerzen. Beim Sex, körperlicher Aktivität oder beim Essen beeinflussen sie unsere Stimmungslage positiv; wir fühlen uns gut.

Obwohl Drogen sehr spezifisch wirken, haben sie eine gefährliche Gemeinsamkeit: Sie machen abhängig.

Ein Grund für die Entstehung *psychischer Abhängigkeit* sind Veränderungen in der Konzentration körpereigener Neurotransmitter. Im dopaminergen System der Säugetiere, zu dem das bereits erwähnte Belohnungssystem zählt, führt die Ausschüttung von Dopamin zu Hochstimmungen. Alkohol (Ethanol), Cannabis (THC), Opiate und Heroin steigern die Konzentration von Dopamin. Sein Aufbau und seine Wirkung wird durch Amphetamin, Ecstasy, Kokain und Nikotin gefördert. Durch die Einnahme solcher Drogen kann der abhängige Konsument die Dopaminkonzentration in diesem Gehirnabschnitt selbst beeinflussen. Er entwickelt ein **Suchtgedächtnis** und damit den dauerhaften und starken Drang, die Droge immer wieder einzunehmen.

Eine *physische Abhängigkeit* liegt vor, wenn durch die wiederholte Drogenwirkung der Stoffwechsel der Nervenzellen verändert wird. Sie entsteht bei Missbrauch von Alkohol, Opiaten und Kokain.

Opiate koppeln an bestimmte Rezeptoren und blockieren dadurch das Enzym Adenylatcyclase. Weniger cAMP wird hergestellt. Das cAMP reguliert eine ganze Reihe zellulärer Stoffwechselprozesse, deren Störung die typischen Drogenwirkungen verursachen. Den Mangel an cAMP versucht die Zelle mit einem internen Regulationsmechanismus zu kompensieren: Sie produziert mehr Adenylatcyclase, wodurch die Konzentration von cAMP wieder steigt. Die Drogenwirkungen werden dadurch abgeschwächt, der Konsument muss die Dosis erhöhen.

1 Erläutern Sie mithilfe der Abbildung und Ihrer Kenntnisse über Synapsenfunktionen, wie verschiedene Drogen wirken.

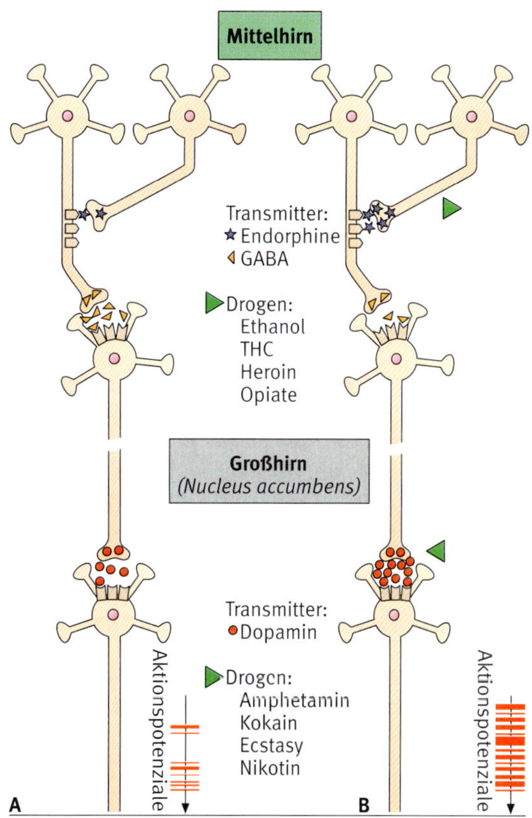

79.1 Steuerung der Dopaminkonzentration.
A ohne; **B** unter Drogenwirkung

1.5 Informationsspeicherung

Junge Erdkröten, die schon einmal einen Tausendfüßer im Maul hatten, verschmähen diese Tiere strikt, obwohl sie voll und ganz dem angeborenen Beuteschema der Kröten entsprechen. Kröten nutzen ihre bisherigen Erfahrungen mit dieser Art von Beute: Sie haben gelernt, dass Tausendfüßer offenbar schlecht schmecken.

Die Veränderung des Verhaltens durch *individuelle Erfahrungen,* die ein Tier oder ein Mensch in der Vergangenheit gemacht hat, wird als *Lernen* bezeichnet. Es umfasst die Aufnahme und Verarbeitung von Informationen sowie ihre Speicherung im **Gedächtnis.** Das Gedächtnis ermöglicht situativ angepasstes Verhalten, indem Erfahrungen für die Steuerung des aktuellen Verhaltens genutzt werden können. Die Bedeutung dieser Eigenschaft wird durch die Tatsache unterstrichen, dass nahezu alle vielzelligen Tiere über die Möglichkeit der Informationsspeicherung verfügen.

Die wichtigsten Vorgänge der Gedächtnisbildung, der Speicherung und des Abrufes lassen sich beim Menschen mit einem Modell erklären, das die Dauerhaftigkeit und die Speicherkapazität in den Mittelpunkt der Betrachtungen stellt. Das Modell unterscheidet verschiedene Ebenen der Informationsspeicherung. Die von den Sinneszellen aufgenommenen Informationen über die Eigenschaften der Umwelt werden zunächst an das *sensorische Gedächtnis* überführt. Weil Informationen auf dieser Stufe nur Bruchteile von Sekunden gespeichert werden, spricht man auch vom *Ultrakurzzeitgedächtnis.* Dieses Gedächtnis prüft eingehende Informationen unbewusst auf ihre Bedeutsamkeit. Bei der Übertragung in das *Kurzzeitgedächtnis* gehen unbedeutende Informationen verloren. Die Auswahl der Informationen ist dabei individuell unterschiedlich. Bei 10 bis 20 Sekunden Speicherdauer hat das Kurzzeitgedächtnis eine vergleichsweise geringe Kapazität. Es ist von Bedeutung, wenn Entscheidungen getroffen werden müssen, bestimmte Denkoperationen oder auch komplizierte motorische Abläufe das Bereithalten von Informationen erfordern. Weil diese Funktionen mit denen des Arbeitsspeichers eines Computers vergleichbar sind, wird das Kurzzeitgedächtnis auch als *Arbeitsgedächtnis* bezeichnet. Prozesse im Kurzzeitgedächtnis sind mit Bewusstsein verbunden. Mit der Übergabe an das dauerhafte *Langzeitgedächtnis* gehen erneut Informationen verloren. Welche Datenmenge tatsächlich in die letzte Gedächtnisstufe gelangt, hängt unter anderem davon ab, wie lange die Daten im Kurzzeitgedächtnis abgespeichert waren. Die Verweildauer kann durch Wiederholungen verlängert werden.
Eine der wichtigsten Fragen vermag dieses Modell allerdings nicht zu klären: Wo ist das Gedächtnis lokalisiert?

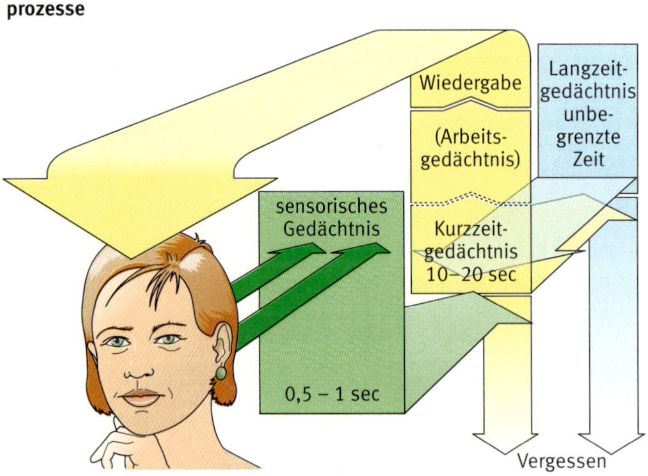

80.1 Vereinfachtes Modell der Gedächtnisprozesse

Früher nahm man an, die Speicherorte des Gedächtnisses der Wirbeltiere wären eng umgrenzte Bereiche der Großhirnrinde, etwa wie die Schubladen eines Schreibtisches. Jede Schublade sollte ganz bestimmte Typen von Informationen enthalten: Informationen zur Autobiografie, das Alltagswissen oder das Wissen für die Durchführung von Bewegungsabläufen. Tatsächlich gibt es wissenschaftliche Befunde, die diese Vorstellung in einigen Punkten stützen. Patienten mit Amnesien, einem Gedächtnisverlust im Bereich ihres autobiografischen Wissens, können durchaus die vor Jahren in der Schule erlernte Fremdsprache beherrschen. Das zeigt, dass die wichtigen Gedächtnistypen relativ unabhängig voneinander an spezifische Speichersysteme des Gehirns gebunden sind. Dennoch bestehen die Speichersysteme nicht aus einer einzelnen Struktur, wie es das Schubladenmodell suggeriert. Untersuchungen mit bildgebenden Verfahren zeigen, dass viele verschiedene Cortexbereiche, das limbische System und sogar das Kleinhirn bei der Bildung von Gedächtnisinhalten und ihrem späteren Abruf in komplizierter Weise kooperieren.

Wie Nervenzellen Informationen speichern können, erklärte schon der Psychologe Donald HEBB in den 1950er Jahren mit einem Modell, das bis heute allgemein anerkannt wird. Eine Grundannahme seiner *synaptischen Theorie* geht davon aus, dass sich im Verlauf eines Lernvorganges die Zahl synaptischer Verbindungen sowie die Übertragungseigenschaften zwischen den Zellen eines neuronalen Netzes verändern. Dabei gilt eine einfache Regel: Je häufiger ein Signalweg innerhalb des Netzwerkes genutzt wird, umso mehr steigt die Leistungsfähigkeit der Signalübertragung zwischen den beteiligten Zellen. Diesen Vorgang nennt man **Bahnung.**
Experimente an Ratten zeigten, welche Effekte diese Veränderungen haben. Eine Versuchsgruppe, deren Tiere in einer abwechslungsreichen Umgebung mit vielen Reizen lebten, wurde mit einer Kontrollgruppe verglichen, die in einer reizarmen Umgebung aufgezogen wurde. Diejenigen Ratten, die in Auseinandersetzung mit der abwechslungsreichen Umgebung viel lernen konnten, hatten schwerere Großhirnrinden, mehr dendritische Fortsätze und höhere Konzentrationen verschiedener Neurotransmitter als ihre Geschwister in der Kontrollgruppe.

Die Veränderungen in einem lernenden Gehirn lassen sich auf vier wesentliche Grundprozesse zurückführen. Neuronen, die am Lernprozess sehr aktiv beteiligt sind, können vorher „stille“ Synapsen aktivieren (1) oder neue Synapsen mit ihren Nachbarzellen ausbilden (2). Gleichzeitig werden Synapsen unbeteiligter Neuronen in ihren Übertragungseigenschaften gehemmt (3) oder sogar abgebaut (4). Neben den Wachstums- und Niedergangsprozessen von Zellverbindungen finden aber auch Veränderungen der molekularen Übertragungsmechanismen zwischen den beteiligten Zellen statt. Die Leistungsfähigkeit bereits vorhandener Synapsen kann durch den zusätzlichen Einbau von *Gangliosiden* in die Membranen der Nervenzellen gesteigert werden. Ganglioside sind kohlenhydrathaltige Lipide, die in der präsynaptischen Zelle die Freisetzug von Transmittern begünstigen und damit die postsynaptische Zelle schneller und stärker depolarisieren. Die gleiche Wirkung wird nach der Vergrößerung der Kontaktfläche der Membranen im Bereich des synaptischen Spaltes und durch den Anstieg der Ionen-Permeabilität erreicht.

So vielfältig die Veränderungen in lernenden Gehirnen auch sind: Das Ergebnis dieser *neuronalen Plastizität* ist ein veränderter Schaltkreis von erregenden Synapsen innerhalb des Netzwerkes vieler hunderter Neuronen.

Obwohl die Wissenschaftler heute allmählich verstehen, in welchen Strukturen des Gehirns Informationen gespeichert und wieder abgerufen werden, ist die Beschaffenheit der Informationseinheiten selbst völlig unbekannt. Ein Modell beschreibt, wie die Gedächtnisinhalte in Form von Erregungen innerhalb der neu entstandenen Verschaltungen kreisen und sich auf diese Weise über längere Zeit selbst erhalten können. Damit dieser Vorgang nicht abbricht, muss die Erregung im Schaltkreis ständig einen bestimmten Schwellenwert erreichen. Dieses Modell würde erklären, warum man sich Vokabeln besser einprägen kann, wenn man sie von Zeit zu Zeit wiederholt.

1 Beschreiben Sie das Gedächtnismodell in Abb. 80.1 und stellen Sie Regeln für effektives Lernen in der Schule oder beim Studium auf.

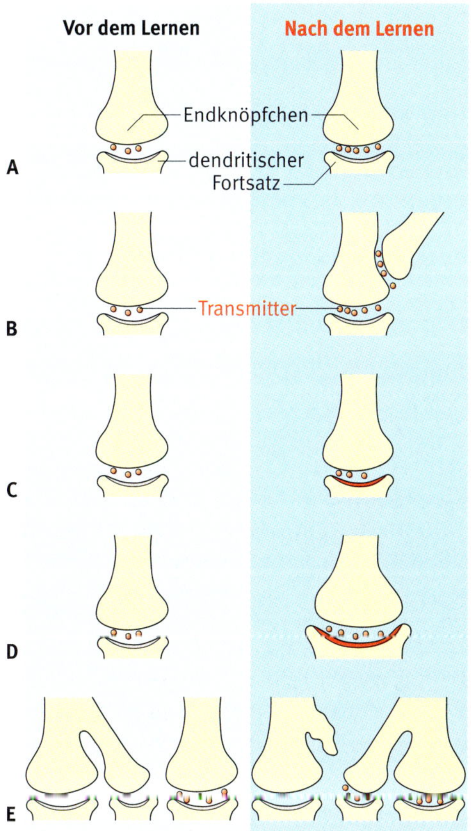

81.1 Synaptische Veränderungen durch Lernprozesse. **A** Transmittermenge; **B** Verstärkung; **C** Empfindlichkeit; **D** Kontaktfläche; **E** Synapsenzahl

1.6 Molekulare Grundlagen des Lernens

Reizt man die Atemöffnung von Meeresnacktschnecken der Gattung *Aplysia* mit einem Wasserstrahl aus einer Düse, so ziehen die Schnecken ihre Kiemen reflektorisch zusammen. Dieser Reflex ist *monosynaptisch,* da ein sensibles Neuron der Atemöffnung jeweils auf ein Motoneuron der Kiemenmuskulatur aufgeschaltet ist. Wenn man die Schnecken auf diese Weise häufig hintereinander reizt, wird die Frequenz der Aktionspotenziale am sensiblen Neuron mit jedem Versuch geringer, der Einstrom von Calcium-Ionen schwächt sich ab und vom Endknöpfchen werden weniger Transmitter abgegeben. Damit sinkt die Übertragungsrate von Erregungen auf das Motoneuron und die Reaktionen werden schwächer. Die Tiere lernen, auf unbedeutende Reize eine gewisse Zeit nicht mehr zu reagieren: Das Verhalten zeigt *Habituation.*

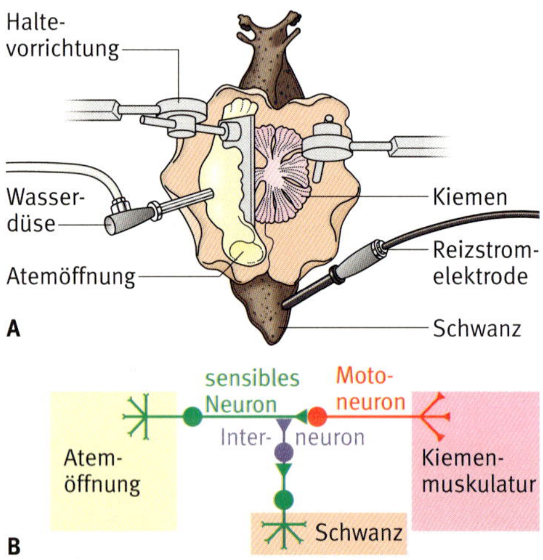

82.1 ***Aplysia.*** **A** im Experiment; **B** Schaltplan zur Erklärung der Konditionierung

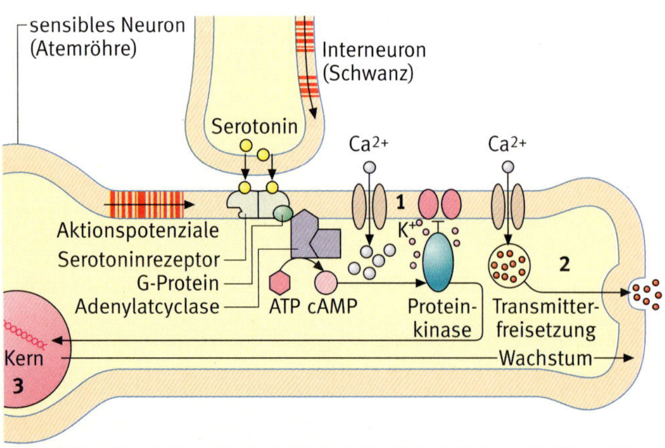

82.2 Molekulares Modell für die klassische Konditionierung

Ähnlich wie bei den PAWLOWschen Versuchen an Hunden kann der Kiemenrückziehreflex von *Aplysia* konditioniert werden. Dazu kann man die Reizung der Atemöffnung mit einer elektrischen Reizung des empfindlichen Schwanzbereiches koppeln. Nach einigen Versuchen reicht lediglich der Elektroschock aus, um den Rückziehreflex auszulösen. Die Erforschung des Schaltplanes und der molekularen Signalwege zeigten, wie die Schnecken lernen.

Bei der Kopplung der Reize wird das sensible Neuron durch eine Gruppe von *Interneuronen* beeinflusst, die mit Neuronen des Schwanzbereiches verbunden sind. Nach der elektrischen Reizung des Schwanzbereiches schütten diese Interneuronen den Transmitter Serotonin aus. Nach der Bindung an einen Membranrezeptor induziert Serotonin eine Kette zusätzlicher Reaktionen im sensiblen Neuron. Über ein vermittelndes G-Protein wird das Enzym *Adenylatcyclase* aktiviert. Calcium-Ionen, die nach dem Eintreffen von Aktionspotenzialen in die Zelle strömen, steigern zusätzlich die Aktivität dieses Enzyms. In Form der Konzentration aktiver Adenylatcyclase werden die von der Atemröhre und vom Schwanzbereich kommenden Signalwege vereint. Adenylatcyclase bewirkt den Ringschluss zu *cyclischem AMP* (cAMP). Wenn die cAMP-Konzentration ansteigt, wird das sonst ruhende Enzym *Proteinkinase* aktiv. Dieses besondere Enzym löst im sensiblen Neuron unterschiedliche Effekte aus: (1) Es beeinflusst Kalium-Kanäle derart, dass weniger Kalium-Ionen die Zelle verlassen können. Das Neuron ist dadurch leichter erregbar und Aktionspotenziale werden verlängert. (2) An den Endknöpfchen sammeln sich mehr Transmittervesikel, die auf eine Ausschüttung warten. Durch die hohe Konzentration von aktiver Proteinkinase reagiert das sensible Neuron so empfindlich, dass schon kleinste Mengen Serotonin ausreichen, um Transmitter auszuschütten. Dieses molekulare Kurzzeitgedächtnis erklärt, warum die Schnecke auf die elektrische Reizung mit einem Rückziehreflex antwortet. (3) Im Zellkern beeinflusst die Proteinkinase einige Gene, die verschiedene Wachstumsfaktoren und Membranproteine codieren. Ihre Expression hat zur Folge, dass neue synaptische Verbindungen zwischen sensiblen Neuronen und Motoneuronen aufgebaut werden. Diese langfristigen Veränderungen von Synapsen weisen auf die Funktionsweise eines Langzeitgedächtnisses hin.

1.7 Kognitive Leistungen

Drei Elfen und drei Trolle wollen mit einem kleinen Boot auf die andere Seite eines reißenden Flusses gelangen. Da das Boot nur zwei Plätze hat, muss es mehrmals übersetzten, um alle an das andere Ufer zu bringen. Ein kräftiger Troll erklärt sich bereit, hin und her zu rudern. Trotzdem stehen die Elfen vor einem großen Problem: Damit sie von den Trollen nicht attackiert werden, müssen sie sicherstellen, dass sich niemals mehr Trolle als Elfen auf einer Uferseite befinden. Welche gedanklichen Operationen müssen die Elfen durchlaufen, um dieses Problem zu lösen?
Das Problem muss erkannt und beurteilt werden, Beziehungen und Zusammenhänge sind zu interpretieren und zu ordnen. Es müssen neue Handlungsmöglichkeiten unter veränderten Bedingungen gefunden werden …
Solche und ähnliche Vorgänge der Informationsverarbeitung werden in der Psychologie als **Kognition** (lat. *cognitio,* Erkennen, Erkenntnis) bezeichnet. Dazu gehören unter anderem: Wahrnehmen, Erkennen, Denken, Kommunikation und Handlungsplanung, kurzum die gesamte Palette intellektueller Leistungen des Nervensystems, die beim Menschen besonders deutlich ausgebildet sind.
Durch bildgebende Verfahren lassen sich neuronale Prozesse darstellen und genau lokalisieren. Die Methoden sind relativ jung, sodass diese Forschung heute noch am Anfang steht. Die Ergebnisse dieser Untersuchungen zeigen, dass bei der Integration und Synchronisation kognitiver Funktionen dem *Neocortex* und seinen *assoziativen Feldern* eine besondere Bedeutung zukommt. Er steuert die zeitlich-räumliche Ordnung von Sinneswahrnehmungen, die Handlungskontrolle, die eigene Verhaltensbewertung und die sprachliche Kommunikation.

Bereits im 19. Jahrhundert konnten Ärzte durch Untersuchungen von Gehirnen verstorbener Patienten mit entsprechenden Ausfallerscheinungen zeigen, wo die Zentren für kommunikative Leistungen lokalisiert sind. Patienten, die nicht sprechen, wohl aber Sprache verstehen konnten, wiesen Schädigungen im Bereich des Frontallappens, in der BROCA-Region auf. Patienten, bei denen ein spezieller Teil des hinteren Temporallappens, die WERNICKE-Region, beschädigt war, konnten zwar sprechen, verstanden aber die Sprache nicht.

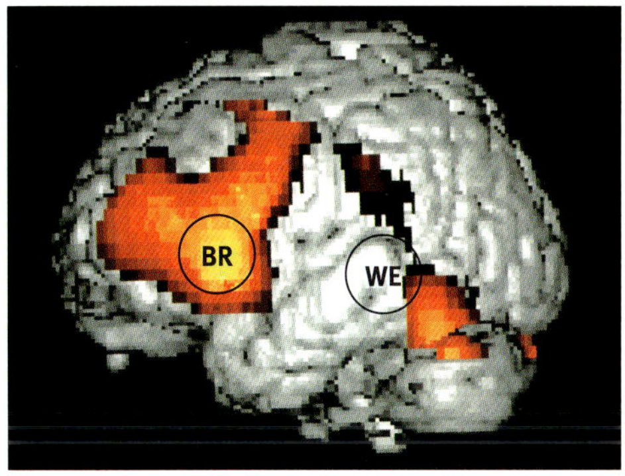

83.1 Sprachareale der Großhirnrinde. BROCA- (BR) und WERNICKE-Region (WE)

Das klassische Modell zum Verständnis der Sprachfunktionen ist in den letzten Jahren um einige Details erweitert worden: Demnach sind neben den bekannten Zentren noch viele andere Bereiche der Großhirnrinde, wie der Stirn- und der Schläfenlappen der linken sprachdominanten Hemisphäre und sogar Teile des Thalamus an sprachlicher Kommunikation beteiligt. Mithilfe der funktionellen MRT konnte die Sprachforscherin Angela FRIEDERICI zeigen, in welcher zeitlichen Abfolge Sprache verstanden und gebildet wird. Hören wir eine uns bekannte Sprache, dann wird zunächst ihre Melodie, dann die Grammatik und schließlich die Bedeutung der einzelnen Worte analysiert. Wenn wir selber sprechen, erstellt unser Gehirn zunächst ein inhaltliches Konzept, bevor die Grammatik und die Melodie geplant werden.

Viele Tiere verfügen über die Fähigkeit, Begriffe zu bilden. Dies geschieht immer dann, wenn sie bestimmten Objekten in ihrer Umwelt eine Bedeutung zuordnen können. Obwohl sich der Mensch in dieser Hinsicht von anderen Tieren nur wenig unterscheidet, gibt es Besonderheiten: Die Fähigkeit, eine Vielzahl von Begriffen in eine Sprache einzubinden, die Begriffe in Bruchteilen einer Sekunde abzurufen und in einen inhaltlichen Zusammenhang zu bringen, sind die herausragenden Leistungen des menschlichen Kommunikationssystems.
Schon Wilhelm v. HUMBOLDT bezeichnete die Sprache als „das bildende Organ des Gedankens" und machte damit klar, dass sie einen großen Einfluss auf viele unserer kognitiven Leistungen hat. Meistens denken wir mit den Begriffen unserer Sprache.

1 „Erst Denken, dann Reden." Werten Sie diese These kritisch.

Gibt es verschiedene Lerntypen?

1 Versuche zur Informationsaufnahme über verschiedene Sinneskanäle

Als Grundlage für die Gedächtnisbildung werden Informationen aus der Umwelt individuell ganz unterschiedlich bewertet und in Lernprozesse integriert. Mit einem einfachen Versuch kann das individuelle Profil der Informationsaufnahme, der Lerntyp, ermittelt werden. Dabei wird getestet, ob bestimmte Sinneskanäle, zum Beispiel der optische, akustische oder taktile Kanal, bevorzugt zur Informationsaufnahme genutzt werden.
Die Kenntniss des individuellen Profils der Informationsaufnahme kann helfen, Lernprozesse effektiver zu gestalten. Da die Art der Informationsaufnahme aber nur eine Facette der komplizierten Lernprozesse darstellt, sollten die Ergebnisse einer solchen Lerntypenermittlung kritisch betrachtet werden.

Zeit: 90 Minuten
Hinweis: Alle Versuche sind im Team durchzuführen. Ein Team besteht immer aus einem Versuchsleiter und einem Probanden. Es muss sichergestellt werden, dass der Proband die Beschreibung der Versuchsabläufe nicht kennt und die verwendeten Objekte vorher nicht sieht.

Material: Uhr mit Stopp-Funktion, Augenbinde oder Schal, Schreibmaterial, eine wahllose Zusammenstellung 30 kleiner, handlicher Gegenstände, 30 kleine Karteikarten auf denen die Begriffe der ausgewählten Gegenstände notiert sind, Auswertungsmatrix wie abgebildet.

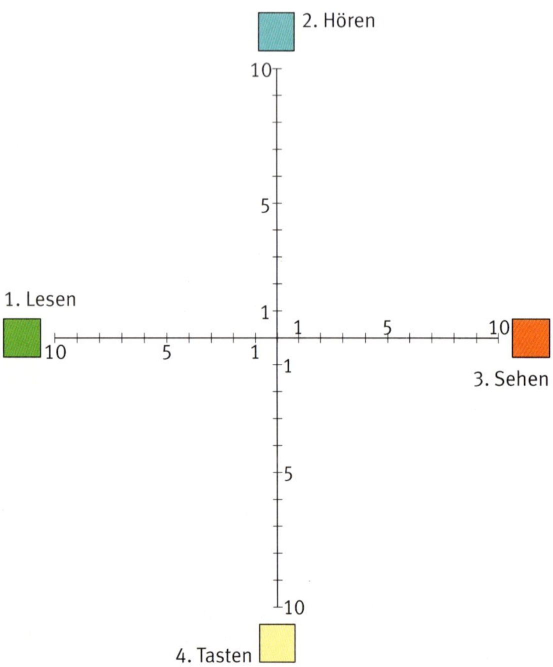

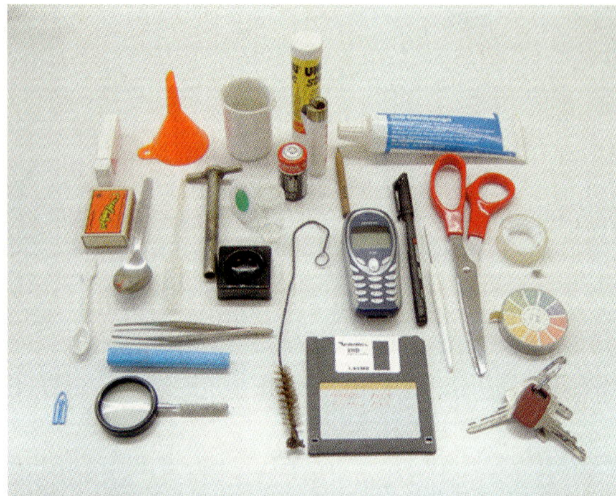

Durchführung:
1. Der Proband liest nacheinander im Zeitabstand von drei Sekunden zehn auf den Karteikarten notierte Begriffe. Anschließend sagt er 30 Sekunden lang rückwärts das Alphabet auf. Der Proband notiert unmittelbar danach innerhalb von 20 Sekunden die im Gedächtnis behaltenen Begriffe. Diese Abfolge wird nach jedem neuen Teilversuch erneut durchgeführt.
2. Der Versuchsleiter liest dem Probanden im Abstand von drei Sekunden zehn weitere Begriffe vor.
3. Der Versuchsleiter legt dem Probanden nacheinander in drei Sekunden Abstand zehn der ausgewählten Gegenstände zur Ansicht vor.
4. Nach dem Verbinden der Augen werden dem Probanden zehn weitere Gegenstände für drei Sekunden zum Tasten in die Hand gegeben.
5. Der Proband erfasst zehn weitere Gegenstände mit mehreren Sinneskanälen: Er hat die Möglichkeit, die Gegenstände zu sehen und zu fühlen und den zugehörenden Begriff zu lesen. Der Versuchsleiter nennt außerdem zeitgleich den Begriff des entsprechenden Gegenstandes.

Aufgaben:
a) Übertragen Sie die Anzahl der behaltenen Begriffe aus den Versuchen 1 bis 4 für jede Darbietungsform auf die entsprechenden Achsen in der Auswertungsmatrix. Verbinden Sie die Punkte miteinander. Tragen Sie außerdem die Anzahl der behaltenen Begriffe aus Versuch 5 auf jeder Achse ab.
b) Ermitteln Sie den bevorzugten Eingangskanal des Probanden.
c) Versuchen Sie in einem Gespräch etwas über die besonderen Lernstrategien des Probanden zu erfahren. Leiten Sie gemeinsam aus der Analyse Ratschläge für eine optimierte Informationsaufnahme des Probanden ab.
d) Vergleichen Sie Ihre Ergebnisse mit denen anderer Teams. Werten Sie den Versuch kritisch aus.

Menschen- und Tiergehirne

1 Menschen und Affen haben einen grundsätzlich ähnlichen anatomischen Gehirnaufbau. Trotzdem gibt es funktionelle Unterschiede.

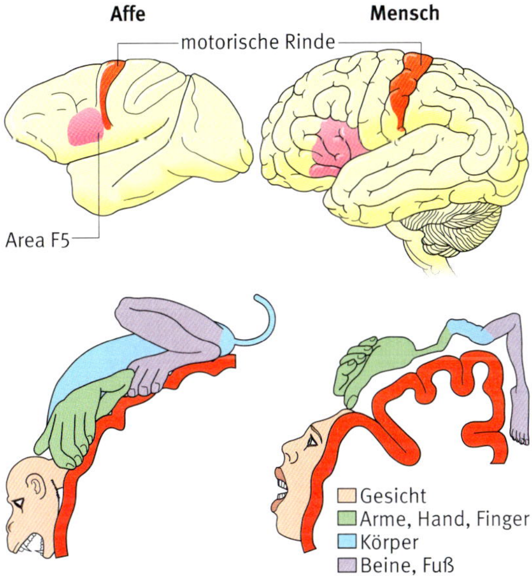

In der Area F5 findet man Spiegelneuronen, die bei Affen aktiv sind, wenn sie sich Bewegungsabläufe vorstellen oder nachahmen. Das geschieht zum Beispiel, wenn sie an einem Monitor eine Szene beobachten, bei der ein anderer Affe nach einer Frucht greift. Wenn Affen Laute bilden, dann „schweigt" die Area F5. Dafür sind Teile des limbischen Systems im Großhirn besonders aktiv.

a) Beschreiben Sie die Funktion des der Area F5 entsprechenden Hirnrindenareals beim Menschen.

b) Vergleichen Sie die räumliche Ausdehnung der für die Motorik der Körperbereiche verantwortlichen Gehirnoberflächen von Menschen und Affen. Interpretieren Sie die Unterschiede.

2 In Experimenten an der Taufliege *Drosophila melanogaster* wurde die Verabreichung bestimmter Geruchsstoffe mit Elektroschocks gekoppelt. Nach mehreren Wiederholungen entschieden sich die Fliegen in Wahlversuchen immer für den „ungefährlichen" Geruch. Fliegen der *rutabaga*-Mutante können durch einen Enzymdefekt kein cAMP produzieren. Im Lerntest schnitten sie gegenüber der nicht mutierten Kontrollgruppe deutlich schlechter ab. Bietet man Fliegen ohne diese Mutation den Geruchsstoff und den Elektroschock zur gleichen Zeit, antworten bestimmte Neuronen des Lernzentrums mit der Ausschüttung von Transmittern. In den Neuronen lässt sich gleichzeitig ein schneller Anstieg der cAMP-Konzentration messen.

Werden nicht mutierte Fliegen direkt nach dem Lernvorgang auf 4 °C abgekühlt, kommt es zu einem Verlust eines Teils von Gedächtnisinhalten. Andere Gedächtnisinhalte sind von der Temperatur unabhängig und bleiben erhalten.

a) Entwickeln Sie ein neuronales Modell, um die im Wahlexperiment dargestellten Lernvorgänge auf molekularer Ebene zu beschreiben.

b) Formulieren Sie Hypothesen zu den Ursachen der Temperaturabhängigkeit von Gedächtnisinhalten bei *Drosophila*.

3 Zur Behandlung von Schlaganfallpatienten wird die Bewegungsinduktionstherapie eingesetzt. Im Beispiel sollen die motorischen Fähigkeiten der beeinträchtigten rechten Hand verbessert werden. Die MRT-Bilder zeigen die Aktivitäten der Großhirnrinden eines gesunden und des rehabilitierten Patienten, wenn sie jeweils die rechte Hand bewegen.
Interpretieren Sie die MRT-Bilder und erläutern Sie, warum dem Patienten die nicht beeinträchtigte Hand bei der Therapie bandagiert wird.

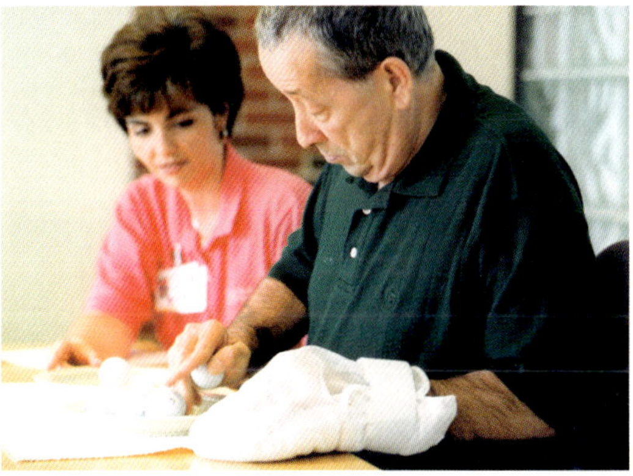

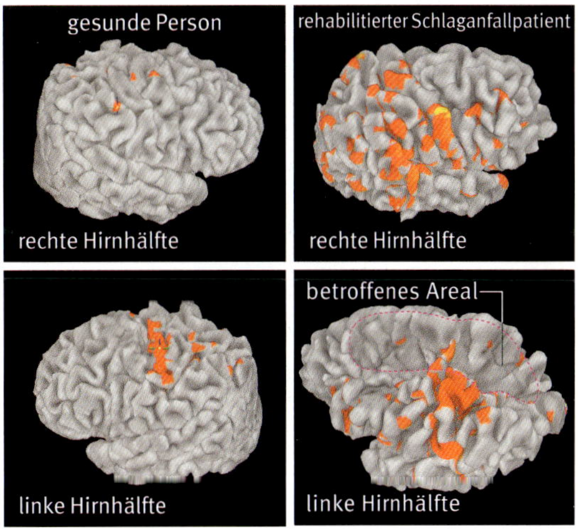

2 Hormone

2.1 Ein historischer Überblick

86.1 Carlo Broschi Farinelli (1705–1782)

Mitte des 18. Jahrhunderts feierte in Italien der Opernsänger Carlo BROSCHI, der unter dem Namen FARINELLI bekannt wurde, große Erfolge. In der Barockmusik waren Sänger mit Sopranstimmen sehr gefragt. BROSCHI erhielt diese Stimme durch die Kastration im Alter von zehn Jahren. Kastraten fehlen neben dem sekundären Geschlechtsmerkmal des Stimmbruches auch der Bartwuchs sowie die typisch männliche Körperbehaarung. Sie sind zeugungsunfähig und haben in der Regel keine sexuellen Interessen.

86.2 Leghorn Rasse. A normaler Hahn; **B** Kapaun

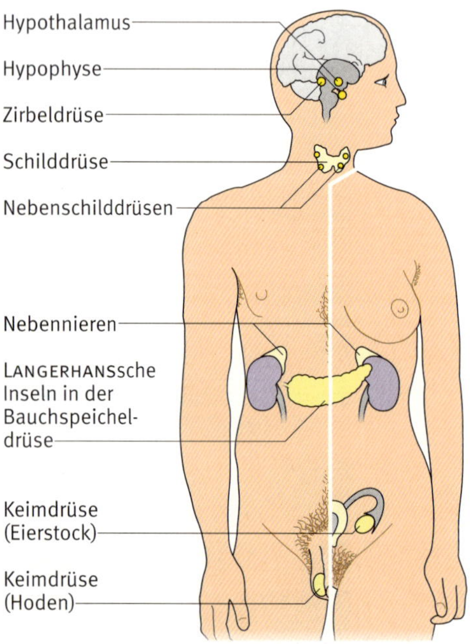

86.3 Wichtige Hormondrüsen des Menschen

Hervorgerufen werden diese Veränderungen durch das Fehlen von Stoffen im Körper, für die Ernest STARLING 1905 den Begriff **Hormon** (gr. *hormein,* in Bewegung setzen) einführte. Sie werden in besonderen Drüsen oder einzelnen Zellen bestimmter Gewebe gebildet und über die Blutbahn im Körper verbreitet.

Die Wirkung **endokriner** (gr. *endon,* drinnen; gr. *krinein,* scheiden) Drüsen wurde erstmals 1849 durch Arnold BERTHOLD experimentell an Hähnen der Leghornrasse belegt. Kastrierte Hähne entwickeln sich zu Kapaunen. Die sekundären Geschlechtsmerkmale solcher Tiere entwickeln sich nur kümmerlich: Kamm und Halslappen bleiben blass, Kapaune krähen nicht, kämpfen nicht und balzen keine Hennen an.

BERTHOLD entfernte zwei Hähnen die Hoden und implantierte dann jeweils einen Hoden dem jeweils anderen Tier. Er beobachtete bei diesen Hähnen anschließend eine normale Ausbildung der sekundären Geschlechtsmerkmale sowie ein normales Sexualverhalten. Eine anatomische Untersuchung zeigte, dass die implantierten Hoden fest angewachsen und von Blutgefäßen umgeben waren, aber nicht von Nerven.

Zur Erklärung dieses Phänomens wurde eine **innere Sekretion** (lat. *secretum,* das Abgesonderte) von Stoffen angenommen. Diese steht im Gegensatz zur äußeren Sekretion, zum Beispiel der von Schweiß.

Dieses Konzept wurde erst 1895 allgemein anerkannt, als es Edward SCHAEFER gelang, bei Hunden eine Steigerung des Blutdruckes und der Stärke der Herzkontraktionen hervorzurufen, indem er ihnen einen Nebennieren-Extrakt intravenös injizierte. 1901 wurde das Hormon isoliert, das diese Symptome auslöst. Es wurde nach seiner Herkunft **Adrenalin** (lat. *ad,* zu; lat. *renes,* Nieren) getauft. Bereits drei Jahre später gelang seine chemische Synthese im Labor.

Während der Isolierung und der Synthese des Adrenalins wurde 1902 völlig überraschend ein weiteres Hormon im Dünndarm entdeckt. Das Hormon, das einzelne Zellen der Dünndarmwand bilden, wurde Sekretin genannt. Es war bereits bekannt, dass aus der Bauchspeicheldrüse ein Verdauungssaft in den Dünndarm abgegeben wird, wenn der angesäuerte Nahrungsbrei aus dem Magen in den Dünndarm übertritt. Außerdem war experimentell nachgewiesen worden, dass der direkte Kontakt von Wandzellen des Dünndarms mit Salzsäure die Menge des Verdauungssaftes aus der Bauchspeicheldrüse zunehmen ließ. William BAYLISS und Ernest STARLING stellten einen Extrakt aus Dünndarmwandzellen her und injizierten es einem Hund intravenös. Wenig später reagierte die Bauchspeicheldrüse mit einer starken Sekretion von Verdauungssaft.

Hormone können demnach sowohl in komplexen Drüsen gebildet werden, sie heißen dann **Drüsenhormone,** als auch in einzelnen Zellen, dann werden sie **Gewebshormone** oder Zellhormone genannt. In beiden Fällen erfolgt die Verteilung der Hormone im Körper über das Blut oder bei Tieren mit offenem Blutkreislauf über die Hämolymphe. An den Zielorten gibt es spezifische Rezeptoren, die die Hormone nach dem Schlüssel-Schloss-Prinzip binden, wodurch es zu spezifischen Zellantworten kommt.

Mit der Zeit wurden immer mehr Hormone entdeckt und synthetisiert. Eine Vielzahl von ihnen kommt sowohl bei Wirbellosen als auch bei Wirbeltieren vor. Beim Menschen sind mehr als 60 Hormone bekannt. Nach ihrem chemischen Aufbau unterscheidet man **Aminosäureabkömmlinge, Peptidhormone** oder **Steroidhormone.** Letztere bestehen aus einem Kohlenstoffgerüst mit vier Ringen. An dieses Ringsystem sind verschiedene funktionelle Gruppen gebunden. Aufgrund dieses Aufbaues sind die Steroidhormone lipophil, lösen sich also in Fett, während die beiden anderen Hormongruppen meist hydrophil sind.
Alle Hormone wirken im Organismus zusammen und erhalten ein stabiles inneres Milieu, beeinflussen aber auch Wachstum, Entwicklung und Verhalten. Die Lehre der Hormone, der sie produzierenden Drüsen und Zellen, sowie der zugehörigen Krankheiten heißt **Endokrinologie.** Das Nervensystem ist eng mit dem Hormonsystem gekoppelt. Das Gehirn selbst ist ein endokrines Organ, dessen Hormone andere Hormone beeinflussen.

1 Welche typische Eigenschaft von Hormonen wird durch die Experimente von BERTHOLD, SCHAEFER sowie BAYLISS und STARLING aufgezeigt?

Drüse	Hormon	Struktur	Funktion
	Melatonin	Amino-säureab-kömmling	steuert biologische Zyklen, steuert jahreszeitliche Fortpflanzungszyklen
	Follikelstimulierendes Hormon (FSH)	Peptid	stimuliert Produktion von Eizellen und Spermien
	Luteinisierendes Hormon (LH)	Peptid	stimuliert weibliche und männliche Keimdrüsen
	Oxytocin	Peptid	stimuliert Gebärmutterkontraktion und Brutpflegeverhalten
	Prolactin	Peptid	stimuliert Milchproduktion und -sekretion
	Thyroxin	Amino-säureab-kömmling	steuert Wachstum und Entwicklung in der Jugend
	Calcitonin	Peptid	steuert den Einbau von Ca^{2+} und PO_4^{3-} in die Knochen
	Parathormon	Peptid	hebt den Ca^{2+}-Spiegel im Serum
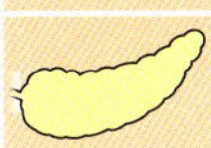	Glucagon	Peptid	hebt den Blutzuckerspiegel
	Insulin	Peptid	senkt den Blutzuckerspiegel
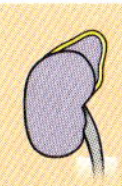	Adrenalin Noradrenalin	Amino-säureab-kömmling	fördert den Sympathicus, hemmt die Verdauung, hebt den Blutzuckerspiegel, ist beteiligt am Alarmverhalten bei Flucht und Kampf
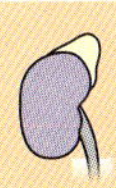	Corticoide (ca. 40 verschiedene Hormone)	Steroide	beteiligt am Gesamtstoffwechsel (Mineral- und Wasserhaushalt, Protein- und Kohlenhydratstoffwechsel)
	Testosteron (sowie verwandte Androgene)	Steroide	steuern Ausbildung der männlichen Geschlechtsmerkmale, stimulieren Spermienbildung, beteiligt an der Steuerung aggressiven Verhaltens
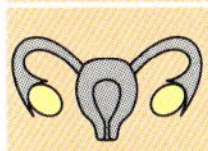 Follikel	Östrogene (zum Beispiel Östradiol)	Steroide	steuern Ausbildung der weiblichen Geschlechtsmerkmale, Ablauf des weiblichen Zyklus; verändern Gebärmutterschleimhaut
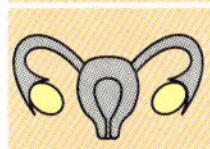 Gelbkörper	Gestagene (zum Beispiel Progesteron)	Steroide	erhalten eine Schwangerschaft, steigern die Körpertemperatur, regen den Aufbau der Gebärmutterschleimhaut sowie der Milchdrüsen an
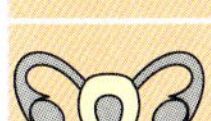 Placenta	Human Chorion Gonadotropin (HCG)	Peptid	erhält den Gelbkörper (Nachweis im Urin von Schwangeren)

87.1 Ausgewählte Hormone von Säugetieren

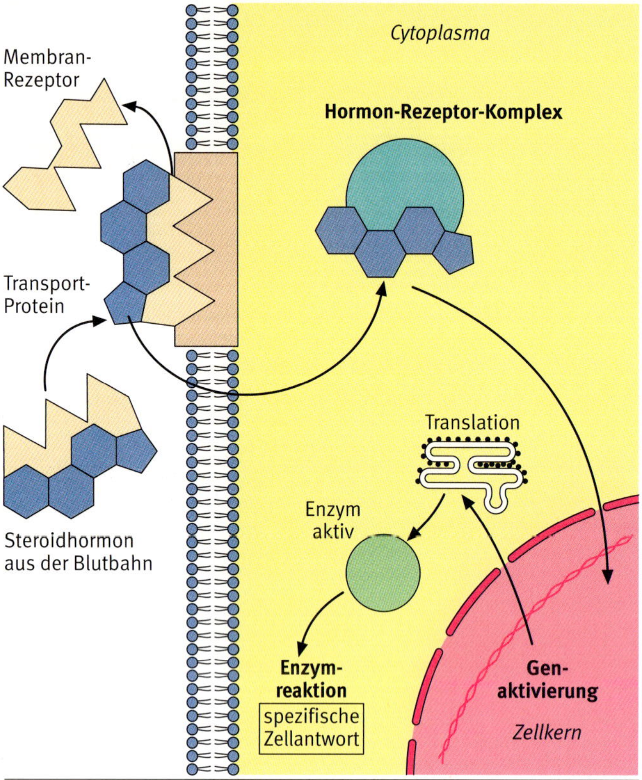

88.1 Wirkungsweise eines Steroidhormons (Schema)

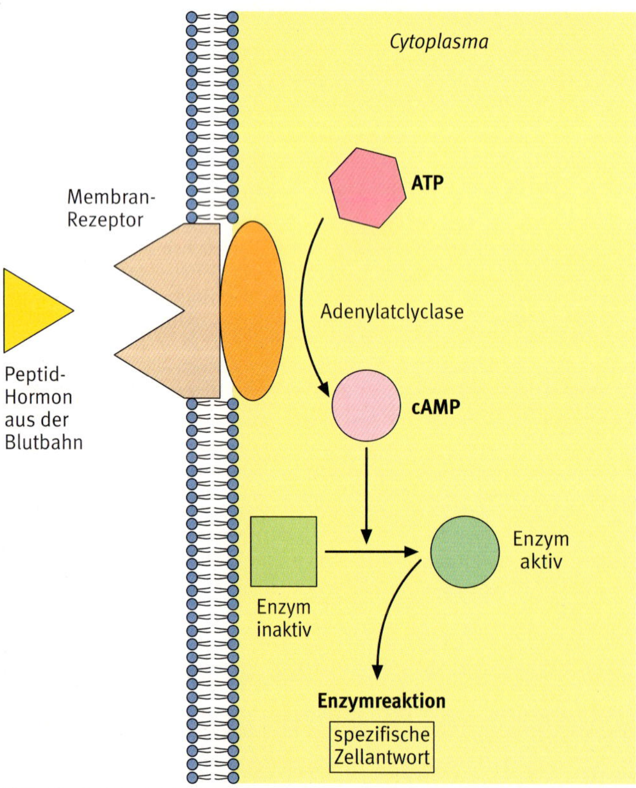

88.2 Wirkungsweise eines Peptidhormons (Schema)

2.2 Molekulare Wirkungsweise von Hormonen

Hormone werden über Blut oder Hämolymphe im ganzen Organismus verteilt. Sie kreisen in diesem System, bis sie gebunden, abgebaut und ausgeschieden werden. Wenn man die Informationsübermittlung über das Nervensystem mit einem gezielten Telefonanruf vergleicht, dann entspräche die Informationsübermittlung durch Hormone einem Suchruf über das Radio. Dabei sind zwei Mechanismen bekannt: Die Steroidhormone schalten in ihren Zielzellen Gene ein, während die Peptidhormone in ihren Zielzellen Enzyme aktivieren.
Die lipophilen Steroidhormone können nicht ohne weiteres im hydrophilen Blut transportiert werden. Die unterschiedlichen Lösungseigenschaften überbrücken **Transportproteine.** Nach dem Schlüssel-Schloss-Prinzip binden sie die Steroidhormone. Wenn das Transportprotein an spezifische Membranrezeptoren von Zielzellen bindet, wird das Steroidhormon freigesetzt und diffundiert durch die Membran. Es bindet im Cytoplasma spezifisch an einen Hormon-Rezeptor und wird als Transkriptionsfaktor wirksam, indem es sich an bestimmte Abschnitte der DNA anlagert. Dort aktiviert es die entsprechenden Gene. Dieser Wirkmechanismus der Steroidhormone wurde am Ecdyson aufgeklärt, einem Häutungshormon der Insekten.

Die hydrophilen Peptidhormone binden an spezifische Membranrezeptoren. Dadurch wird das Enzym Adenylatcyclase aktiviert, das die Umwandlung von Adenosintriphosphat ATP in cyclisches Adenosinmonophosphat, cAMP, katalysiert. Das Peptidhormon induziert die Zunahme der cAMP-Konzentration und wird deshalb **first messenger** (engl., erster Bote) genannt.
Das cAMP aktiviert seinerseits ein Enzym im Cytoplasma, sodass spezifische Reaktionen in der Zelle ablaufen. Das cAMP wird deshalb als zweiter intrazellulärer chemischer Botenstoff **second messenger** genannt.
Bei jedem Schritt der Wirkkaskade vom Peptidhormon über den Membranrezeptor, die Adenylatcylase, das cAMP bis zum aktivierten Enzym verzehnfacht sich jeweils die Zahl der beteiligten Moleküle.

1 Vergleichen Sie die Wirkweise von Steroid- und Peptidhormonen.

ZOOLOGIE

Pheromone

Der Seidenspinner *Bombyx mori* ist ein Nachtfalter. Er ist nicht nur wegen der Seide berühmt, die er produziert, sondern auch wegen seiner Sinnesleistungen. Mit offenbar untrüglicher Sicherheit fliegt ein Männchen im Zickzackflug zu einem oft mehrere Kilometer entfernten Weibchen. Das Männchen folgt dabei der zunehmenden Konzentration eines Stoffes, den das Weibchen abgibt. Adolf BUTENANT gelang 1959 die Strukturaufklärung des Bombykol genannten Sexuallockstoffes, eines für Menschen geruchlosen Alkohols. Auch wenn der Stoff hormonähnlich wirkt, kann er nicht zu diesen gerechnet werden, weil er nicht innerhalb des produzierenden Organismus, sondern in die Umgebung abgegeben wird. Er dient somit der Signalübermittlung zwischen Tieren derselben Art.
Für solche Substanzen wurde der Begriff **Pheromon** (gr. *pherein,* übertragen) geprägt. Sie wirken nicht nur als Sexuallockstoffe. Bei staatenbildenden Insekten wurden Pheromone mit weiteren Funktionen nachgewiesen: Bienenköniginnen sondern einen Stoff ab, der die Ausbildung entwicklungsfähiger Eierstöcke bei Arbeiterinnen verhindert. Ameisen und Wespen können Artgenossen bei Bedrohung chemisch in Alarmstimmung versetzen.

89.1 Antennen des männlichen Seidenspinners

Auch bei Säugetieren sind Pheromone von Bedeutung. Aus den Hoden von Ebern wurde eine Verbindung isoliert, die bei brünstigen Säuen die Kopulationsbereitschaft erhöht. Deshalb werden in der Schweinezucht – anders als bei Rindern – männliche Tiere zusammen mit den weiblichen gehalten. Derselbe Duftstoff wurde auch in Trüffeln nachgewiesen; deshalb können die Schweine diese Pilze bis zu einem Meter tief unter der Erdoberfläche finden.

BOTANIK

Phytohormone

Ein von der Seite beleuchteter Keimling wächst zum Licht hin. Der Holländer Friedrich WENT vermutete einen Stoff, der in der Spitze des Keimlings produziert wird und im darunter liegenden Gewebe auf der Schattenseite ein Krümmungswachstum verursacht. Diesen Stoff wies er 1926 am Hafer experimentell nach und nannte ihn **Auxin** (gr. *auxanein,* wachsen lassen).
Anfangs wurde Auxin als Hormon betrachtet, weil es am Bildungsort selbst nicht wirkt, sondern im Haferkeimling erst zu seinem Wirkort transportiert werden muss. Untersuchungen zeigten aber, dass **Phytohormone** (gr. *phyton,* Pflanze) nicht in abgegrenzten Drüsen gebildet werden, sondern wie das Auxin an vielen Stellen. Zudem können pflanzliche Hormone in denselben Zellen wirken, in denen sie gebildet werden. Sie dienen nicht nur als Botenstoffe, sondern erfüllen weitere regulatorische Aufgaben.
Neben dem Auxin wurden inzwischen viele weitere Phytohormone gefunden. Bekannt ist das Ethylen (Ethen). Dieses Gas wirkt auch auf andere Pflanzen wie ein Pheromon. Ethylen wird in vielen Pflanzenteilen gebildet, besonders intensiv jedoch in reifenden Früchten wie Äpfeln oder Bananen. Das Gas hemmt das Längenwachstum der Sprossachse und fördert die Reifung der Früchte. Sein Einsatz ist von großer finanzieller Bedeutung, weil auf diese Weise unreife Früchte wie Bananen während des langen Überseetransports zunächst gekühlt und dann synchron zum Verkaufstermin gereift werden können.

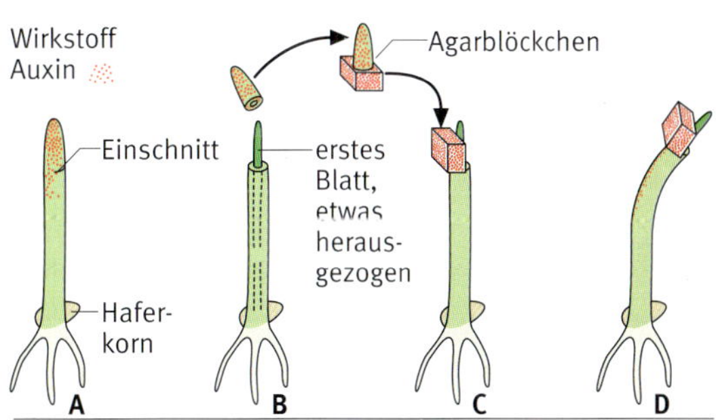

89.2 Krümmungstest bei Hafer nach WENT

2.3 Die Hypothalamus-Hypophysen-Gonaden-Achse

Der Monatszyklus begleitet Frauen von der ersten Periode bis zur Menopause zwischen dem 45. und 55. Lebensjahr. Dieser Zyklus wird durch eine hierarchische Wirkkette von Hypothalamus-, Hypophysen- und Eierstockhormonen bestimmt. Bei aufmerksamer Beobachtung werden Frauen feststellen, dass die Zyklen nicht nur den körperlichen Zustand betreffen, sondern auch seelisches Empfinden und Verhalten beeinflussen.
Der Taktgeber des weiblichen Zyklus ist der **Hypothalamus,** ein Bereich des Zwischenhirns. Bestimmte Nervenzellen des Hypothalamus bilden **Gonadotropin Releasing Hormon, GnRH** (engl. *to release,* freisetzen).

90.1 Die Hypothalamus-Hypophysen-Gonaden-Achse ohne Rückkopplungen. **A** Detailansicht Hypothalamus und Hypophyse; **B** Detailansicht Eierstock

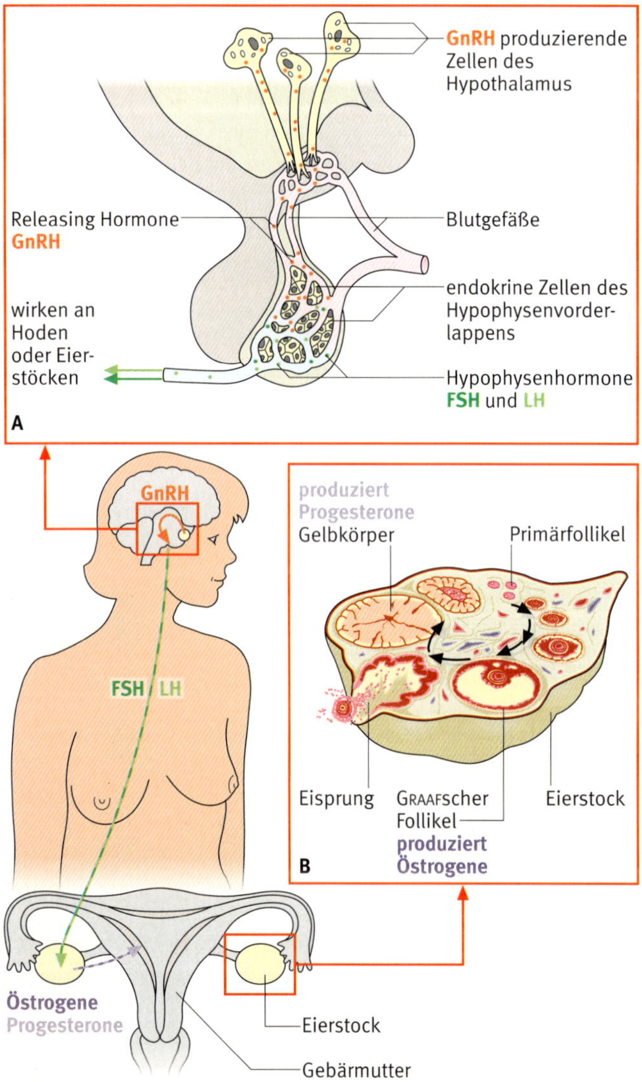

Diese Peptidhormone werden durch elektrische Potenziale des ZNS schubweise alle 60 bis 120 Minuten freigesetzt. Durch die Axone der Bildungszellen wird das GnRH zu den Nervenzellenendigungen im Hypophysenstiel transportiert. Dort wird es in ein Blutgefäß freigesetzt und gelangt zur **Hypophyse.** Im Hypophysenvorderlappen befinden sich wiederum endokrine Zellen, die Hypophysenhormone bilden.
GnRH bewirkt die Produktion des **Follikelstimulierenden Hormons, FSH,** und des **Luteinisierenden Hormons, LH** (lat. *luteus,* gelb). Die Peptidhormone FSH und LH ähneln sich in ihrem Aufbau. Sie werden als Gonadotropine zusammengefasst, weil sie auf die Gonaden oder Keimdrüsen einwirken. Dort bewirken sie als **glandotrope Hormone** (lat. *glans,* Drüse) die Freisetzung weiterer Hormone.

FSH induziert und steuert in beiden Eierstöcken die Reifung jeweils mehrerer Follikel zu GRAAFschen Follikeln. Diese produzieren die **Östrogene,** von denen es über 20 verschiedene, natürlich vorkommende gibt. Das **β-Östradiol** oder β-Estradiol ist das biologisch aktivste. Dieses Hormon regt im weiblichen Zyklus den Aufbau der Gebärmutterschleimhaut an. Weiterhin öffnet sich der Muttermund etwas und dessen schützende Schleimschicht wird für Spermien durchlässiger. Kommt es in diesem Zeitraum hoher Östradiolkonzentration zum Geschlechtsverkehr, ist die Wahrscheinlichkeit einer Befruchtung deutlich höher als sonst.
LH steuert zusammen mit FSH die letzte Phase der Follikelreifung und führt den Eisprung herbei. Unter LH-Einfluss wird der leere Follikel zum Gelbkörper. Dieser produziert das Steroidhormon **Progesteron,** durch das die verdickte Gebärmutterschleimhaut in ein drüsenreiches Gewebe umgewandelt wird. Weiterhin schließt sich der Muttermund und die Viskosität der Schleimschicht nimmt zu. Dadurch wird diese undurchlässig für Spermien. Progesteron steigert den Stoffwechselumsatz, weshalb die Körpertemperatur nach dem Eisprung um 0,5 Grad Celsius ansteigt.

Wie wirken diese Hormone bei der Steuerung des weiblichen Zyklus nun zusammen? Die Frequenz der GnRH Freisetzung scheint mit zu beeinflussen, in welchem Konzentrationsverhältnis FSH und LH gebildet werden.

Zu Beginn des Zyklus ist die Konzentration an FSH und LH relativ gering. Weil die Primärfollikel nur FSH-Rezeptoren besitzen, wird deren Reifung zu GRAAFschen Follikeln bewirkt. Das in den Follikeln gebildete Östradiol hemmt die Freisetzung von FSH und LH in der Hypophyse, wodurch deren Konzentration im Blut weiterhin niedrig bleibt.

Mit zunehmender Follikelreifung nimmt die Menge des gebildeten Östradiols drastisch zu. Ist der Schwellenwert überschritten, wird die Produktion von GnRH im Hypothalamus angeregt. Dieses steigert die Menge an freigesetztem FSH und LH. Weil zusätzlich auch die LH produzierenden Zellen angeregt werden, steigt die LH-Konzentration deutlich stärker als die des FSH.

Bei den Follikeln wurden mittlerweile LH-Rezeptoren gebildet. Deshalb kommt es etwa einen Tag nach dem LH-Anstieg zum Eisprung. Untersuchungen haben gezeigt, dass die meisten Frauen bei hohen LH- und Östradiol-Konzentrationen sexuellen Reizen deutlich mehr Aufmerksamkeit schenken. Gleichzeitig kann die Lust auf Sex größer sein als sonst während des Zyklus. Finden Geschlechtsverkehr und Eisprung zum selben Zeitpunkt statt, ist die Wahrscheinlichkeit einer Befruchtung besonders groß.

Aus dem leeren Follikel entsteht unter LH-Einfluss der Gelbkörper, der neben Östradiol auch Progesteron produziert. Im weiteren Verlauf des Zyklus steigt die Progesteron-Konzentration immer weiter an. Die Kombination von Progesteron und Östradiol hemmt in einer negativen Rückkopplung Hypothalamus und Hypophyse, sodass die Produktion von GnRH, FSH und LH zurückgeht. Der Gelbkörper stirbt ab, sobald die LH-Konzentration einen Schwellenwert unterschreitet. Dadurch geht die Konzentration von Östradiol und Progesteron ebenfalls drastisch zurück. Die Zyklusphase nach dem Eisprung geht manchmal mit körperlichen Beschwerden wie schmerzhaften Spannungen in den Brüsten, Muskelverspannungen oder Kopfschmerzen einher. Hinzu können erhöhte Reizbarkeit und Aggressivität kommen. Diese Symptome werden zum **Prämenstruellen Syndrom PMS** zusammengefasst. Bisher gibt es keine überzeugende Erklärung dieses Phänomens. Die Symptome des PMS verschwinden mit Einsetzen der nächsten Monatsblutung.

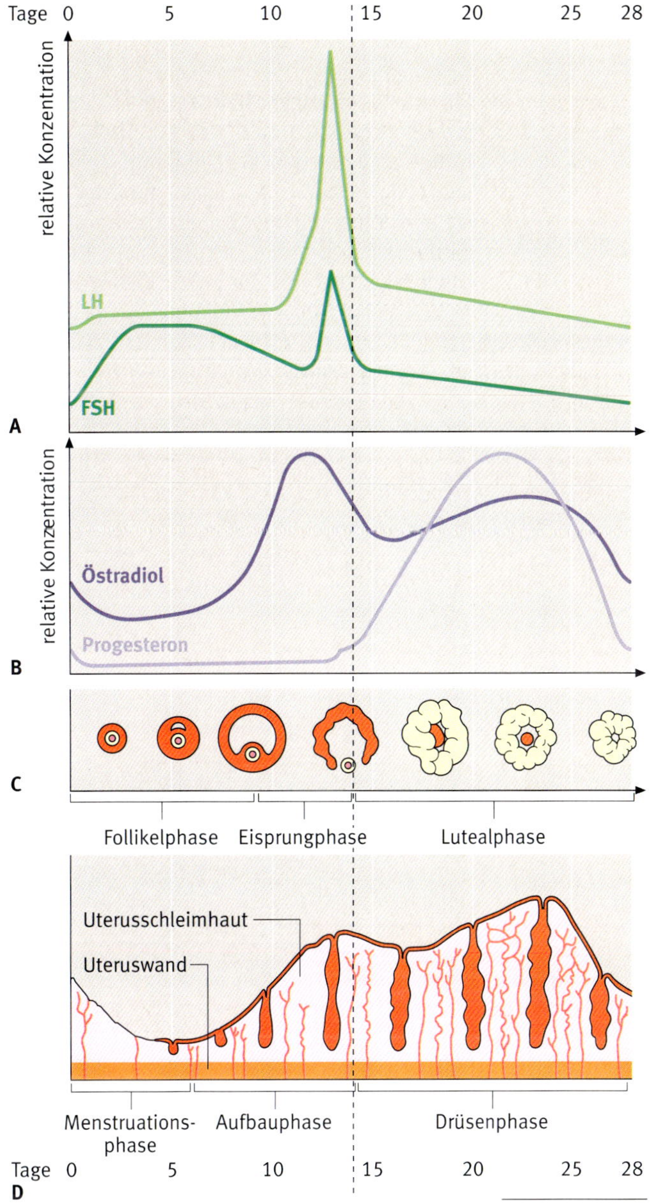

91.1 Veränderungen während des weiblichen Zyklus.
A Konzentration der Gonadotropine;
B Konzentration der Sexualhormone;
C Eierstock;
D Gebärmutter

Durch den Konzentrationsabfall der Eierstockhormone Progesteron und Östradiol kommt es zur Monatsblutung und die Gebärmutterschleimhaut wird abgestoßen. Außerdem wird die Hemmung des Hypothalamus aufgehoben, sodass unter Ausschüttung von GnRH, FSH und LH neue Follikel heranreifen. Der Zyklus ist geschlossen.

1 Zeichnen Sie ein Regelkreis-Schema zur Steuerung des weiblichen Zyklus. Beginnen Sie mit der GnRH-Sekretion. Kennzeichnen Sie fördernde Einflüsse mit einem +Pfeil und hemmende mit einem –Pfeil.

2.4 Schwangerschaft und „Baby-Blues“

Mit einer Schwangerschaft ändert sich der hormonelle Regelkreis. Hat sich eine befruchtete Eizelle erfolgreich in die Gebärmutterschleimhaut eingenistet, muss diese funktionsfähig bleiben. Dazu darf die Konzentration an Progesteron und Östradiol nicht absinken. Deshalb muss der Gelbkörper diese Hormone weiterhin bilden. Dies ist möglich durch das Hormon **Humanes Choriongonadotropin, HCG,** das vom sich einnistenden Embryo gebildet wird. Der Nachweis dieses Hormons im Urin einer Frau bestätigt eine eingetretene Schwangerschaft.

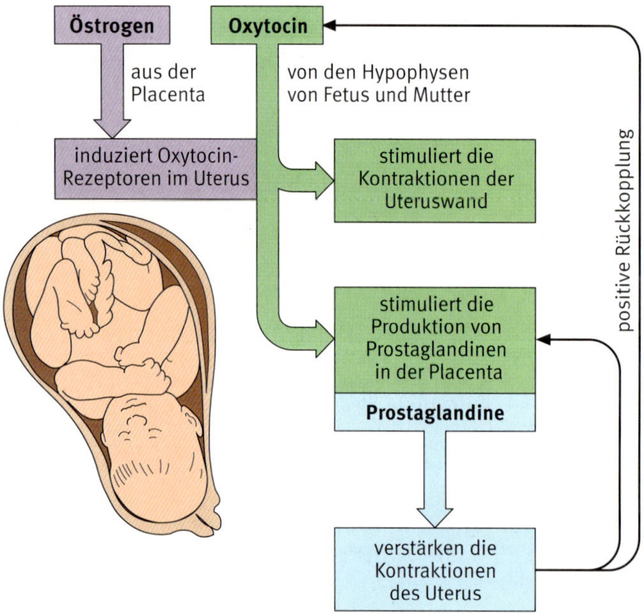

92.1 Hormonelle Einleitung des Geburtsvorganges

STECKBRIEF

Die Anti-Baby-Pille

Die Kenntnis der verschiedenen Rückkopplungsmechanismen im weiblichen Zyklus erlaubt eine hormonelle **Kontrazeption** oder **Empfängnisverhütung.**
Wegen ihrer hohen Zuverlässigkeit ist diese zur wichtigsten Methode der Geburtenkontrolle geworden. Natürlich muss die regelmäßige Einnahme der Pillen sichergestellt sein, die Aufnahme der Wirkstoffe darf nicht durch Erbrechen, Durchfallerkrankungen oder gleichzeitige Einnahme von Antibiotika gestört sein.
Die meisten Präparate enthalten eine Kombination synthetischer Östrogene und Progesterone, welche über eine negative Rückkopplung auf Hypothalamus und Hypophyse die Sekretion von FSH und LH unterdrücken. Deshalb können keine Follikel reifen. Die Gebärmutterschleimhaut bleibt in einem für eine Einnistung ungünstigen Zustand und die Schleimschicht des Muttermundes relativ undurchlässig für Spermien.

Nach etwa zwei Monaten sinkt die Konzentration des HCG und der Gelbkörper geht zugrunde, denn die Placenta stellt nun Östrogene und Progesteron in ausreichender Konzentration selbst her. Im Laufe der Schwangerschaft steigert die Placenta die Produktion dieser Hormone immer mehr, sodass die Östrogenkonzentration kurz vor der Geburt etwa 100-mal höher ist als normal.

Die Verhältnisse kehren sich beim Geburtsvorgang nochmals um. Auch diese Veränderung wird durch Hormone induziert. In den letzten Wochen vor der Geburt werden im Uterusgewebe Rezeptoren für das Hormon **Oxytocin** gebildet. Dieses wird jeweils in den Hypophysenhinterlappen von Mutter und Fetus gebildet. Es stimuliert die Kontraktionen der Gebärmuttermuskulatur, wodurch es zu den Geburtswehen kommt. Durch Oxytocin wird die Placenta zur Abgabe von **Prostaglandinen** angeregt. Diese Hormone verstärken die Kontraktionen der Muskulatur. Der aus den Wehen resultierende körperliche und emotionale Stress bewirkt die Sekretion von noch mehr Oxytocin und Prostaglandinen, wodurch die Geburt letztlich eingeleitet wird. Das Hormon Oxytocin ist während der gesamten Stillzeit an der Milchproduktion beteiligt.

Während der Geburt werden verstärkt **Endorphine** ausgeschüttet. Dadurch können Geburtsschmerzen für die Frau abgemildert werden. Außerdem haben Endorphine eine stark stimmungsaufhellende Wirkung, sodass die meisten Frauen sich nach der Geburt in euphorischer Stimmung befinden – um sich einige Tage später im „Baby-Blues“ wiederzufinden. Die Produktion der Endorphine wird nach der Geburt wieder eingestellt. Gleichzeitig bedingt der Verlust der Placenta ein drastisches Absinken der Östrogen- und Progesteronkonzentration. Zu diesen gravierenden hormonellen Umstellungen kommt die veränderte psychische Situation, die häufig anfangs als belastend empfunden wird.
Alles zusammen kann zu häufigerem Tränenfluss führen – im Volksmund deshalb „Baby-Blues“ genannt.

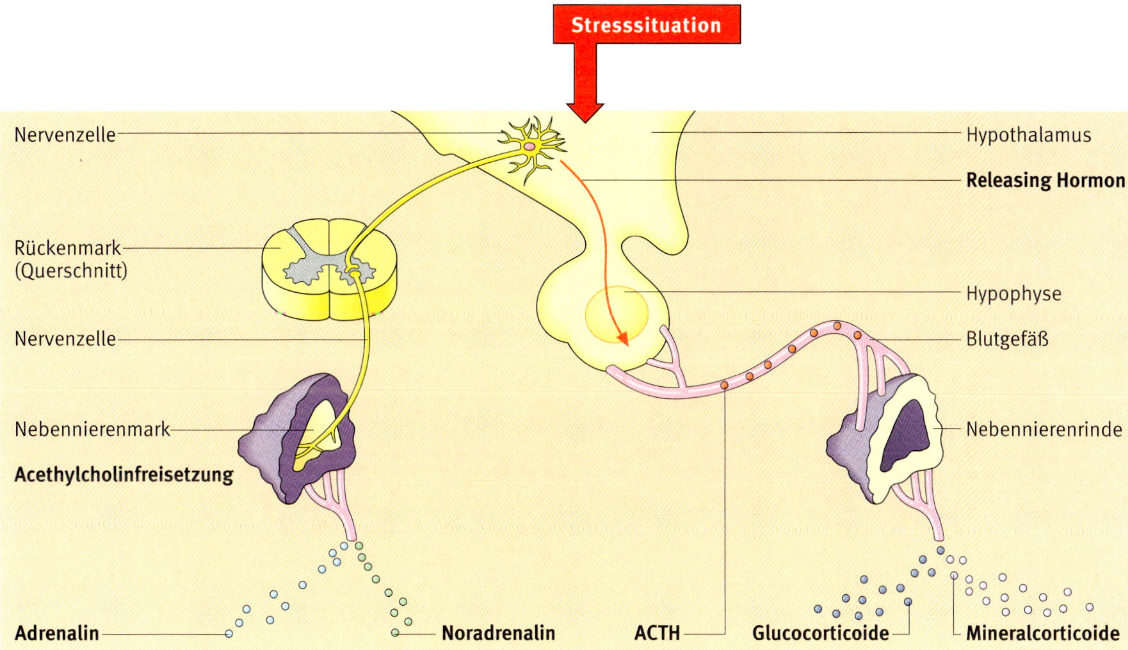

93.1 Funktion der Nebenniere bei Stresseinwirkung

2.5 Die Hypothalamus-Hypophysen-Nebennieren-Achse

Wer kennt diese Situation nicht? Eine Prüfung steht an, der Puls rast und man möchte am liebsten davonlaufen.
Unter Normalbedingungen wird eine **Stress-**Situation mit Flucht oder Kampf beantwortet. Deshalb bezeichnet man die damit verknüpften Symptome als **Flucht-Kampf-Syndrom.** Der Körper wird auf starke Muskelaktivität vorbereitet. Der Grundumsatz des Stoffwechsels steigt, in der Leber wird Glucose in die Blutbahn ausgeschüttet, Schlagvolumen und Pulsfrequenz des Herzens werden gesteigert, die Bronchien weiten sich. Manche Blutgefäße werden verengt, andere erweitert, sodass Verdauungstrakt, Nieren und Haut weniger, Herz und Skelettmuskulatur jedoch mehr durchblutet werden.

Die beschriebenen physiologischen Änderungen sind die Folge von Hormonwirkungen. Wenn das ZNS eine Stresssituation erkennt, schütten Zellen des vegetativen Nervensystems im Nebennierenmark den Neurotransmitter Acetylcholin aus. Durch diesen werden Zellen des Nebennierenmarks angeregt, die Hormone Adrenalin und Noradrenalin zu bilden. Während das Noradrenalin hauptsächlich der Aufrechterhaltung des Blutdrucks dient, steuert das Adrenalin den Stoffwechselumsatz und die Herztätigkeit.

Auch die Nebennierenrinde ist in die Stressantwort mit einbezogen. Sie wird durch das Hypophysen-Hormon **Adrenocorticotropin, ACTH,** angeregt. Dessen Produktion wird durch ein Releasing Hormon aus dem Hypothalamus induziert. Unter ACTH-Einfluss wird in der Nebennierenrinde eine Gruppe von Hormonen synthetisiert, die **Corticosteroide.** Bei diesen werden *Glucocorticoide* und *Mineralcorticoide* unterschieden. Glucocorticoide wirken vor allem auf den Glucosestoffwechsel. Mineralcorticoide beeinflussen den Salz- und Wasserhaushalt des Körpers. Sie steigern zum Beispiel den Transport von Natrium-Ionen durch Zellmembranen und erhöhen so in der Niere die Rückresorption (lat. *resorbere*, wieder einschlürfen) von Natrium-Ionen und Wasser. Dadurch steigt das Blutvolumen. Hohe Corticoid-Konzentrationen im Blut unterdrücken durch negative Rückkopplung die weitere Produktion von ACTH, so dass die Flucht-Kampf-Bereitschaft nach gewisser Zeit wieder nachlässt.

1 Erläutern Sie, inwieweit die Corticoide bei einer Stresssituation die physiologische Flucht-Kampf-Bereitschaft eines Lebewesens erhöhen.

94.1 Diabetiker.
A Halle BERRY;
B B. B. KING

2.6 Insulin und Regulation des Blutzuckers

Die Schauspielerin Halle BERRY muss bei Dreharbeiten öfter um Unterbrechungen bitten. Auch der berühmte Blues-Gitarrist B. B. KING ist auf Pausen in seinem Tagesablauf angewiesen. In den Pausen spritzen sich beide das Hormon **Insulin.** Mit diesem behandeln sie ihre **Zuckerkrankheit.**

Seit langem ist die Krankheit bekannt, deren Symptome übermäßiger Durst und Hunger sowie starker Harndrang sind. Betroffene magern ohne Behandlung in kurzer Zeit bis zum Skelett ab und sterben: „Fleisch und Knochen scheinen im Urin zusammenzulaufen", daher rührt der wissenschaftliche Name Diabetes (gr. *dia,* durch; gr. *baino,* fließen). Indische Ärzte entdeckten, dass der Urin der Betroffenen süß schmeckt. So heißt die Krankheit heute **Diabetes mellitus** (lat., honigsüß).

Das Hormon Insulin wird in der Bauchspeicheldrüse, der Pankreas, gebildet. In dieser entdeckte Paul LANGERHANS Zellverbände, die sich vom umgebenden Gewebe deutlich unterschieden. Von diesen **LANGERHANSschen Inseln** gibt es etwa eine Million über die gesamte Pankreas verteilt. Sie machen aber nur ein bis drei Prozent des gesamten Pankreasgewebes aus. Rund 70 Prozent der Inselzellen sind β-Zellen und produzieren das Hormon Insulin (lat. *insula,* Insel). Die meisten anderen sind α-Zellen und stellen das Hormon **Glucagon** her.

94.2 Regulation des Blutzuckerspiegels durch Insulin und Glucagon

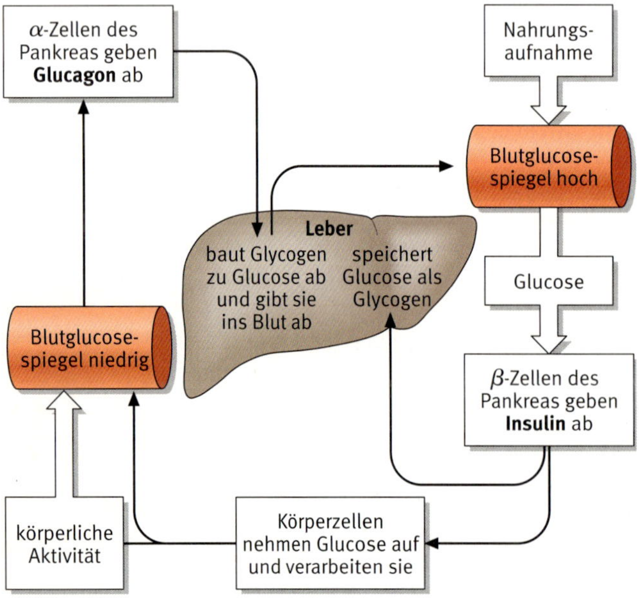

Diese beiden Hormone regulieren zusammen die Konzentration des Stoffes **Glucose** im Blut, den **Blutzucker**spiegel, in einem Normbereich von 0,8 bis 1,2 Gramm pro Liter. So steht den Körperzellen, vor allem Muskel- und Nervenzellen, unabhängig vom Verbrauch durch unterschiedliche körperliche Aktivität, immer ausreichend Glucose für die Energiegewinnung über Glykolyse und Endoxidation zur Verfügung. Im Ruhezustand verbraucht das Gehirn allein 60 Prozent des vorhandenen Blutzuckers.

Wie sind die beiden Hormone an der Regelung des Blutzuckerwerts beteiligt? Insulin vermittelt die Aufnahme von Glucose in Zielzellen, vor allem Muskel- und Leberzellen. In diesen wird Glucose in Form des **Glykogens** gespeichert. Nach einer Nahrungsaufnahme sinkt der Blutzuckerwert dadurch wieder. Fällt die Glucosekonzentration unter einen bestimmten Schwellenwert, wird das Insulin inaktiviert und aus den α-Zellen Glucagon freigesetzt. Dieses bewirkt in seinen Zielzellen den Abbau des Glykogens zu Glucose und dessen Freisetzung in das Blut. Die Glucagonwirkung wird durch das Hormon Adrenalin unterstützt.

Bei Halle BERRY wurde der Diabetes mit Anfang zwanzig diagnostiziert. Bei ihr sind die β-Zellen wahrscheinlich durch eine Autoimmunreaktion zerstört worden. Diese Form wird Typ I oder wegen des Zeitpunkts des Auftretens auch **Jugenddiabetes** genannt. Die Betroffenen sind auf mehrmalige Insulininjektionen täglich angewiesen. Bei B. B. KING wurde der Diabetes mit 64 Jahren erkannt. Diese Form, die auch **Altersdiabetes** heißt, macht etwa 90 Prozent aller Fälle aus. Sie kann als Zivilisationskrankheit gelten. Durch übermäßige Ernährung stark beanspruchte β-Zellen produzieren weniger Insulin. Durch Diät und Gewichtsreduktion kann diese Erkrankung oft kontrolliert werden.

2.7 Weitere Hormone: Melatonin und Thyroxin

Mit dem zunehmenden Ferntourismus machen immer mehr Menschen mit dem jet-lag (engl. *jet,* Flugzeug; engl. *lag,* Zeitverschiebung) Bekanntschaft. Durch den Übergang in andere Zeitzonen während des Fluges wird der Schlaf-Wach-Rhythmus gestört: Man wacht beispielsweise am entfernten Urlaubsort nachts um drei auf und kann nicht mehr schlafen, wenn es zuhause die übliche Aufstehenszeit ist. Nach einigen Tagen gehen die Beschwerden zurück und man kann durchschlafen. Bei der Rückreise in die eigene Zeitzone tritt der jet-lag erneut auf. Untersuchungen haben gezeigt, dass die Epiphyse an diesem Phänomen beteiligt ist.

Die Epiphyse sezerniert das Hormon **Melatonin,** einen Abkömmling der Aminosäure Tryptophan. Dies geschieht besonders intensiv in der Nacht, tagsüber geht die Produktion deutlich zurück. Deshalb wird im Winter mit seinen langen Nächten und kurzen Tagen mehr Melatonin gebildet.

Hohe Melatonin-Konzentrationen senken die Produktion von LH und Progesteron ab. Bei vielen Vögeln und Säugetieren werden dadurch die Hoden deutlich zurückgebildet. Der weibliche Zyklus kommt entsprechend auch zum Erliegen und stellt sich erst wieder im nächsten Frühjahr bei längeren Helligkeitsphasen und geringeren Melatonin-Konzentrationen ein. So entstehen auch die saisonalen Paarungszeiten vieler Tierarten.

Auch beim Menschen wirkt Melatonin als interner Zeitgeber für die Hirnbereiche, die tagesrhythmische Aktivitäten mit dem Hell-Dunkel-Zyklus koordinieren. Menschen haben beispielsweise einen inneren 25-Stunden-Zyklus, der durch den täglichen Lichtwechsel über Melatoninwirkung auf 24 Stunden gekürzt wird. Wegen dieser synchronisierenden Eigenschaften wird das Hormon von Vielfliegern zur Abmilderung des Jetlags eingesetzt.

Melatonin ist phylogenetisch ein sehr altes Hormon, das beispielsweise bei Amphibien vorhanden ist. Auch bei ihnen steuert dieses Hormon rhythmische Prozesse wie die Aufhellung der Haut in Abhängigkeit von der Tages- und Jahreszeit.

Bei der Entwicklung von Amphibien ist eine weitere Gruppe von Hormonen wichtig. Sie werden in der **Schilddrüse** produziert. Diese Aminosäureabkömmlinge sind nicht wasserlöslich und werden wie Steroidhormone durch Transportmoleküle im Blut gelöst. Auch sie werden durch Rezeptoren in der Membran der Zielzellen erkannt. Sie passieren die Zellmembran und binden direkt im Zellkern an spezifische Rezeptoren. Dort wirken diese Hormone als Transkriptionsfaktor. Die Schilddrüse stellt als Vorstufe **Thyroxin** oder **Tetraiodthyronin T_4** her, aus dem das Hormon **Triiodthyronin T_3** gebildet wird.

Eine wichtige Rolle spielt **T_3** bei der **Metamorphose** (gr. *metamorphosis,* Gestaltwandlung) mit ihren fundamentalen Änderungen. Diese beinhalten sowohl physiologische Aspekte, wie zum Beispiel bei Fröschen und Kröten den Wechsel vom Allesfresser zum reinen Fleischfresser, als auch ethologische: Während Kaulquappen bevorzugt auf quadratische Formen der Beute reagieren, tun Kröten dies auf wurmförmige.

Auch beim Menschen steuert dieses Hormon die harmonische Entwicklung und reguliert in vielfältiger Weise stoffwechselphysiologische Prozesse, zum Beispiel die Regelung des Blutdrucks, der Herztätigkeit, der Verdauungs- und der Fortpflanzungsfunktion.

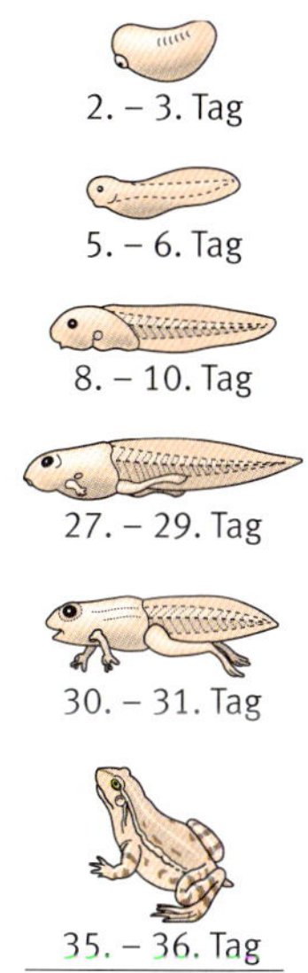

95.1 Metamorphose beim Wasserfrosch

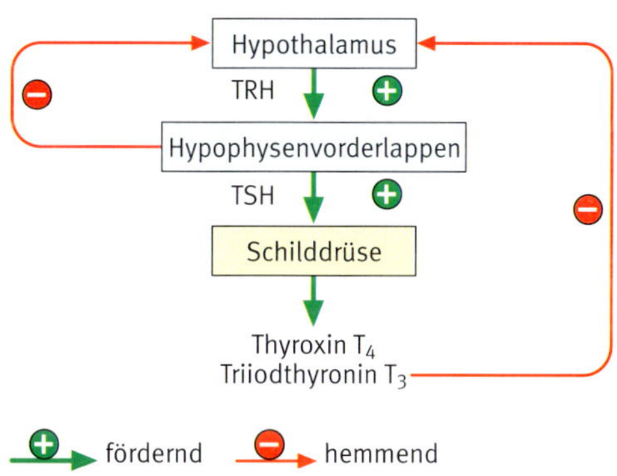

95.2 Regelkreis der Schilddrüsenhormone

1 Entwerfen Sie ein Experiment, mit dessen Hilfe Sie die Dauer des inneren menschlichen Rhythmus messen können.

2 Beschreiben Sie die Regulation der Hypothalamus-Hypophysen-Schilddrüsen-Achse. Beziehen Sie dabei das Thyroxin releasing Hormon TRH und das Thyroxin stimulierende Hormon TSH mit ein.

Hormone

1

Im Südosten Arizonas (USA) lebt eine Population von Renneidechsen der Gattung *Cnemidophorus,* die nur aus Weibchen besteht und sich trotzdem fortpflanzt. Merkwürdigerweise zeigen die Weibchen der Art das gleiche Sexualverhalten wie Weibchen und Männchen anderer zweigeschlechtiger Arten derselben Gattung. Die Weibchen führen nämlich Scheinpaarungen aus, indem eine Eidechse auf eine andere aufreitet. Während der Fortpflanzungszeit wechseln die Weibchen ihre sexuelle Rolle alle zwei bis drei Wochen.

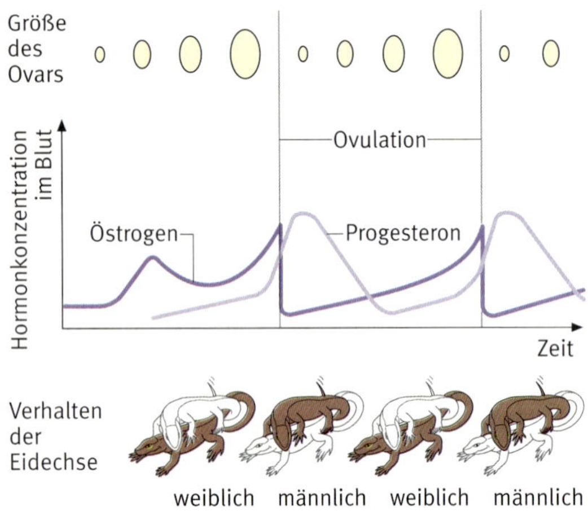

Normalerweise entwickeln sich aus allen Embryonen dieser Renneidechsen Weibchen. Behandelt man die Embryonen innerhalb der ersten fünf Tage nach der Eiablage mit einem Aromatase-Hemmer, dann entwickeln sich die Embryonen ausnahmslos zu Männchen. Aromatase-Hemmer blockieren die enzymatische Umwandlung von Testosteron in Östradiol. Bei den solchermaßen entstandenen Männchen konnte eine erfolgreiche Spermienbildung in den Hoden nachgewiesen werden.

a) Beschreiben Sie den in der Abbildung dargestellten Zusammenhang zwischen der Größe des Ovars und den Hormonkonzentrationen im Blut der weiblichen Renneidechsen.

b) Erläutern Sie, wie die Hormonkonzentrationen das sexuelle Verhalten der Weibchen beeinflussen.

c) Wenn man die Echsen einzeln hält, vermehren sie sich auch, produzieren aber deutlich weniger Eier. Wie kann das erklärt werden?

d) Interpretieren Sie die Auswirkungen der Behandlung der Renneidechsen-Embryonen mit dem Aromatase-Hemmer.

2

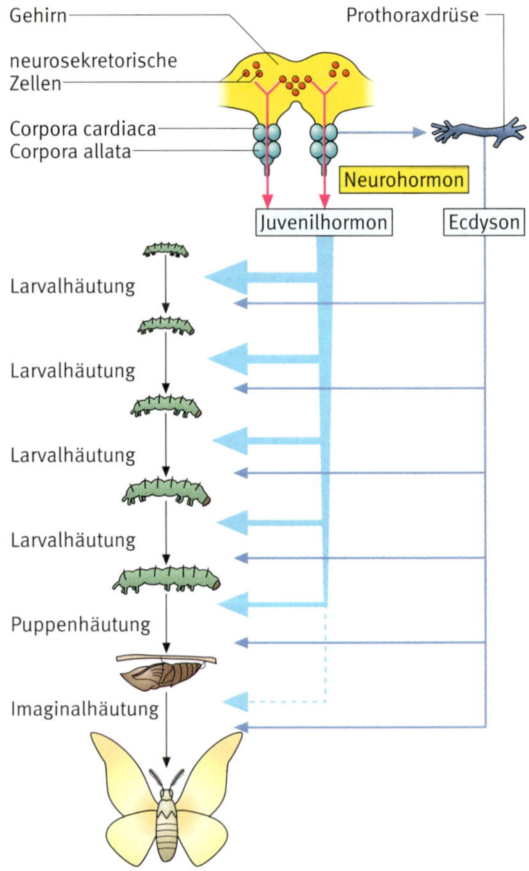

Insekten wandeln sich über eine Reihe von Larvenhäutungen und bei vollkommener Verwandlung auch über ein Puppenstadium in das ausgewachsene Insekt, die Imago (lat., Bildnis). An dieser Metamorphose sind verschiedene Hormone beteiligt. Diese werden von speziellen Drüsen gebildet, die sich nur bei Insekten finden. Daran beteiligt sind zum Beispiel die Prothoraxdrüse, die hinter dem Kopf liegt und bei ausgewachsenen Insekten zurückgebildet wird, und außerdem die Corpora cardiaca und die Corpora allata genannten Drüsen. Diese bleiben über die gesamte Lebenszeit der Insekten erhalten. Corpora cardiaca und Corpora allata werden im Gegensatz zur Prothoraxdrüse innerviert.

a) Beschreiben Sie, wie Juvenilhormon und Ecdyson bei den Häutungen der Insekten zusammenwirken.
b) Zwischen der Wirkkette des Ecdysons und der typischer Steroidhormone aus dem weiblichen Zyklus des Menschen gibt es deutliche Übereinstimmungen. Zeigen Sie diese auf.
c) Der Genetiker Ulrich CLEVER beobachtete immer kurz vor Häutungen oder der Verpuppung an den Riesenchromosomen der Insekten Puffs. Das sind Stellen besonderer genetischer Aktivität. Die Puffs lassen sich an derselben Stelle durch die Gabe von Ecdyson hervorrufen. Erläutern Sie dieses Phänomen und berücksichtigen Sie dabei die molekulare Wirkungsweise von Hormonen.

3

Robert WADLOW wurde mit 2,72 m der bis heute größte Mensch. Er wog bei seiner Geburt 1928 in Alton, Illinois in den USA acht Pfund und war etwa 50 Zentimeter groß. Als Einjähriger maß er bereits 1,12 Meter und wog 28 Kilogramm, mit neun Jahren wog er 81 Kilogramm bei 1,85 Meter Körpergröße. Bei seinem Tod mit 22 Jahren wog er 215 Kilogramm. Röntgenaufnahmen des Schädels zeigten, dass WADLOW an einem Hypophysentumor litt, der für den Riesenwuchs verantwortlich war.
a) Das menschliche Wachstumshormon HGH (engl. *human growth)* ist ein Peptidhormon und wird in der Vorderlappen-Hypophyse gebildet und wie die anderen Vorderlappen-Hormone über den Hypothalamus gesteuert. Zeigen Sie diese Steuerung auf.
b) Geben Sie eine Erklärung für WADLOWs Riesenwuchs.

4

In einem durchsichtigen, luftdichten Gefäß befinden sich ein reifer Apfel sowie ein Blumentopf, in dem eine Erbsenpflanze aus einem Samen herangezogen wird. Nach drei Wochen hat sich die Erbsenpflanze wie oben rechts dargestellt entwickelt. Links daneben ist eine Kontrollpflanze gleichen Alters abgebildet, die unter denselben Bedingungen, aber ohne Apfel wachsen konnte.
a) Vergleichen Sie die beiden Erbsenpflanzen.
b) Wie erklären sich die Unterschiede zwischen den beiden Pflanzen?

5

Bei nordamerikanischen Querzahnmolchen gibt es neben Arten mit normaler Metamorphose von der aquatischen Larve zum landlebenden Tier auch den Axolotl *Ambystoma mexicana.* Dieser zeigt das Phänomen der **Neotenie** (gr. *neos,* Junges; *teinein,* spannen). Axolotl erreichen die Geschlechtsreife unter Beibehaltung von Larvenmerkmalen. Bei Zusatz des Hormons Thyroxin in das Wasser des Hälterungsbeckens schließen auch die Axolotl die Metamorphose zum landlebenden Tier ab.
a) Zeigen Sie an dem abgebildeten, ausgewachsenen Axolotl typische Merkmale der Larven.
b) Interpretieren Sie die Reaktion der Axolotl auf den Thyroxinzusatz. Bei den obligat neotenen Grottenolmen ändert eine Thyroxingabe nichts. Erläutern Sie die Zusammenhänge.

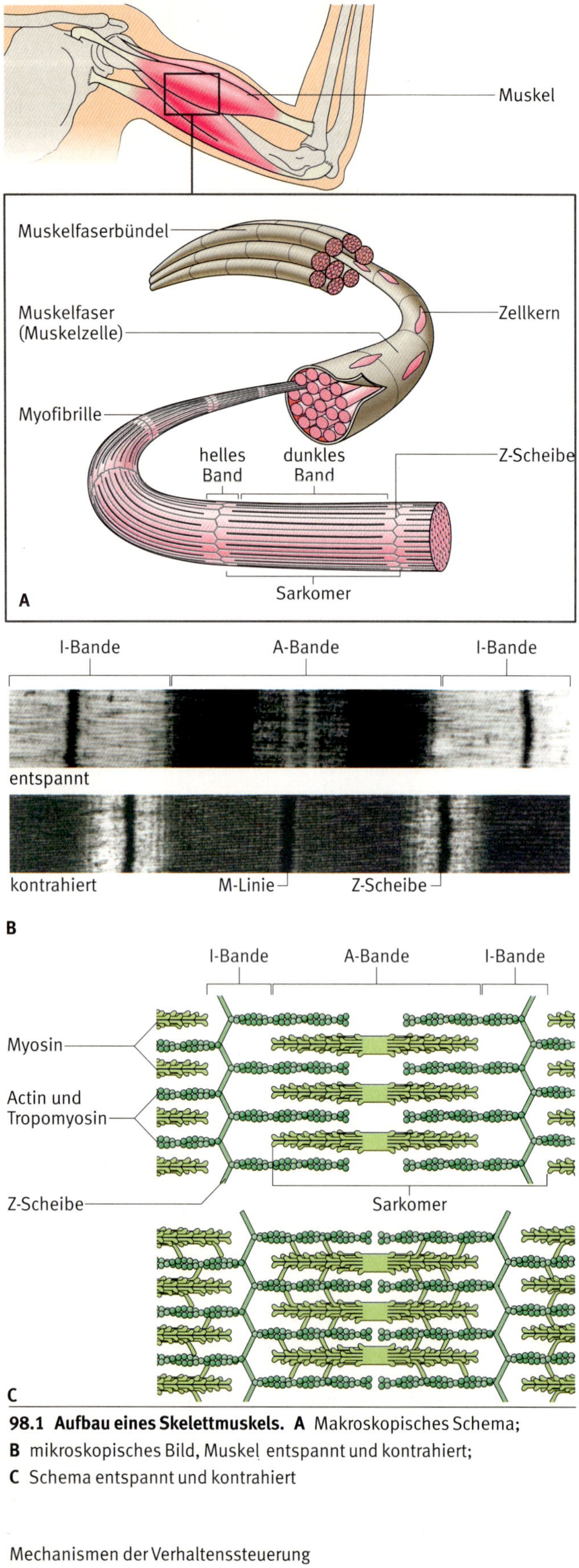

98.1 Aufbau eines Skelettmuskels. A Makroskopisches Schema; **B** mikroskopisches Bild, Muskel entspannt und kontrahiert; **C** Schema entspannt und kontrahiert

3 Steuerung von Bewegung

3.1 Aufbau von Muskeln

Die Muskulatur ermöglicht vielzelligen Lebewesen aktive Körperbewegungen. Sie wird von einem eigenen Gewebe aus spindelförmigen oder faserigen Zellen gebildet. Diese ziehen sich zwar aktiv zusammen, können sich aber nicht aktiv entspannen. Dies gelingt nur passiv, indem sich ein **antagonistischer Muskel** aktiv kontrahiert oder die Schwerkraft wirkt.

Die **glatte Muskulatur** besteht aus einzelnen, spindelförmigen Zellen. Deren kontraktile Elemente sind von außen nicht sichtbar, sodass ihre Oberfläche unstrukturiert glatt erscheint. Man findet diesen Typ bei vielen Wirbellosen. Bei Wirbeltieren liegt er in den Wänden von Blutgefäßen sowie vieler innerer Organe wie Magen oder Harnblase vor.

Bei den Wirbeltieren findet sich ein zweiter Muskeltyp als Teil des Bewegungsapparates. Diese **quergestreifte Skelettmuskulatur** ist entweder über Sehnen mit den Knochen verbunden oder setzt direkt an diesen an. Das Besondere dieses Muskeltyps ist, dass die Zellgrenzen zugunsten einer höheren Ordnung kontraktiler Elemente aufgelöst wurden.

Der ganze Muskel ist von straffem Bindegewebe umgeben. Jeder Muskel ist aus vielen Muskelfaserbündeln aufgebaut. Diese sind wiederum durch Bindegewebsscheiden gegeneinander abgegrenzt. So können sich die einzelnen Fasereinheiten bei Kontraktionen gegeneinander verschieben. Die Muskelfaserbündel bestehen aus einzelnen Muskelfasern, Baueinheiten mit jeweils vielen Zellkernen, die durch Teilungen auseinander entstanden sind. Die Zellkerne liegen direkt unter dem *Sarkolemm* (gr. *sarkos,* Fleisch; gr. *lemma,* Haut). Die Muskelfasern bestehen aus Myofibrillen. Unterschiedliche Dichten der gegeneinander verschiebbaren Strukturen bewirken unterschiedliche Lichtbrechungseigenschaften: Das mikroskopische Bild zeigt dunkle A- und helle I-Banden.
Die sich wiederholenden Abschnitte, die jeweils durch Z-Scheiben abgegrenzt werden, heißen **Sarkomere.** Im Feinbau bestehen sie aus den Proteinmolekülen *Myosin* sowie *Actin* und *Tropomyosin*.

3.2 Erregungsübertragung und Kontraktion

Für die Kontraktion eines Muskels sind zuleitende Nervenzellen, die **Motoneuronen,** notwendig. Ein Neuron kann unterschiedlich viele Muskelfasern gleichzeitig innervieren. Motoneuron und zugehörige Muskelfasern bilden zusammen die **motorische Einheit.** Je weniger Fasern beteiligt sind, desto feiner kann die Kontraktion des Muskels gesteuert werden: Beim äußeren Augenmuskel sind es etwa 50 Muskelfasern pro Neuron, beim Oberarm-Bizeps rund 700 und im Wadenmuskel sogar 1700.

Das Endknöpfchen eines Motoneurons heißt **motorische Endplatte.** Läuft dort ein Aktionspotenzial (AP) ein, wird der Neurotransmitter Acetylcholin in den synaptischen Spalt ausgeschüttet. Dies löst in der postsynaptischen Membran des Muskels ein **Endplattenpotenzial** aus, vergleichbar dem exzitatorischen postsynaptischen Potenzial (EPSP). Das Endplattenpotenzial breitet sich sofort über das gesamte Sarkolemm und die T-Tubuli aus. Das sind röhrenförmige Kanälchen, die sich in das Faserinnere einstülpen. Über diese gelangen die APs in die Faser und springen auf das sarkoplasmatische Retikulum über. Dies ist ein Membransystem, das dem Endoplasmatischen Retikulum einer Zelle entspricht. Daraufhin setzt dieses Calcium-Ionen frei, die zur Muskelkontraktion führen.

Das Sarkomer ist gekennzeichnet durch die regelmäßige Anordnung von Actin und Tropomyosin einerseits sowie Myosin andererseits. Kugelförmige Actin-Moleküle sind miteinander schraubig zu zwei Ketten verknüpft. Um diese sind wiederum zwei Tropomyosin-Stränge gewunden. Durch andockende Calcium-Ionen verändert sich die Raumstruktur dieses Komplexes reversibel so, dass Querbrücken zu Myosin ausgebildet werden. Unter Verbrauch von ATP führen die Myosinköpfchen Kippbewegungen aus, wodurch das Myosin auf beiden Seiten zwischen die Actin-Moleküle hineinrudert. Dadurch verkürzt sich ein Sarkomer und damit der Muskel. Innerhalb von 30 Millisekunden, nachdem die Signalübertragung abreißt, werden die Calcium-Ionen von einer Ionenpumpe zurück ins sarkoplasmatische Retikulum gebracht. Unter Abspaltung von ADP wird die Bindung zwischen Actin und Myosin wieder gelöst. Die Protein-Moleküle liegen lose nebeneinander, der Muskel kann sich erneut kontrahieren oder passiv gedehnt werden.

Soll der Muskel sich weiter oder erneut kontrahieren, müssen über die Endplatte wieder APs einlaufen, die Calcium-Ionen freisetzen. Erfolgt die erneute Erregung schnell genug, kommt es zur Summation einzelner Zuckungen. Diese kann bis zur dauerhaften Kontraktion, dem **Tetanus** führen. Normalerweise feuern Motoneurone ihre APs in hoher Frequenz so, dass welche, tetanische Kontraktionen des Muskels erfolgen.

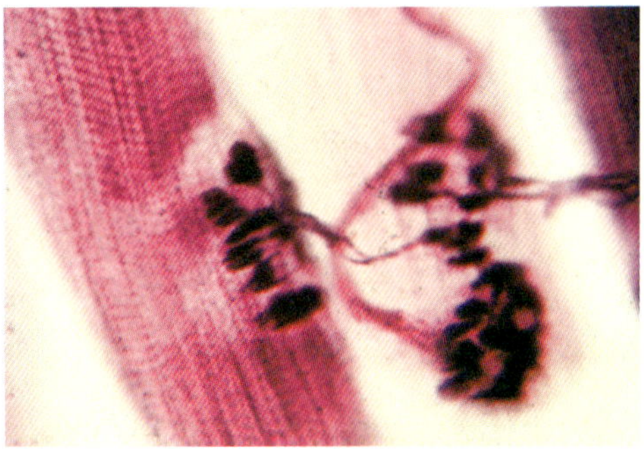

99.1 motorische Endplatte (lichtmikroskopisches Bild)

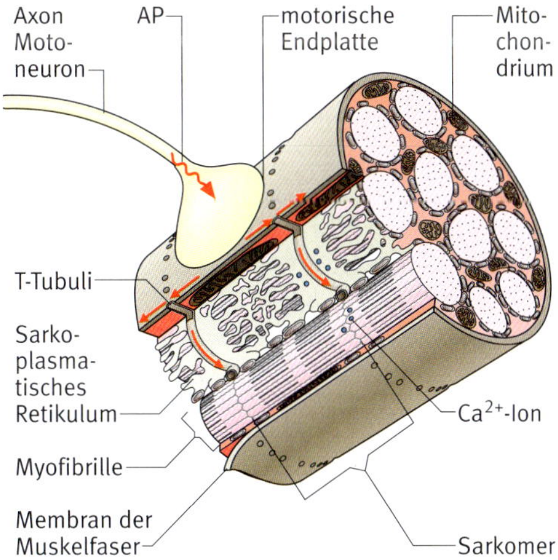

99.2 Wirkungsweise des sarkoplasmatischen Retikulums

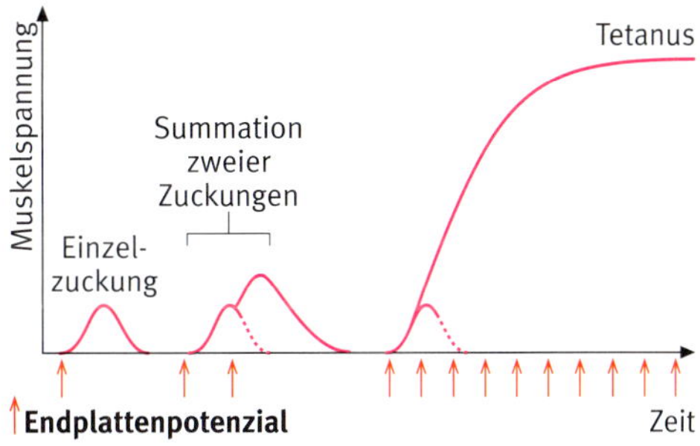

99.3 Summation von Muskelkontraktionen

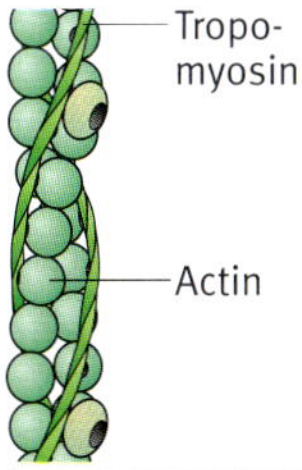

Actinkette und Tropomyosin

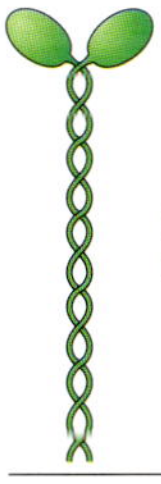

Myosin

MEDIZIN

Herzschrittmacher

Der Herzmuskel ist ähnlich aufgebaut wie ein Skelettmuskel. Seine Kontraktionen werden aber nicht nur durch Nervenimpulse stimuliert: Im Herzmuskel selbst, im *Sinus-* und im *Atrioventrikularknoten,* entstehen in regelmäßigen Abständen Erregungen, die durch die PURKINJE-Fasern über den Herzmuskel weitergeleitet werden und Kontraktionen auslösen. Die Schlagfrequenz wird zusätzlich durch das Vegetative Nervensystem beeinflusst.
Störungen der Automatiezentren oder der PURKINJE-Fasern kann ein Herzschrittmacher beheben. Das ist ein kleines elektronisches Gerät, welches in regelmäßigen Abständen Impulse von etwa 0,5 Millisekunden Dauer und 3 Volt Spannung abgibt.
1958 wurde in Stockholm erstmals ein Schrittmachersystem komplett in den Körper eines Patienten implantiert. Dazu wurde damals der Brustkorb geöffnet und die Elektroden wurden auf den Herzmuskel aufgenäht. Die Lebensdauer des Gerätes betrug gerade einmal einen Tag. Der Patient Arne LARSSON verstarb jedoch erst im Januar 2002 im Alter von 86 Jahren. Bis zu seinem Tod wurden ihm insgesamt

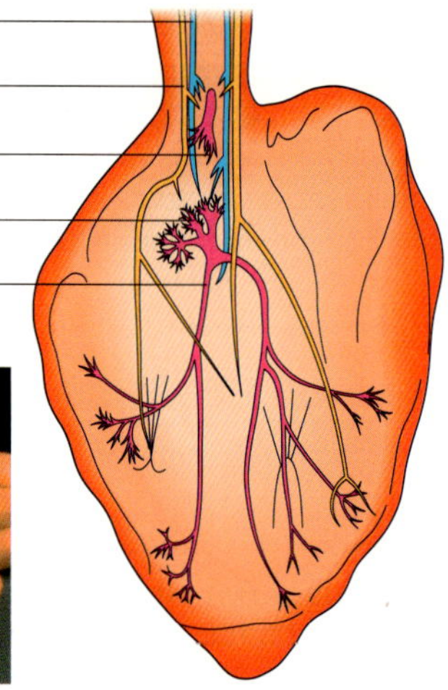

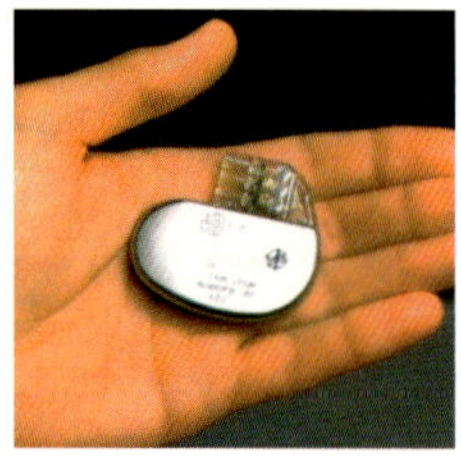

22 verschiedene Schrittmacher implantiert. Heute halten die Schrittmacher in der Regel zehn Jahre. Allein in Deutschland wurden im Jahr 2001 rund 60 000 Herzschrittmacher bei örtlicher Betäubung unter den Brustmuskel implantiert.

SPORT

Doping

Bei den olympischen Sommerspielen in Seoul stellte der Kanadier Ben JOHNSON 1988 einen Fabelweltrekord im 100 Meter Sprint auf: In 9,79 Sekunden verwies er seinen ewigen Rivalen Carl LEWIS auf den zweiten Platz. Der obligatorische Doping-Test (engl. *dope,* Droge) ergab, dass JOHNSON über einen längeren Zeitraum anabole Steroide eingenommen hatte. JOHNSON wurde die Goldmedaille aberkannt.
In den Zeiten zunehmender Kommerzialisierung verschaffen sich einzelne Athleten immer wieder unerlaubte Vorteile gegenüber ihren Kontrahenten.
Anabole Steroide oder Anabolika sind Abkömmlinge des männlichen Geschlechtshormons Testosteron. Sie fördern den aufbauenden Stoffwechsel und somit die schnellere Zunahme von Muskelmasse. Ihre systematische Einnahme ist gefährlich und kann zu ernsthaften körperlichen und psychischen Schäden führen. Eine Folge kann bei beiden Geschlechtern Unfruchtbarkeit sein.
Neuerdings werden zur Leistungssteigerung auch Wachstumshormone sowie Erythropoietin EPO eingesetzt. EPO wird normalerweise in der Niere hergestellt und regt im Knochenmark die Bildung Roter

Carl LEWIS (li) und Ben JOHNSON (re) in Seoul

Blutkörperchen an. Es wird heute gentechnisch für Patienten mit Blutarmut produziert.
Durch die erhöhte Zahl an Erythrozyten erzielt ein gedopter Sportler eine Leistungssteigerung über die bessere Sauerstoffversorgung seiner Muskeln. Allerdings nimmt damit auch die Zähflüssigkeit des Blutes zu, was das Risiko eines Infarktes deutlich steigert.

3.3 Reflexe und reflexähnliche Bewegungen

Manch einer wird diese Testsituation bei seinem Hausarzt schon erlebt haben: Der Arzt schlägt mit einem kleinen Hammer unter die Kniescheibe des übergeschlagenen Beines. Wie von Marionetten-Fäden gezogen wird das Bein gestreckt und der Unterschenkel schnellt nach oben, ohne dass man die Reaktion ganz unterdrücken kann. So wird die Funktionsfähigkeit der nervösen Verschaltung überprüft.
Weil diese Reaktion unwillkürlich auf immer dieselbe Weise erfolgt, handelt es sich um einen **Reflex** (lat. *reflexus,* Zurückbiegen). Im Alltag hält dieser Reflex den Körper beim Stolpern aufrecht.

Durch den Schlag (1) auf die Patellar-Sehne (lat. *patella,* Knie) wird diese eingedrückt. Weil Sehnen nicht elastisch sind, wirkt der Schlag als Zugkraft auf den Oberschenkelstrecker, den Quadriceps. Dadurch wird der Muskel passiv gedehnt, was die **Muskelspindel,** ein Dehnungsrezeptor im Muskel, registriert (2). Über **sensorische** oder **afferente Neuronen** (lat. *afferre,* zuführen), die auch 1a-Fasern heißen, wird diese Information in die graue Substanz des Rückenmarks weiter geleitet (3). Das Soma dieser Nervenzelle liegt in der Region der hinteren Wurzel. Zusammen mit den Zellkörpern anderer sensorischer Neuronen bildet es hier das Spinalganglion (lat. *spinalis,* Rückgrat-; gr. *ganglion,* Nervenknoten). In der grauen Substanz wird das AP des sensorischen Neurons über eine erregende Synapse auf das Soma des **efferenten** (lat. *effere,* überbringen) oder **α-Motoneurons** übertragen (4). Diese Bahn verlässt das Rückenmark zum Oberschenkelstrecker über die vordere Wurzel (5). Hinter dem Spinalganglion vereinigen sich die Axone der afferenten und efferenten Neuronen zum Spinalnerven. Am Quadriceps wird die Erregung über motorische Endplatten auf Muskelfasern übertragen: Der Muskel kontrahiert sich einmal kurzzeitig und der Unterschenkel schnellt nach oben (6).

Der Patellar-Sehnen-Reflex wird als **Eigenreflex** bezeichnet, weil die Muskelspindeln als Rezeptor und der Streckmuskel als Effektor in ein und demselben Organ liegen. Typisch ist die einmalige Umschaltung vom Rezeptor auf den Effektor, man spricht deshalb auch von einem **monosynaptischen Reflexbogen.** Eigenreflexe treten häufig bei Streckmuskeln auf. Sie haben eine sehr kurze Reflexzeit mit 20 bis 50 Millisekunden und ermüden praktisch nie. Die muskuläre Reaktion auf den Auslöser erfolgt ab einer bestimmten Reizintensität nach dem Alles-oder-Nichts-Prinzip.
Die Muskelspindel ist durch eine Bindegewebshülle vom restlichen Muskel elektrisch isoliert. In ihrem Inneren liegen Muskelfasern, deren mittlerer Bereich dehnungsempfindlich ist. Um sie sind die Endigungen der sensorischen Neuronen gewunden. Die Muskelspindel-Fasern werden zusätzlich von efferenten γ-Motoneuronen innerviert.

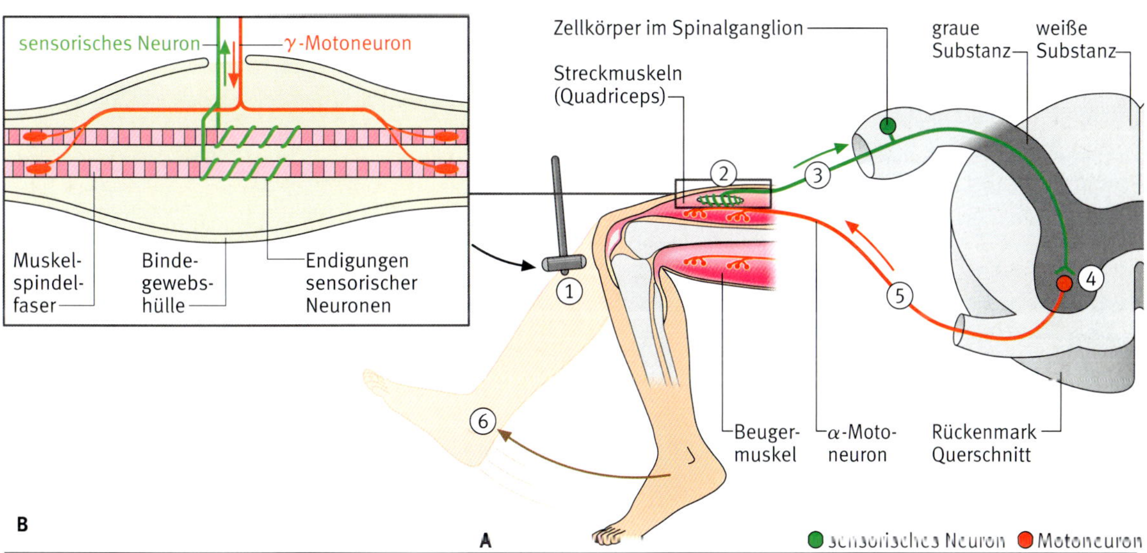

101.1 Patellar-Sehnenreflex. A Verschaltung; **B** Aufbau der Muskelspindel

Tatsächlich sind auch bei einem monosynaptischen Reflexbogen wie dem Patellar-Sehnen-Reflex weitere Neuronen beteiligt. Diese verhindern, dass die muskuläre Antwort des Eigenreflexes zu einem Dauerzustand wird.

Die sensorischen Aktionspotenziale werden in der grauen Substanz des Rückenmarks nicht nur auf das α-Motoneuron zum Unterschenkelstrecker, sondern auch auf ein Zwischenneuron übertragen. Dieses hemmt das α-Motoneuron zum Unterschenkelbeuger.

Auch die γ-Motoneuronen, die zu den Muskelspindeln führen, sind beteiligt. Es gehört zu den typischen Merkmalen eines Eigenreflexes, dass bei einer Aktivierung der α-Motoneuronen die zugehörigen γ-Motoneuronen gleichzeitig gehemmt werden. Dadurch erschlaffen die Muskelspindelfasern. Entsprechend werden keine weiteren Aktionspotenziale über die sensorischen Fasern zum Rückenmark geleitet.

Von den α-Motoneuronen zweigen in der weißen Substanz Kollateralen zu Zwischenneuronen ab, die nach ihrem Entdecker RENSHAW-Zellen genannt werden. Diese liegen in der grauen Substanz in der Nähe des Somas der α-Motoneuronen. Werden die RENSHAW-Zellen aktiviert, wirken sie hemmend auf die α-Motoneuronen, denen sie ihre Aktivierung verdanken. Im Vergleich zu ähnlichen Prozessen in der Regeltechnik spricht man von einer negativen Rückkopplung.

Ein letzter Hemmungsmechanismus erfolgt über spannungsempfindliche Rezeptoren in den Sehnen, die nach ihrem Entdecker GOLGI-Rezeptoren heißen. Diese Rezeptoren senden sowohl bei einer aktiven Kontraktion als auch einer passiven Dehnung Aktionspotenziale über eine sensorische Faser zum Rückenmark. Diese wird 1b-Faser genannt zur Unterscheidung von der afferenten Faser der Muskelspindeln, die 1a-Faser heißt. Diese 1b-Faser wird über ein weiteres, hemmendes Zwischenneuron auf das entsprechende α-Motoneuron aufgeschaltet.

1 Erläutern Sie, wie sich die jeweiligen Hemmungsmechanismen auf die Reflexkontraktion des Muskels auswirken.

2 Übertragen Sie alle Hemmungsmechanismen nach Abbildung 102.1 A–C in ein Bild.

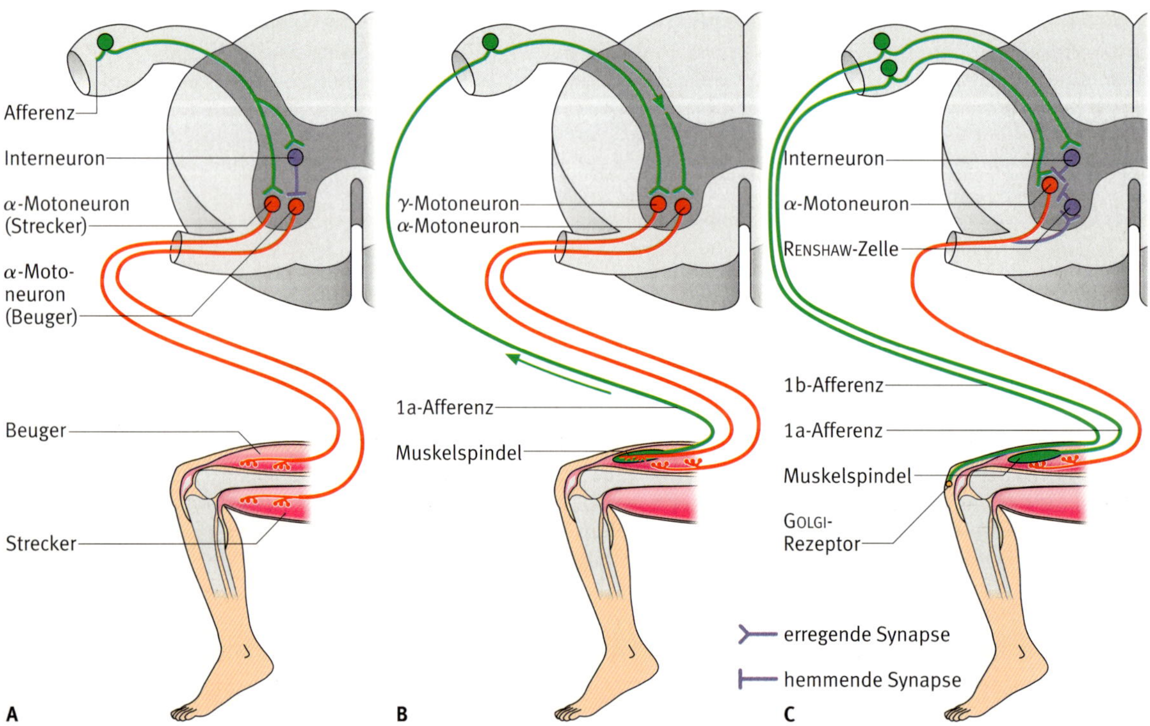

102.1 Hemmung des Patellar-Sehnen-Reflexes.
A Hemmung des Antagonisten; **B** Hemmung durch γ-Motoneuronen; **C** Hemmung durch RENSHAW-Zelle und 1b-Faser

3.4 Fremdreflex und willkürliche Bewegung

Berühren wir mit unserer Hand einen heißen Gegenstand, ziehen wir sie automatisch blitzschnell zurück. Reflexartige Bewegungen kommen also nicht nur durch Dehnungsreize, sondern zum Beispiel auch durch einen Hitzereiz zustande. In diesem Fall liegen der Rezeptor und der Effektor in verschiedenen Organen. Man nennt solch einen Reflex deshalb auch **Fremdreflex.** Der durch die Hitze aktivierte Schmerzrezeptor befindet sich in der Haut und die Effektor-Muskeln im Oberarm.

Typischerweise erfolgt die Umschaltung bei Fremdreflexen über mehrere Synapsen, weshalb man auch von einem **polysynaptischen Reflex** spricht. Die Aktionspotenziale des Schmerzrezeptors gelangen auf afferenten Bahnen über die hintere Wurzel ins Rückenmark. In der grauen Substanz erfolgt die Umschaltung auf ein Zwischenneuron, das wiederum das α-Motoneuron des zugehörigen Effektormuskels aktiviert. Durch besonders intensive Reize können über querverlaufende Kommissuren, Verbindungen im Rückenmark, auch Muskeln der anderen Körperseite in die Reflexantwort einbezogen werden.

Bei *willkürlichen Bewegungen* sind die Verschaltungen noch ein wenig komplexer. Eine wichtige Rolle für die Verbindung planender Gehirnstrukturen mit den Effektoren nehmen dabei die *Pyramidenbahn* und die *extrapyramidalen* Bahnen ein. Diese pyramidenförmigen Stränge verbinden die motorische Hirnrinde durch über eine Million ununterbrochene Axone mit entsprechenden Segmenten des Rückenmarks. Die Pyramidenbahn überträgt Befehle für den willkürlichen Muskeleinsatz von der motorischen Hirnrinde unter Einbeziehung der Basalganglien und des Thalamus. Das Kleinhirn überwacht die Ausgestaltung der motorischen Aktivitäten.
Die Neuronen der Pyramidenbahn enden teils direkt an α-Motoneuronen, teils an Interneuronen des entsprechenden Segmentes. Bei willkürlichen Muskelbewegungen und Fremdreflexen erfolgt die Aktivierung der α- und γ-Motoneuronen gleichzeitig. So wird verhindert, dass die Muskelspindel während einer Kontraktion erschlafft. Damit ist gesichert, dass sie sich genauso wie der Muskel kontrahiert und ihre Messempfindlichkeit erhalten bleibt.

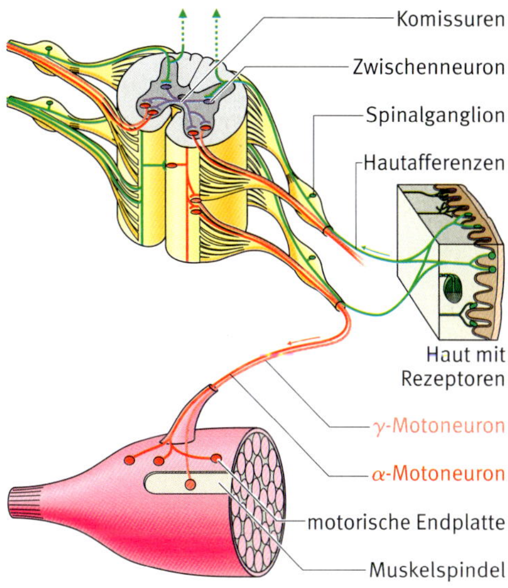

103.1 Neuronale Verschaltung bei einem Fremdreflex

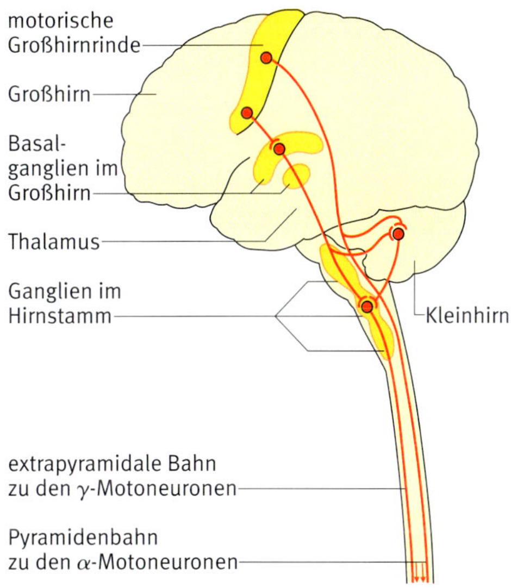

103.2 Steuerung willkürlicher Bewegung

Die γ-Motoneuronen können außerdem durch höhere Zentren aktiviert werden. Dies führt zur alleinigen Kontraktion der Muskelspindelfasern. Dadurch werden die dehnungssensiblen Bereiche der Fasern gereizt und Aktionspotenziale über die 1a-Fasern zum Rückenmark geleitet. Dort findet die Umschaltung auf die α-Motoneuronen des Muskels statt, wodurch sich der Muskel kontrahiert.
Muskelkontraktionen können von höheren Zentren also direkt über α-Motoneuronen oder – mit geringer zeitlicher Verzögerung – über γ-Motoneuronen ausgelöst werden.

1 Vergleichen Sie monosynaptische und polysynaptische Reflexe tabellarisch.

3.5 Orientierung und Navigation

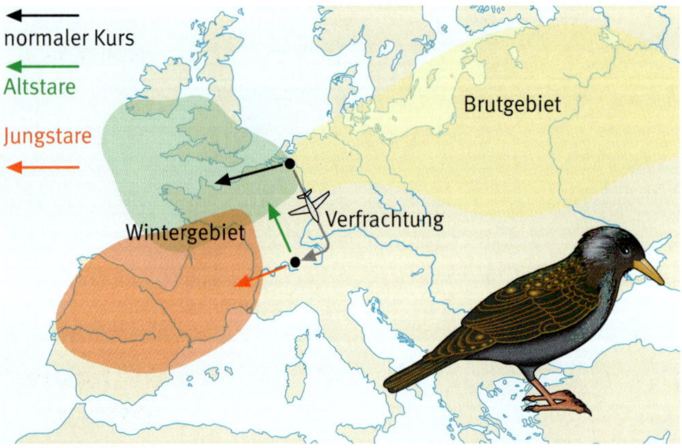

104.1 Verfrachtungsexperimente mit Staren

Stare gehören zu den Vögeln, die sich meist nur von Frühjahr bis Herbst in ihren Brutgebieten aufhalten. Während der kalten Jahreszeit ziehen sie während des Tages meist nach Südwesten in ihre Überwinterungsgebiete. Sie müssen deshalb zur Ausrichtung im Raum, zur **Orientierung** befähigt sein. Stare zeigen keine Zugunruhe. Wann sie ziehen, hängt weitgehend von der Witterung und der Ernährungssituation ab.

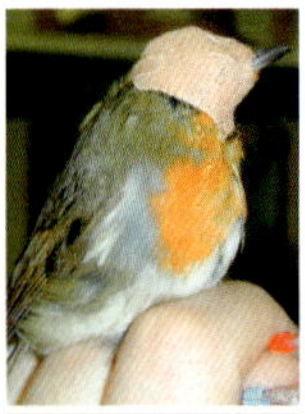

104.2 Rotkehlchen mit abgeklebtem Auge

In den 50er Jahren des vergangenen Jahrhunderts untersuchte der niederländische Ornithologe Albert PERDECK das Phänomen des Vogelzuges an Staren. In mehreren Zugperioden fing er über 11 000 Vögel in seiner Heimat und transportierte sie per Flugzeug in die Schweiz, wo er die beringten Stare freiließ. Wiederfunde zeigten einen erstaunlichen Unterschied: Altstare flogen in ihr angestammtes Wintergebiet, Jungstare hingegen flogen parallel zum alten Kurs und erreichten ein neues Wintergebiet.

104.3 Magnetorientierung von Rotkehlchen

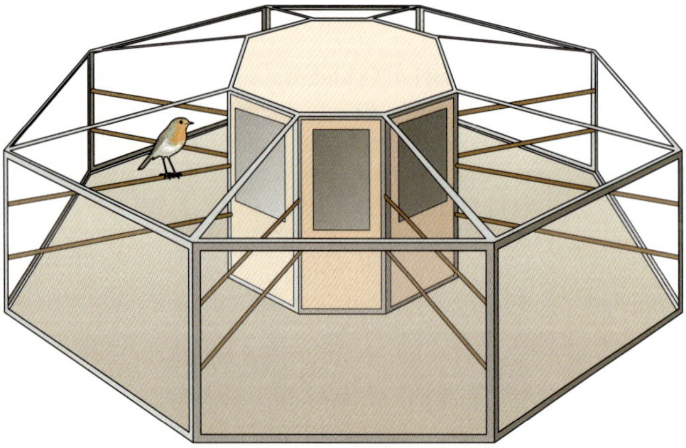

Wie kommen diese Unterschiede zustande? Den Jungstaren sind Zugrichtung und zurückzulegende Strecke offenbar angeboren. Die Altstare müssen dagegen über weitere Orientierungsmechanismen verfügen.

Experimentell wurde nachgewiesen, dass Stare sich am Sonnenlicht orientieren. Man spricht von Sonnenkompassorientierung. Dabei berücksichtigen die Tiere den sich im Laufe eines Tages verändernden Einfallswinkel der Sonnenstrahlung. Sie vergleichen ihn mit Hilfe ihrer inneren Uhr mit einem Sollwert, den sie bei ihren vorherigen Zügen kennen gelernt und behalten haben, und können danach ihre Richtung verändern: Sie können **navigieren.** So bemerkten die Altstare, dass sie sich bei der Freilassung in der Schweiz viel zu weit südlich befanden und korrigierten ihre Zugrichtung gegen die genetisch fixierte Vorgabe.
Somit ist geklärt, warum die Jungstare nach der Freilassung ihre Zugrichtung nicht korrigierten. Navigation ist den Staren zusätzlich durch Landmarken möglich, die die Jungvögel beim ersten Flug mit den Altstaren lernen und im Gedächtnis behalten müssen.

Was aber machen Vögel bei bedecktem Himmel oder in der Nacht? Frankfurter Zoologen konnten 1965 zeigen, dass sich nachtziehende Vögel beim Zug am Erdmagnetfeld orientieren. Dazu hielt man Rotkehlchen in Orientierungskäfigen mit acht radial angeordneten Doppel-Sitzstangen. Während des Versuchs wurde gezählt, wie häufig die Vögel bestimmte Sitzstangen anflogen und daraus wurde die bevorzugte Zugrichtung berechnet. Künstliche Veränderungen des Magnetfeldes führten zu entsprechenden Veränderungen der bevorzugten Zugrichtung.

Lange Jahre suchten die Forscher nach dem Organ für den Magnetsinn. Erst 2002 entdeckten sie es im rechten Auge der Rotkehlchen. Dort befinden sich bestimmte Eiweißstoffe, Cryptochrome, die offenbar als Magnetfühler wirken.

Einen Magnetsinn gibt es auch bei anderen Lebewesen. Bakterien, die in den obersten Sedimentschichten von Gewässern leben, verfügen über solch einen Sinn. Ihre Magnetosome, Magnetit-Kristalle, ermöglichen ihnen die Orientierung aus dem Wasser in den Schlamm hinein.

Dem Italiener Lazarro SPALLANZANI fiel auf, dass Fledermäuse als nachtaktive Säuger im Gegensatz zu Eulen nur sehr kleine Augen besaßen. Deshalb untersuchte er 1793, wie sich Fledermäuse nachts orientieren.

SPALLANZANI spannte in einem verdunkelten Raum Fäden, die mit einem Glöckchen versehen waren. Die Fledermäuse bewegten sich sicher im Raum, auch wenn ihre Augen verdeckt waren. Wurden die Ohren verschlossen, stießen sie an die Schnüre.

Rund 150 Jahre später wurde nachgewiesen, dass Fledermäuse während des Fluges fortwährend Ultraschallschreie ausstoßen und sich an von Gegenständen zurückgeworfenen Wellen nach dem Prinzip eines Echolots orientieren.

Auch Wale orientieren sich nach einem ähnlichen Prinzip. Für die immer häufiger auftretenden Walstrandungen werden neben Krankheiten auch Störungen des Ortungssystems der Wale durch Schiffs-Sonar als Ursache diskutiert.

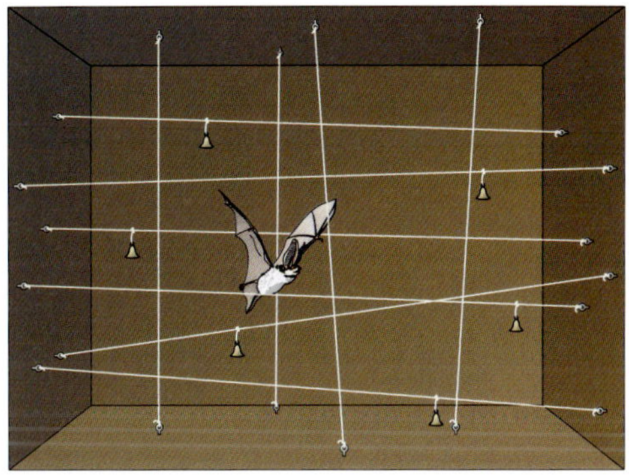

105.1 SPALLANZANI-Experiment: Orientierung von Fledermäusen im Raum

105.2 gestrandeter Pottwal

PORTRÄT

Der österreichische Zoologe Karl Ritter VON FRISCH, in Wien geboren, untersuchte die visuelle Wahrnehmung von Fischen und Bienen. Er entdeckte dabei unter anderem die „Sprache" der Honigbienen und ihre Orientierungsstrategien. VON FRISCH erhielt 1973 zusammen mit LORENZ und TINBERGEN den Nobelpreis.

Trachtbienen informieren im Stock andere Sammlerinnen über Nahrungsvorkommen mittels des Schwänzeltanzes. Dieser läuft in einer achterförmigen Figur am Tanzpodium ab. Dabei ist das gerade Mittelstück der Tanzfigur an der Schwerkraft ausgerichtet. Dessen Abweichung von der Schwerkraftsenkrechten symbolisiert den Winkel, der von Sonne, Stock und Futterquelle gebildet wird. Während die Biene dieses gerade Stück durchläuft, signalisiert sie durch die Intensität des Schwänzelns zusätzlich die Entfernung der Futterquelle.

Karl VON FRISCH (1886 – 1982)

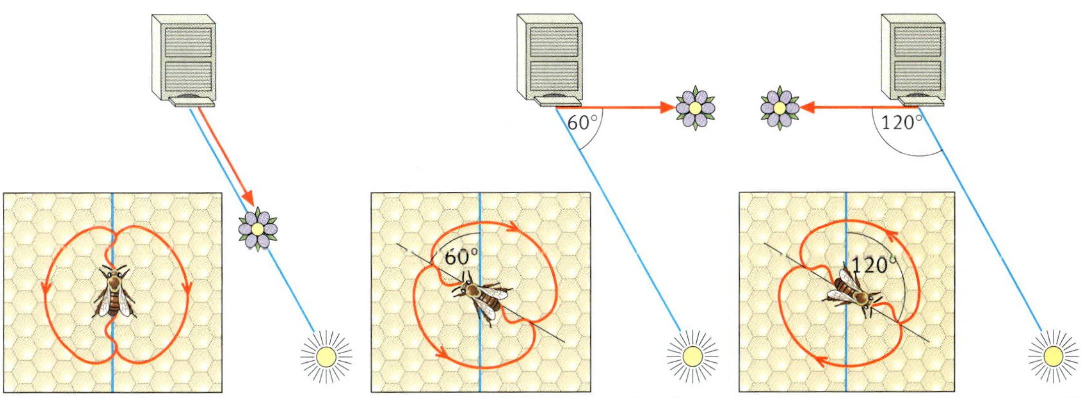

Schwänzeltanz der Honigbiene

Experimente zu Muskeln und Reflexen

1 Muskelgewebe im Mikroskop

Skelettmuskulatur, lichtmikroskopisches Bild

Zeit: 45 min
Material: rohes, mageres Rindfleisch, verdünnte Essigsäure, Pipette, Präparierbesteck, Objektträger, Deckgläschen, Mikroskop

Durchführung:
1. Mit der Pipette wird etwas verdünnte Essigsäure auf den Objektträger getropft.
2. In der Essigsäure wird ein kleines Stückchen Fleisch mit einer Präpariernadel zerzupft.
3. Das Präparat wird mit einem Deckgläschen abgedeckt.
4. Ein zweiter Objektträger wird auf das Präparat gelegt. Mit dem Daumen wird das Präparat vorsichtig gequetscht.
5. Nun wird das Präparat zuerst bei 4facher Objektiv-Vergrößerung mikroskopiert und gezeichnet.
6. Anschließend wird die Vergrößerung sinnvoll gesteigert.

Aufgaben:
a) Fertigen Sie die mikroskopischen Zeichnungen entsprechend den Vergrößerungs-Vorgaben an.
b) Saugen Sie abschließend mit etwas Filterpapier noch einmal Essigsäure durch das Präparat. Welche Strukturen treten dadurch deutlicher hervor?
c) Machen Sie sich mit dem prinzipiellen Aufbau des Muskelgewebes vertraut und vergleichen Sie mit Ihrer Zeichnung. Beschriften Sie die erkennbaren Strukturen ihrer Zeichnungen.

2 Versuch zum Grundtonus

Zeit: 5 min
Material: Versuchsperson VP, Türrahmen

Durchführung:
1. Die VP stellt sich breitbeinig in einen Türrahmen und drückt mit Ihren Handrücken bei ausgestreckten Armen seitlich gegen den Türrahmen.
2. Je länger die VP in dieser Stellung verharren kann, desto eindrucksvoller fällt das Ergebnis aus.
3. Wenn die VP erschöpft ist, tritt sie aus dem Türrahmen heraus und lässt ihre ausgestreckten Arme schlaff ohne willentliche Beeinflussung an der Körperseite hängen.

Aufgaben:
a) Beobachten Sie die Versuchsperson genau und protokollieren Sie.
b) Befragen Sie die VP zu ihren Empfindungen.
c) Wie erklären Sie ihre Beobachtungen und die Empfindungen der VP?

3 Der Achilles-Sehnen-Reflex

Zeit: 5 min
Material: Reflexhammer, Bank, Versuchsperson VP, Versuchsleiter VL

Durchführung:
1. Die Versuchsperson kniet sich auf eine Bank.
2. Der Versuchsleiter schlägt mit dem Reflexhammer auf die Achilles-Sehne der VP.

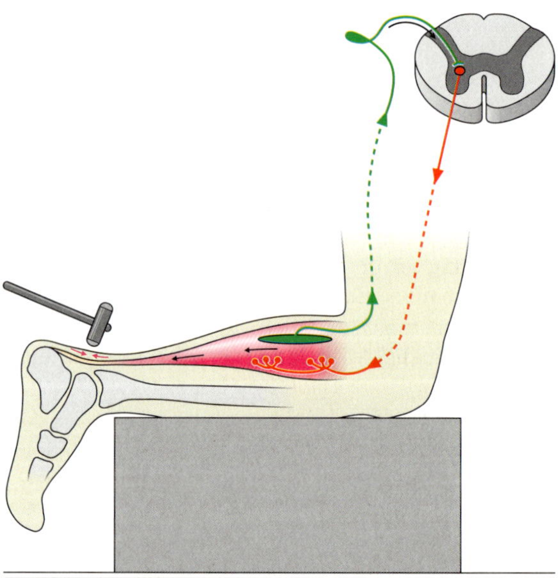

Ausführung des Achilles-Sehnen-Reflexes

Aufgaben:
a) Notieren Sie ihre Beobachtungen.
b) Interpretieren Sie das Geschehen als monosynaptischen Reflex; zeichnen Sie eine entsprechende Verschaltung.
c) Erläutern Sie den Ablauf des Achilles-Sehnen-Reflexes anhand ihrer Verschaltung mit dem entsprechenden Fachvokabular.

Muskeln

1 Muskelrelaxantien (lat. *relaxare,* lösen) sind Substanzen, die bei Einnahme zu einer reversiblen Lähmung der Willkürmuskulatur führen. Normalerweise werden sie nur zur Narkose oder in der Intensivmedizin verwendet. Man unterscheidet nach der pharmakologischen Wirkung drei verschiedene Typen: stabilisierende und depolarisierende Muskelrelaxantien sowie Cholinesterase-Hemmstoffe.
Stabilisierende Muskelrelaxantien sind in der Lage, Acetylcholin von seinem Rezeptor in der postsynaptischen Membran der Muskelfaser zu verdrängen. Der Wirkstoff verändert dabei die Membranpermeabilität nicht.
Depolarisierende Muskelrelaxantien binden ebenfalls an die Acetylcholinrezeptoren der Muskelfaser-Membran und haben dort dieselbe Wirkung wie der Neurotransmitter. Sie werden aber sehr viel langsamer abgebaut als Acetylcholin.
Cholinesterase-Hemmstoffe inaktivieren das Enzym Cholinesterase für gewisse Zeit.

a) Erläutern Sie die Auswirkungen der drei genannten Typen von Muskelrelaxantien auf die Kontraktion von Muskeln.

b) Inwiefern kann durch die Gabe von Cholinesterase-Hemmstoffen die Wirkung von stabilisierenden Muskelrelaxantien aufgehoben werden?

2 Aus Leuchtquallen der Gattung *Aequorea* kann ein Protein isoliert werden kann, das bei Kontakt mit Calcium-Ionen bläuliches Licht aussendet. Dieses Aequorin zeigt dabei Chemolumineszenz. Das heißt, die Lichtabgabe wird nicht durch eine vorherige Lichtaufnahme ausgelöst, sondern durch eine chemische Reaktion, nämlich die Bindung von Calcium-Ionen.

Die beiden englischen Physiologen ASHLEY und RIDGWAY setzten das Protein 1970 als Calcium-Indikator in Muskeln ein.
Sie spannten dazu eine Muskelfaser in ein Kraftmessgerät ein. Mit diesem konnten sie die bei der Kontraktion auftretende Kraftentwicklung messen. Die Muskelkontraktionen wurden durch elektrische Reize von außen ausgelöst. Durch eine Injektion von etwa 1 Mikromol Aequorin wurde bei jedem Anstieg der Calcium-Ionen-Konzentration Licht erzeugt. Diese Chemolumineszenz wurde durch eine Linse auf einen Detektor gebündelt, den Photomultiplier. Diese Versuchsanordnung lieferte bei jeder Kontraktion zwei Messsignale: die Kraft, mit der sich der Muskel kontrahierte (blaue Kurve) und die Lichtmenge, die – abhängig von der Calcium-Ionen-Konzentration – vom Aequorin abgegeben wurde (rote Kurve).

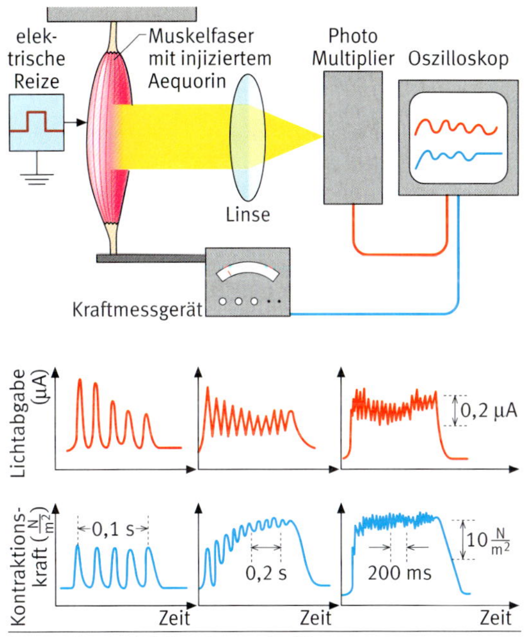

Aequorin als Calcium-Ionen-Indikator während Muskelkontraktionen

a) Beschreiben Sie die beiden Messkurven der Kontraktionskraft (blau) und der Lichtabgabe durch Aequorin (rot).

b) Welche Schlussfolgerung ergibt sich aus dem Verlauf der Aequorin-Kurven?

3 Bekanntermaßen tritt einige Zeit nach dem Tod die Leichenstarre ein. Sie ist gekennzeichnet durch ein Verkrampfen aller Muskeln. Nach zwei bis sechs Tagen löst sie sich jedoch in der Regel wieder.
Auch das Fleisch von Nutztieren ist unmittelbar nach dem Schlachten hart und in der Zubereitung zäh, also fast ungenießbar. Man lässt es deshalb in einem gut belüfteten, feuchten Raum bei 1 bis 3 °C längere Zeit abhängen. Dadurch wird das Fleisch weich und zart. Bei Rindfleisch kann dieser Prozess bis zu zwei Wochen dauern.

a) Entwickeln Sie eine Hypothese zu den physiologischen Ursachen der Leichenstarre. Berücksichtigen Sie dabei ihre Kenntnisse über den molekularen Verlauf von Muskelkontraktionen.

b) Von Jägern weiß man, dass die Starre bei einem Reh, das vor dem Schuss längere Zeit gehetzt wurde, sehr viel schneller eintritt als bei einem Tier, das beim Schuss in der Dickung überrascht wurde.
Erklären Sie dieses Phänomen.

c) Warum hört die Leichenstarre einige Tage nach der Starre wieder auf?

4 Pflanzen und Reize

108.1 Sonnenblumenfeld

4.1 Reaktionen von Pflanzen auf Licht

Beobachtet man ein Feld junger Sonnenblumen, fällt auf, dass die Blütenstände fast aller Pflanzen in eine Richtung schauen. Und diese ändert sich mit dem Tagesverlauf: Wie der Name sagt, richten die jungen Pflanzen ihre Blüten zur Sonne hin aus. Man nennt diese Form der Bewegung Phototropismus (gr. *Phos,* Licht; gr. *tropein,* wenden). Ältere Pflanzen haben diese Fähigkeit verloren. Durch Verholzung des Stängels sind deren Blütenköpfe fixiert und zeigen gen Osten.

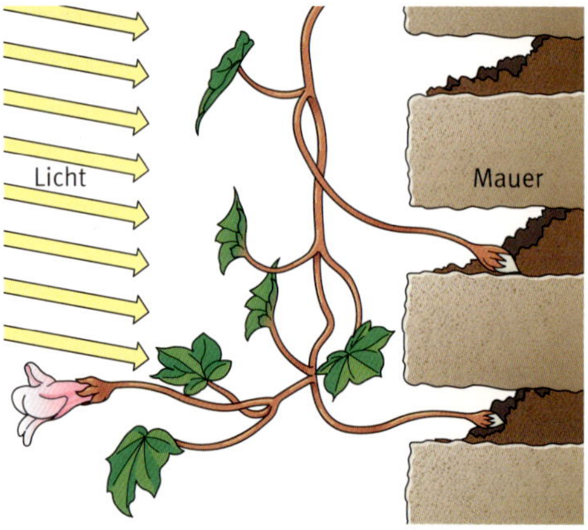

108.2 Zimbelkraut an einer Mauer

Ähnliche Beobachtungen kann man beim Mauer-Zimbelkraut machen. Dieses entwickelt sich hängend aus Spalten in schattigen, feuchten Felsen oder Mauern. Die lang gestielt wachsenden Blüten recken sich dem Licht entgegen, sie sind positiv phototroph. Nach der Befruchtung kehrt sich dies jedoch ins Gegenteil um, der Fruchtstiel wächst vom Licht abgewandt der Mauer entgegen. Diese Veränderung ist mit Selektionsvorteilen verbunden: Wächst die Blüte zum Licht, wird ihre Bestäubung durch Bienen erleichtert. Indem der Fruchtstiel zur Mauer hin wächst, gelangen die Samen sofort in das potenzielle Substrat und können auskeimen.

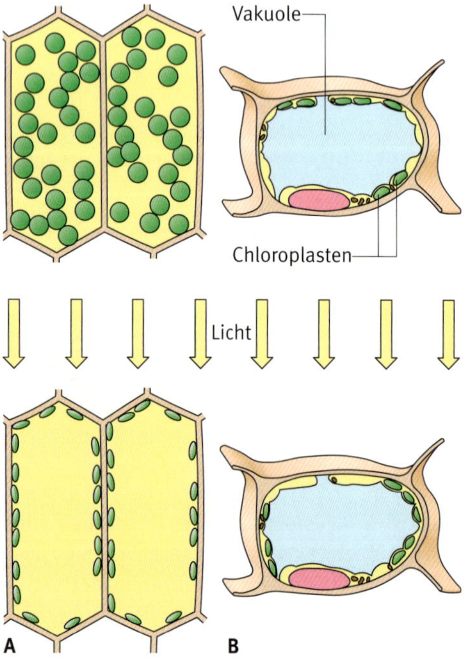

108.3 Auswirkungen von Stark- und Schwachlicht bei einem Moosblättchen.
A Aufsicht;
B Querschnitt

Pflanzen reagieren also in bestimmter Weise auf ihre Umgebung, sie sind reizbar. Sie reagieren zum Beispiel durch bevorzugte Zellteilungen an einer Seite wie bei den Blüten- und Fruchtstängeln. Bewegungen können nicht nur makroskopisch beobachtet werden, sondern auch auf mikroskopischer Ebene. Die Chloroplastenstellung bei Stark- und Schwachlicht ist ein bekanntes Beispiel aus der Cytologie, bei dem ein Transport die Bewegung innerhalb der Zelle ausmacht.

Pflanzen sind befähigt, ihren Chloroplasten möglichst günstige Fotosynthese-Bedingungen, also Lichtverhältnisse, zu verschaffen. Bei geringer Beleuchtungsintensität wenden die Chloroplasten dem Licht eine möglichst große Oberfläche zu. Ist die Intensität zu stark, werden die Fotopigmente geschädigt. Die Chloroplasten wenden dem Licht dann eine möglichst geringe Oberfläche zu. Sie sind dabei nicht selbst beweglich, sondern werden durch kontraktile Eiweiße im Plasma transportiert.

4.2 Reaktionen von Pflanzen auf die Erdanziehungskraft

Bäume wachsen normalerweise senkrecht nach oben. An Hängen mit häufigen Bodenrutschungen kann man allerdings ein interessantes Phänomen beobachten: Manche Bäume wachsen zwar auch senkrecht nach oben, zeigen aber am Fuß einen Knick. Und wieder andere wachsen schief, aber lotrecht zum abfallenden Boden in den Himmel. Wie kommen diese Unterschiede zu Stande?

Einen ersten Anhaltspunkt erhält man, wenn man den Boden um die Stämme untersucht: Um die beiden senkrecht wachsenden ist der Boden fest und unberührt, um den schief wachsenden zeigen sich Spuren einer frischen Bodenrutschung. Also wachsen Bäume – wenn sie genug Zeit haben – senkrecht in den Himmel. Demnach müsste der Knick im Stamm eines Baumes durch eine länger zurückliegende Bodenrutschung verursacht worden sein: Der Baum hat seine Schieflage korrigiert und sich wieder aufgerichtet. Dazu muss er aber erst einmal „gemerkt haben“, dass er überhaupt schief wächst. Das nennt man negativen **Geotropismus:** Bäume (Pflanzen) richten sich in ihrem Sprosswachstum gegen die Schwerkraft.

Das kann man experimentell zeigen. Dazu wird ein senkrecht wachsender Keim in einer Kammer mit feuchter Luft waagerecht hingelegt, das heißt der Winkel der Sprossachse zum Boden beträgt 0°. Nach mehreren Tagen ist zu beobachten, dass sich die Wurzel nach unten und der Sprossteil mit den Blättern nach oben krümmt, bis sie jeweils wieder einen Winkel von 90° zum Boden erreicht haben. Offensichtlich findet die Ausrichtung entlang der Schwerkraftachse statt. Wo aber erfolgt bei den Pflanzen die Reizaufnahme?

Bereits 1900 schlug der österreichische Botaniker Gottlieb HABERLANDT vor, dass die Reizaufnahme durch *Statolithen* in speziellen Zellen, den Statocyten, erfolgt. Statolithen können aus unterschiedlichen Materialien bestehen. In Zellen der Wurzelspitze von Blütenpflanzen fungieren beispielsweise Stärkekörner, Amyloplasten, als Statolithen. Unter der Schwerkraftwirkung drücken die Statolithen auf die untere Plasmamembran. Allerdings ist bisher noch nicht bekannt, welche Sensoren diesen Druckreiz dann aufnehmen.

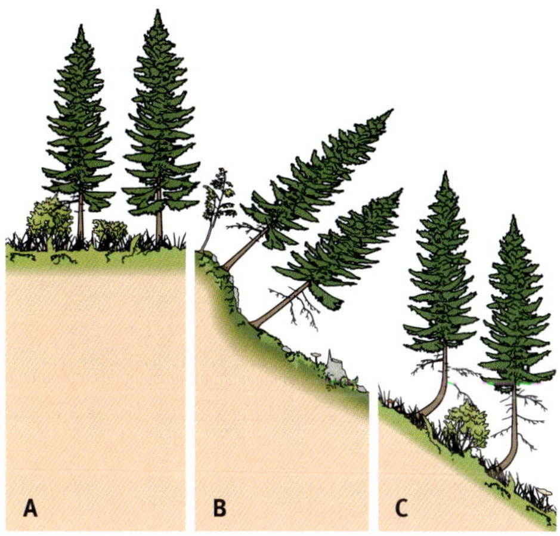

109.1 Bäume am Hang. **A** ungestörtes Wachstum; **B** sofort nach Bodenrutschung; **C** Stammknie nach älterer Bodenrutschung

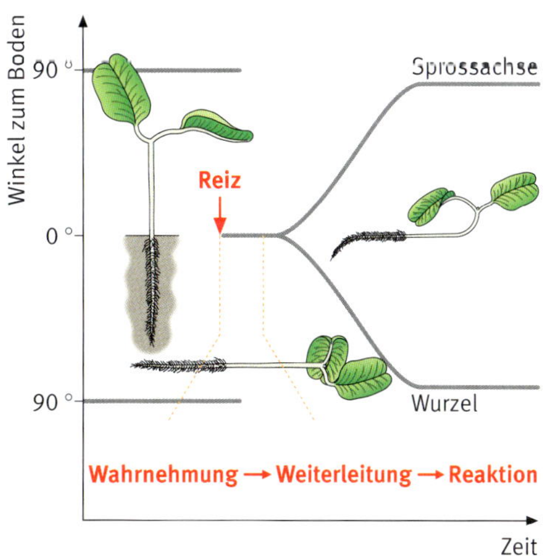

109.2 Beeinflussung des Geotropismus bei einer Keimpflanze

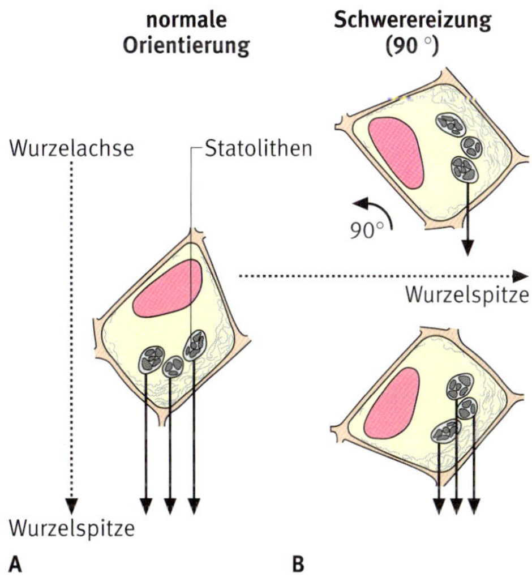

109.3 Statolithen in Wurzelzellen der Kresse. **A** in normaler Wurzellängsachse; **B** bei Drehung um 90°

1 Bei Weltraummissionen hat man wiederholt Pflanzen keimen und wachsen lassen. Beschreiben Sie die Umstände solcher Experimente und erklären Sie mögliche Ergebnisse.

4.3 Reaktionen von Pflanzen auf Berührung

110.1 Sinnpflanze Mimose. **A** ungereizt; **B** nach mehrfacher Reizung

Jeder hat sicher schon einmal die Sinnpflanze *Mimosa pudica* berührt und dabei die sprichwörtliche Empfindlichkeit der Pflanze beobachtet: Nach einer Berührung klappt sie ihre Blätter zusammen. Im Gegensatz zu den Tropismen, die Bewegungen zur Richtung des äußeren Reizes darstellen, handelt es sich bei dieser Reaktion um eine **Nastie.** Bei dieser legt die Struktur des betroffenen Organs die Bewegungsrichtung fest. Im Fall der Mimose handelt es sich um **Seismonastie** (gr. *seismos*, Erschütterung). Einige Minuten nach der Berührung kehren die Blätter wieder in die Ausgangsstellung zurück.

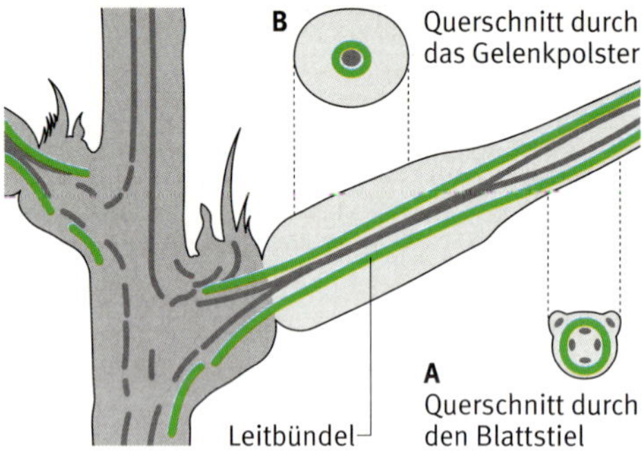

110.2 Leitbündelverlauf bei der Mimose. **A** im Blattstiel; **B** im Gelenkpolster

Die Mimose nimmt den Berührungsreiz an einer Stelle wahr und verteilt die Information über die gesamte Pflanze. Eine zentrale Rolle bei der Reaktion spielen die Blattgelenke. Das primäre Gelenk verbindet den Blattstiel mit dem Spross. Der Blattstiel geht über weitere Gelenke in die Fiederblättchen über. Durch Veränderung des Zellinnendrucks, des Turgors, wird die Blattbewegung ermöglicht.

Im Ausgangszustand ist der Turgor oberhalb und unterhalb des Leitbündels mit seinem Festigungsgewebe gleich. Als Folge einer Reizung geben die unterhalb gelegenen Zellen Wasser in die Interzellularräume ab, ihr Turgor fällt und der Blattstiel knickt nach unten. Nach einiger Zeit strömt das Wasser wieder zurück in die Zellen, ihr Turgor steigt und der Blattstiel richtet sich wieder auf. Diese Reaktion erfolgt nach dem Alles-oder-Nichts-Prinzip.

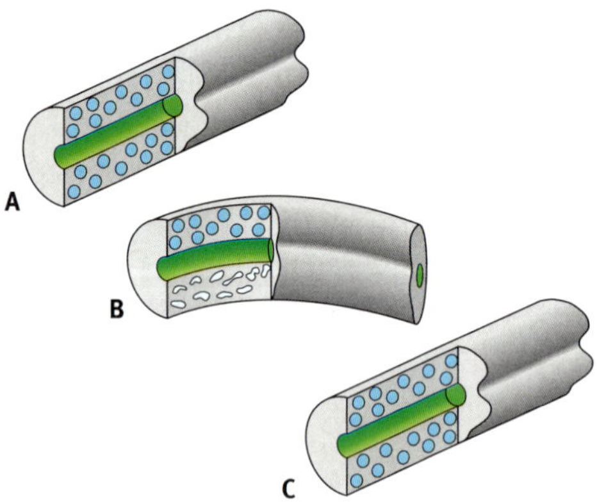

110.3 Blattgelenk der Mimose (Modell). **A** Turgor im Ruhezustand; **B** Wasseraustritt aus den unteren Zellen; **C** Wiederherstellung des Ruhezustandes

Gleichzeitig wird bei der Berührung eine wasserlösliche Substanz, Turgorin, über die Leitbündel in der ganzen Mimose verbreitet. Das Turgorin wirkt als Phytohormon. Neben der chemischen Informationsleitung ließen sich zusätzlich Membranvorgänge nachweisen, welche die schnelle Reaktion erklären. Durch den Berührungsreiz werden Aktionspotenziale ausgelöst, die über die Membranen von Leitbündelzellen weitergeleitet werden. Dabei strömen Kationen passiv in die Zellen ein, was zu ihrer Depolarisation führt. Anschließend werden die Ionen unter ATP-Verbrauch wieder nach außen gepumpt. Dadurch erfolgt die Repolarisation. Potenzialvorgänge an Membranen sind also nicht auf tierliche Zellen beschränkt. Sie treten genauso bei Pflanzen auf.

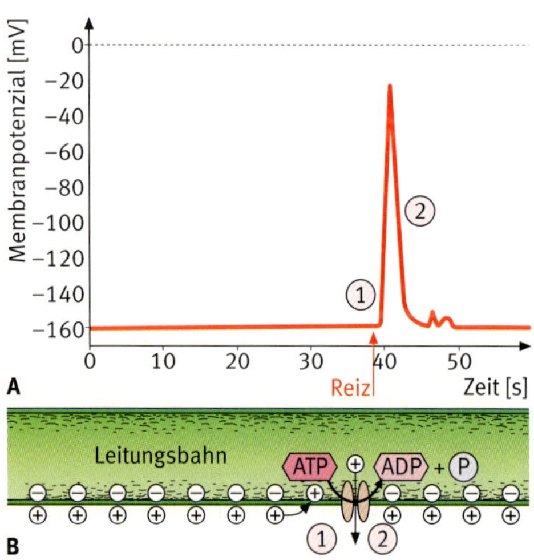

110.4 Reizung der Mimose. **A** Aktionspotenzial; **B** Ionenfluss

4.4 Fleischfressende Pflanzen

Fleischfressende Pflanzen sind beliebte Kuriositäten. Eine der bekanntesten ist die Venusfliegenfalle *Dionaea muscipula* aus Carolina in den USA. Ihr natürliches Habitat sind sandige, nährstoffarme Böden. Die zusätzliche fleischliche Kost eröffnet den Pflanzen eine weitere Stickstoff- und Phosphatquelle, was einen deutlichen Selektionsvorteil gegenüber potenziellen Konkurrenten bedeutet.

Bei der Venusfliegenfalle sind die beiden Blattspreiten zu einem Fangapparat umgestaltet. Ein Gelenk in Höhe der Mittelrippe verbindet die Blatthälften, die jeweils drei Fühlborsten tragen. Werden diese gereizt, klappt der Fangapparat innerhalb von 0,3 Sekunden zu. Schon Charles DARWIN erkannte, dass die Pflanze sich wie ein Tier verhält und alle Anzeichen eines tierlichen Reflexes aufweist:
Ein Insekt berührt eine Fühlborste (1). Durch deren Bewegung werden große, plasmareiche Zellen an der Borstenbasis verformt. Dadurch entsteht dort ein Rezeptorpotenzial (2). Ist dieses groß genug, wird daraus ein Aktionspotenzial (3), das sich jeweils über die gesamte Blattspreite ausbreitet. Aber es geschieht noch nichts. Erst die mehrfache Reizung einer oder die gleichzeitige Reizung zweier Borsten führt zur Klappreaktion (4). Durch erneute Berührung der Fühlborste wird wieder ein Rezeptorpotenzial gebildet (2) und in ein Aktionspotenzial umgewandelt (3). Trifft das zweite Aktionspotenzial innerhalb von 20 Sekunden nach dem ersten ein, schnappt die Falle zu (4). Dieses Phänomen wird heute mit dem Einströmen von Calcium-Ionen in das Cytoplasplasma erklärt. Nur wenn zwei Aktionspotenziale in kurzer Zeit hintereinander eintreffen, überschreitet die Calcium-Konzentration in der Zelle in Folge einer zeitlichen Summation der Aktionspotenziale einen Schwellenwert. Darauf sinkt der Turgor in den Zellen oberhalb der Mittelrippe (5) und die Blattspreiten klappen zusammen (4). Wenn die Falle über der Beute geschlossen ist, werden die Blatthälften durch Wachstumsbewegungen noch fester geschlossen.
Krabbelt das Insekt nun in der geschlossenen Falle herum, berührt es zwangsläufig die Verdauungsdrüsen, die überall auf der Innenseite der Blätter verteilt sind. Die Berührung veranlasst die Drüsen zur Absonderung von Eiweiß spaltenden Enzymen, die die Beute in resorbierbare Verbindungen zerlegen. Diese werden dann über die Drüsen aufgenommen. Das Blatt öffnet sich erst nach der Verdauung der Beute wieder, dies kann bis zu zwei Wochen dauern. Nur die nicht verwertbare Chitinhülle bleibt zurück.

111.1 Venusfliegenfalle ***Dionaea***

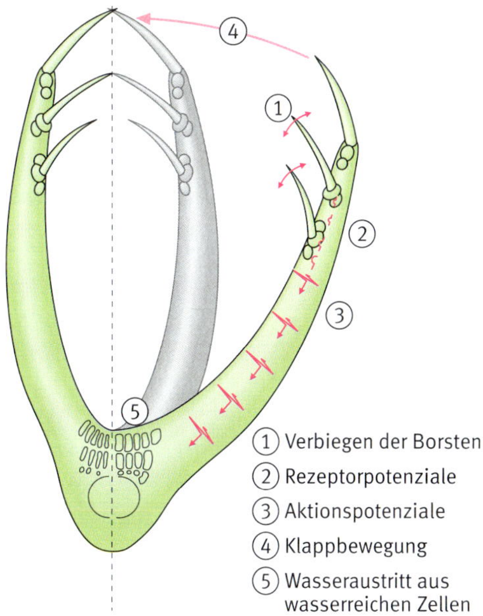

111.2 Venusfliegenfalle: Zuklappen der Falle (Schema)

Beim Öffnen der Falle sind neben Turgorveränderungen wiederum Wachstumsbewegungen beteiligt: Das Blatt stirbt schließlich nach zwei bis drei Mahlzeiten oder insgesamt zehnmaligem beutelosen Schließen ab.

1 Vergleichen Sie das Zuklappen der Venusfliegenfalle mit einem tierlichen Reflex.

2 Welchen Selektionsvorteil hat die Pflanze, wenn sie erst auf mehrfache Reizung mit dem Fallenschluss reagiert?

5 Reizfilterung

5.1 Ebenen der Reizfilterung

Die meisten Tiere und der Mensch verfügen über eine Reihe spezialisierter Sinnesorgane, mit denen sie Reize zur gleichen Zeit aus der Umwelt aufnehmen können. Sie würden sehr viel mehr Energie und Zeit aufwenden müssen, wenn sie alle von den Sinnesorganen aufgenommenen Reize analysieren und in Hirnfunktionen integrieren würden. Nur ein Bruchteil der Informationen ist für situationsgerechtes Verhalten tatsächlich von Bedeutung. Um sich angepasst verhalten zu können und *Reizüberflutung* zu vermeinden, verfügen Organismen über **Reizfilter**.

Die Filterung von Informationen erfolgt auf einer peripheren und einer zentralen Ebene. **Periphere Reizfilter** sind entscheidend, ob Informationen überhaupt das Zentrale Nervensystem erreichen. Im Gegensatz zu Elefanten können wir Menschen Infraschall nicht wahrnehmen. Die Mechanorezeptoren unserer Ohren können langwellige Schwingungen unter 16 Hertz nicht in elektrische Impulse umwandeln. Aber selbst *adäquate Reize* müssen einen bestimmten *Schwellenwert* erreichen, um von Rezeptoren in eine einheitliche Sprache, die elektrischen Impulse, übersetzt zu werden.

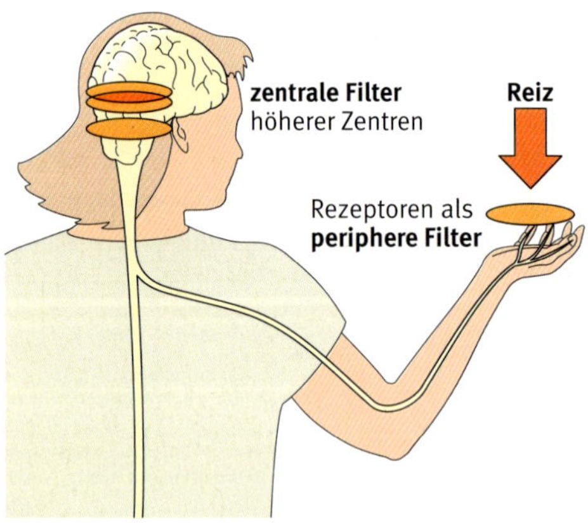

112.1 Ebenen der Reizfilterung

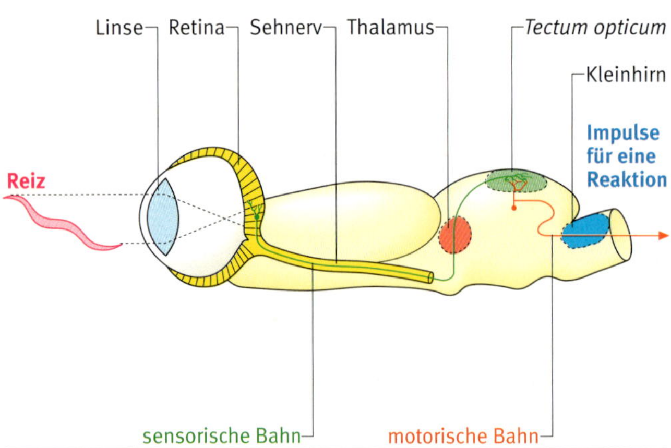

112.2 Neuronale Verschaltungen, die den Beutefang bei Lurchen steuern

Wesentliche Einblicke in die Funktion von **zentralen Reizfiltern** wurden an Amphibien gewonnen. An ihnen konnte man experimentell zeigen, auf welche Weise relevante Merkmale der Umwelt, wie die von Beute oder Feinden, durch neuronale *Filter* aus dem sensorischen Input gefiltert werden. Solche Filter wurden für Bewegungen und Größe von Objekten nachgeweisen. Bewegt sich ein Objekt wurmförmig, antworten bestimmte Neuronen im *Tectum opticum* des Mittelhirns einer Kröte mit Aktionspotenzialen. Sie werden von Neuronen des Thalamus angesteuert, die ihre Impulse direkt von der Netzhaut erhalten. In nachgeschalteten Neuronen motorischer Zentren werden dann Reaktionen wie das Schnappen nach einem Wurm ausgelöst.

Vorgänge der Reizfilterung bei Wirbeltieren lassen grundlegende Gemeinsamkeiten erkennen. Beim Menschen gelangen die von den Rezeptoren erzeugten Erregungen über sensorische Bahnen direkt in den Thalamus, einem wichtigen Bestandteil des zentralen Reizfilters. Er stellt den unmittelbaren Eingang zur Großhirnrinde, dem Cortex, dar. Der Thalamus wird in seinen Filtereigenschaften durch die Aktivität des Cortex beeinflusst. Das limbische System im Zwischenhirn bewertet die Bedeutsamkeit eines Reizes, verstärkt oder dämpft Erregungsmuster. Seine Filtereigenschaften werden maßgeblich durch Erfahrungen mit ähnlichen Reizsituationen gesteuert. So kommt es, dass Reize individuell unterschiedlich bewertet werden. In den verschiedenen Hemisphären des Cortex werden die gefilterten sensorischen Informationen integriert und wahrgenommen.

1 Beschreiben Sie eigene Beispiele, die auf Reizfilterung beim Menschen hinweisen.

5.2 Signale sind besondere Reize

Seefahrer und Naturforscher, die vor 300 Jahren in Südostasien unterwegs waren, berichteten in ihren Tagebüchern immer wieder von seltsamen nächtlichen Lichterscheinungen. Bäume, Felsen, ja ganze Flusstäler schienen in der Dunkelheit rhythmisch zu leuchten. Hinter diesem Naturschauspiel standen unscheinbare Leuchtkäfer (Glühwürmchen), von denen einige Arten auch in Europa verbreitet sind.

In ihrem Leuchtorgan an der Unterseite des Hinterleibes führt die enzymatische Oxidation von Luciferin, einem Protein, unter ATP-Verbrauch zur Freisetzung von Licht. Die als Biolumineszenz bekannte Fähigkeit, eigenständig Licht zu produzieren, nutzen diese Käfer zur Partnerfindung.
Bei den meisten Leuchtkäfern senden die Männchen ihre Lichtblitze im Flug. Die ungeflügelten Weibchen antworten vom Boden aus ebenfalls mit Lichtblitzen, wenn sie paarungsbereit sind. Beide Geschlechter beeinflussen sich damit gegenseitig in ihrem Verhalten. Solche besonderen Reize, die von einem **Sender** ausgehen und das Verhalten eines **Empfängers** beeinflussen, werden **Signale** (lat. *signalis*, zeichenhaft) genannt.
Je nach Ausstattung mit Sinnesorganen können Organismen über verschiedene **Kanäle** senden. Beispiele sind der *visuelle, mechanische* oder *chemische* Kanal.

Aber auch zwischen verschiedenen Arten können Signale wirken. Die Larve des parasitischen Saugwurms *Leucochloridium* lebt in Bernsteinschnecken. Im Brutsack der Larve bilden sich durch Teilungen Hunderte neue Individuen, die nur in Singvögeln zu geschlechtsreifen Tieren heranwachsen können. Der auffällig geringelte Brutsack, den die Larve im Fühler der Schnecke wie eine Raupe bewegt, veranlasst die Vögel, die ganze Schnecke oder zumindest den betreffenden Fühler zu fressen. Damit ist der Wirtswechsel von der Schnecke zum Vogel vollzogen. Der Parasit nutzt Reizfiltersysteme der Vögel, die auf Formen, Farben und Bewegungen von Beutetieren ansprechen.

1 Erläutern Sie, warum sich Leuchtkäfer unterschiedlicher Arten nicht paaren, obwohl sie im selben Gebiet leben und den gleichen Kanal für die Signalübertragung nutzen.

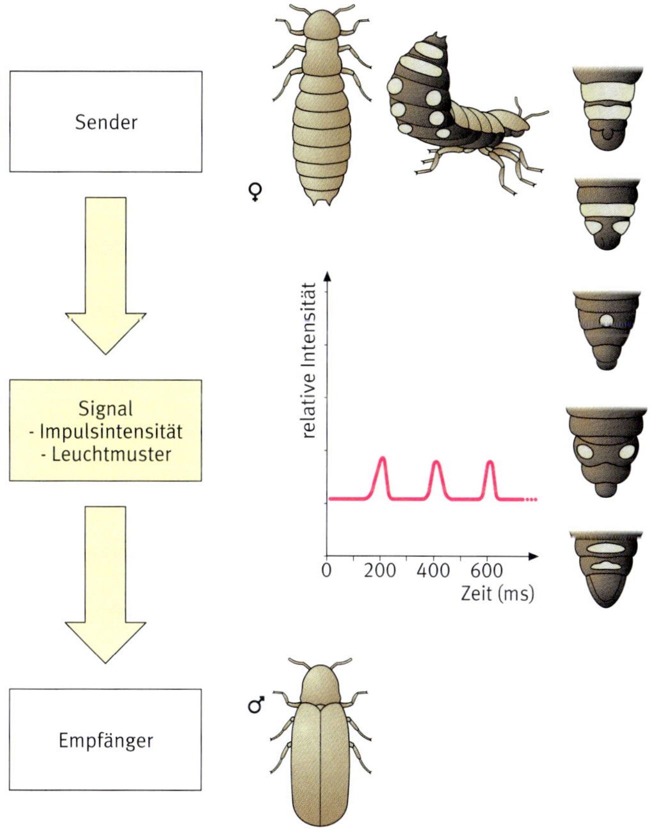

113.1 Signalmuster verschiedener Leuchtkäferarten

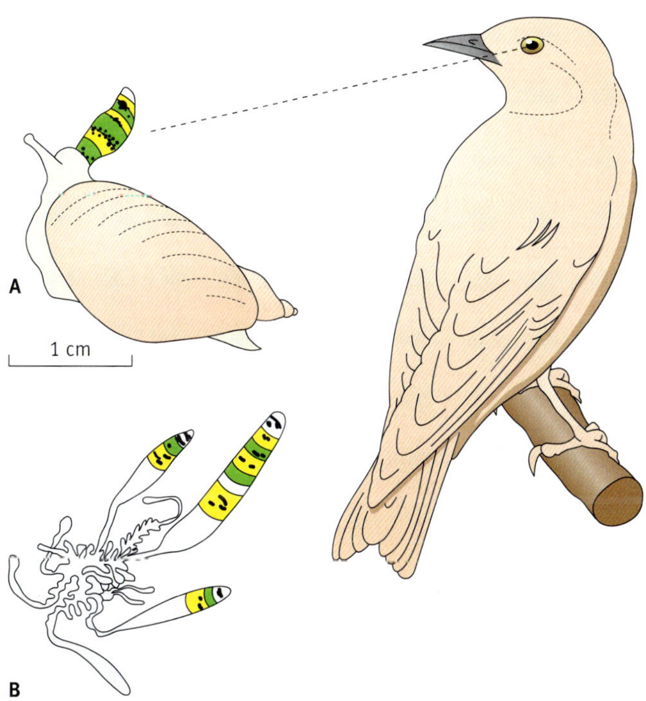

113.2 A Schnecke mit Brutsack des Saugwurmes, B Larve von *Leucochloridium*

114.1 Männchen des Dreistachligen Stichlings

5.3 Das Schlüsselreizkonzept der klassischen Ethologie

Niko TINBERGEN staunte nicht schlecht, als die Stichlingsmännchen im Aquarium auf seinem Fensterbrett stets aggressiv reagierten, wenn das rote Postauto vorüberfuhr. Als präziser Naturbeobachter hatte er bereits vorher bemerkt, dass sich die Männchen während der Fortpflanzungszeit im Aussehen und im Verhalten verändern: Ihr Bauch färbt sich rot, sie besetzen Reviere, bauen Nester und balzen um die Weibchen. Nähert sich ein anderes Männchen dem Nest, so wird es vom Revierinhaber vertrieben. Ist es etwa allein die rote Farbe, die das aggressive Verhalten der Männchen auslöst? Einfache Versuche mit **Attrappen,** die sich in der Farbgebung und der Form unterschieden, sollten diese Frage klären. „Die einfachste Nachbildung eines Fischchens genügt, wenn sie nur unterseits rot ist; ein leibhaftiger Stichling im Ruhekleid wird jedoch kaum beachtet," schrieb TINBERGEN in einem seiner Bücher. Er schloss daraus, dass nur die rote Unterseite das aggressive Verhalten auslösen würde. Andere Reize, die von den Attrappen ausgingen, seien unbedeutend.

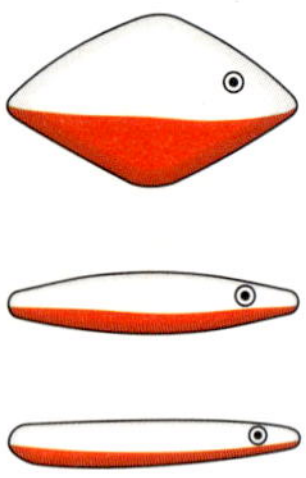

114.2 Von TINBERGEN verwendete Stichlingsattrappen

Weil junge Küken der Silbermöwe beim Betteln um Futter den roten Fleck auf dem gelben Unterschnabel der Eltern anpickten, vermutete 1935 der deutsche Naturforscher Friedrich GOETHE, diese Reaktion gelte eher der roten Farbe als dem Futter. Er präsentierte frisch geschlüpften Küken den Kopf einer ausgewachsenen Möwe. Die Küken bepickten den roten Schnabelfleck. Nachdem der Schnabelfleck mit gelber Farbe übermalt war, reagierten die Küken deutlich seltener. Diese Beobachtungen griff TINBERGEN 1951 auf: An auf Pappe gemalten Attrappen von Möwenköpfen variierte er unter anderem Merkmale des Schnabels, wie Farbe und Form. Den Küken wurden nacheinander alle Attrappen einer Versuchsreihe jeweils 30 Sekunden lang angeboten. Der „Reizwert" jeder Attrappe wurde durch die Anzahl der Pickreaktionen des Kükens bestimmt. Die Ergebnisse schienen GOETHEs Beobachtungen zu bestätigen und zu zeigen, dass der Farbe Rot in Kombination mit dem Kontrast zwischen Untergrund und Fleck besondere Bedeutung bei der Auslösung der Pickreaktion zukommt.

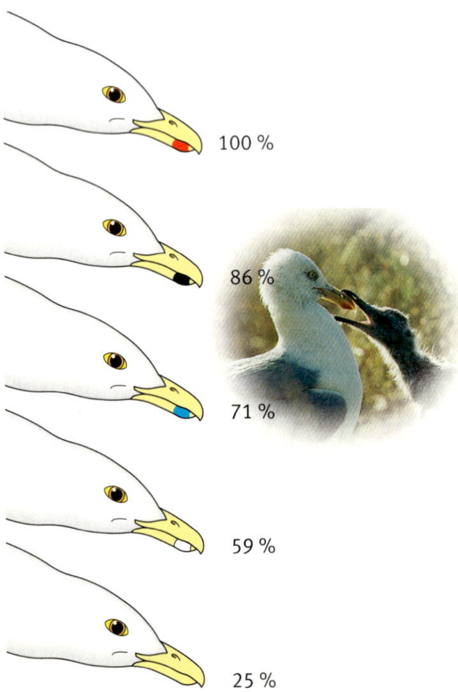

114.3 Pickhäufigkeit von Möwenküken auf Attrappen mit unterschiedlichen Schnabelflecken

Für TINBERGEN war klar: Ganz bestimmte Reize, wie der rote Bauch oder der Schnabelfleck, können spezifische, angeborene Reaktionen auslösen, wie ein Schlüssel nur ein ganz bestimmtes Schloss öffnen kann. Die Reaktion auf solche **Schlüsselreize** bezeichneten die Vertreter der klassischen Ethologie als **Erbkoordination,** den Ablauf vom Reiz bis zur Reaktion als **angeborenen Auslösemechanismus (AAM).** Damit wollten sie verdeutlichen, dass der Mechanismus ein genetisch fixiertes und von Erfahrungen unabhängiges Reaktionsprogramm sei. Vergleichbar einer Software sollten solche Programme nur auf bestimmte Eingabebefehle in vorgeschriebener Weise reagieren. Solche angeborenen, artspezifischen Reaktionen sollten verhindern, dass Organismen wertvolle Zeit und Energie mit Lernen verschwenden, um für sie wichtige Sinneseindrücke zu verarbeiten.

Ergebnisse anderer Wissenschaftler waren weniger eindeutig. In einer dieser Versuchsreihen antworteten die Stichlingsmännchen keineswegs immer aggressiv auf das Rot der Attrappenunterseiten. Tatsächlich reagierten manche häufiger auf silberfarbene als auf rotbäuchige Attrappen, vor denen wieder andere sogar flüchteten. Eine weitere Versuchsreihe zeigte, dass violette und gelbe Bäuche häufiger aggressives Verhalten auslösten als rote Bäuche.

Ins Kreuzfeuer der Kritik geriet das Schlüsselreizkonzept jedoch erst durch Versuche einer jungen deutschen Wissenschaftlerin. Ursula EYPASCH hatte 1983 im Brutschrank geschlüpften Silbermöwenküken gleichzeitig naturgetreue sowie veränderte Attrappen zur Wahl angeboten und dann ausgezählt, wie viele Küken jeweils zu welcher von zwei in 55 Zentimeter Entfernung aufgestellten Attrappen liefen. Eine Bevorzugung von Attrappen mit einem roten Schnabelfleck war in diesen Versuchen nicht zu erkennen. War allerdings eine der Attrappen mit einer Futtergabe versehen, lernten die Küken in Nachfolgeversuchen sehr rasch, zu welcher der beiden Attrappen es sich lohnte zu laufen.

Müssen Tiere – seien es Glühwürmchen, Stichlinge oder Silbermöwen – also grundsätzlich lernen, auf welche Signale zu reagieren sinnvoll ist? Ist das Schlüsselreizkonzept, nach dem Tiere (und Menschen) auf bestimmte Signale mit angeborenen Reaktionen antworten, hinfällig? Viele zuvor begeisterte Anhänger der Klassischen Ethologie zogen diesen Schluss – etwas voreilig. Ausgerechnet Versuche mit Stichlingen bestätigten nämlich das Schlüsselreizkonzept – wenn auch nicht ganz in dem Sinne, wie TINBERGEN es sich vorgestellt hatte.
Stellt man fortpflanzungsbereite weibliche Stichlinge vor die Wahl, sich für ein Männchen mit einem roten Bauch oder ein blass gefärbtes Männchen als Geschlechtspartner zu entscheiden, wählen sie regelmäßig das mit dem roten Bauch. Erlernt kann dieses Wahlverhalten nicht sein, denn schließlich erfahren die Weibchen durch die Paarung mit einem rotbäuchigen Männchen keinerlei unmittelbare Belohnung. Stichlingsweibchen ist die „Vorliebe“ für Männchen mit einem intensiv rot gefärbten Bauch also offensichtlich angeboren.

Um eine „artspezifische“ Reaktion, die bei sämtlichen Artgenossen zu identischen, formstarren Ergebnissen führt, handelt es sich dennoch nicht: Männliche Stichlinge versuchen weder, sich mit rotbäuchigen Artgenossen zu paaren, noch verhalten sie sich ihnen gegenüber grundsätzlich aggressiv. Tatsächlich ist ihr Verhalten viel flexibler und situationsbezogener, als man ursprünglich angenommen hatte.
Weil attraktive, rotbäuchige Rivalen in der Nähe des Nestes den Fortpflanzungserfolg eines Männchens schmälern könnten, versucht der Revierinhaber solche Eindringlinge durch aggressives Verhalten zu vertreiben. Diese Interpretation wird durch die Tatsache unterstützt, dass Männchen nur in der Nähe ihrer Nester rotbäuchige Rivalen häufiger als blasse Artgenossen attackieren. Männchen, die selbst blass gefärbt sind oder kein eigenes Revier haben, tendieren dagegen eher dazu, vor aggressiven, rotbäuchigen Rivalen zu flüchten.
Auch Attacken auf silberfarbene Attrappen sind erklärbar: Die silberfarbenen Stichlingsweibchen plündern nach der Eiablage nicht selten andere Nester, um die Eier zu fressen. Da bei Stichlingen die Männchen die Brutpflege übernehmen, ist es nicht verwunderlich, dass sie ihren Nachwuchs auch vor räuberischen Weibchen der eigenen Art schützen.

1 Erklären Sie den Begriff „Attrappe“ und erläutern Sie die Bedeutung von Attrappenversuchen.

2 Erläutern Sie, welche Auswirkungen die unterschiedlichen Versuchsansätze in den Möwenversuchen von TINBERGEN und EYPASCH auf mögliche Ergebnisse gehabt haben könnten.

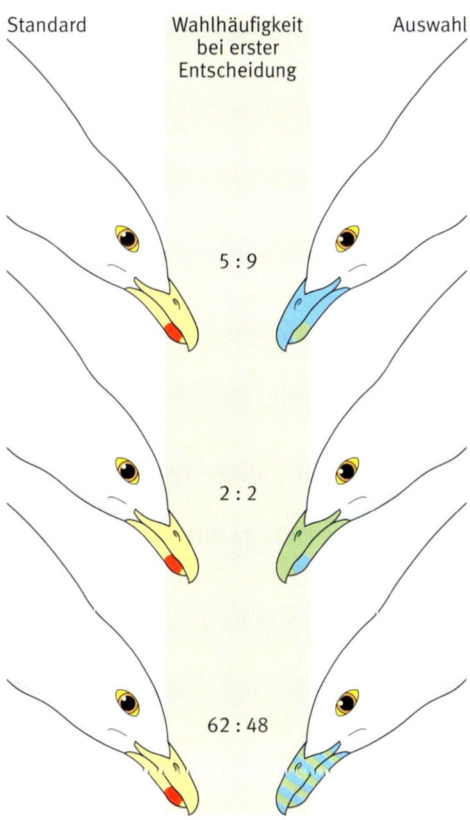

115.1 Wahlversuche mit unerfahrenen Möwenküken

5.4 Reizvolle Produktwerbung

Kinobesitzer James VICARY aus New Jersey versetzte die Werbebranche in den 50er Jahren des zwanzigsten Jahrhunderts in helle Aufregung. Er behauptete, das Kaufverhalten der Kinobesucher beeinflusst zu haben. Der Verkauf von Popcorn sei durch extrem kurzes, nicht bewusst wahrnehmbares Einblenden von Schriftzügen mit Handlungsaufforderungen um 58 Prozent gestiegen.
Sind wir in unserem Verhalten tatsächlich so einfach steuerbar?

116.1 „Ach wie niedlich“: Babys in der Werbung

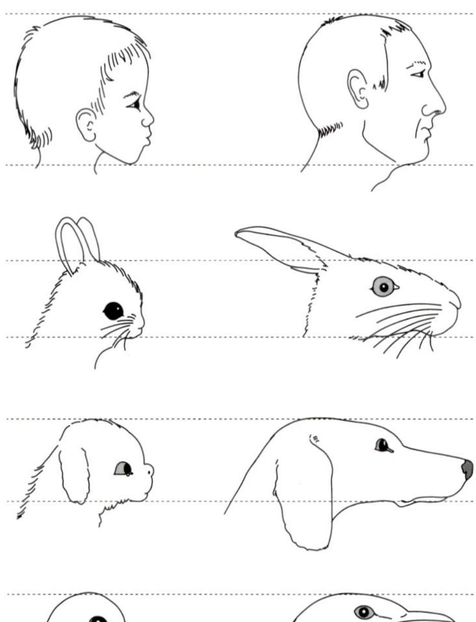

A B

116.2 Kindchenschema. **A** mit; **B** ohne Auslöserwirkung

Wie Psychologen heute wissen, hat eine einfache Handlungsaufforderung, wie VICARY sie angeblich in seinen Filmen einsetzte, keinen Einfluss auf das Kaufverhalten. Trotzdem wird für das Anpreisen von Produkten mithilfe von Werbefachleuten, Psychologen und Marktforschern ein immenser Aufwand betrieben, um die potenziellen Käufer gezielt anzusprechen. Gut durchdachte und auf Zielgruppen abgestimmte Werbestrategien gewinnen im Marketing von Produkten immer größere Bedeutung.

Bereits 1935 hatte Konrad LORENZ beschrieben, dass Bilder von Kleinkindern und jungen Tieren positive Emotionen bei Menschen auslösen, wenn sie bestimmte Eigenschaften aufweisen: Ein im Verhältnis zum übrigen Körper großer Kopf mit Pausbacken, eine vorgewölbte Stirn, große Augen und rundliche Körper mit relativ kurzen Extremitäten sind einige dieser Eigenschaften. Da LORENZ annahm, dass die Reaktionen auf solche Merkmalskombinationen angeboren seien und immer nach dem gleichen Schema abliefen, sprach er dem **„Kindchenschema“** alle Merkmale eines auslösenden Schlüsselreizes zu. Die Werbebranche nutzt das Kindchenschema sehr erfolgreich und zwar nicht nur für Produkte mit unmittelbarem Zusammenhang zu Kleinkindern.

Die gehäufte Werbung mit erotischen Elementen in Zeitschriften, im Internet oder im Fernsehen lässt vermuten, dass sie eine große Wirksamkeit erzielt. Vor allem visuelle Reize wie *Körperproportionen*, Jugend und Nacktheit der Models sowie verschiedene Signale der *Körpersprache* sollen unser Kaufverhalten beeinflussen. Wissenschaftliche Studien zeigen, dass Männer sich von solchen Werbeanzeigen stärker aktivieren lassen als Frauen. Sind die Signale allerdings nicht fein genug dosiert, richtet sich die Aktivität eher auf den erotischen Inhalt als auf das Produkt, dem die Werbung eigentlich gilt. In diesem Fall verfehlt sie ihr Ziel.

Problematisch bei dieser Art von Werbung sind außerdem die fließenden Grenzen zwischen tolerierbarem Einsatz sexueller Signale und sexistischem Inhalt. Eine meist das weibliche Geschlecht diskriminierende Werbung führt zwangsläufig zu Konflikten mit den Wertvorstellungen einzelner Individuen oder Gruppen, die dann das Produkt boykottieren.

Wie aber lassen sich die Mechanismen der subtilen Beeinflussung erklären? Viele Werbestrategien zielen darauf, mit allgemein positiven *emotionalen Signalen,* wie etwa dem Kindchenschema, die Bewertung der eigentlichen Werbebotschaft positiv zu beeinflussen. Andere Strategien setzen auf gleichzeitige Darbietung einer bestimmten Marke mit einem positiven Reiz. Dadurch gewinnt die Marke einen Erlebniswert. Der sich einstellende *Lerneffekt* beeinflusst die spätere Bewertung des Produktes positiv.

Botschaften, die in den Werbeblöcken im Fernsehen gezeigt werden, werden häufig ohne besondere Aufmerksamkeit ganz nebenbei wahrgenommen. Sie erzielen aber oft eine stärkere Wirkung als Signale, denen man sich bewusst widmet. Die Erklärung ist einfach: Wichtige Kontrollmechanismen, die zu einer kritischen Haltung gegenüber dem Produkt führen könnten, sind bei fehlender Aufmerksamkeit inaktiv. Da Produkte immer positiver bewertet werden, wenn sie einem vertraut sind, setzt eine Strategie auf häufige Wiederholungen der Werbebotschaften.

1 Sammeln Sie aus Zeitschriften Beispiele für die Nutzung des Kindchenschemas in der Werbung.

PSYCHOLOGIE

Visuelle Reize der Attraktivität

Was macht einen Menschen des anderen Geschlechtes visuell attraktiv? In einer psychologischen Studie sollten Testpersonen Bilder des jeweils anderen Geschlechtes nach ihrer Attraktivität ordnen. Die auf den Bildern präsentierten Menschen unterschieden sich im Verhältnis von Taillen- zu Hüftweite, dem waist-to-hip-ratio (WHR), sowie in der Körperfülle.

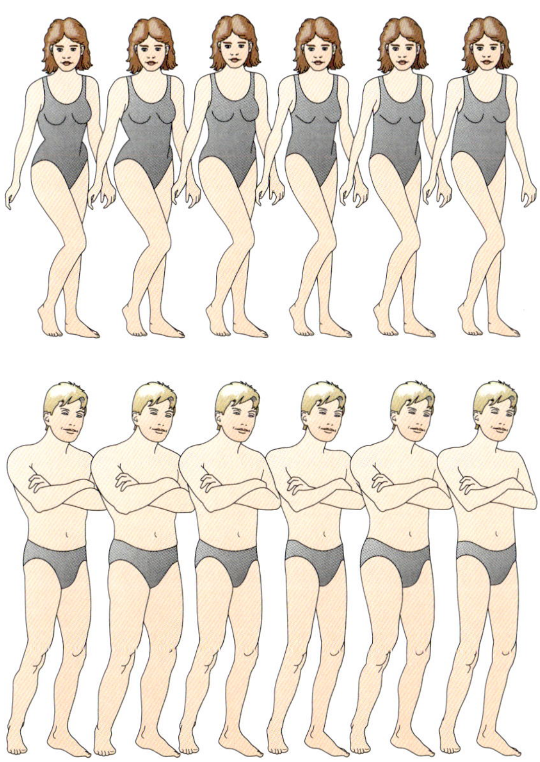

117.1 Abbildungen von Frauen und Männern mit unterschiedlichen WHR-Werten

Wurden den Frauen ausschließlich Abbildungen von normalgewichtigen Männern vorgelegt, so entschieden sie sich deutlich häufiger für Bilder mit einem WHR von 0,9. Auch in den anderen Gewichtsklassen lag die Wahlhäufigkeit für Bilder mit einem WHR von 0,9 höher.
Männer wählten Abbildungen von normalgewichtigen Frauen mit einem WHR von 0,7 am häufigsten. Es scheint fast so, als wäre ein geschlechtsspezifisches Aussehen ein wichtiges Attraktivitätsmerkmal. Bei Frauen sind dies ein kurvenreicher Körper, und bei Männern eine ausgebildete V-Form des Oberkörpers. In vielen Kulturen werden diese häufig als **Mann-Frau-Schemata** bezeichneten Körpermerkmale durch Kleidung und Körperschmuck überbetont.

Neben den Körperproportionen haben noch andere visuelle Reize Bedeutung für die Beurteilung der körperlichen Attraktivität eines Menschen. Dazu gehören jung aussehende Haut, ein hoher Grad an Körpersymmetrie und besondere Formen des Ausdrucksverhaltens der Mimik, die eine positive Ausstrahlung erzeugen.

Zum Glück ist eine perfekte Figur nur eine Facette, die die Einstellung gegenüber einem anderen Menschen beeinflussen kann. Das Vorwissen über die Person und die Vertrautheit zu ihr ändern das Attraktivitätsurteil erheblich. Nachdem wir Partner besser kennen, sehen wir sie häufig in einem „anderen Licht“: Attraktivität ist also kontextabhängig (lat. *contextus,* Zusammenhang).

Signale

1 Versuche zum Balzverhalten von Guppys

Zeit: 135 min
Material: Sechs Guppy-Männchen, zwei kleine und zwei große Weibchen, ein Dreikammer-Becken mit festen durchsichtigen und zwei beweglichen undurchsichtigen Trennscheiben, kleiner Fangkescher, Thermometer, Aquarienbelüfter und Aquarienheizung

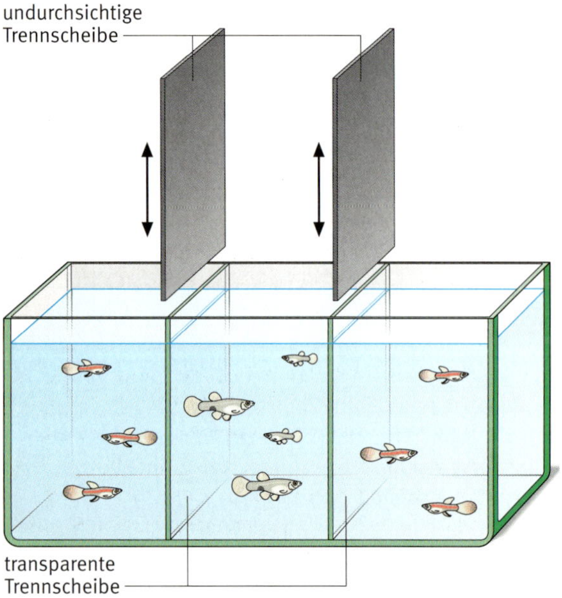

Durchführung: Das Becken wird auf 24–26 °C temperiert. Mindestens drei Tage vor dem Versuchsbeginn werden die Männchen auf die äußeren Kammern verteilt, die Weibchen kommen in die mittlere Kammer. Es wird normal gefüttert. Männchen und Weibchen haben Sichtkontakt. Bei Versuchsbeginn werden die Seitenkammern mit den undurchsichtigen Trennscheiben visuell von der Mittelkammer isoliert. Zu den drei Männchen in den Seitenkammern werden je ein großes und ein kleines Weibchen gesetzt.

Aufgaben:

a) Beobachten Sie über 15 Minuten das Balzverhalten der Männchen. Es lassen sich folgende Elemente unterscheiden: Folgen, Frontalstellen, Locken, Krümmen, Paarungsversuch. Beschreiben Sie diese Elemente.

b) Erfassen Sie über 30 Minuten Häufigkeit und Abfolge der Verhaltenselemente eines besonders aktiven Männchens. Werten Sie die Daten grafisch aus.

c) Ermitteln Sie die Häufigkeiten, der auf die verschieden großen Weibchen gerichteten Balzhandlungen aller Männchen über 45 Minuten. Werten Sie Ihre Befunde in einem Säulendiagramm grafisch aus und interpretieren Sie die Ergebnisse.

2 Nachweis der Pheromonwirkung bei Schaben

Zeit: 45 min
Sachinformation: Schaben scheiden mit dem Kot Pheromone aus, die von Artgenossen über die Antennen wahrgenommen werden können. Diese Pheromone haben mehrere Effekte. Unter anderem bewirken sie, dass sich Schaben meist in Gruppen zusammenfinden.

Material: 10 bis 20 Larven der Deutschen oder Amerikanischen Schabe, zwei große Petrischalen, 15 cm im Durchmesser oder kleine Kunststoff-Terrarien, kleine Streifen von Filterpapier je nach Behältergröße, Stoppuhr

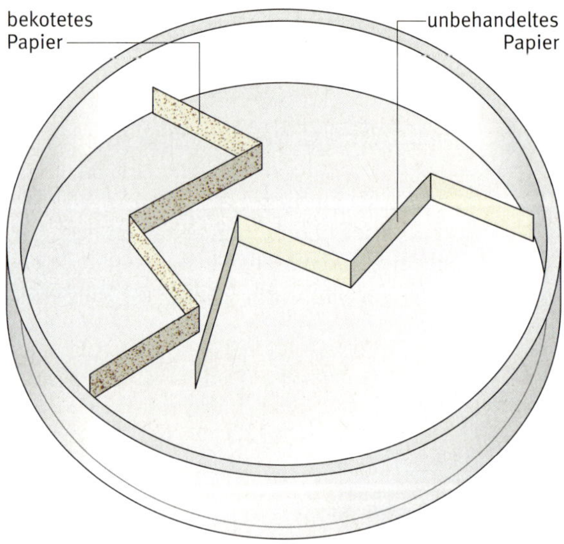

Durchführung: Ein Filterpapierstreifen wird zehn Tage vor Versuchsbeginn zum Bekoten in den Zuchtbehälter der Schaben eingebracht, der andere Streifen wird als unbehandelte Vergleichsprobe geschützt aufbewahrt. Zum Versuchsbeginn werden die beiden Filterpapiere gefaltet und aufrecht in den Versuchsbehälter gestellt, damit die Larven nicht darunter kriechen können. Anschließend werden alle Larven in den Behälter gegeben.

Aufgaben:

a) Ermitteln Sie im Abstand von fünf Minuten den Aufenthaltsort der Larven in folgenden Kategorien: (1) an oder auf bekotetem Papier, (2) an oder auf unbehandeltem Papier, (3) dazwischen.

b) Berechnen Sie aus den Summen die prozentualen Aufenthaltshäufigkeiten und stellen Sie die Ergebnisse grafisch dar.

c) Vergleichen und diskutieren Sie Ihre Ergebnisse mit denen anderer Arbeitsgruppen.

d) Erläutern Sie die Vorteile solcher Gruppenbildungen.

Vom Reiz zur Reaktion

1 In einer Versuchsarena wurden die Reaktionen von Erdkröten auf quadratische Attrappen getestet. Die Attrappen, die sich nur in ihrer Größe unterschieden (angegeben in Grad Sehwinkel), wurden durch das Gesichtsfeld der Kröte bewegt. Registriert wurden die Wendereaktionen je Minute und der Typ der Wendereaktion.

Attrappengröße (in Grad Sehwinkel)	Wendereaktionen je Minute	Zuwendung + Abwendung –
1	0	keine Reaktion
2	8	+
4	20	+
25	0	keine Reaktion
32	5	–
50	20	–

a) Präsentieren Sie die Untersuchungsergebnisse in einem Diagramm.
b) Interpretieren Sie die Häufigkeiten der unterschiedlichen Reaktionen in Abhängigkeit von der Attrappengröße.
c) Formulieren Sie eine Hypothese zur Bedeutung der Bewegungsgeschwindigkeit in Bezug auf die Reaktionen der Kröte. Entwickeln Sie dazu einen experimentellen Ansatz und formulieren Sie Ihre Erwartungen.

2 Einer Versuchsgruppe wurde Babynahrung vorgestellt, auf deren Verpackung ein Kleinkind mit typischen Merkmalen des Kindchenschemas abgedruckt war. Die Versuchspersonen mussten ihre Einstellung zum Produkt angeben (1 wenig positiv, 7 sehr positiv).

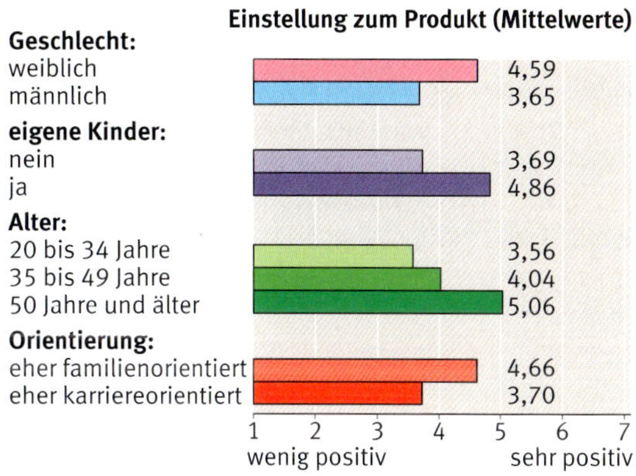

a) Formulieren Sie die Fragestellung, die diese Studie klären möchte.
b) Beschreiben Sie die Grundaussagen der Ergebnisse und leiten Sie daraus eine Zielgruppe für den Einsatz des Kindchenschemas in der Werbung ab.

3 Akustische Kommunikation spielt bei der Partnersuche vieler Heuschreckenarten eine große Rolle. Einige Arten erzeugen durch Reiben der Hinterbeine an den Flügeldecken Schrilllaute, die von Artgenossen wahrgenommen werden können. In einem Experiment wurde der Paarungserfolg einbeinig singender Männchen (B) mit dem Paarungserfolg zweibeinig singender Männchen (A) verglichen.

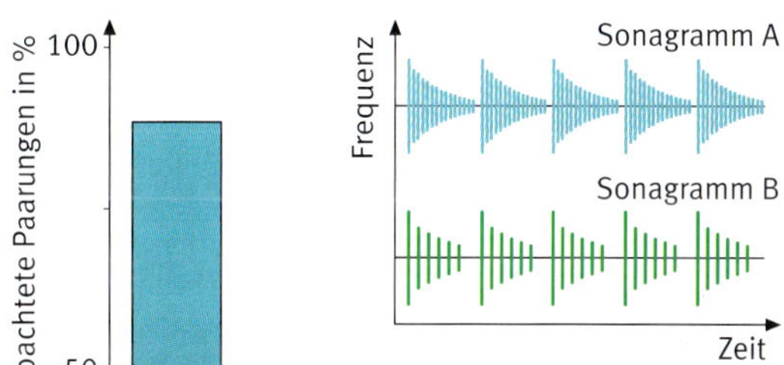

a) Erläutern Sie die Grundaussagen der Signaltheorie.
b) Beschreiben und interpretieren Sie die dargestellten Versuchsergebnisse.
c) Entwickeln Sie eine Methode, um die Bedeutung der Frequenz des Gesanges von Heuschreckenmännchen experimentell zu testen.

6 Zusammenwirken exogener und endogener Faktoren

6.1 Handlungsbereitschaft

120.1 Schmetterlingsfinken

Afrikanische Schmetterlingsfinken leben in dauerhaften Paarbeziehungen. Mit einem speziellen Gesang bleiben sie mit ihren Partnern im Kontakt. Zur Balzzeit singen die Männchen mit demselben Repertoire, vollführen aber zusätzlich vor den Weibchen eigenartige Balzbewegungen. Werden die Männchen kastriert, balzen sie ihre Weibchen nicht mehr an. Ganz offensichtlich muss diese Verhaltensänderung eine innere Ursache haben, die das Männchen veranlasst, sich unter sonst gleichen äußeren Bedingungen anders zu verhalten.

Reagiert ein Tier auf gleiche Reizsituationen unterschiedlich, so werden zur Erklärung des Reaktionsunterschiedes innere Mechanismen angenommen, die als **Handlungsbereitschaft** oder **Motivation** bezeichnet werden.

Messungen der Hormonkonzentrationen im Blut der kastrierten Schmetterlingsfinken ergaben, dass ihnen die in den Hoden gebildeten Steroidhormone fehlten. Diese Hormone steuern ganz wesentlich die Motivation, Weibchen anzubalzen. Deshalb sollte ein kastriertes Männchen nach künstlichen Hormongaben sein Weibchen wieder anbalzen.

120.2 Motivation wird durch endogene und exogene Einflüsse bestimmt

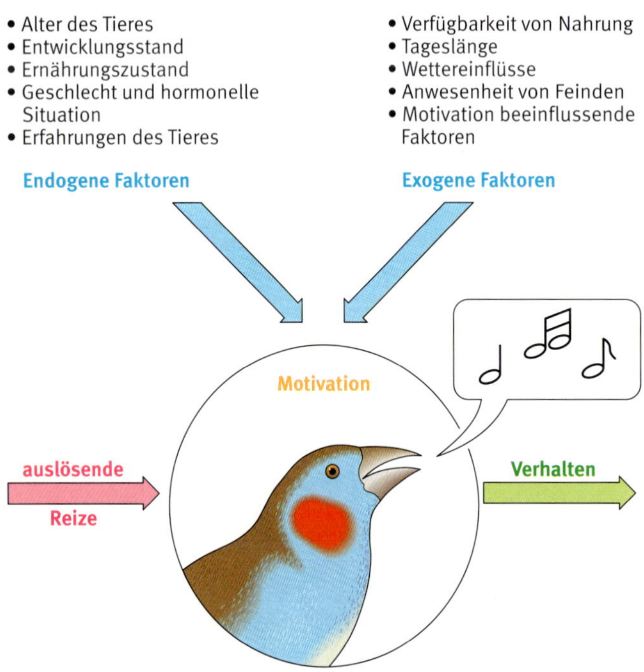

Werden die Partner voneinander isoliert, so singen sowohl kastrierte als auch unkastrierte Männchen den Kontaktgesang solange, bis man sie wieder zusammenbringt. Fehlt der Partner als visueller Reiz, wird der Gesang unabhängig von der Hormonkonzentration ausgelöst. Die Handlungsbereitschaft zum Singen wird hier von einem anderen inneren Zustand bestimmt als bei der Balz.
Das Beispiel des Gesangsverhaltens von Schmetterlingsfinken verdeutlicht drei wichtige Zusammenhänge.

- Motivationen haben verschiedene Ursachen. Sowohl *exogene* als auch *endogene* Faktoren entscheiden, ob ein Verhalten ausgelöst wird.
- Ein Verhalten wird durch bestimmte Reize ausgelöst, wenn die Motivation hoch genug ist.
- Ein bestimmtes Verhalten wie der Gesang kann bei ein und demselben Individuum von verschiedenen *Motivationssystemen* gesteuert werden.

Das Zusammenwirken von exogenen und endogenen Faktoren bei der Entstehung einer Handlungsbereitschaft und eines bestimmten Verhaltens konnte noch vor kurzem nur an den äußeren Reaktionen von Menschen und Tieren abgeleitet werden. Die Modelle der Klassischen Ethologie gaben keine Antwort auf die Frage, welche zellulären oder gar molekularen Mechanismen die Handlungsbereitschaft beeinflussen. Heute liefern Verhaltensforscher und Neurophysiologen mit neuen Methoden erste Erklärungsansätze.
Bei Wirbeltieren wie Schmetterlingsfinken oder auch Menschen lassen sich Motivationssysteme zellulär und molekular nur schwer erforschen. Ihre Nervensysteme sind zu komplex. Gehirne wirbelloser Tiere eignen sich zur Erstellung von Modellen derzeit viel besser, da sie oft aus nur relativ wenigen Neuronen mit klar definierten Funktionen bestehen.

Heuschrecken erzeugen durch Reiben der Hinterbeine an den Deckflügeln artspezifische Gesänge. Diese haben die Aufgabe, Weibchen anzulocken und zur Paarung zu veranlassen. Die Männchen singen im Freiland nur, wenn es warm und hell ist und sie nicht gestört werden: Die äußeren Bedingungen müssen stimmen, bevor sie paarungsbereit werden. Im

Labor konnte man in Heuschreckengehirnen durch die Verabreichung von *Neurotransmittern* eine kleine Gruppe von Neuronen ausfindig machen, die für die Auslösung des Gesanges zuständig sind. Behandelt man diese Hirnbereiche der Männchen durch die geöffnete Kopfkapsel mit *Acetylcholin* (ACh), so antworten die Tiere selbst unter den unnatürlichen Laborbedingungen zuverlässig mit Gesangsstrophen.

Untersuchungen an diesen Motivations-Neuronen gewährten auch erste Einblicke in die molekularen Mechanismen. Die Aktivität dieser Neuronen entscheidet darüber, ob an nachgeschalteten motorischen Zentren Erregungen entstehen, welche die Muskeln des Gesangsapparates ansteuern. Dabei beeinflussen zwei Signalwege die Aktivität der Motivations-Neuronen. In ihren Membranen finden sich *muskarinische Rezeptoren*, die durch Bindung von ACh an der Membraninnenseite den *second messenger* cAMP (cyclisches Adenosinmonophosphat) bilden. Das gebildete cAMP aktiviert eine Proteinkinase, die die Durchlässigkeit von Ionenkanälen so verändert, dass das Ruhepotenzial der betreffenden Zelle gestört wird: Die Zelle wird langsam in einen erregten Zustand versetzt. Das passiert unter natürlichen Bedingungen immer dann, wenn günstige äußere und innere Bedingungen vorgeschaltete Neuronen zur vermehrten Ausschüttung von ACh veranlassen.

Neben Veränderungen an den muskarinischen Rezeptoren öffnet das ACh an den gleichen Zellen auch *nikotinische Ionenkanäle*. Das geschieht besonders intensiv, wenn starke Reize einwirken, etwa in Form des Gesanges eines konkurrierenden Artgenossen oder der unmittelbaren Anwesenheit eines paarungsbereiten Weibchens.

Die Öffnung der nikotinischen Ionenkanäle aktiviert die muskarinischen Rezeptoren zusätzlich, sodass der Grundzustand der Erregung dieser Neuronen weiter steigt. Außerdem summieren sich die Erregungsmuster beider Signalwege, die Erregung wächst weiter. Das Männchen antwortet mit ausgedehnteren Gesangsstrophen und mit Paarungsversuchen, wenn die Erregung einen bestimmten Schwellenwert erreicht.

Selbst an einfachen Gehirnen sind die Mechanismen der Verhaltenskontrolle noch komplizierter, da neben dem ACh auch andere Transmitter und *Neuromodulatoren* beteiligt sind. Deshalb lassen sich die an Heuschrecken gewonnenen Erkenntnisse nicht uneingeschränkt auf andere Tiere und Menschen übertragen. Aus ihnen lassen sich aber geeignete Modelle zur Erklärung von Motivation ableiten.

1 Erläutern Sie, wie die beiden Signalwege die Motivation des Heuschreckengesanges steuern.

121.1 Modell zur Motivationssteigerung bei der Balz von Heuschreckenmännchen

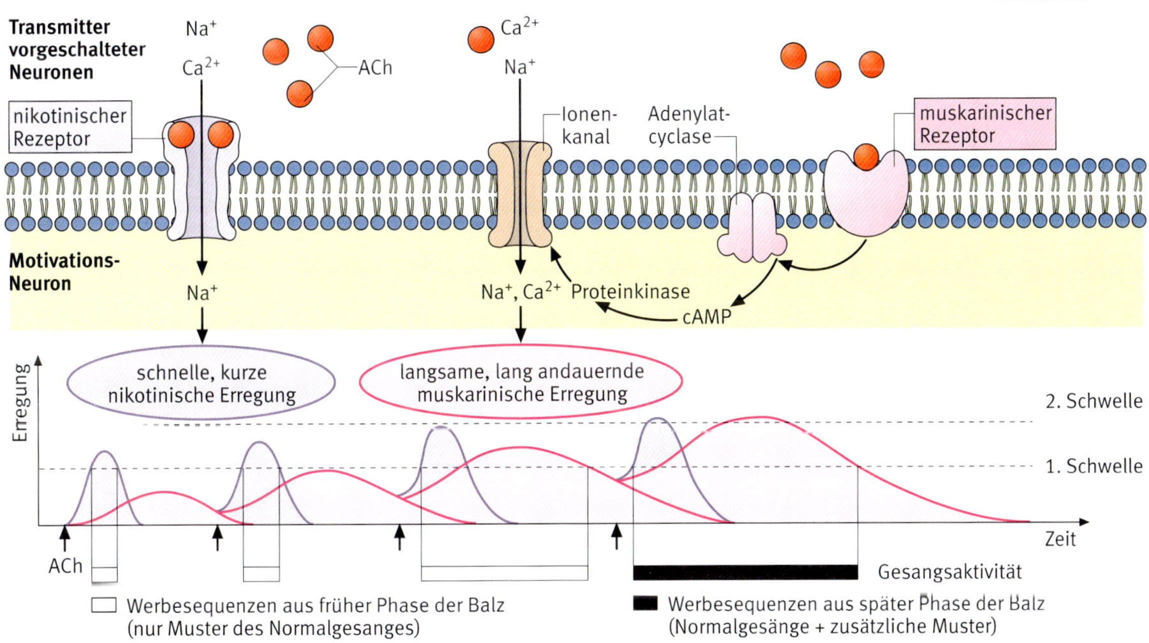

6.2 Das Instinktkonzept der Klassischen Ethologie

Wer beim Autofahren in einer bedrohlichen Situation blitzschnell Kupplung und Bremspedal tritt, um den Wagen zum Stillstand zu bringen, handelt „instinktiv". Der Begriff **Instinkt** wird umgangssprachlich für Verhaltensweisen verwendet, die schnell ablaufen oder wenig kontrollierbar scheinen.

Biologen verwenden den Begriff anders: DARWIN verstand unter instinktivem Verhalten alle angeborenen Verhaltensweisen, die ohne entsprechende Erfahrungen beherrscht werden. Im Sinne seiner Evolutionstheorie vertrat er die Ansicht, dass instinktives Verhalten wie jedes andere körperliche Merkmal durch Vererbungsprozesse und Selektion entstanden war. Auch die Begründer der Klassischen Ethologie verwendeten den Begriff für angeborene Verhaltensweisen, die in einer fest vorgegebenen Struktur nahezu programmhaft abliefen. Die schnellen Reaktionen beim Autofahren haben mit dieser Sichtweise ganz offensichtlich wenig zu tun: Schließlich muss man in einer langen und kostspieligen Ausbildung lernen, wie man in kritischen Verkehrssituationen reagieren sollte.

122.1 Beutefang einer Libellenlarve

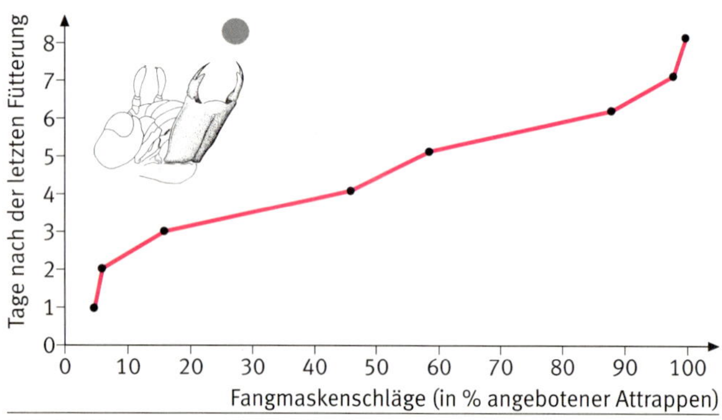

122.2 Attrappenversuche an Libellenlarven

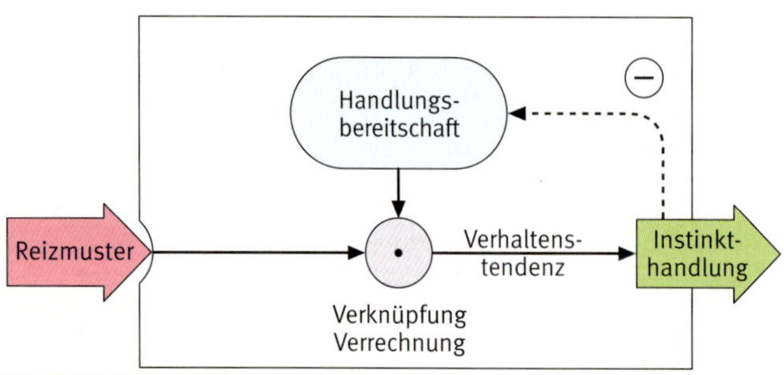

122.3 Schema zum Instinktkonzept

Nach Auffassung der Klassischen Ethologie laufen angeborene Verhaltensweisen von Tieren und Menschen nach dem gleichen, klar strukturierten Schema ab. TINBERGEN nannte diese „wohlkoordinierten, lebens- und arterhaltenden Bewegungen" **Erbkoordinationen** oder Instinkthandlungen.

Libellenlarven leben räuberisch am Grunde von Gewässern, wo sie ihren Beutetieren, wie Insektenlarven und Ringelwürmern, auflauern. Mit ihrer zu einer Fangmaske umgebildeten Unterlippe können sie vorbeischwimmende Beutetiere blitzschnell fangen. Wenn die Larve längere Zeit keine Beute gemacht hat, wird sie unruhig und sucht aktiv nach Reizen, die von Beutetieren ausgehen. Die Suche oder auch das Warten auf eine auslösende Reizsituation bezeichnete LORENZ als **Appetenzverhalten** (lat. *appetere,* erstreben, aufsuchen). Es wird meist dadurch ausgelöst, dass eine bestimmte *Motivation* unter dem Einfluss von endogenen Faktoren ansteigt. Solche Faktoren könnten zum Beispiel die Versorgung mit Nährstoffen oder der Füllungsgrad des Magens sein. Spürt die Larve bei ihrer Suche ein Beutetier auf, wendet sie sich ihm zu. Die Ausrichtung der Körperachse auf die Reizquelle, die **Taxis,** schafft günstige Voraussetzungen für alle weiteren Aktionen. Eine Berührung der Fühler durch das sich bewegende Beutetier, gepaart mit visuellen Reizen, lösen schließlich den Schlag der Fangmaske aus. Der Fang und das Verschlingen der Beutestücke als **Endhandlung** bilden die eigentliche Erbkoordination.

Zur Erklärung solcher Verhaltensmuster entwickelte LORENZ das *psychohydraulische Instinktmodell.* Es basierte auf der Grundannahme, dass angeborenes Instinktverhalten das Resultat einer vom Nervensystem ständig spontan produzierten *aktionsspezifischen Energie* sei, welche die *Handlungsbereitschaft* relativ unabhängig von Außenreizen steigert. Wirken spezielle *Schlüsselreize,* so kommt es zur Auslösung der Endhandlung. Das neurale Filtersystem, das nach dem Einwirken von Schlüsselreizen eine bestimmte Instinkthandlung auslöst, nannte man Auslösemechanismus (AM). Dem Modell zufolge mussten *angeborene Auslösemechanismen* (AAM) ganz spezifische Reizkonstellationen als Schlüsselreize erkennen und ein bestimmtes, zugehöriges Verhaltensprogramm aktivieren.

Ob die Endhandlung ausgeführt wird und wie intensiv die Reaktion ausfällt, hängt demnach einerseits von der Stärke der Handlungsbereitschaft und andererseits vom wirkenden Schlüsselreizmuster ab. Da die Intensitäten beider Komponenten die Endhandlung beeinflussen, sprach man vom Prinzip der **doppelten Quantifizierung.** Mit diesem ließ sich erklären, warum Libellenlarven auf die gleiche Beuteattrappe immer häufiger reagieren, je länger sie nicht gefressen haben. Eine satte Libellenlarve geht nach erfolgreicher Jagd nicht gleich wieder auf Beutesuche. Die erfolgreiche Endhandlung senkt durch *negative Rückkopplung* die Handlungsbereitschaft.
Bleibt die Endhandlung aus und wird die Handlungsbereitschaft immer größer, müsste das Tier irgendwann auch auf Reize reagieren, die nicht den optimalen Schlüsselreizen entsprechen. Tatsächlich schnappen hungrige Larven auch nach Gegenständen, die ganz und gar nicht ihrem natürlichen Beuteschema ähneln. Folgt man dem Prinzip der doppelten Quantifizierung weiter, so sollten bei starker Handlungsbereitschaft auch Reaktionen ganz ohne auslösende Reizsituation ausgeführt werden. LORENZ beschrieb einige solcher **Leerlaufhandlungen.** Webervögel arbeiten ohne Nistmaterial an ihrem Nest und manchmal brüten Vögel schon, ohne überhaupt Eier gelegt zu haben. Ob die Libellenlarve bei großem Hunger allerdings ständig Fangmaskenschläge ins Leere vollführt, ist mehr als zweifelhaft. Warum sollte sie Energie für nutzlose Aktionen verschwenden und Raubfeinde auf sich aufmerksam machen? Könnten die beschriebenen Leerlaufhandlungen Ursachen haben, die außerhalb unserer visuellen Beobachtungsmöglichkeiten liegen?

Wie verhält sich ein Tier, das gleichzeitig unter dem Einfluss verschieden starker Handlungsbereitschaften steht? Nach dem Modell der **gegenseitigen Hemmung** wird jeweils nur dasjenige Verhaltensprogramm ausgelöst, dem die größte Handlungsbereitschaft zugeordnet werden kann. Alle anderen Verhaltensprogramme befinden sich in einer Art Warteschleife.
Und was passiert, wenn ein Tier unter dem Einfluss zweier ähnlich starker Handlungsbereitschaften steht? Kämpfende Silbermöwen unterbrechen manchmal ihren Kampf ganz plötzlich und beginnen mit dem Schnabel Gras auszurupfen. Man nahm früher an, dass sich zwei gegensätzliche Motivationszentren, wie in diesem Falle ein Flucht- und ein Aggressionszentrum gegenseitig hemmen, wenn sie etwa die gleiche aktionsspezifische Energie besaßen. Die angestaute Energie sollte dann auf ein drittes Motivationszentrum „überspringen", das ein entsprechendes Verhalten auslöste. Solche **Übersprunghandlungen** treten meist in Konfliktsituationen auf.
Vielleicht signalisieren kämpfende Möwen aber nur: Ich kann es mir leisten, während des Kampfes auch noch andere Dinge zu tun.

Das Instinktkonzept gilt heute aus verschiedenen Gründen als überholt. So stellte sich heraus, dass der angeborene Auslösemechanismus ganz und gar nicht die starre Struktur hatte, von der die Theorie ausging. Insbesondere Lernvorgänge gestalten das Verhalten sehr variabel. Auch die generelle Existenz von Übersprunghandlungen und Leerlaufhandlungen konnte experimentell nicht bestätigt werden. Vor allem aber die Grundannahme der Theorie, eine spontane „aktionsspezifische Energie" würde das Verhalten steuern, wird durch die neurophysiologischen Befunde nicht belegt. Da die Grundannahme der wissenschaftlichen Prüfung nicht stand hält, sind auch alle anderen Ableitungen nicht tragbar, so plausibel viele Verhaltensweisen damit auch zu erklären waren. Die Wissenschafler gehen heute den Ursachen von Verhalten mit neurophysiologischen Untersuchungen bis in den molekularen Bereich auf den Grund. In einem Punkt bleibt das Instinktkonzept aber weiter hochaktuell: Verhalten ist auch genetisch bedingt.

1 Vergleichen Sie Reflexe und Instinkthandlungen miteinander.

123.1 Kämpfende Silbermöwen

124.1 **Schwanzhaarsträuben bei Spitzhörnchen**

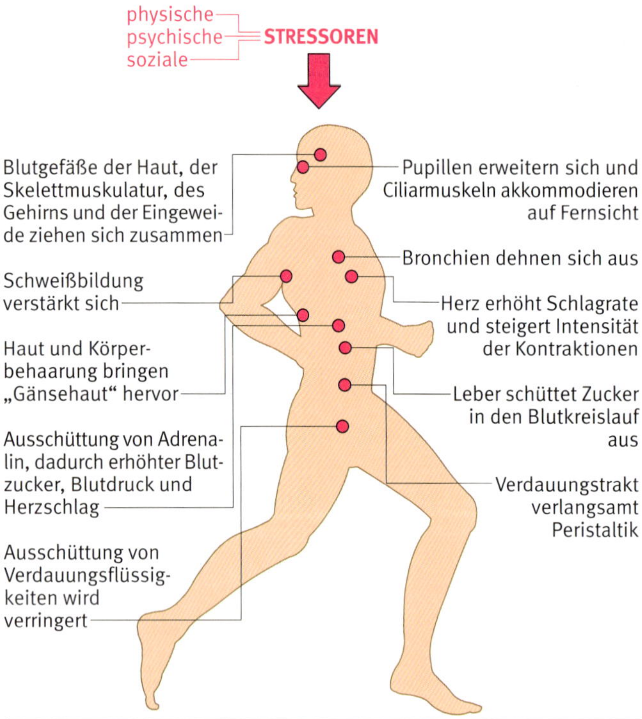

124.2 Physische Reaktionen auf Stressoren

124.3 Neuronale Verschaltungen (durchgezogene Linien) **und Hormone** (Strichlinien) **des Stress-Systems**

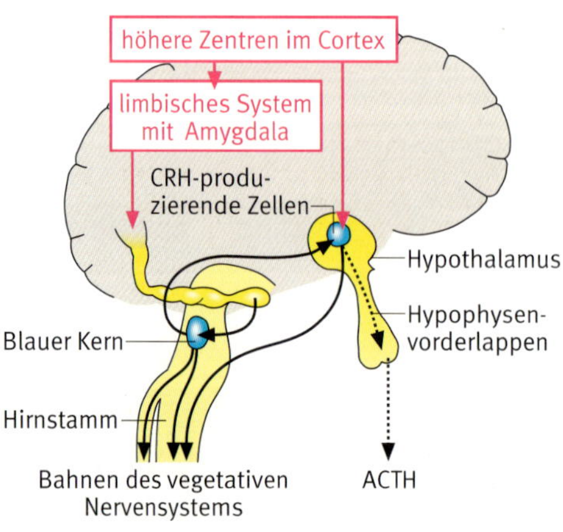

6.3 Stress

Spitzhörnchen sieht man an, wenn sie sich unwohl fühlen: Sie sträuben ihr sonst glattes Schwanzfell. Bei einer im Labor gehaltenen Gruppe konnten Forscher einen Zusammenhang zwischen der Häufigkeit des Schwanzsträubens, verschiedenen Körperfunktionen und dem Verhalten feststellen. Wuchs die Gruppe durch Geburten auf eine bestimmte Größe an, sträubten die Tiere extrem häufig ihr Schwanzfell, die Männchen produzierten keine Spermien mehr, Weibchen stellten die Milchproduktion ein und fraßen sogar ihre eigenen Jungen. Als einige Tiere an akutem Nierenversagen starben, wurde klar, dass **Stress** das Verhalten und die Körperfunktionen der Tiere so nachhaltig beeinflusste.

Stress ist ein Syndrom, das sich in vielfältigen Reaktionen des Körpers auf außergewöhnliche Reizsituationen äußert. Reize, die das Stress-Syndrom verursachen, werden als **Stressoren** bezeichnet. Im Fall der Spitzhörnchen wirkten überdurchschnittlich viele Konfrontationen mit gleichgeschlechtlichen Artgenossen als Stressor. Stress hat allerdings selten so gravierende Folgen wie in diesem Fall. Obwohl wir Stress als negative Erscheinung beschreiben, ist er in seiner Funktion als Anpassungsmechanismus an körperliche und emotionale Belastungen sowie Krankheiten lebenswichtig. Die Reaktionen haben das Ziel, dem Stressor entgegenzuwirken oder ihm auszuweichen.

Hans SELYE konnte als erster mit exakten Messungen zeigen, wie bei der Stress-Reaktion der Säugetiere das Nervensystem und das Hormonsystem kooperieren.

Der *Hypothalamus* enthält eine Nervenzellgruppe, die als Schnittstelle zwischen Nervensystem und Hormonsystem gilt. Werden diese Zellen in einer Alarmsituation durch höhere Zentren erregt, setzten sie das Corticotropin-Releasing-Hormon (CRH) frei. Dieses Hormon veranlasst den Hypophysenvorderlappen zur Ausschüttung von *Adrenocorticotropin* (ACTH) in die Blutbahn. ACTH führt in der Nebennierenrinde zur Freisetzung verschiedener *Glucocortikoide,* die in wenigen Minuten den Blutzuckerspiegel erhöhen. Gleichzeitig, aber viel schneller, stimuliert der Hypothalamus über das vegetative Nervensystem das Nebennierenmark zur Ausschüttung von *Adrenalin* und *Noradrenalin*. Beide Hormone versetzen den Körper in Alarmbereitschaft, indem sie all jene Organe aktivieren, die am Stoff- und Energiewechsel beteiligt sind.

Auf die Entstehung von emotionalem Stress hat die *Amygdala* (Mandelkern) des *limbischen Systems* als zentrales Angstzentrum einen wesentlichen Einfluss. Sie gleicht aktuelle Informationen aus der Umwelt mit gesammelten Erfahrungen ab. Werden Reizsituationen emotional als bedrohlich bewertet, aktiviert die Amygdala eine besondere Neuronengruppe im Hirnstamm, den Blauen Kern. Der Blaue Kern wirkt als Relaisstation zwischen vegetativem Nervensystem und Hypothalamus. Die Zellen des Blauen Kernes erregen sowohl das vegetative Nervensystem als auch die CRH-produzierenden Zellen des Hypothalamus. Wenn Angst entsteht, reagiert der Körper deshalb häufig mit allen bekannten Stressreaktionen.

Schon wenige Sekunden nachdem sich ACTH und Glucocorticoide über das Blut im Körper verteilt haben, wirken sie ihrer eigenen Ausschüttung entgegen. Über die negative Rückkopplung kann der gestresste Körper wieder in den Grundzustand zurückkehren und sich erholen. Kurzzeitiger Stress gehört zum täglichen Leben und beeinflusst uns nicht negativ. Im Gegenteil: **Eustress** erhöht die Aufmerksamkeit und wirkt leistungsfördernd. Wirken die Stressoren aber fortdauernd oder in immer kürzeren Zeitabständen, so kommt es zur Aufhebung der *Erholungsphase*. Unter chronischem Dauerstress, auch **Distress** genannt, kann es zu Erkrankungen solcher Organsysteme kommen, die besonders intensiv an der Stressreaktion beteiligt sind.

Ob bestimmte Reize auf uns Menschen als Stressoren wirken, hängt ganz stark davon ab, wie sie individuell bewertet werden. Psychologen haben deshalb eine Reihe von Strategien entwickelt, die auf positive Bewertung von Stress-Situationen setzen: Stressbewältigung ist erlernbar. Auch der körperliche Zustand hat einen Einfluss. Sind wir ausgeruht und körperlich fit, so können wir auf Stressoren viel gelassener reagieren.

1 Sammeln Sie Informationen über stressbedingte Erkrankungen des Menschen.

PORTRÄT

In den 1950er Jahren erforschte der österreichische Endokrinologe Hans SELYE in Montreal an Tieren die körperlichen Reaktionen auf Stressreize. Er erkannte, dass anhaltender Stress auch viele organische Erkrankungen verursachen kann.

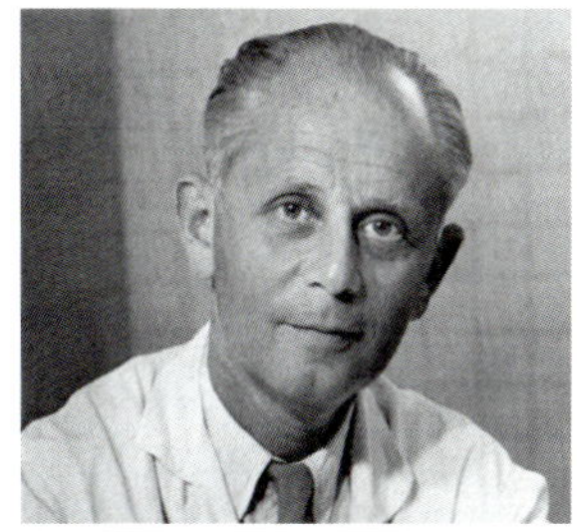

Hans SELYE (1907–1982)

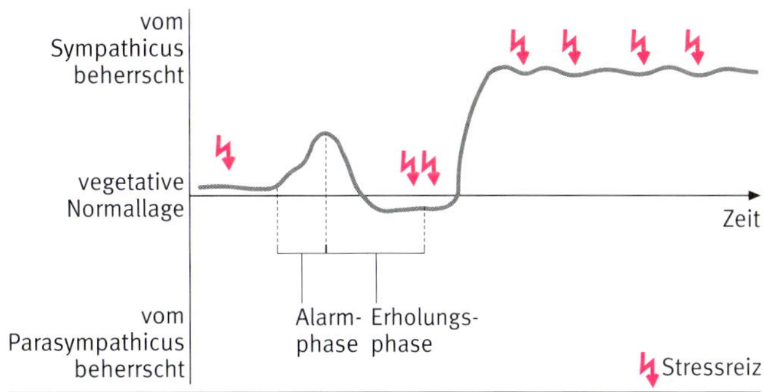

125.1 Schema der Stressreaktion

In Vorbereitung auf eine zu erwartende Stress-Situation:

Ich kann einen Plan entwerfen, wie ich damit fertig werde.
Ich denke einfach darüber nach, was ich machen kann. Das ist besser, als nervös zu werden.

Bei Konfrontation mit dem Stressor:

Immer nur Schritt für Schritt, ich kann mit der Situation fertig werden.
Entspannen, ich habe mich unter Kontrolle.
Einmal tief durchatmen.

Bewältigung:

Es hätte schlimmer kommen können.
Denk' einfach an etwas anderes.
Konzentriere dich auf das, was ansteht.

Danach ein wenig Selbstverstärkung:

Es hat geklappt, ich habe es geschafft.
Es war nicht so schlimm, wie ich es erwartet hatte.
Ich freue mich über die Fortschritte, die ich mache.

125.2 Aussagen, die der Stressbewältigung dienen können

6.4 Psychoneuroimmunologie

Zu Neurodermitis neigende Jugendliche reagieren auf Stress mit krankhaften Hautveränderungen. Trauern Menschen über den Verlust ihres Partners, ist ihr Immunsystem über Wochen und Monate geschwächt. Diese Beispiele zeigen, dass es offensichtlich einen engen Zusammenhang zwischen Psyche und *Immunsystem* gibt.
Schon vor 2000 Jahren wussten die Ärzte, dass die psychische Verfassung die Genesung eines Patienten beeinflusst. Heute analysiert die Psychoneuroimmunologie, eine interdisziplinäre Wissenschaft, die Wechselwirkungen zwischen *Nervensystem*, Immunsystem und Verhalten.

Obwohl sich Immunsystem und Nervensystem in Bau und Funktion erheblich unterscheiden, funktioniert die *Signalübertragung* zwischen den Zellen dieser Systeme nach den gleichen Grundprinzipien: Biochemische *Botenstoffe* können an Rezeptoren der Zellmembran koppeln und im Inneren der Zelle spezifische Reaktionen auslösen. Dieses universelle Kommunikationsprinzip zwischen Zellen ist auch die Grundlage für die Wechselwirkungen zwischen verschiedenen Organsystemen.

126.1 Gegenseitige Beeinflussung von Immun-, Hormon- und Nervensystem

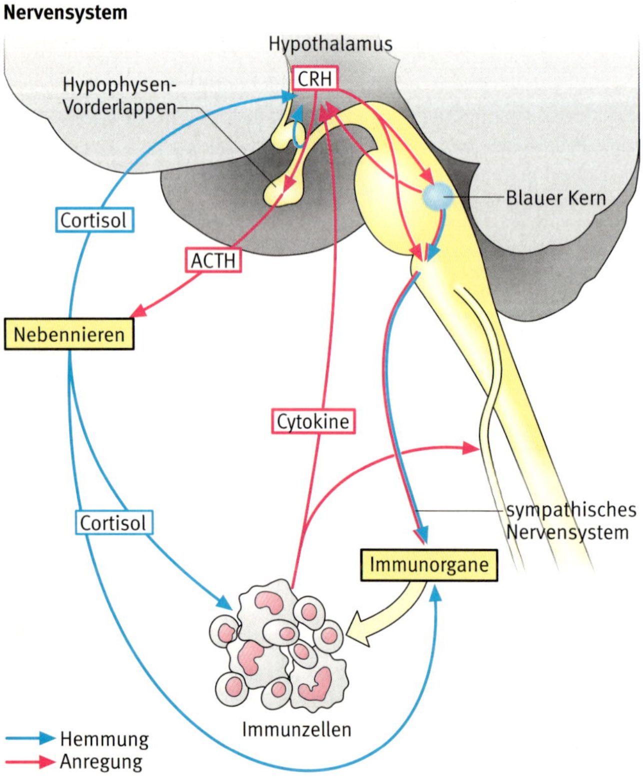

Gewebs- und Zellhormone des Nervensystems binden an spezifische Rezeptoren der Membranen von Immunzellen. Umgekehrt können Neuronen von Immunzellen in ihrer Aktivität beeinflusst werden. Neben der hormonellen Steuerung werden die Immunorgane wie Thymus, Milz, Knochenmark und Lymphknoten auch über den sympathischen Teil des Vegetativen Nervensystems (VNS) erregt.

Die von den Leukozyten produzierten *Cytokine* wirken direkt oder über zusätzliche Botenstoffe an Rezeptoren verschiedener Hirnbereiche, unter anderem im Hypothalamus. Dieser antwortet mit einem veränderten Entladungsmuster und leitet mit der Bildung von CRH die Stress-Hormonkaskade ein. In deren Folge setzen die Nebennieren Cortisol frei, das nicht nur auf den Hypothalamus rückwirkt, sondern auch ein Überschießen der Immunreaktion vehindert. Es hemmt Immunzellen und Zellen der Immunorgane durch Bindung an deren Rezeptoren.

Das CRH regt über den Blauen Kern gleichzeitig das sympathische Nervensystem im Hirnstamm an, das die Aktivität der Immunorgane steuert. Außerdem können Cytokine fast überall im Körper unmittelbar an Nervenzellen des vegetativen Systems binden und deren Impulsübertragung beeinflussen, sodass bei Entzündungsreaktionen einzelne Organe ruhig gestellt werden können.

Die wenigen Beispiele der Kommunikation beider Systeme zeigen, dass immunologische Vorgänge nicht autonom ablaufen. Das Nervensystem ist ganz unmittelbar an der Entstehung und Steuerung von Immunreaktionen beteiligt. Da die Kommunikation gleichzeitig auf verschiedenen Wegen unter Einbeziehung ganz unterschiedlicher Substanzen erfolgt, wirken sich Störungen in einem Teil des Systems auch in anderen Bereichen aus. Dadurch können in Stress-Situationen **psychosomatische Erkrankungen,** wie etwa Infekte und Entzündungen entstehen, die scheinbar nichts mit den eigentlichen Ursachen zu tun haben. Wir fühlen uns schlecht, wenn wir krank sind und wir können krank werden, wenn wir uns schlecht fühlen.

1 Erläutern Sie einen möglichen Zusammenhang zwischen seelischer Anspannung und einem erhöhten Infektionsrisiko.

6.5 Aggressionstheorien

„Gewalt ist kein Naturgesetz", verkündete im Mai 1986 eine Deklaration von zwanzig Wissenschaftlern verschiedener Disziplinen auf einer Konferenz im spanischen Sevilla. Die Deklaration richtete sich gegen den Missbrauch von Ergebnissen biologischer Forschung zur Legitimation von Gewalt und Krieg. Denn immer wieder berief man sich auf biologische Theorien, welche die Ursachen der Entstehung von Aggressionen zu erklären versuchten.

Eine der populärsten Theorien machte Konrad LORENZ 1963 mit seinem Buch „Das sogenannte Böse" einer breiten Öffentlichkeit zugänglich. Seinem *Instinktkonzept* folgend sei aggressives Verhalten das Resultat einer sich im Nervensystem spontan anstauenden aktionsspezifischen Energie, die nach Entladung dränge, behauptete LORENZ in seiner **Triebstautheorie.** Viele seiner Kritiker verstanden das so: Jeder Trieb ist lebensnotwendig und muss befriedigt werden und damit sei Aggression schicksalhaft und nicht beeinflussbar.
Genau das Gegenteil behauptete eine Gruppe von Sozialwissenschaftlern, deren Theorien die Bedeutung exogener Faktoren in den Mittelpunkt stellten. John DOLLARD formulierte 1939 in der **Frustrations-Aggressions-Theorie** zwei radikale Thesen: „Aggression ist immer eine Folge von Frustration" und „Frustration führt immer zu einer Form von Aggression". Es gilt heute als erwiesen, dass Tiere und Menschen sehr schnell lernen können, Frustrationen nicht mit Aggressivität zu beantworten. Frustration, die durch erzwungenen Verzicht auf Befriedigung von Bedürfnissen entsteht, wird deshalb nur als eine von vielen Ursachen für aggressives Verhalten angesehen.

Nach der **Lerntheorie** von Albert BANDURA werden Aggressionen, wie viele andere Verhaltensweisen, ausschließlich erlernt. Aggressionen könne man demnach auch relativ einfach mit Lernvorgängen vermeiden, behaupteten die Behavioristen.

Mittlerweile sind sich Ethologen und Psychologen einig, dass es „die Aggressionstheorie" schlechthin nicht gibt. Bei der Steuerung aggressiven Verhaltens wirken endogene und exogene Faktoren komplex zusammen.
Viele experimentelle Befunde weisen darauf hin, dass Gene, Hormone und das Nervensystem wichtige endogene Faktoren sind. Zum Beispiel steigert das Sexualhormon Testosteron die Aggressionsbereitschaft männlicher Säugetiere. Bei kastrierten männlichen Ratten ruft die Injektion von Testosteron Aggressivität hervor. Testosteron-Rezeptoren des limbischen Systems, besonders des Hypothalamus, vermitteln die Wechselwirkungen zwischen Hormon- und Nervensystem. Bei Mäusen und Menschen kann eine X-chromosomale Punktmutation die Bildung des Enzyms Monoamin-Oxidase A hemmen. Sein Ausfall führt zum Mangel des Neuromodulators Serotonin. Dies führt zu einer höheren Aggressivität betroffener Männchen.

Die Amygdalae des limbischen Systems bewerten die eintreffenden Umweltreize und beeinflussen die mit aggressiven Verhaltensweisen einhergehenden Reaktionen wie Angriff, Verteidigung oder Flucht. Werden die Amygdalae bei Ratten entfernt, sinkt deren Aggressionsbereitschaft. Und schließlich lernen Tiere und Menschen, ganz bestimmten Situationen, die mit Gefahr oder unangenehmen Ereignissen verbunden sind, mit Aggression zu begegnen. Experimente an Ratten zeigten, dass friedfertige Tiere durch positive Erfahrungen mit Aggression sehr aggressiv wurden.

1 Beschreiben Sie Beispiele für erlernte aggressive Verhaltensweisen von Menschen.

127.1 Proximate Ursachen der Aggression beim Menschen

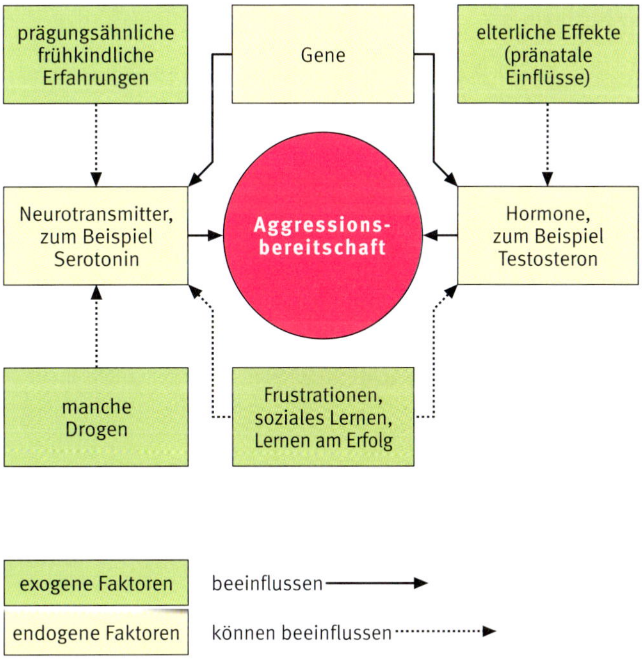

Mechanismen der Verhaltensentwicklung

1 Verhaltensgenetik

1.1 Indirekte Hinweise auf genetische Einflüsse

Schon vor 2300 Jahren schrieb ARISTOTELES über den Kuckuck, der jeweils ein Ei in die Nester anderer Singvögel, zum Beispiel Heckenbraunellen, legt. Diese bebrüten das Ei und ziehen den artfremden Nestling auf, der zuvor die Eier und Jungvögel seines Wirtes aus dem Nest geworfen hat.

GESCHICHTE

Am 26.Mai 1828 tauchte in Nürnberg ein seltsamer junger Mann auf. Er konnte nur unzusammenhängend reden und nannte sich „Kaspar HAUSER". Körperliche Deformationen bestätigten HAUSERs Aussage, er habe seine Kindheit kauernd in einem Loch verbringen müssen. Trotz Unterricht konnte er sich in den nächsten Jahren nur grundlegende Kenntnisse im Rechnen, Lesen und Schreiben aneignen. Gemutmaßt wurde, dass sich die lange Isolation hinderlich auf sein Lernvermögen ausgewirkt hatte.
Nach zwei misslungenen Attentaten in den Jahren 1829 und 1831 erlag HAUSER am 14. Dezember 1833 einem dritten. Der gewaltsame Tod schien zu bestätigen, dass HAUSER der Erbprinz des Hauses Baden sei. Diese Vermutung konnte jedoch 1996 durch genetische Untersuchungen nicht bestätigt werden.
Sein isoliertes Aufwachsen erinnert an Versuche FRIEDRICHs II (1194–1250). Er ließ Säuglinge von Ammen aufziehen. Diese sollten die Kindern stillen und versorgen, aber nicht mit ihnen sprechen und sich mit ihnen auch nicht weiter beschäftigen. FRIEDRICH wollte überprüfen, welche Sprache die Kinder sprechen würden: die ihrer Eltern oder eine der klassischen Sprachen, also Latein, Griechisch oder Hebräisch. Natürlich sprachen die Kinder gar nicht.

Kaspar HAUSER
(1812–1833)

Als flügger Jungvogel wiegt der Kuckuck dann bis achtmal so viel wie seine Zieheltern, sieht völlig anders aus und zeigt auch ein ganz anderes Spektrum an Lautäußerungen. Auch bei der Fortpflanzung orientiert sich der Kuckuck an seinesgleichen und nicht an seinen Zieheltern. Woher weiß der Kuckuck, dass er ein Kuckuck ist und keine Heckenbraunelle? Offensichtlich erfolgt die Hinwendung zur eigenen Art nicht aufgrund von Erfahrungen während der Aufzucht.
Diese Frage spiegelt eine grundsätzliche Diskussion in der Verhaltenskunde wider: Ist Verhalten angeboren oder wird es durch Erfahrungen erworben?

Die frühen Ethologen versuchten diese Frage experimentell zu klären, indem sie Lebewesen unter **Erfahrungsentzug** aufzogen. In Anlehnung an den historisch verbürgten Fall des Kaspar HAUSER werden solche Experimente auch **Kaspar-HAUSER-Versuche** genannt.
So einleuchtend diese Methode auch zu sein scheint, berücksichtigt sie doch einen wesentlichen Aspekt nicht: Viele sozial lebende Tiere benötigen für ihre Normalentwicklung den Kontakt zu Artgenossen. Werden sie isoliert aufgezogen und zeigen ein bestimmtes Verhalten nicht, kann dies auch am fehlenden Sozialkontakt liegen und muss kein Hinweis dafür sein, dass das Verhalten nicht angeboren ist.

Als Hinweise dafür, dass bestimmte Verhaltensweisen angeboren sind, gelten:
- Sie werden von Beginn an vollständig beherrscht;
- ihre starre Form, sie laufen immer in der gleichen Form ab;
- sie sind arttypisch, sie laufen bei allen Mitgliedern einer Art ab;
- sie laufen im gleichen Kontext in ähnlicher Form bei verwandten Arten ab.

Bei einer Vielzahl von durchgeführten Kaspar-HAUSER-Versuchen gibt es durchaus unterschiedliche Ergebnisse.

Werden Buchfinken zum Beispiel schallisoliert aufgezogen, sind sie nicht in der Lage, ihren kompletten arttypischen Gesang zu entwickeln. Das Grundmuster stimmt zwar mit dem einer Kontrollgruppe überein, die unter natürlichen Bedingungen aufgewachsen ist. Aber ohne Erfahrungen mit einem entsprechenden Vorbild wird das vollständige Gesangsmuster nicht ausgebildet. Der Kuckuck hingegen entwickelt das arttypische Gesangsmuster, auch wenn er kein Hörvorbild hat.

Manche Menschen ermöglichen durch ihr persönliches Schicksal Rückschlüsse auf den genetischen Anteil bestimmter Verhaltensweisen. Die Situation taubblind geborener Kinder kann mit einem Kaspar-HAUSER-Experiment verglichen werden: Weder durch Sehen noch Beschreibung können Sie zum Beispiel die typische menschliche Gesichtsmimik erlernen. Trotzdem lächeln taubblind Geborene wie Menschen überall auf der Welt.
Dem Ethologen Irenäus EIBL-EIBESFELDT gelang durch Auswertung von Zeitlupenaufnahmen der Nachweis, dass bestimmte menschliche Verhaltensweisen überall auf der Welt gleich sind: So nehmen Menschen freundlichen Kontakt auf, indem sie lächeln und für einen Sekundenbruchteil die Augenbrauen heben. Solche **transkulturellen Universalien** (lat. *universalis,* allgemein) sind ein Hinweis auf die genetischen Grundlagen mancher menschlicher Verhaltensweisen. Angeboren bedeutet aber nicht notwendigerweise, dass etwas von Geburt an vorhanden sein muss.

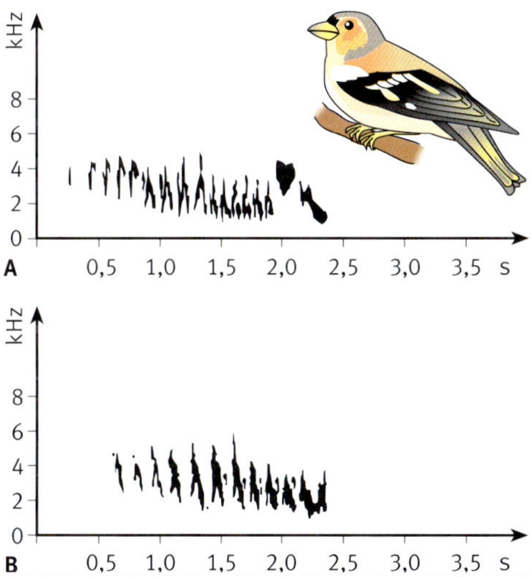

129.1 Buchfinkengesang. A schallisolierte Aufzucht; **B** natürliche Aufzucht

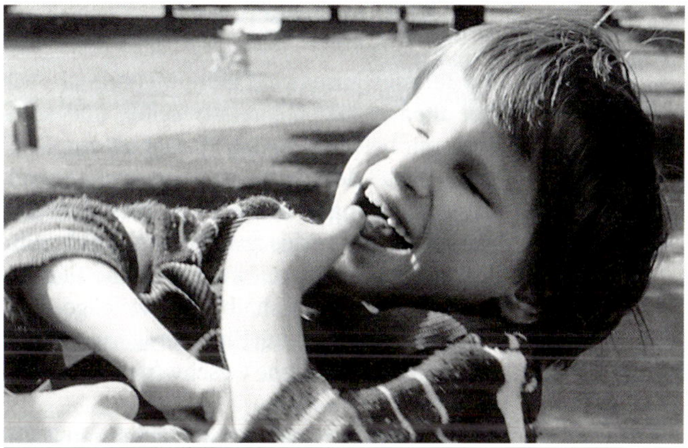

129.2 Lächeln eines taubblinden Mädchens

Eckhardt HESS untersuchte, ob Hühnerküken beim Picken einen Lernerfolg erzielen. Frisch geschlüpfte Hühnerküken picken bereits kurz nach dem Schlüpfen nach auffälligen Gegenständen auf dem Boden. Anfangs sind sie dabei noch nicht besonders treffsicher. Das ändert sich jedoch innerhalb weniger Tage.

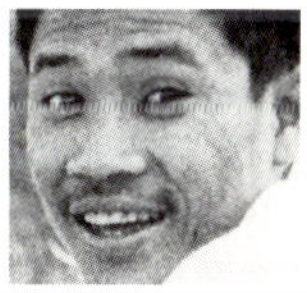

129.3 Augengruß eines Balinesen

HESS setzte den Küken Prismenbrillen auf, die das optische Feld nach rechts oder links verschoben. Bei einer Kontrollgruppe wurde statt der Prismen Fensterglas eingesetzt. Aus den Ergebnissen schloss HESS, dass das Verhalten nicht durch Erfahrung und Training erlernt wird. Solche genetisch gesteuerten Entwicklungsprozesse, bei denen bestimmte Verhaltensweisen ohne entsprechende Erfahrungen neu auftreten oder vervollkommnet werden, heißen **Reifung.**

129.4 Treffsicherheit von Hühnerküken beim Picken

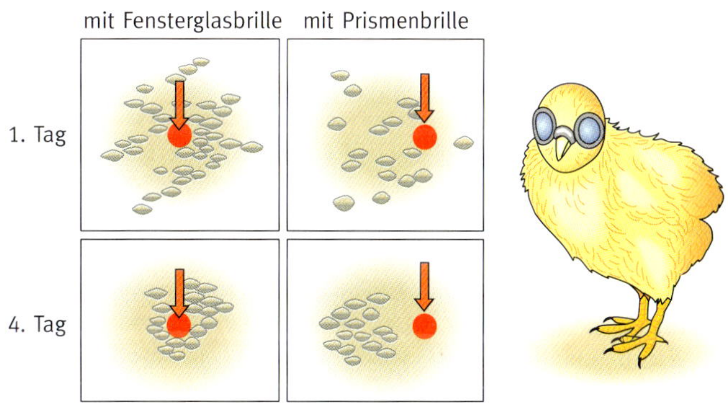

1 Beschreiben Sie die Ergebnisse der vier abgebildeten Versuche.

2 Wie müsste das Ergebnis der Prismengruppe am 4. Tag aussehen, wenn Lerneffekte eine Rolle spielten?

2 Vom Genotyp zum Phänotyp

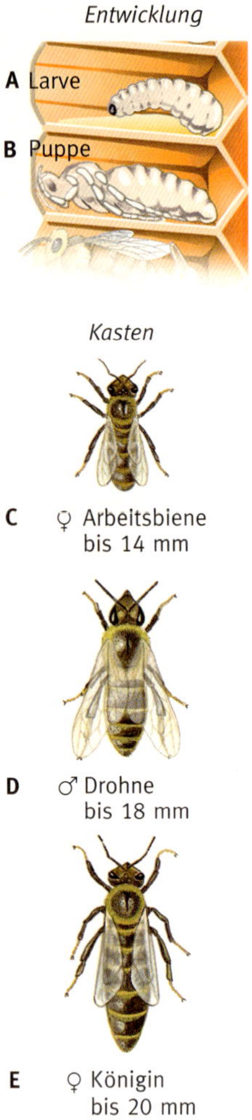

134.1 Entwicklung und Kasten der Honigbiene. **A** Larve; **B** Puppe; **C** Arbeiterin; **D** Königin; **E** Drohne

2.1 Die Entwicklung der Honigbiene

Ein Bienenvolk besteht aus mehreren Kasten, die sich in ihrem Aussehen, ihrem Verhalten und ihrem gesamten Lebenslauf stark unterscheiden. Die 18 Millimeter großen *Drohnen* sind stachellos, haben verkümmerte Mundwerkzeuge, dafür auffallend große Facettenaugen und verbringen die meiste Zeit ihres etwa sechsmonatigen Lebens mit Nichtstun.
Die etwa 20 Millimeter lange *Königin* tut dagegen während ihres vier- bis fünfjährigen Lebens fast nichts anderes als Eier zu legen: bis zu 3000 pro Tag.
Im Vergleich dazu ist das Leben einer 14 Millimeter langen, unfruchtbaren *Arbeiterin* mit etwa sechs Wochen extrem kurz und arbeitsreich. In ihren ersten Lebenstagen hält sie die Wabenzellen sauber und putzt die Königin. Danach füttert sie als Amme Larven, Drohnen und Königin. Sobald die Wachsdrüsen in ihren Mundwerkzeugen heranreifen, beginnt sie Waben zu bauen. Im Alter von drei Wochen ändert sich ihr Verhalten wieder völlig: Aus der Stockbiene wird eine Sammelbiene, die den Rest ihres Lebens damit verbringt, Nahrung heranzuschaffen.

Dass Gene Entwicklungsprozesse steuern, kann man bei Bienen beispielsweise daran erkennen, dass Drohnen aus unbefruchteten Eiern schlüpfen, Arbeiterinnen und Königinnen hingegen aus befruchteten. Ob aber aus einer Bienenlarve eine Königin oder eine Arbeiterin wird, hat nichts mit unterschiedlichen Genen zu tun. Verantwortlich hierfür ist ein Stoff, der von außen kommt und *Gelée royale* heißt: eine trübe, dickflüssige, an Proteinen reiche Substanz. Produziert wird sie von Ammenbienen, die sie nur an Larven verfüttern, die sich in bestimmten Wabenzellen entwickeln.

Der Effekt des *Gelée royale* ist ein Beispiel dafür, dass äußere Faktoren Verhalten und ganze Lebensläufe von Lebewesen ebenso stark bestimmen können wie deren Gene. Letztere werden dadurch nicht unwichtig: Die Wirkung des *Gelée royale* beruht darauf, dass bestimmte Gene nur in den ersten drei Lebenstagen der Larve, also während eines sehr kurzen Zeitraumes in der Individualentwicklung, an- beziehungsweise abgeschaltet werden. Ähnliches gilt vermutlich für Verhaltensänderungen im Lebenszyklus der Arbeiterin.

Ein anderer bekannter exogener Einfluss auf Entwicklung und Verhalten von Lebewesen ist die *modifikatorische Geschlechtsbestimmung*, wie sie von vielen Fischen bekannt ist. Die in Seeanemonen lebenden Anemonenfische sind zunächst Männchen, können sich aber unter bestimmten Umständen in Weibchen umwandeln. Notwendig ist dafür eine bestimmte Mindestgröße – und das Verschwinden eines zuvor vorhandenen Weibchens. Normalerweise lebt in jeder Anemone nur ein Weibchen mit mehreren geschlechtsreifen Männchen. Die Eier des Weibchens werden vom größten Männchen besamt, das alle kleineren Männchen an der Fortpflanzung hindert. Stirbt das Weibchen, wird dieses Männchen selbst zum Weibchen.
Einen anderen, nicht so drastischen Wandlungsprozess können männliche Orang-Utans durchmachen. Manche dieser Tiere scheinen in ihrem Aussehen und Verhalten nie erwachsen zu werden – obwohl sie es ihrem Alter nach längst sind. Ursache dieser Entwicklungsverzögerung ist die Anwesenheit eines dominanten Männchens. Stirbt dieses, wird aus dem „Halbstarken" innerhalb weniger Monate ein voll ausgewachsenes Männchen, dessen Rufe weit durch den Urwald schallen.

134.2 Lebenszyklus einer Arbeiterin

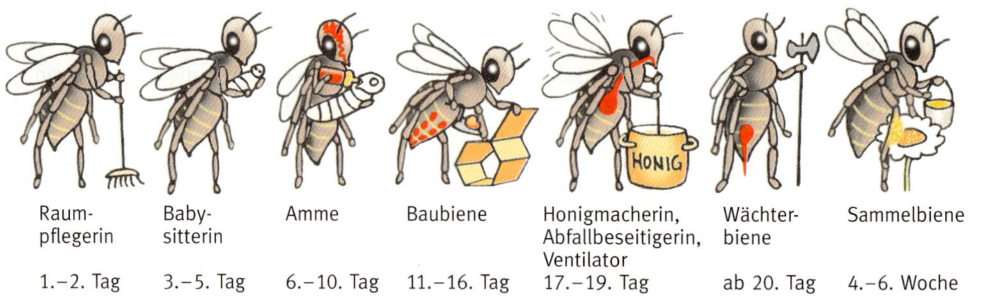

2.2 Elterliche Effekte

Geschwister unterscheiden sich meist nicht nur in ihrem Aussehen, sondern auch in ihrem Verhalten. Dies gilt auch für Mäuse aus demselben Wurf: In Labortests verhalten sich manche Weibchen beispielsweise Artgenossen gegenüber sehr viel aggressiver als ihre Schwestern dies tun. Solche Unterschiede können genetisch bedingt sein, aber es gibt noch weitere Einflussfaktoren: Bei Mäusen ist es die Lage der Feten im Uterus ihrer Mutter. Ein Weibchen, das zwei Brüder als Uterus-Nachbarn hatte *(2M-Weibchen)*, sieht schon bei der Geburt maskuliner aus als eine 0M-Schwester, es wird später geschlechtsreif, fordert Männchen seltener zur Paarung auf und verhält sich anderen Weibchen gegenüber aggressiver.
Ursache der Vermännlichung sind von den Geschwistern gebildete Hormone, denen die Feten im Mutterleib ausgesetzt sind. Im Blut von 2M-Feten lassen sich leicht erhöhte Testosteron- und etwas niedrigere Östradiolkonzentrationen nachweisen als bei 0M- oder 1M-Feten. Diese geringen hormonellen Unterschiede wirken sich auf die Gehirnentwicklung der Tiere aus, und dies wiederum führt im Endeffekt zu einer Vermännlichung des Verhaltens im Erwachsenenalter.

Bei Mäusen beeinflusst nicht nur die Lage im Mutterleib den Phänotyp der Kinder, sondern auch der Ernährungszustand der Mutter. Ein unterernährtes Mäuseweibchen bringt kleinere und leichtere Kinder zur Welt, und dieser Effekt verflüchtigt sich auch im Erwachsenenalter nicht völlig. Vor allem für die betroffenen Söhne hat dies weit reichende Folgen. Sie werden es nicht nur schwer haben, ein Revier zu erobern und gegen größere Konkurrenten zu verteidigen, sondern sie sind auch bei den Weibchen unbeliebt: In Labortests bevorzugen Mäuseweibchen Söhne von normalgewichtigen Müttern – selbst wenn sie die betreffenden Männchen gar nicht sehen, sondern nur riechen können!
Eltern beeinflussen den Phänotyp und damit auch das Verhalten ihrer Kinder also nicht nur über die Gene, die sie an sie weitergeben, sondern auch durch andere, nicht erbliche Faktoren, die oft schon vor der Geburt wirksam werden und nachhaltige Effekte haben. Solche nicht erblichen Einflüsse nennt man **elterliche Effekte.**

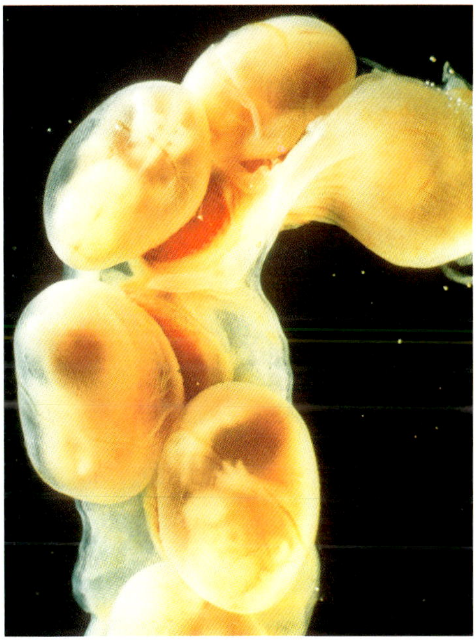

135.1 Mäusefeten in der Gebärmutter

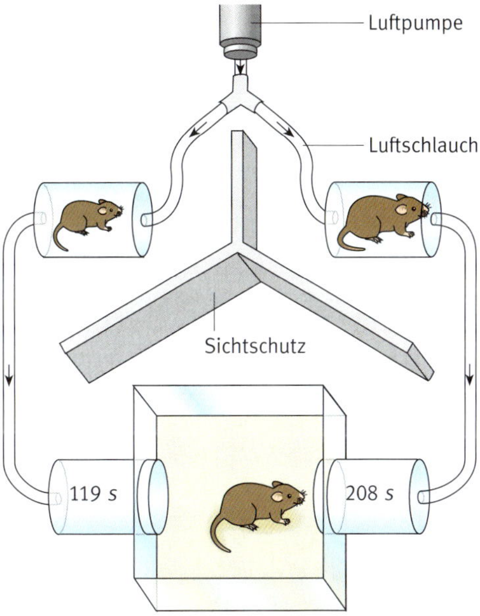

135.2 Laborversuch zur sexuellen Attraktivität männlicher Mäuse. Die Zahlen geben die mittlere Aufenthaltsdauer der Weibchen in der jeweiligen Kammer an.

Elterliche Effekte beeinflussen auch spätere Vorlieben der Kinder. Von Ratten und Menschen ist bekannt, dass bestimmte Moleküle in der Muttermilch die spätere Nahrungswahl der Nachkommen beeinflussen.

1 Bekanntlich sollten Schwangere auf Alkohol und Nikotin verzichten. Informieren Sie sich über die möglichen Folgen, wenn diese Warnung unbeachtet bleibt und diskutieren Sie diese im Zusammenhang mit den hier dargestellten Befunden.

2.3 Lerndispositionen

Ratten stehen nicht zu Unrecht in dem Ruf, besonders anpassungs- und lernfähig zu sein. Wird einer Ratte beispielsweise übel, wird sie das, was sie zuvor gefressen hat, nie wieder anrühren – auch wenn es ihr noch so gut geschmeckt hat. Man hat dies im Labor getestet, indem man Ratten Zuckerwasser zu trinken gab und sie währenddessen einer leichten Dosis Röntgenstrahlen aussetzte. Die Bestrahlung hatte zur Folge, dass den Ratten wenig später schlecht wurde und sie fortan Zuckerwasser mieden. Selbst wenn die Übelkeit erst sieben Stunden nach der Nahrungsaufnahme einsetzte und dies eine einmalige Erfahrung war, blieb das Ergebnis dasselbe: Ratten lernen sehr schnell, dass Fressen oder Trinken Übelkeit verursachen kann.

Aber auch die Lernfähigkeit von Ratten hat ihre Grenzen. Versetzt man der Ratte nämlich während des Trinkens einen schmerzhaften Elektroschock in die Füße, ist dies für sie kein Anlass, künftig kein Zuckerwasser mehr zu trinken – selbst wenn sie mehrfach die Erfahrung macht, dass ihr beim Zuckerwassertrinken die Füße weh tun.

Ein unbekanntes Geräusch mit einem plötzlichen Schmerz in Verbindung zu bringen, lernen Ratten wiederum sehr schnell: Ein Elektroschock reicht, und die Ratte wird die Geräuschquelle künftig meiden. Wird ihr beim Hören des Geräuschs hingegen übel, ist dies für sie kein Grund, die Geräuschquelle zu meiden.

Manche Zusammenhänge, so zeigen diese Experimente, begreifen Ratten offenbar sofort, andere dagegen überhaupt nicht. Dabei ist bemerkenswert, dass der gleiche Strafreiz in unterschiedlichen Zusammenhängen unterschiedliche Wirkungen hat. Allerdings ist es offensichtlich, dass das Lernverhalten der Ratten *biologisch angepasst* ist: Geräusche verursachen normalerweise keine Übelkeit, verdorbene oder giftige Nahrung hingegen schon. Und auch zwischen einem Geräusch und einem plötzlichen Schmerz kann es einen realen Zusammenhang geben: Vor umstürzenden Bäumen oder Steinschlag sollte sich auch eine Ratte in Acht nehmen.

Was Ratten lernen und was nicht, ist also nicht beliebig, sondern biologisch sinnvoll und offensichtlich bis zu einem gewissen Grad genetisch vorgegeben: Das Lernen von Ratten wird durch **angeborene Lerndispositionen** gesteuert. Lernen ist also kein Prozess, der von genetischen Anlagen völlig unabhängig wäre.

Angeborene Lerndispositionen haben sich in der Evolution durchgesetzt, weil sie die Aufnahme und Verarbeitung von Informationen erleichtern, die für das Überleben und die Fitness des Individuums von Bedeutung sind. Ratten, die giftige Nahrung meiden, von der ihnen einmal schlecht geworden ist, werden länger leben und mehr Nachkommen haben als Ratten, die sich anders verhalten. Diese Lerndisposition hat schon viele Ratten davor bewahrt, mit Giftködern ins Jenseits befördert zu werden.

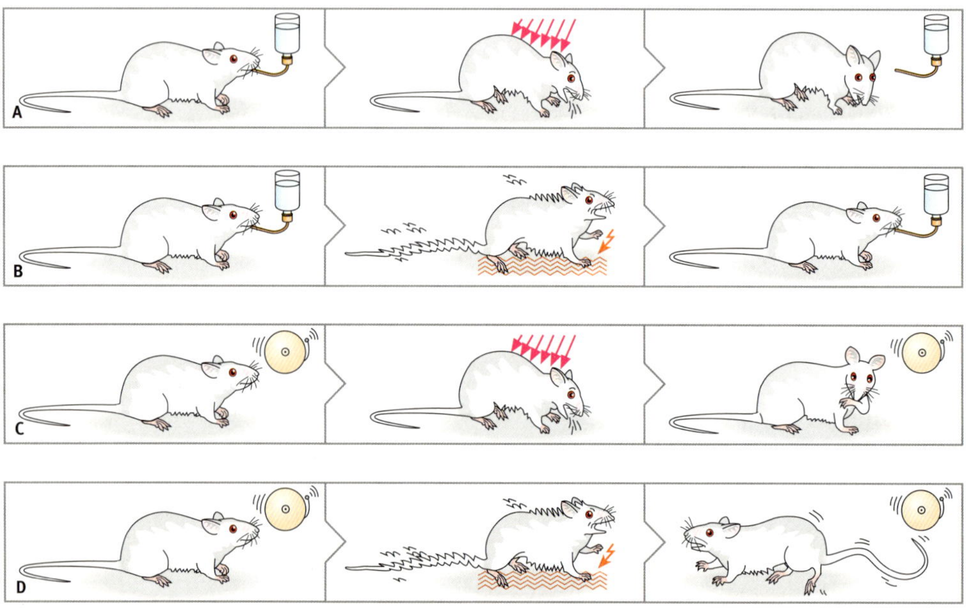

136.1 Wirkung von Strafreizen auf das Lernverhalten von Ratten. A Wirkung von Röntgenstrahlen auf die Nahrungswahl; **B** Wirkung eines Elektroschocks auf die Nahrungswahl; **C** Wirkung von Röntgenstrahlen auf die Reaktion auf ein Geräusch; **D** Wirkung eines Elektroschocks auf die Reaktion auf ein Geräusch

Die Angst, die viele Menschen vor Spinnen, Schlangen und manchen anderen Tieren haben, beruht nach Ansicht von Evolutionsbiologen ebenfalls auf einer angeborenen Lerndisposition – was auf den ersten Blick nicht sehr überzeugend erscheint: Wer kommt in Mitteleuropa schon durch eine Schlange oder gar eine Spinne um?
Experimente mit Rhesusaffen stützen jedoch die Hypothese, dass Schlangenfurcht das Resultat einer angeborenen Lerndisposition ist. Im Labor geborene Affen, die noch nie in ihrem Leben eine Schlange gesehen haben, haben auch keine Angst vor ihnen. Führt man ihnen jedoch ein Video vor, auf dem ein Artgenosse zu sehen ist, der Furcht vor einer Schlange zeigt, entwickeln sie sehr schnell eine dauerhafte Schlangenphobie. Manipulierte Videos, auf denen Artgenossen zu sehen sind, die sich scheinbar vor harmlosen Dingen wie Stoffkaninchen fürchten, haben diesen Effekt dagegen nicht.
Ähnliches lässt sich bei Kindern beobachten. Kleinkinder haben keine Angst vor Schlangen. Erst im Alter von drei bis fünf Jahren beginnt sie sich bei entsprechenden Erfahrungen zu entwickeln.
Natürlich stellen Schlangen für freilebende Rhesusaffen eine sehr reale Gefahr dar, was für Mitteleuropäer offensichtlich nicht gilt. Aber die genetische Anlage für diese Lerndisposition ist bei Mitteleuropäern offenbar auch noch vorhanden.

Ein anderes Beispiel für eine angeborene Lerndisposition beim Menschen ist der Spracherwerb. Dass es einen „Sprachinstinkt" gibt, hatte schon DARWIN vermutet, obwohl er zugab, dass dies „sicher kein echter Instinkt" sei, „da eine jede Sprache gelernt werden muss." Aber die Art und Weise wie Kinder ihre Muttersprache lernen – nämlich ganz ohne Vokabeln und Grammatik zu pauken –, deutet darauf hin, dass hier genetische Anlagen beteiligt sind.
Weiterentwickelt und bekannt wurde die Hypothese des „Sprachinstinktes" durch den amerikanischen Linguisten Noam CHOMSKY. CHOMSKY ist der Ansicht, dass die menschliche Fähigkeit, Sprache zu erlernen und zu verstehen, auf einer *angeborenen Sprachkompetenz* beruht. Eines von vielen Indizien dafür ist die Tatsache, dass Kinder Sprachen viel leichter und schneller lernen als Jugendliche und Erwachsene – und das geradezu spielerisch.

137.1 Angst auslösende Tierarten.
A Kobra; **B** Nilkrokodil; **C** Skorpion; **D** Vogelspinne

Schon Dreijährige versetzt diese angeborene Sprachkompetenz in die Lage, aus einer endlichen Anzahl von Wörtern eine fast unendliche Anzahl sinnvoller Sätze zu bilden – und eine noch größere Zahl sinnloser und grammatisch falscher Sätze zu vermeiden.

Inzwischen wird die Theorie der angeborenen Sprachkompetenz auch durch Befunde von Genetikern gestützt. Im Jahre 1998 wurde auf dem menschlichen Chromosom 7 ein Gen identifiziert, das den Namen FOXP2 erhielt. Dieses Gen steht mit der Sprachfähigkeit im Zusammenhang. Menschen, bei denen es durch eine Punktmutation leicht verändert ist, haben Artikulationsschwierigkeiten und Probleme mit der Grammatik.

PORTRÄT

Avram Noam CHOMSKY, geboren in Philadelphia, wurde 1955 Professor für Linguistik und moderne Sprachen am MIT (Massachusetts Institute of Technology) in Cambridge. Mit seiner These, es gebe eine dem Menschen angeborene Sprachkompetenz, wandte er sich ausdrücklich gegen den in Amerika vorherrschenden Behaviorismus.

Noam CHOMSKY (* 1928)

1 „Erworben" und „ererbt" sind keine Gegensätze. Erläutern Sie.

3 Lernprozesse

3.1 Prägung

Unter natürlichen Bedingungen folgen Gänseküken immer ihrer Mutter, egal wohin sie sich auch bewegt. Dass dieses Verhalten für das Überleben eines unerfahrenen Kükens sinnvoll ist, liegt auf der Hand. Umso erstaunlicher war ein von Konrad LORENZ ausführlich beschriebenes Phänomen, das man an frisch geschlüpften Gänsen beobachten kann: Entfernt man die Gänsemutter, bevor die Küken schlüpfen, so folgen sie später all jenen Objekten, die sich unmittelbar nach dem Schlupf bewegen und Laute von sich geben. Nicht nur Gänseattrappen und Menschen, sondern auch Fußbälle, Kartons und Spielzeugautos können auf diese Weise zu „Gänsemüttern" werden.

138.1 Nachfolgeprägung bei Gänseküken

138.2 Prägungskarussell

Ihrer Mutter hingegen folgen solche Küken niemals mehr, auch wenn sie längere Zeit mit ihr zusammen sind. Dieses Verhalten zeigt, dass den Küken weder ein Bild ihrer Mutter, noch eines ihrer Artgenossen angeboren ist. In den Versuchen hatten sie gelernt, ein Ersatzobjekt individuell zu erkennen und sich daran zu binden, so wie sie unter natürlichen Umständen auch lernen, ihre Mutter zu erkennen. Angeboren ist lediglich ein genetisch vorgebahnter Lernprozess, der zu einer dauerhaften **Prägung** auf ein Bezugsobjekt führt.

Diese als *Nachfolgeprägung* bezeichnete Lernform ist an Gänsen und Enten in so genannten *Prägekarussells* systematisch erforscht worden. Für diesen Lernvorgang, wie auch für jede andere Form von Prägung, gelten bestimmte Gesetzmäßigkeiten: Eine Prägung erfolgt immer nur in einem zeitlich eng begrenzten Intervall, der **sensiblen Phase.** Diese Phase ist entwicklungsgenetisch vorbestimmt. Bei der Nachfolgeprägung der Gänse umfasst sie nur wenige Stunden nach dem Schlupf aus dem Ei.

Im Vergleich zu anderen Formen des Lernens ist die Prägung ein schneller Lernprozess, der in der Regel **irreversibel,** also nicht umkehrbar ist. Das bedeutet aber keineswegs, dass die Gänse ihr Leben lang einem Bezugsobjekt nachlaufen. Eine einmal erfolgte Prägung ist nur nicht mit einem anderen Prägungsvorgang, quasi einer neuen Version, zu überschreiben. Mit der wachsenden Selbstständigkeit geht auch die Funktion dieses Verhaltens verloren, die Jungtiere lösen sich von der Mutter.

Neurobiologen konnten während des Prägungsvorganges interessante Beobachtungen an den akustischen und visuellen Zentren der Gehirne von Hühnerküken machen: Die Balance bestimmter Neurotransmitter, wie etwa Serotonin und Dopamin, verändert sich. Die dadurch veränderte Signalübertragung führt dazu, dass bestimmte Signalwege bevorzugt benutzt werden. Auch die Anzahl von Synapsen und die Verschaltungsmuster beteiligter Neuronen unterliegen Veränderungen. In einer Frühphase der Entwicklung werden zunächst viele synaptische Verbindungen neu ausgebildet. Damit wachsen die Verschaltungen von

Neuronen stark an. Der Prägungsvorgang selbst ist durch einen massiven Abbau von Synapsen gekennzeichnet. Verbindungen von Neuronen mit geringerer Aktivität werden geschwächt und schließlich abgebaut. Die wenigen überdauernden Verbindungen bilden ein neues und dauerhaftes Verschaltungsmuster, das sich nicht ohne weiteres erneut reorganisieren lässt. Die Küken reagieren dann schnell und dauerhaft auf bestimmte Merkmale ihrer Mütter. Ihr Gehirn ist durch Strukturveränderungen und veränderte Übertragungseigenschaften irreversibel geprägt.

Durch Prägung lernen viele Tiere nicht nur, ihre eigene Mutter zu erkennen, sondern auch, welcher Art sie angehören und mit wem sie sich nach der Geschlechtsreife paaren. Diese *sexuelle Prägung* erfolgt bei Vögeln und einigen Säugetieren viel später als die Nachlaufprägung und ihre sensible Phase dauert meist einige Wochen.
In einem Experiment wurden zwei Gruppen junger Finkenmännchen einmal mit Weibchen der eigenen Art und einmal mit Weibchen einer nahe verwandten Art aufgezogen. Beide Versuchsgruppen balzten nach der Geschlechtsreife die Weibchen an, mit denen sie während ihrer sensiblen Phase der sexuellen Prägung aufgewachsen waren. Die artfremd geprägten Männchen paarten sich nur in Ausnahmefällen und bei großer sexueller Motivation mit Weibchen der eigenen Art.

Weitere Formen der Prägung sind die *Gesangs-* und die *Nahrungsprägung*. Von manchen Arten, wie Erdkröten und Lachsen, kennt man die *Ortsprägung*. Lachse kommen nur zur Eiablage in die Oberläufe klarer Fließgewässer. Die schlüpfenden Jungtiere wandern stromabwärts zum Meer und sie kehren erst geschlechtsreif wieder in die Bäche zurück, in denen sie geschlüpft waren. Sie erkennen ihr Heimatgewässer am spezifischen Geschmack des Wassers, dem sie von der Mündung bis in die Quellregionen folgen.

Dass auch beim Menschen prägungsähnliche Lernvorgänge an der Entwicklung von Verhaltensweisen beteiligt sind, gilt heute als sicher. Psychologen und Ethologen vertreten die Ansicht, dass die Mechanismen für die Ausbildung der Eltern-Kind-Beziehung bei Menschen ähnlich verlaufen wie bei Vögeln und anderen Säugetieren.
Wenige Tage alte Säuglinge erkennen ihre Mutter an der Stimme, ein Resultat *akustischer Prägung*. Die sensiblen Phasen für die Entwicklung der Eltern-Kind-Beziehung liegen zwischen den ersten Lebensmonaten und dem zweiten Lebensjahr. In dieser Zeit ist die enge Bindung zu einer Bezugsperson für die weitere emotionale Entwicklung des Kindes besonders wichtig. Trotz einiger Parallelen bestehen dennoch Unterschiede zwischen Prägungslernen im Tierreich und beim Menschen: Prägungsvorgänge bei Menschen verlaufen weniger starr.

1 Notieren Sie zwei Fragestellungen, die man mit einem Prägekarussell untersuchen kann. Entwerfen Sie einen experimentellen Plan zur Durchführung solcher Untersuchungen.

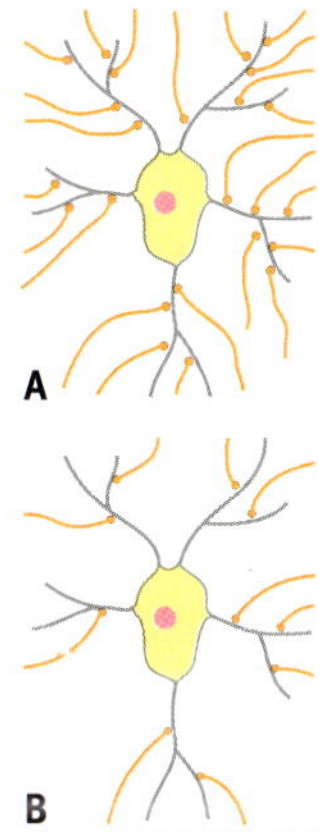

139.1 Synapsen. A vor und **B** nach der Prägung

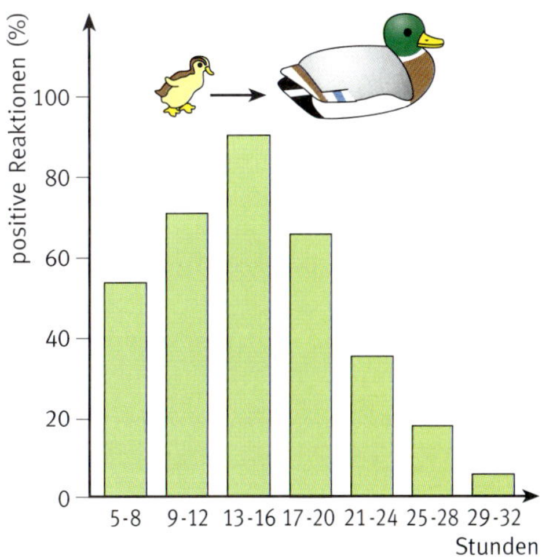

139.2 Sensible Phase der Nachfolgeprägung

139.3 Wandernde Lachse

3.2 Assoziatives Lernen

Der nur einen Millimeter lange Fadenwurm *Caenorhabditis elegans* ernährt sich von Bakterien. In einem einfachen Wahlversuch lernte der Wurm trotz seines nur 300 Neuronen umfassenden Nervensystems sehr schnell, wo er Futter bekommt. Den Würmern wurden Bakteriensuspensionen angeboten, die mit Ionen versetzt waren. Bereits nach dem ersten Fressen lockten mit Ionen angereicherte Lösungen die Würmer an, selbst wenn diese keine Bakterien enthielten. Wenn Tiere Verknüpfungen zwischen bestimmten Umweltreizen und eigenen Reaktionen ausbilden, nennt man dies **assoziatives Lernen.**

Assoziatives Lernen wurde 1905 erstmals von dem russischen Physiologen Iwan PAWLOW und seinen Mitarbeitern an Hunden wissenschaftlich untersucht. Die Hunde wurden mit einem Geschirr an einem Gestell fixiert. Über einen Schlauch konnte ihnen zu jeder Zeit Speichel abgenommen werden. Wurde ihnen ein gefüllter Futternapf dargeboten, antworteten sie mit einer reflektorischen Speichelbildung. Konfrontierte man die Hunde dagegen mit einem akustischen Signal, wie etwa dem Läuten einer Glocke, so wurde kein Speichelfluss registriert. Bot man den Hunden in kurzer Folge erst den Glockenton und dann das Futter dar, so reichte nach einigen Versuchen schon der Ton, um den Speichelfluss auszulösen. Die Hunde assoziierten den als *neutralen Reiz* wirkenden Glockenton mit den *spezifischen Reizen* des Futters und reagierten entsprechend. Entscheidend für den Erfolg dieses Lernvorganges waren die richtige Reihenfolge der präsentierten Reize sowie ihre enge zeitliche Kopplung. Aus dem **unbedingten Reflex** der Speichelabsonderung wurde durch den Glockenton ein **bedingter Reflex.** Diesen speziellen Fall des assoziativen Lernens bezeichnete PAWLOW als Konditionierung. Da es aber noch andere Formen der Konditionierung gibt, wird die von PAWLOW erforschte auch **klassische Konditionierung** genannt.

140.1 PAWLOW in seinem Labor (2. von rechts)

Nicht alle Reflexe können auf die geschilderte Art und Weise konditioniert werden. Den monosynaptischen Kniesehnenreflex oder den Pupillenreflex kann man durch Lernen nicht beeinflussen.

Ob nun als Reflex oder als komplexe Reaktion, *reizbedingte Konditionierungen* basieren auf dem Erleben angenehmer oder unangenehmer Erfahrungen, die Tiere oder Menschen im Zusammenhang mit einer bestimmten Reizsituation erfahren.

Fadenwürmer, Hunde und auch Menschen können auf bestimmte Reize konditioniert werden, wenn sie nach erfolgter Reaktion auf einen Reiz belohnt werden. Das Resultat eines solchen Lernvorganges ist die **bedingte Appetenz.** Sie entsteht, wenn eine Reizsituation aktiv aufgesucht wird, weil das Tier nach der Wahrnehmung dieses Reizes gute Erfahrungen gemacht hat. Auf diese Weise kann man Aquarienfische in einer Futter-Belohnungs-Dressur dazu bringen, bei Hunger eine in das Wasser getauchte Pinzette anzuschwimmen.

Reize können aber auch mit unangenehmen Erfahrungen verknüpft werden. Ein Kind, welches von einer Wespe gestochen wurde, wird in Zukunft den Kontakt mit diesen Tieren vermeiden. Einen solchen Konditionierungsprozess bezeichnet man als **bedingte Aversion.**

Etwa zu der Zeit, als PAWLOW seine Konditionierungsversuche machte, konstruierte Edward Lee THORNDIKE einen „Problemkasten“, um mehr über Lernprozesse bei Tieren zu erfahren. Er sperrte Katzen in enge Gitterkäfige, deren Türen sich nur öffnen ließen, wenn die Katze einen Hebel betätigte. Vor dem Käfig befand sich ein Napf mit Futter. Immer wenn THORNDIKE ein Tier in den Käfig setzte, versuchte es vergeblich durch Beißen und Kratzen zu entkommen. Bei diesen Aktionen betätigten die Katzen früher oder später auch

zufällig den Hebel, der die Tür öffnete. Nach jedem neuen Versuchsdurchlauf gelang es den Katzen fortan immer schneller, den richtigen Hebel durch eine spezielle Bewegungsabfolge zu betätigen, um in die Freiheit und an das Futter zu gelangen. Schließlich betätigte das Versuchstier den Hebel sofort, nachdem es eingesperrt wurde.
THORNDIKE hatte mit seinem Versuch eine weitere Lernform, die **operante Konditionierung** (lat. *operare,* handeln) experimentell nachgewiesen. Er erkannte „dass unter verschiedenen Reaktionen, die auf dieselbe Situation hin ausgeführt werden, ... diejenigen stärker mit der Situation verknüpft werden, die von einem für das Tier befriedigenden Zustand begleitet ... werden." Diese Lernform ist *handlungsbedingt,* weil die Tiere lernen, dass nach einer bestimmten Handlung etwas geschieht, das von einer angenehmen Empfindung begleitet ist: Es bildet sich eine **bedingte Aktion** heraus. Weil hier eine Handlung zum Instrument wird, um eine bestimmte Konsequenz, wie die Erlangung der Freiheit oder den Zugang zum Futter hervorzurufen, wird diese Lernform auch als *instrumentelle Konditionierung* bezeichnet.
Auf der *positiven Verstärkung* eines Verhaltens durch Belohnungen basieren die meisten *Dressuren.* Erspart sich das Tier durch die Ausführung eines bestimmten Verhaltens ein negatives Erlebnis, so wird dieses Verhalten *negativ verstärkt.* Folgt unmittelbar auf ein Verhalten eine *Bestrafung,* wird die Häufigkeit dieses Verhaltens herabsetzt.
Burrhus Frederic SKINNER teilte die Ansichten THORNDIKES, dass jede Verhaltensweise durch bisher erlebte Umweltsituationen beeinflusst werde. Während sich THORNDIKE auf das Versuch-Irrtum-Verhalten konzentrierte, suchte SKINNER einfache Antworten auf die Frage, wie sich Tiere durch die Verstärkung spontanen Verhaltens mittels Belohnung und Bestrafung beeinflussen lassen und welche Mechanismen diesen Vorgängen zu Grunde liegen. Die nach ihm benannte SKINNER-Box, mit der er das Lernverhalten von Ratten und Tauben erforschte, funktioniert ganz ähnlich wie der Problemkasten von THORNDIKE.

Konditionierungen lassen sich „löschen", wenn sie längere Zeit nicht mehr trainiert werden. Das Verlernen ist, ebenso wie der Lernvorgang selbst, eine erfahrungsbedingte Änderung eines Verhaltens.

Die einfache Lernform der *Gewöhnung* oder **Habituation** verhindert, dass Tiere Energie für die Reaktionen auf Reize verschwenden, die keinen Neuigkeitswert haben und damit eigentlich bedeutungslos sind. Wenn ein Süßwasserpolyp mit einer Pinzette vorsichtig berührt wird, zieht er sich zu einer kleinen Kugel zusammen. Diese angeborene Schutzreaktion vollführt der Polyp nicht mehr, wenn man ihn einige Male auf die gleiche Art und Weise gereizt hat.

Als Behavioristen glaubten THORNDIKE und SKINNER, dass Verhaltensweisen von Lebewesen, so auch die des Menschen, ganz wesentlich auf solchen Lernformen beruhten. Heute gilt als erwiesen, dass Konditionierungen einen festen Bestandteil des Lernverhaltens von Tieren und Menschen darstellen. Dennoch wird die Ausschließlichkeit, mit der der Behaviorismus die Ergebnisse einzelner experimenteller Studien zu einer allgemein gültigen Verhaltenstheorie erhoben hatte, abgelehnt. Die Behauptung, fast jedes Tier könne man beliebig konditionieren, wenn es nur zur Ausführung einer Handlung befähigt wäre, hat sich letztendlich als falsch erwiesen.

1 Die Versuche von PAWLOW wurden an fixierten Hunden durchgeführt. Heute sieht man die Abgabe von Speichel nicht mehr nur als bedingten Reflex an, sondern als Teil eines bedingten Appetenzverhaltens.
Begründen Sie diesen Standpunkt.

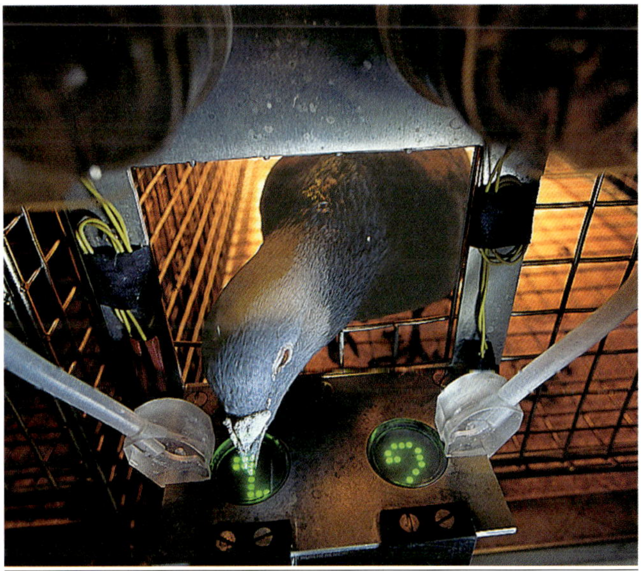

141.1 Taube in einer SKINNER-Box

142.1 Kognitives Lernen.
A bei einem Hund;
B bei einem Schimpansen

3.3 Kognitives Lernen

„Wetten, dass mein Hund die Namen von 75 verschiedenen Spielsachen kennt und mir auf mein Kommando genau das bringt, was ich haben will?" Der Border Collie Rico bestand den Test und wurde so zum Fernsehstar. Sollte er die Socke bringen, brachte er die Socke, sollte er die Puppe bringen, brachte er diese.
Dass ihr Hund sie ganz genau versteht, meinen die meisten Hundebesitzer. Spiele wie „Stöckchen-Apportieren" scheinen dies zu bestätigen. Aber versteht ein Hund wirklich, was das Wort „Stöckchen" bedeutet? Wissenschaftler waren hier lange skeptisch: Tieren solle man keine komplexeren kognitiven Fähigkeiten zuschreiben als unbedingt nötig, lautete die Lehrmeinung. Stöckchen apportieren kann ein Hund schließlich auch durch einfache operante Konditionierung lernen. Ricos Leistungen waren mit dieser Annahme jedoch nicht zu erklären. Er hatte im Laufe seines neunjährigen Lebens etwa 250 Wörter gelernt und weiß, was sie bedeuten.

Menschenaffen, Delfine und Papageien verfügen über ähnliche Fähigkeiten. Sie können lernen, dass Wörter symbolische Bezeichnungen für reale Gegenstände sind. Schlagzeilen machte der Bonobo Kanzi. Der Menschenaffe hatte nicht nur gelernt, mithilfe einer speziellen Computertastatur zu kommunizieren, sondern auch die Bedeutung gesprochener Sätze zu verstehen: Auf 660 für ihn völlig neue Sätze, die Fragen oder Aufforderungen enthielten, reagierte er zu 74 Prozent korrekt. Die zweijährige Tochter einer Wissenschaftlerin brachte es nur auf 65 Prozent.

Aber Rico kann sogar noch mehr: Befindet sich unter mehreren vertrauten Spielzeugen eines, das er noch nicht kennt, etwa ein Hase, und sagt man ihm dann, „Hol den Hasen!", tut er auch dies – selbst wenn er das Wort „Hase" nie zuvor gehört hat. Rico lernt also nach dem Ausschlussverfahren: Das neue Wort muss den Gegenstand bezeichnen, den er noch nicht kennt. Menschliche Kleinkinder erfassen die Bedeutung neuer Wörter ebenso – Menschenaffen jedoch nicht.
Auch in anderen Bereichen scheinen Hunde Menschenaffen geistig überlegen zu sein. Trainiert man sie darauf, dass unter einem von zwei Töpfen eine Belohnung versteckt ist, und zeigt dann auf den richtigen Topf, begreift schon ein Welpe, was gemeint ist. Wölfe und Menschenaffen verstehen den Fingerzeig dagegen nicht. Dies ist ein Beleg dafür, dass geistige Leistungen eine genetische Grundlage haben: Haushunden ist die Fähigkeit, menschliche Signale zu verstehen, angeboren. Sie haben sie im Laufe der Domestikation durch Selektion erworben.
Welche Hirnareale im Kopf eines Hundes wie Rico aktiv sind, wenn er eine der vorgestellten Aufgaben löst, ist bislang nicht untersucht. Sein Verhalten deutet allerdings darauf hin, dass er überlegt – auch wenn ihm selbst dies möglicherweise nicht bewusst ist.

Belege dafür, dass Tiere lernen können, für sie neue Probleme nicht durch Ausprobieren, sondern durch **Einsicht** zu lösen, hatte der deutsche Psychologe Wolfgang KÖHLER (1887 bis 1967) schon zu Beginn des 20. Jahrhunderts gefunden. Sein Schimpanse Sultan stand vor dem Problem, sich eine Banane zu be-

schaffen, die außerhalb seiner Reichweite lag. Nach langen, erfolglosen Bemühungen kam ihm der sprichwörtliche „Geistesblitz“: Er steckte zwei hohle Bambusstäbe ineinander und angelte sich mithilfe dieses selbst geschaffenen Werkzeugs die Banane.
Genau wie Rico hatte Sultan die richtige Lösung des Problems also nicht über Versuch und Irrtum gefunden, sondern dadurch, dass er eine geistige Vorstellung des Problems und seiner Lösung entwickelt hatte. Lernen, das auf diese Weise erfolgt, bezeichnet man als **kognitives Lernen.**

Insekten, die stur gegen Fensterscheiben oder Straßenlaternen fliegen und dort den Tod finden, traut man intelligente Problemlösungen eher nicht zu. Aber sogar Insekten sind lernfähig. Beispielsweise lernen Bienen sehr schnell, den Duft einer Blume mit Nahrung zu assoziieren. Ebenso kann man Bienen darauf dressieren, nur symmetrische Muster anzufliegen. Bei solchen Versuchen werden den Tieren jeweils drei Muster gleichzeitig angeboten, von denen nur eines – das symmetrische – eine Belohnung bietet. Wiederholt man den Versuch mit neuen Mustern, fliegen die Bienen nach durchschnittlich sechs Versuchsdurchgängen in 80 Prozent der Fälle das symmetrische an – auch wenn dies ganz anders aussieht als das ursprüngliche. Ein entsprechendes Ergebnis erhält man, wenn das mit der Belohnung gekoppelte Muster asymmetrisch ist.
Kehrt man die Aufgabe während eines Testdurchlaufes um, sodass plötzlich statt des symmetrischen das asymmetrische Muster eine Belohnung bietet, begreifen die Bienen auch dies sehr schnell: Nach wenigen Einzelversuchen stellen sie ihr Verhalten vollständig um.
Auch zu der Unterscheidung zwischen „gleich“ und „ungleich“ sind Bienen in der Lage. Trainiert man sie darauf, in einen Y-förmigen Kasten zu fliegen, dessen Einflugloch mit derselben Farbe markiert ist wie das Ende jenes Armes, an dem sich die Belohnung in Form eines Tröpfchens Zuckerwasser befindet, lernen sie schon nach wenigen Versuchen, an der Gabelung die richtige Entscheidung zu treffen. Befindet sich die Belohnung dagegen am Ende des anderen Armes, lernen sie ebenso schnell, dass die richtige Lösung nun „ungleich“ heißt. Dieses einmal erworbene Wissen wenden die Tiere auch dann auf Anhieb richtig an, wenn die Farbmarkierungen durch unterschiedliche Schwarz-Weiß-Muster ersetzt werden. Sogar wenn optische Signale durch Geruchssignale ersetzt werden, wählen die Bienen problemlos den richtigen Weg.
Bienen erkennen also, dass ein ganz bestimmtes Merkmal wie Symmetrie oder Asymmetrie weiter reichende Gültigkeit hat: Sie können verallgemeinern oder **generalisieren.** Gleichzeitig bedeutet dies, dass sie erkennen, dass verschiedene konkrete Muster nur Stellvertreter für ein abstraktes Prinzip sind. Bienen können also **abstrahieren.** Und schließlich können Bienen einmal erkannte Regeln, wie die Unterscheidung zwischen gleich und ungleich, auch auf neue Situationen übertragen: Sie sind zu einfachen **Transferleistungen** in der Lage.

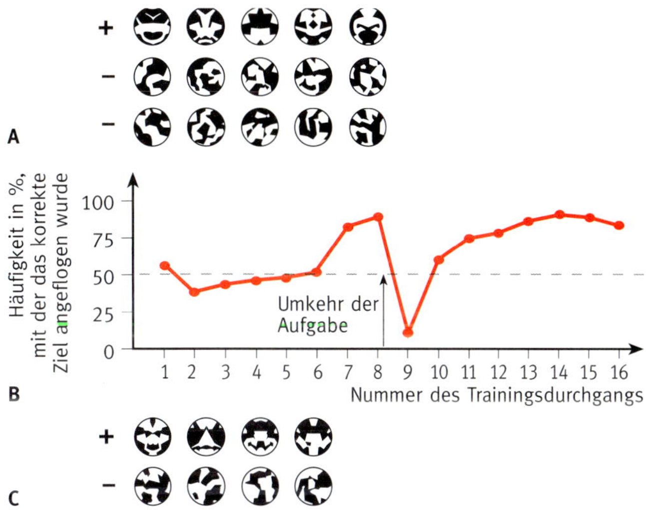

143.1 Symmetrie-Lernen bei Honigbienen.
A Trainingsmuster; **B** Lernkurve; **C** neue Muster

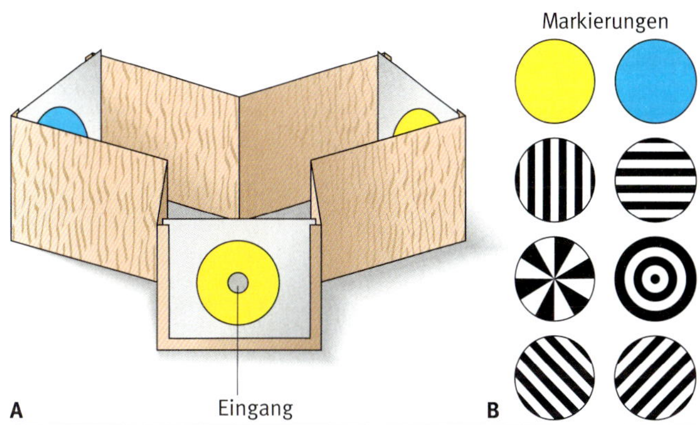

143.2 Gleich- und Ungleich-Lernen.
A Versuchsapparatur; **B** Markierungen

1 Erläutern Sie, inwiefern Bienen zu kognitivem Lernen in der Lage sind.

3.4 Soziales Lernen

Guppyweibchen sind wählerisch: Sie paaren sich nicht mit dem Erstbesten, sondern bevorzugen Männchen, die besonders kräftig gefärbt sind. Ist ein solches allerdings nicht verfügbar, nehmen sie auch mit einem blassen Männchen vorlieb. Beobachtet ein jüngeres Guppyweibchen, wie sich ein älteres mit einem blassen Männchen paart, verhält es sich oft ebenso – selbst dann, wenn kräftiger gefärbte Männchen verfügbar sind. Das junge Weibchen kopiert die Partnerwahl seiner älteren Artgenossin.

Tiere und Menschen richten ihr Verhalten oft am Verhalten anderer – oft älterer – Artgenossen aus. Diese Form des Lernens bezeichnet man als **soziales Lernen** oder als *Lernen am Modell.* Buchfinken sind wie vielen Singvögeln nur Grundstrukturen ihres arteigenen Gesanges angeboren; den typischen Buchfinkengesang müssen sie, wie Kaspar-HAUSER-Versuche zeigen, lernen. Das Vorbild oder Modell, an dem sie sich orientieren, ist dabei im Normalfall ihr Vater. Hören sie in ihrer Jugend nur den Gesang von Wiesenpiepern, gleichen sie ihren Gesang dem dieser anderen Art an. Allerdings lernen Buchfinken den Gesang ihrer eigenen Art leichter und schneller als den anderer Arten – ein Hinweis darauf, dass auch hier angeborene Lerndispositionen beteiligt sind.

Das Besondere am Gesangslernen der Vögel ist, dass hier keine Belohnung erfolgt. Für Fischadler, die beobachten, in welche Richtung ihre Artgenossen fliegen, gilt dies nicht: Sie machen viel eher Beute, wenn sie sich an einem erfolgreichen Jäger orientieren.

144.1 Partnerwahl weiblicher Guppys

144.2 Gesangslernen beim Buchfinken

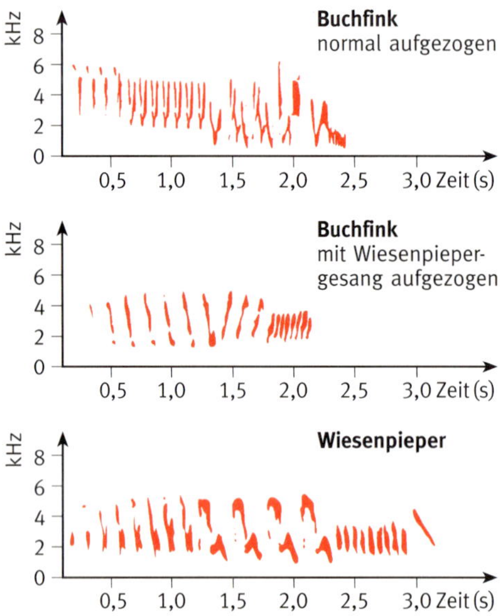

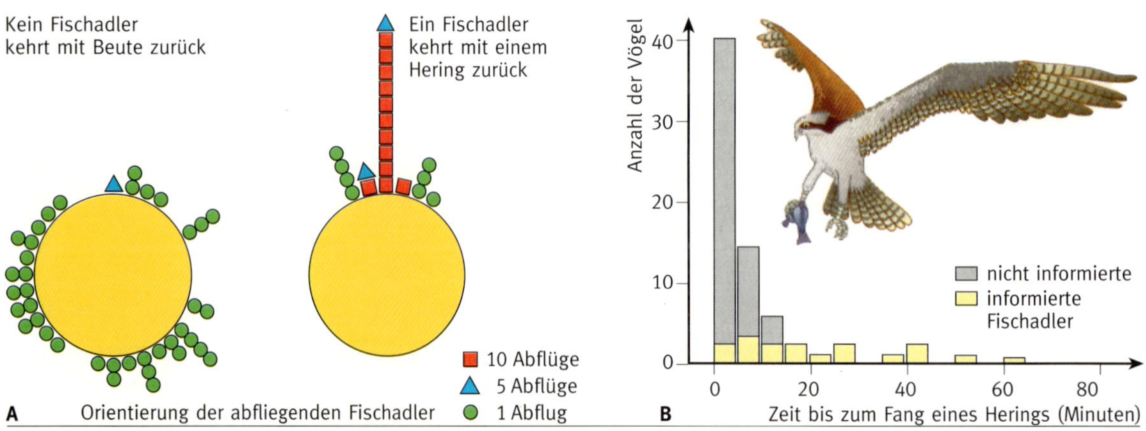

144.3 Orientierung am Erfolgreichen bei Fischadlern

Gegenüber individuellem Lernen hat soziales Lernen mehrere Vorteile:

- Es ist *schnell* – Lernen durch Versuch und Irrtum ist dagegen meist ein langwieriger Prozess;
- es ist *nützlich*, sich am Verhalten erfolgreicher Individuen zu orientieren;
- es ist *kostensparend*, bewährtes Wissen und Können zu übernehmen. Wer nur aus eigenen Fehlern lernt, macht unter Umständen Fehler, die tödlich sein können. Ratten sind beispielsweise auch deshalb so schwer mit Gift zu bekämpfen, weil sie an ihren Artgenossen erschnüffeln, was diese gefressen haben. Was jenen nicht bekommen ist, meiden sie strikt.

Ob ein junges Guppyweibchen allerdings davon profitiert, wenn es die suboptimale Partnerwahl eines älteren Weibchens kopiert, ist eher zweifelhaft: Eine im Regelfall nützliche Verhaltenstendenz kann im Einzelfall durchaus auch zu nachteiligen Ergebnissen führen.

Soziales Lernen ist auch die Voraussetzung für die Entstehung von **Traditionen** und **Kultur.** Junge Ratten orientieren sich in ihrer Nahrungswahl am Verhalten ihrer Mütter, und wenn diese sich entschieden haben, etwas partout nicht mehr zu fressen, kann daraus eine Gewohnheit werden, die von Generation zu Generation weitergegeben wird.

Traditionen sind auch von anderen Tieren bekannt. Um 1940 entdeckten Blaumeisen in England, wie man die Aluminiumkappen der morgens vor den Haustüren abgestellten Milchflaschen öffnen kann, um an die oben abgesetzte Sahneschicht zu gelangen. Innerhalb weniger Jahre breitete sich das Verhalten unter den Meisen ganz Großbritanniens aus.

Eine ähnliche Entdeckung machte 1953 ein unter dem Namen Imo (jap., Kartoffel) berühmt gewordenes Affenkind auf der japanischen Insel Koshima. Imo hatte gelernt, dass schmutzige Süßkartoffeln, die japanische Forscher am Strand der Insel ausgestreut hatten, besser schmeckten, wenn man sie vor dem Essen im nahen Bach wusch. Andere Gruppenmitglieder übernahmen das Verhalten, und bald wuschen die Affen ihre Kartoffeln nicht mehr im Bach, sondern im Meer, und zwar auch dann, wenn sie gar nicht schmutzig waren: Die Affen hatten das Würzen erfunden.

145.1 Traditionen bei Tieren.
A Meise beim Öffnen einer Milchflasche;
B Rotgesichtsmakake beim Kartoffelwaschen

Nur die erwachsenen Männchen aus Imos Gruppe blieben konservativ und machten die neue Mode nicht mit. Erst als das Kartoffelwaschen zur Tradition geworden war und von einer Generation an die nächste weitergegeben wurde, setzte es sich vollständig durch.
Sowohl bei Guppys als auch bei Affen erfolgt soziales Lernen also in einer bestimmten Richtung: Jüngere orientieren sich in ihrem Verhalten weitaus eher an älteren, ranghohen oder sozial erfolgreichen Individuen als umgekehrt.

Lange Zeit nahm man an, dass die Traditionen der Meisen und Affen durch Nachahmung oder **Imitation** zustande gekommen waren. Heute gibt es daran Zweifel, denn ausgerechnet Affen scheint das sprichwörtliche Nachäffen Schwierigkeiten zu bereiten. Möglicherweise wurden sie von Imo einfach „inspiriert" – und probierten es dann selber aus. Nach dieser Hypothese beruhte die Weitergabe der neuen Verhaltensweisen auf einer Mischung zweier Lernprozesse: *sozialer Anregung* und individuellem Lernen durch Versuch und Irrtum.

1 Diskutieren Sie die These, dass soziales Lernen Voraussetzung für das Entstehen von Kultur ist.

Lernversuche

1 Versuche zur klassischen Konditionierung

Zeit: 30 Minuten
Material: Reflex-Brille, elektrische Klingelanlage oder Signalpfeife, Uhr mit Stopp-Funktion

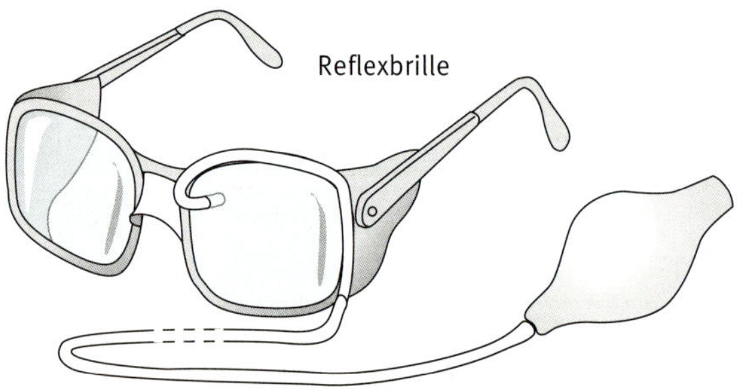

Durchführung: Ein Proband setzt die Reflex-Brille auf. Der Versuchsleiter prüft durch einmaliges Betätigen der Klingel, dass der Proband nicht reagiert. Anschließend wird mit dem Gebläse der Reflex-Brille ein einmaliger kurzer Luftstoß erzeugt, um die Wirkung auf den Probanden zu prüfen. Nach einer kurzen Pause wird mindestens zehn Mal im Abstand von etwa zehn Sekunden erst der Klingelton und sofort danach (weniger als eine Sekunde) der Luftstoß erzeugt. Nach Versuchsabschluss wird in zufällig gewählten Zeitintervallen (von drei bis zehn Sekunden) so lange nur der Klingelton präsentiert, bis die Reaktion ausbleibt.

Aufgaben:
a) Beschreiben Sie das Verhalten des Probanden bei isolierter Einwirkung des Luftstoßes und formulieren Sie eine Vermutung zur Bedeutung der beobachteten Verhaltensweise.
b) Erklären Sie an den Ergebnissen Ihres Versuches das Prinzip der klassischen Konditionierung.

2 Labyrinth-Lernen beim Menschen

Zeit: 45 Minuten
Material: Labyrinth-Schablone, Augenbinde oder dunkler Schal, Uhr mit Stopp-Funktion, Schreibmaterial

Durchführung: Proband und Versuchsleiter sitzen sich an einem Tisch gegenüber. Der Proband legt die Augenbinde an, bevor ihm das Labyrinth präsentiert wird. Der Versuchsleiter führt die Fingerspitze des Probanden an einen festgelegten Startpunkt. Nach Versuch und Irrtum findet der Proband den richtigen Weg durch das „Fingerlabyrinth". Der Versuchsleiter misst die Durchlaufzeit und die Fehlerzahl eines jeden Versuchsdurchlaufes. Je nach Zeitumfang sollten mindestens zehn Versuche durchgeführt werden.

Aufgaben:
a) Stellen Sie die Fehlerzahlen und die Durchlaufzeiten in Abhängigkeit des jeweiligen Versuchslaufes in einem Diagramm dar. Diskutieren Sie die Ergebnisse.
b) Führen Sie den Versuch mit einem anderen Startpunkt, aber dem gleichen Probanden erneut durch. Vergleichen Sie die Ergebnisse beider Versuche.

3 Zahlenlernen

Zeit: 5 x 25 Minuten
Material: Zahlenvorlage, Schreibmaterial, Stoppuhr

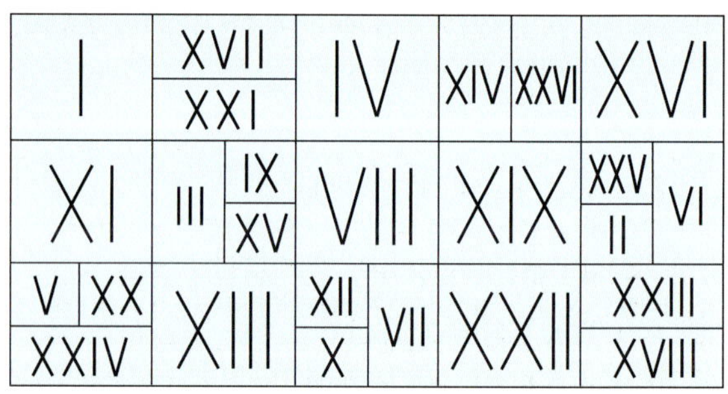

Durchführung: Der Proband notiert kurz vor Versuchsbeginn die Römischen Zahlen von I bis XXVI und lernt sie fünf Minuten lang. Anschließend findet der Proband die richtige Reihenfolge der Zahlen auf der Zahlenvorlage durch Antippen des richtigen Feldes.
Der Versuchsleiter notiert die Durchlaufzeit und Fehleranzahl je Durchlauf.
Der Versuch mit jeweils mindestens zehn Durchläufen ist im Abstand von je einem Tag fünfmal zu wiederholen.

Aufgabe:
Ermitteln Sie die Durchlaufzeit und die Fehlerzahl und konstruieren Sie Lernkurven entsprechend der Aufgabe 2. Leiten Sie aus den Ergebnissen Regeln für das Lernen unbekannter Sachverhalte ab.

Lernverhalten

1 In einer SKINNER-Box lernten Mäuse, durch das richtige Betätigen einer Tastenkombination, Futter zu erhalten. Der Versuch wurde 25 Tage lang durchgeführt. Die Ergebnisse wurden in Lernkurven dargestellt.

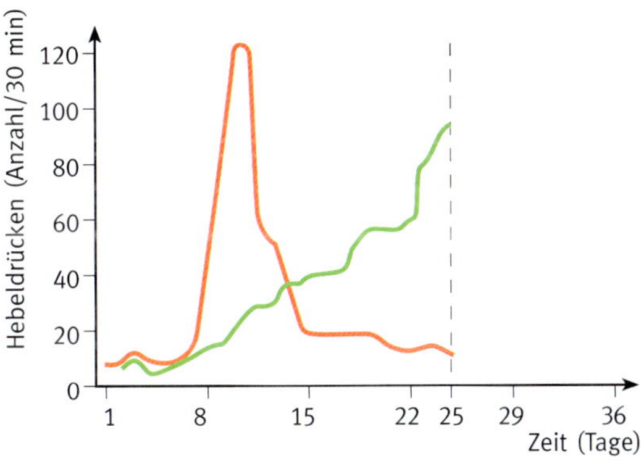

a) Beschreiben und interpretieren Sie die dargestellten Kurvenverläufe.

b) Grenzen Sie die Lernform gegen andere, Ihnen bekannte Lernformen ab.

c) Zeichen Sie den weiteren Verlauf der Kurven für folgende zwei Fälle. Fall 1: Der Versuch läuft so weiter wie bisher. Fall 2: Nach dem 25. Tag wird kein Futter mehr gegeben.

2 Libellenlarven ernähren sich räuberisch. Mit ihrer zu einer Fangmaske umgebildeten Unterlippe können sie Insektenlarven, Kaulquappen und sogar kleine Fische fangen. Der Beutefang erfolgt bei einigen Arten hauptsächlich über den optischen Sinn. Bei hungrigen Larven kann das Vorschnellen der Fangmaske mit einfachen Attrappen ausgelöst werden. Die Ergebnisse eines Lernversuches sind in einem Diagramm dargestellt.

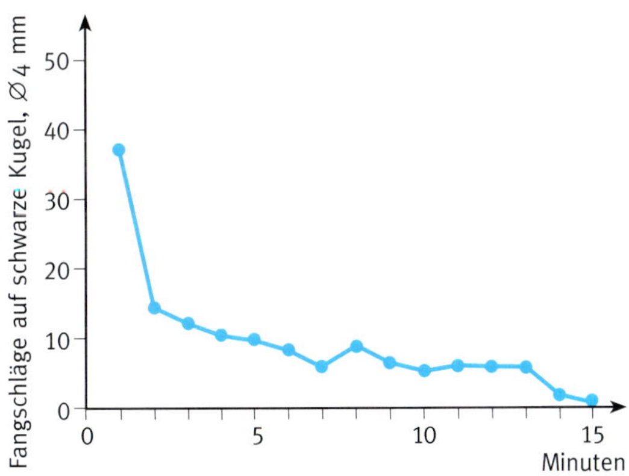

a) Formulieren Sie eine Hypothese, welche Lernform den Ergebnissen zu Grunde liegt.

b) Entwickeln Sie einen experimentellen Plan, um ihre Hypothese zu prüfen.

3 Die Vertreter des Behaviorismus behaupteten, Verhalten resultiere vollständig aus Erfahrungen, die ein Tier oder ein Mensch im Laufe seiner Entwicklung gesammelt hat. In einer Versuchsreihe mit drei Experimenten konnten Laborratten einem elektrischen Schlag entgehen, wenn sie die der Versuchsreihe zugeordnete Verhaltensweise ausführten.

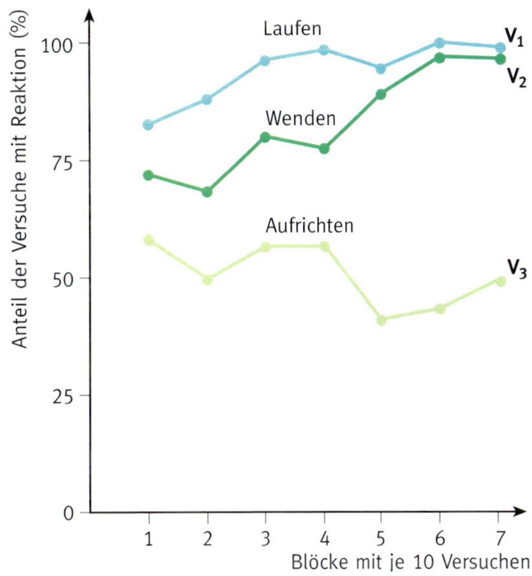

a) Beschreiben Sie die Versuchsergebnisse.

b) Unterziehen Sie auf der Grundlage der Ergebnisse die These der Behavioristen einer kritischen Wertung.

4 Als SKINNER einmal vor einem Wochenende versäumt hatte, für seine Konditionierungsversuche an Ratten genügend Futterpellets zu beschaffen, entschloss er sich anders als geplant, nur jede zweite erfolgreiche Reaktion seiner Versuchstiere mit Futter zu belohnen. Die Ergebnisse dieser Versuchsreihe unterschieden sich von den Ergebnissen einer Vergleichsgruppe: Die sparsam belohnten Tiere lernten das Verhalten langsamer, behielten die konditionierten Verhaltensweisen aber länger nach dem Ausbleiben von Fütterungen.

a) Interpretieren Sie das abweichende Lernverhalten der sparsam belohnten Ratten.

b) Erläutern Sie, wie man die Ratten schnell und gleichzeitig dauerhaft konditionieren könnte.

Verhaltensökologie

1 Verhalten als Umweltangepasstheit

1.1 Schutz vor Fressfeinden

148.1 Brutkolonie der Lachmöwe

Lachmöwen leben den größten Teil des Jahres in lockeren Schwärmen. Wenn sich aber im Frühjahr ihr Kopfgefieder dunkel färbt und sie in Brutstimmung kommen, schließen sie sich zu Paaren zusammen, die zu Dutzenden oder Hunderten gemeinsam in Dünen oder auf Wiesen brüten. Verirrt sich ein menschlicher Wanderer in eine solche Brutkolonie, tut er gut daran, sich vor den Schnabelhieben der Alttiere in Acht zu nehmen, die heftige Attacken auf ihn fliegen.

Als Bodenbrüter haben Lachmöwen zahlreiche Feinde, die ihr eigenes Leben und das ihrer Jungen gefährden. In der Möwenkolonie, die TINBERGEN und seine Mitarbeiter in den 50er und 60er Jahren des 20. Jahrhunderts untersuchten, waren Krähen „fast allgegenwärtig und wohlgeübte Eierräuber“; Silbermöwen, Igel und Marder „richteten manches Unheil an“, und „Füchse töteten viele Alte und zahlreiche Junge“. Anders als die auffälligen Altvögel sind Eier und Küken von Lachmöwen durch ihre Färbung zwar gut an den Untergrund angepasst und damit getarnt; aber dennoch fallen die meisten von ihnen Fressfeinden zum Opfer. Wie, fragte sich TINBERGEN, können Lachmöwen dieses Risiko verringern?

Die Krähen, beobachteten die Forscher, ergriffen vor Massenangriffen der Möwen die Flucht, kümmerten sich aber nicht darum, wenn sie nur von einer, zwei oder auch drei Möwen angegriffen wurden. Die auch „Hassen“ genannten Gemeinschaftsattacken erfüllen also offenbar die Funktion, „Nesträuber“ fernzuhalten. Einer von TINBERGENs Studenten testete diese Hypothese, indem er Hühnereier innerhalb und am Rande der Kolonie auslegte und die Häufigkeit des Hassens mit der Anzahl der gefressenen Eier verglich. Seine Ergebnisse stützten die Hypothese: In der Mitte der Kolonie wurden Eindringlinge viel häufiger attackiert als am Rande, und die in der Mitte ausgelegten Eier wurden zu einem viel geringeren Prozentsatz gefressen als diejenigen, die einzeln in den Dünen oder am Rande der Kolonie lagen.

Weitere Beobachtungen zeigten, dass Möwen, die im Zentrum der Kolonie brüteten, mehr Junge aufzogen als die, die in den Randbezirken nisteten. Damit war klar, dass das Brüten in Kolonien und die dadurch ermöglichten Gemeinschaftsattacken Verhaltensweisen sind, mit denen die Möwen das Risiko vermindern, dass ihr Nachwuchs Opfer von Raubfeinden wird. Einen solchen Satz angeborener Verhaltensweisen, die eine bestimmte Funktion erfüllen, nennen Verhaltensökologen eine **Strategie.** Damit ist nicht gemeint, dass Möwen oder andere Tiere bewusst irgendwelche Pläne verfolgen. Strategien sind in der Evolution entstandene Verhaltensregeln, die die Neigung des Individuums beeinflussen, in bestimmten Situationen Entscheidungen zu treffen, die an die jeweilige Situation **angepasst** sind.

Biologisch angepasst war auch ein anderes Verhalten der Lachmöwen: Sobald auch nur einige Möwen mit der Eiablage begannen, tat es ihnen die große Masse nach, und nur wenige Nachzügler hinkten hinterher. Indem die Forscher das Schicksal von über tausend Eiern verfolgten, konnten sie nachweisen, dass auch diese Synchronisation der Eiablage zur Strategie der Lachmöwen gehörte, ihren Nachwuchs vor Feinden zu schützen. Möwen, die ihre Eier zeitgleich mit vielen anderen legten, hatten nämlich einen wesentlich höheren Aufzuchtserfolg als Nachzügler. Absolut wurden zwar viel mehr Eier und Küken gefressen, wenn viele von ihnen vorhanden waren, für jedes einzelne Ei oder Küken war das Risiko aber wesentlich geringer, in der Masse erbeutet zu werden. Diesen von vielen Tierarten bekannten Effekt nennt man **Verdünnungseffekt.**

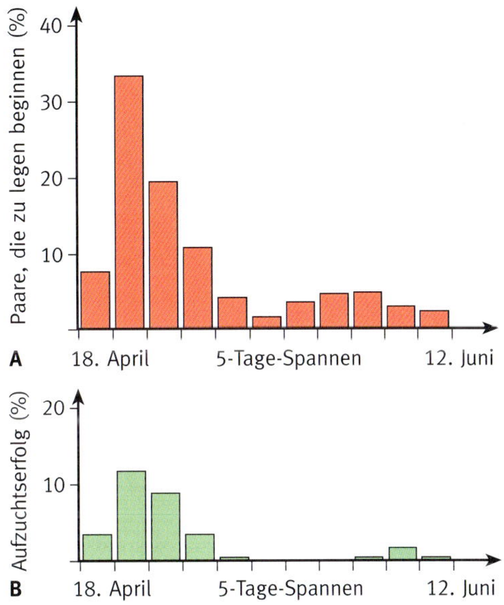

149.1 Brutverhalten und Fortpflanzungserfolg von Lachmöwen.
A Zeitpunkt der Eiablage;
B Aufzuchtserfolg

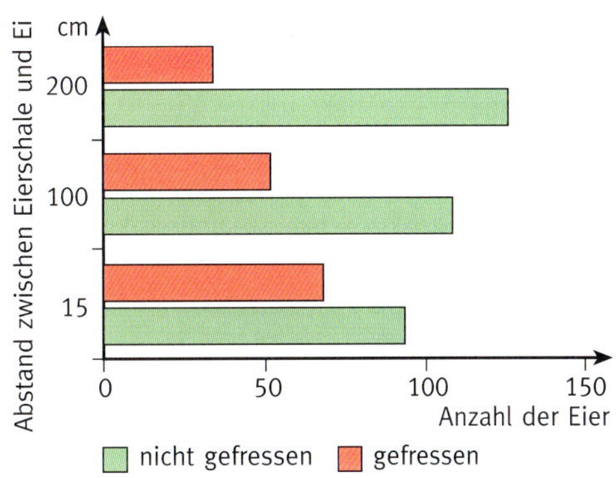

149.2 Einfluss der Entfernung leerer Eierschalen auf das Fraßrisiko

Noch eine weitere Beobachtung erregte die Aufmerksamkeit der Forscher: Nachdem die Küken geschlüpft waren, entfernten die Eltern die Eierschalen. „Eine ganz simple Angelegenheit, könnte man meinen," notierte TINBERGEN. „Ein Vogel ist wie eine Hausfrau, die kein Stäubchen liegen sehen kann." Dass es ganz so simpel nicht war, zeigte wiederum ein einfaches Experiment. Indem er ganze Eier und zerbrochene Schalen in unterschiedlicher Entfernung voneinander auslegte, konnte TINBERGEN zeigen, dass das Entfernen der auf ihrer Innenseite weiß gefärbten Eierschalen der Tarnung diente: Je dichter die Eier neben den Schalen lagen, desto häufiger wurden sie von Krähen und anderen Tieren gefressen.
Merkwürdig war nur, dass die Eltern die zerbrochenen Schalen trotz der „allgegenwärtigen Krähen" nicht sofort nach dem Schlüpfen, sondern meist erst ein bis zwei Stunden später entfernten. Aber auch dafür fand TINBERGEN eine Erklärung: „Immer waren Lachmöwen da, die sich bevorzugt von schlüpfenden oder noch feuchten Küken ernährten." Offensichtlich warteten die Eltern also, bis ihre Küken trocken waren, weil sie dann wegen ihrer luftigen Daunen schwer zu verschlucken waren und von den „diebischen Nachbarn" verschmäht wurden.
Die Brisanz seiner Beobachtung, die so gar nicht zum damals vorherrschenden Konzept der „Arterhaltung" passte, war TINBERGEN nicht bewusst. Dennoch beschrieb er eindringlich, wie das Verhalten der Möwen auch an diese Situation angepasst ist:
„Man muss sehen, wie sich die Eltern gebärden, wenn das Schlüpfen im Gange ist und so ein Dieb umherstrolcht. Sie kennen seine Absicht, sind ungewöhnlich feindselig, wenn er in ihre Nähe kommt, und ganz unwillig, das Nest zu verlassen."

1 Das Verhalten der Lachmöwen ist an die Umwelt, in der sie leben, angepasst. Begründen Sie diesen Satz anhand von Beispielen.

150.1 **Nahrungswahl von Austernfischern.** **A** Vorhandene Muscheln; **B** gefressene Muscheln

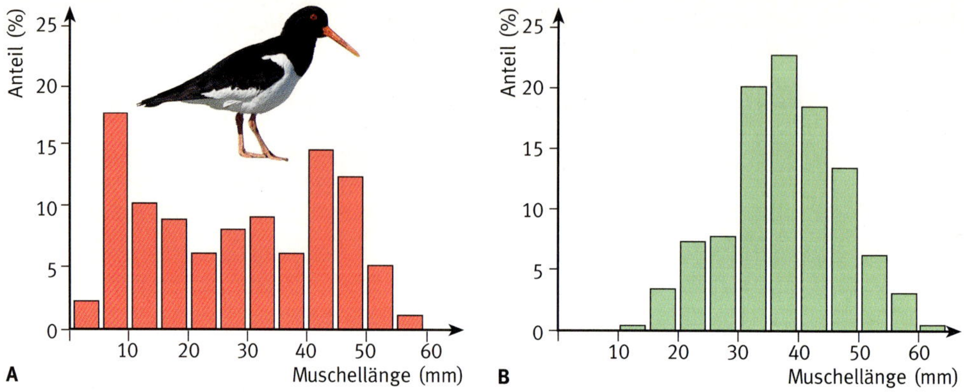

1.2 Adaptives Ernährungsverhalten

Um ihr Überleben und das ihrer Nachkommen zu sichern, müssen sich Lebewesen nicht nur vor Fressfeinden schützen; sie müssen auch Nahrung zu sich nehmen. Entsprechend gehört der **Nahrungserwerb** – die Suche nach und die Aufnahme von Nahrung – zu den Tätigkeiten, mit denen die meisten Tiere den größten Teil ihrer Zeit verbringen.

Tiere ernähren sich sehr unterschiedlich. Man unterscheidet zwischen Pflanzen-, Fleisch- und „Allesfressern", zwischen Weidegängern, Räubern, Aasfressern und Parasiten sowie zwischen Nahrungsspezialisten und Nahrungsgeneralisten. Trotz dieser Vielfalt stehen aber alle Tiere vor zwei Problemen: Erstens ist Nahrung nicht unbegrenzt verfügbar. Zweitens haben die Lebewesen, von denen sich Tiere ernähren, im Laufe der Evolution eine Vielzahl von Abwehr-, Flucht- und Verteidigungsmechanismen entwickelt, die sie davor schützen, gefressen zu werden. Bei Pflanzen, die vor Fressfeinden nicht fliehen können, sind dies in erster Linie giftige Inhaltsstoffe sowie Stacheln oder Dornen, bei Tieren harte Außenskelette oder Schnelligkeit und gute Fernsinne.
Beides hat zur Folge, dass Tiere zunächst einmal Energie aufwenden müssen, um sich zu ernähren. Rein theoretisch ist daher zu erwarten, dass sie ihre eigenen Energieressourcen beim Nahrungserwerb – ebenso wie bei anderen Tätigkeiten – so einsetzen, dass sie unter Einsatz minimaler Kosten ihren eigenen Nutzen maximieren. Anders ausgedrückt: Um sich **adaptiv,** also angepasst (lat. *adaptare,* anpassen) zu ernähren, müssen Lebewesen **ökonomisch** vorgehen.

Die an der Nordseeküste lebenden Austernfischer verdeutlichen dieses Ökonomie-Prinzip. Austernfischer sind Vögel, die sich von Muscheln ernähren, deren harte Schale sie mit ihrem meißelförmigen Schnabel aufbrechen. Dabei gehen sie nicht nach dem Zufallsprinzip vor. Sichtbar wird dies daran, dass sich die Verteilung der vorhandenen Muscheln von der Verteilung der von den Vögeln aufgebrochenen Muscheln unterscheidet: Kleine Muscheln verschmähen sie, weil der Aufwand den Ertrag nicht lohnt. Große Muscheln verschmähen sie dagegen, weil diese auch unter größten Kraftanstrengungen oft nicht aufzubrechen sind.

Auf der physiologischen Ebene lassen sich Kosten und Nutzen der Nahrungswahl von Austernfischern kalorimetrisch messen. Evolutionsbiologisch entscheidend ist allerdings die Kosten-Nutzen-Bilanz für die Fitness des Individuums: Austernfischer, die unter Einsatz minimaler Kosten maximalen Nutzen erzielen, werden unter sonst gleichen Bedingungen mehr Nachkommen haben als Artgenossen, die sich weniger ökonomisch verhalten. Natürlich bedeutet dies nicht, dass Austernfischer komplizierte ökonomische Berechnungen durchführen könnten; aber sie werden mit größerer Wahrscheinlichkeit von Vorfahren abstammen, die sich ökonomisch verhalten haben, als von solchen, die sich weniger effizient verhalten haben. Das Verhalten der Austernfischer ist in der Evolution ebenso an ihre Ernährung angepasst worden wie ihr Schnabel.

Auch die Menge und Verteilung der verfügbaren Nahrung im Lebensraum verlangt Tieren ständig möglichst ökonomische Entscheidungen ab. Viele Tiere müssen erhebliche Wegstrecken zurücklegen, um genügend Nahrung zu finden. Verteidigen sie ein bestimmtes Areal gegen Artgenossen, spricht man von einem **Revier** oder **Territorium,** andernfalls von einem **Streifgebiet.** Da Streifgebiete nicht verteidigt werden, weisen sie oft mehr oder weniger starke Überlappungszonen auf. Reviere werden oft nur gegen gleichgeschlechtliche Artgenossen verteidigt, während andersgeschlechtliche geduldet werden. Besetzen männliche und weibliche Individuen jeweils eigene Reviere, können auch sie sich überlappen.

Reviere, die nicht nur von Einzelindividuen, sondern auch von Paaren oder Gruppen bewohnt werden können, dienen verschiedenen Zwecken. Neben *Nahrungsrevieren* gibt es auch reine Brutreviere und oft sehr kleine Paarungsreviere, die man auch als Balzarenen bezeichnet. Nahrungsreviere können sehr unterschiedlich groß sein, und oft steht die Reviergröße in direktem Zusammenhang mit der Menge der im jeweiligen Lebensraum oder Habitat verfügbaren Nahrung.

Der Besitz eines exklusiven Wohngebietes bietet natürlich Vorteile – anders wäre kaum zu erklären, dass viele Tiere ihr Revier gegen Artgenossen aggressiv verteidigen. Aber die Sicherung des Gebietsanspruches ist auch mit Kosten verbunden: Eindringlinge fernzuhalten kostet Zeit und Energie und ist im Falle eines Kampfes darüber hinaus mit einem mehr oder minder hohen Verletzungsrisiko verbunden. Da nicht nur der Nutzen, sondern auch die Kosten mit zunehmender Reviergröße steigen, ist zu erwarten, dass Tiere – bewusst oder unbewusst – ökonomische Entscheidungen treffen, sodass Kosten und Nutzen in einem für ihre Fitness möglichst optimalen Verhältnis zueinander stehen.

Verhaltensbeobachtungen an Kolibris zeigen, dass dies der Fall ist. Auf ihrem jährlichen Zug nach Südkalifornien machen die Vögel Zwischenstationen – quasi um zu tanken. Dabei besetzen sie kurzfristig Reviere mit nektarreichen Blüten, die ihnen als Energielieferanten dienen. Gewichtskontrollen an mehreren aufeinanderfolgenden Tagen mit einer im Freiland aufgestellten Waage und Auszählungen der Blüten pro Revier (als Maß für dessen Größe und Reichhaltigkeit) ergaben, dass die Tiere nach kurzer Zeit fast immer Reviere mit der für sie – gemessen an der täglichen Gewichtszunahme – günstigsten Energiebilanz besetzten.

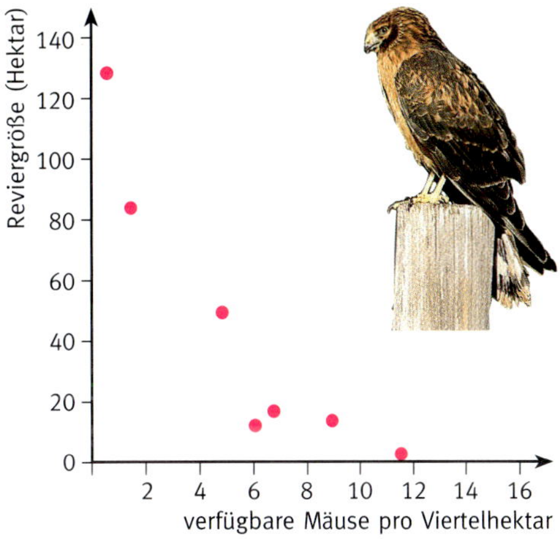

151.1 Ressourcenverfügbarkeit und Reviergröße bei Kornweihen

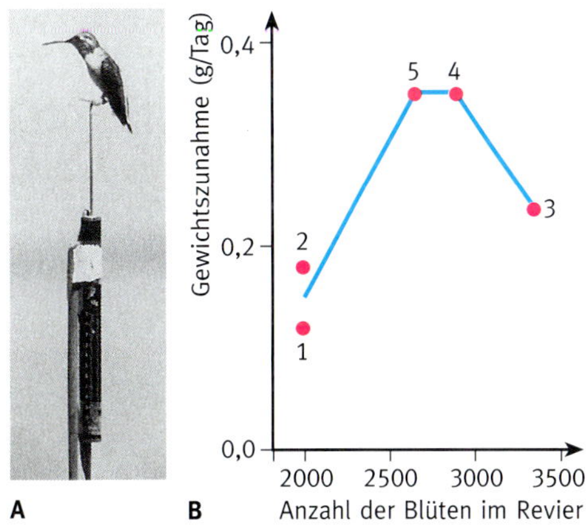

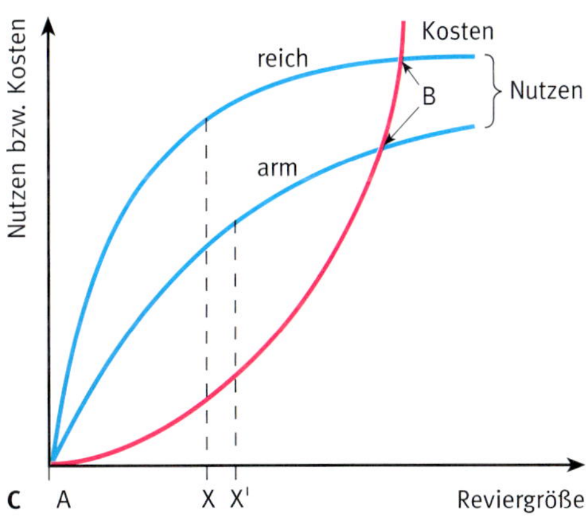

151.2 Optimale Reviergröße.
A Kolibri bei der Gewichtskontrolle;
B Gewichtszunahme an fünf aufeinander folgenden Tagen in Abhängigkeit von der Reviergröße;
C grafisches Modell. Zwischen den Schnittpunkten A und B liegt die ökonomisch zu verteidigende Reviergröße; optimale Reviergröße X in einem an Ressourcen reichen und X' in einem an Ressourcen armen Habitat.

1 Beschreiben und deuten Sie die in Abbildung 151.2 B dargestellten Befunde zum Verhalten des Kolibris.

2 Erläutern Sie das grafische Modell in Abbildung 151.2 C.

3 Erläutern Sie die Bedeutung von Kosten-Nutzen-Analysen in der Verhaltensökologie.

152.1 Nahrungskonkurrenz. **A** Hund nagt am Knochen; **B** grasende Kühe

1.3 Konkurrenz um Ressourcen

Einen Hund, der an einem Knochen nagt, sollte man nicht stören: Er könnte beißen. Dass Hunde ihre Knochen verteidigen, ist kaum überraschend: Es gehört zu den Alltagserfahrungen, dass Tiere und Menschen um den Zugang zu begehrten Gütern streiten. Die aggressive Verteidigung eines solchen Gutes ist ein Ausdruck von **Konkurrenz** (lat. *concurrere*, wettstreiten).

Konkurrenz ist die zwangsläufige Folge der Tatsache, dass Lebewesen zum Überleben und zur Fortpflanzung materielle Güter wie Nahrung benötigen und dabei *verbrauchen*. Solche prinzipiell begrenzten materiellen Güter bezeichnet man als **Ressourcen** (franz. *ressource*, Quelle, Vorratslager). Man unterscheidet zwischen *erneuerbaren* und *nicht erneuerbaren* Ressourcen. Zu den von Menschen genutzten, nicht erneuerbaren Ressourcen gehören beispielsweise fossile Energieträger wie Kohle oder Erdöl, während Nahrung und Trinkwasser zu den erneuerbaren Ressourcen gehören. Aber auch die Menge erneuerbarer oder nachwachsender Ressourcen ist zu jedem beliebigen Zeitpunkt und an jedem beliebigen Ort begrenzt. Daher kommt es immer dann zu Konkurrenz, wenn die Nachfrage nach einer Ressource größer ist als das Angebot.

Nahrung und Wasser gehören zu den Ressourcen, um die alle Lebewesen konkurrieren. Aber auch Orte zum Leben, die genügend Nahrung sowie Schutz vor Raubfeinden, Witterungseinflüssen oder Krankheitserregern bieten, sind Ressourcen. Darüber hinaus sind für Arten, die sich sexuell fortpflanzen, auch Sexualpartner und -partnerinnen Ressourcen, da jede Geschlechtszelle nur einmal befruchtet werden kann und somit verbraucht wird.

Für friedlich auf der Weide grasende Kühe scheint der Ausdruck Konkurrenz unangebracht. Aber Konkurrenz besteht nicht nur in offenem Streit oder kämpferischen Auseinandersetzungen. Neben solchen Formen *direkter* Konkurrenz gibt es nämlich auch *indirekte* Konkurrenz. Indirekt wird um Ressourcen konkurriert, die sich nicht *monopolisieren* lassen, weil sie aufgrund ihrer geringen Größe und weitflächigen Verteilung nicht ökonomisch zu verteidigen sind. Dennoch frisst eine Kuh der anderen Nahrung weg. Konkurrenz unter Weidegängern ist daher von der Anzahl und Dichte der miteinander konkurrierenden Individuen und der Schnelligkeit, mit der die einzelnen Individuen fressen, abhängig.

Ein weiteres Merkmal von Ressourcen, die den Umgang mit ihnen beeinflusst, ist ihre **Teilbarkeit.** Ressourcen wie Gras können von mehreren Individuen gleichzeitig genutzt werden und sind damit teilbar. *Teilbare* Ressourcen begünstigen indirekte Konkurrenz. Dies gilt selbst dann, wenn sie von einem Einzelindividuum monopolisiert werden könnten. Unter Umständen kann es nämlich ökonomischer sein, eine große Ressource mit einem Konkurrenten zu teilen als diese bei einem Kampf zu verlieren.
Andere Ressourcen, wie befruchtungsfähige Eizellen, sind dagegen *nicht teilbar.* Konkurrenz um sie kann nur nach dem „Alles-oder-Nichts"-Prinzip ablaufen.

Konkurrenz und Evolution

Elefanten gehören nicht zu den Tierarten, die sich durch eine schnelle Vermehrung auszeichnen. Im Gegenteil: Sie werden erst spät – mit acht bis zehn Jahren – geschlechtsreif und bringen dann nur alle vier Jahre nach einer Tragzeit von fast zwei Jahren ein Junges zur Welt. Und dennoch müsste es, rechnete Charles DARWIN 1859 vor, im „Verlauf von 740 bis 750 Jahren etwa 19 Millionen Elefanten als Abkömmlinge eines Paares geben."

Die „erstaunlich rasche Vermehrung", zu der selbst Elefanten in der Lage sind, führte DARWIN zu einer ebenso logischen wie unerbittlichen Schlussfolgerung: „Der Kampf ums Dasein ist die notwendige Folge des stark entwickelten Strebens aller Lebewesen, sich zu vermehren", da sonst „kein Land das Erzeugte [Leben] zu ernähren imstande wäre."
Obwohl der englische Ausdruck „struggle for life" wesentlich weniger martialisch klingt als „Kampf ums Dasein", erklärte DARWIN auch gleich, was er mit diesem Schlagwort meinte:
„Es sei vorausgeschickt, dass ich die Bezeichnung ‚Kampf ums Dasein' in einem weiten metaphorischen Sinne gebrauche, der die Abhängigkeit der Wesen voneinander, und was noch wichtiger ist: nicht nur das Leben des Individuums, sondern auch seine Fähigkeit, Nachkommen zu hinterlassen, mit einschließt."

Welche Folgen ungehemmte Vermehrung für den „Kampf ums Dasein" haben musste, hatte vor DARWIN schon der Ökonom Thomas Robert MALTHUS (1766 bis 1834) erkannt, dessen Bevölkerungstheorie DARWIN einen entscheidenden Baustein für seine Theorie der Evolution durch natürliche Selektion lieferte. Drei weitere Beobachtungen machten die Theorie komplett:
Erstens, stellte DARWIN fest, ist der „Kampf ums Dasein am heftigsten zwischen Individuen derselben Art". Dies war auch theoretisch zu erwarten, denn schließlich haben Individuen derselben Art in der Regel auch dieselben Bedürfnisse und Ansprüche an ihre Umwelt.
Zweitens unterscheiden sich Individuen derselben Art in vielerlei Hinsicht, und viele dieser Unterschiede wirken sich auch auf die Fähigkeit aus, Ressourcen zu nutzen. Dies führt zwangsläufig dazu, dass sich manche Individuen erfolgreicher fortpflanzen als andere.
Drittens schließlich sind viele Unterschiede zwischen Individuen erblich. Dies bedeutet nicht, dass

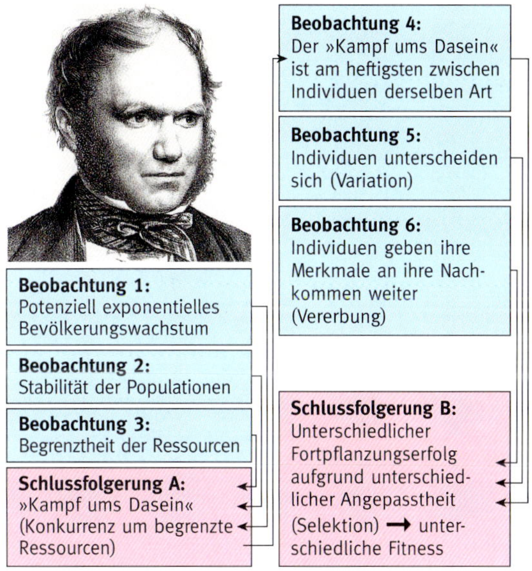

153.1 DARWINS Erklärungsmodell der Evolution durch natürliche Selektion

Merkmale wie Kampfkraft oder Schnelligkeit ausschließlich genetisch bedingt wären. Wenn aber genetische Anlagen an der Entwicklung solcher Merkmale beteiligt sind, führt dies unausweichlich dazu, dass diese Anlagen mit unterschiedlicher Häufigkeit an die nächste Generation weitergegeben werden. Diesen Prozess, bei dem individuelle Merkmale hinsichtlich ihrer **Angepasstheit** an die jeweils herrschenden Umweltbedingungen bewertet und die entsprechenden Gene durch unterschiedlichen Fortpflanzungserfolg „ausgelesen" werden, nannte DARWIN **natürliche Selektion.**

Konkurrenz spielt in der Evolutionstheorie DARWINS eine Schlüsselrolle. Dennoch sagt die Theorie nicht vorher, dass es in der Natur einen rücksichtslosen „Krieg aller gegen alle" geben müsse, wie manche Kritiker DARWINs bis heute glauben. Tatsächlich fördert Konkurrenz auch Merkmale, die menschlichem Moralempfinden eher entsprechen: Toleranz, Kooperation und selbstloses Verhalten. Für *Kooperation* kann die Kosten-Nutzen-Rechnung ganz einfach aussehen: Verteidigen zwei Individuen gemeinsam eine Ressource gegen ein drittes, ist der Nutzen (Gewinn eines Teils der Ressource) höher als die Kosten (Aufwand zur Verteidigung). Auch Kooperation dient demnach der Maximierung der individuellen Fitness.

1 Erläutern Sie die Rolle der Konkurrenz in der DARWINschen Evolutionstheorie.

154.1 **Taktiken des Nahrungserwerbs von Weißkopfseeadlern**

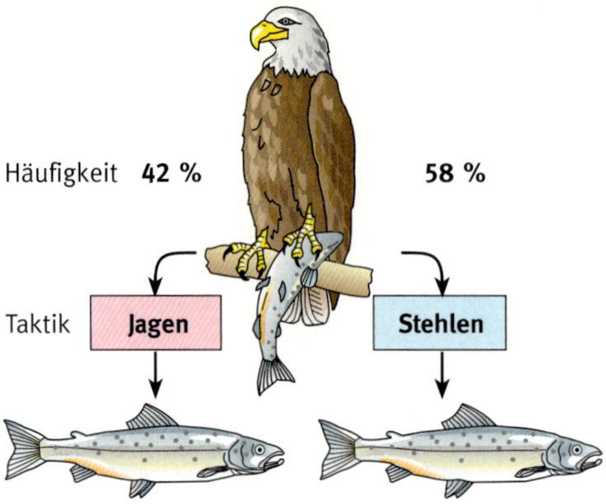

154.2 **Fortpflanzungstaktiken männlicher Kröten.**
A Quakende Schaufelfußkröte und stummer Satellit (Pfeil); **B** Abhängigkeit der Satellitentaktik von der Ruferdichte (Anzahl quakender Männchen pro Meter Teichufer) bei Präriekröten; **C** Abhängigkeit der Satellitentaktik von der Körpergröße bei Kreuzkröten

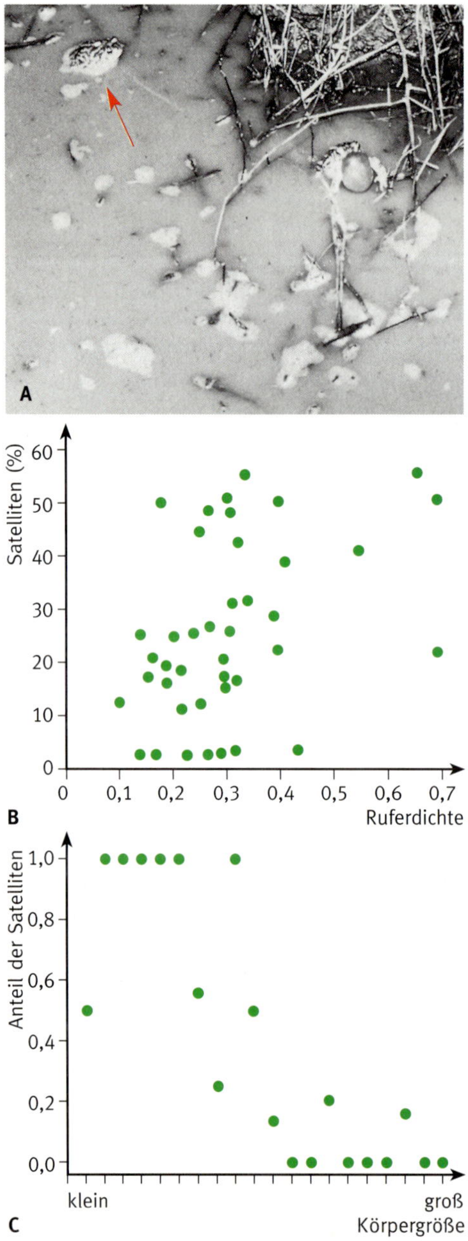

1.4 Konditionale Strategien

Wie alle großen Greifvögel sind auch die amerikanischen Weißkopfseeadler eher ungesellige Vögel, die allein auf Beutejagd gehen. Wenn aber im Herbst die Lachse ihre Laichwanderungen vom Meer in die großen Flüsse antreten, finden sich auch viele Seeadler an den Flussmündungen ein. Für die Adler ergibt sich damit die Gelegenheit, ihrem Nahrungserwerb anders als auf die gewohnte Weise nachzugehen: Viele machen sich nicht mehr die Mühe selbst zu jagen, sondern lassen andere diese Arbeit tun und nehmen ihnen dann deren Beute ab.
Jagen und Stehlen sind zwei alternative **Taktiken,** die den Adlern bei ihrem Nahrungserwerb zur Verfügung stehen. Dabei ist der Erfolg jeder Taktik davon abhängig, wie sich die anderen Individuen verhalten: Würde kein Adler mehr selbst jagen, gäbe es auch nichts zu stehlen. Einen solchen flexiblen, von äußeren Bedingungen abhängigen Wechsel von einer Taktik zu einer anderen bezeichnet man als **konditionale Strategie.**

Biologisch angepasst und dennoch flexibel ist auch das Fortpflanzungsverhalten von Amphibien. Männliche Kröten werben um Weibchen, indem sie laut quaken. Lautes Quaken kostet aber nicht nur viel Energie, es lockt auch Raubfeinde an. Manche Männchen vermeiden diese Kosten, indem sie sich als **Satelliten** stumm in der Nähe eines quakenden Männchens aufhalten. Nähert sich ein Weibchen, versuchen sie dieses zu begatten. Dies gelingt Satelliten zwar wesentlich seltener als quakenden Männchen, aber dafür nehmen sie auch geringere Kosten auf sich. Ähnlich wie bei den Seeadlern ist der Erfolg der Satellitentaktik allerdings davon abhängig, dass andere Männchen die Kosten des Quakens auf sich nehmen. Daher ist der Anteil der Satellitenmännchen umso größer, je mehr Männchen am Teichufer sitzen und quaken.

Welche Taktik ein Individuum wählt, hängt aber nicht nur vom Verhalten seiner Artgenossen ab, sondern oft auch von der eigenen Verfassung. Weibliche Kröten paaren sich bevorzugt mit großen, kräftigen Männchen, deren Reviere den Jungtieren gute Überlebenschancen bieten. Diesen Wettbewerbsnachteil können kleinere Männchen nur dadurch ausgleichen, indem sie die Satellitentaktik wählen.

Ein wenig Verhaltensmathematik

Wenn Hirsche miteinander kämpfen, kann es durchaus zu ernsthaften Verletzungen kommen. Viel häufiger verhalten sich Tiere, die über gefährliche Waffen verfügen, jedoch wie Ritter auf einem mittelalterlichen Turnierplatz: Sie messen ihre Kräfte, bis der Unterlegene aufgibt. Solche nach festen Regeln ablaufenden Kämpfe, bei denen der Sieger den Verlierer „ritterlich" verschont, nennt man **Kommentkämpfe.** Eher selten sind im Tierreich **Beschädigungskämpfe,** die darauf abzielen, den Gegner zu verletzen oder sogar zu töten. Warum ist dies so?

Lange Zeit meinten die Biologen, Tiere würden einander schonen, weil „das Töten von Artgenossen im Sinne der Arterhaltung höchst unzweckmäßig ist", wie Konrad LORENZ 1955 betonte. Daher besäßen Tiere, die über gefährliche Waffen verfügen, eine *angeborene innerartliche Tötungshemmung.* Der englische Biologe John MAYNARD SMITH glaubte daran nicht und schlug 1973 eine andere Erklärung vor. Dabei bediente er sich der aus der Sozial- und Wirtschaftswissenschaft stammenden **Spieltheorie.**

Die Spieltheorie war 1944 von John VON NEUMANN und Oskar MORGENSTERN entwickelt worden, um menschliches Handeln in Konfliktsituationen mithilfe mathematischer Modelle zu analysieren. MAYNARD SMITH nannte sein Modell das *Falken-Tauben-Spiel.* Die „Spielregeln" lauten so:

(1) „Falken" sind rücksichtslose Beschädigungskämpfer, „Tauben" dagegen Kommentkämpfer, die bei jeder Eskalation sofort aufgeben.

(2) Die Gewinnchancen hängen nur von der jeweils eingesetzten Kampftaktik ab: Ein Falke wird einen anderen also mit einer Wahrscheinlichkeit von 50 Prozent besiegen. Für die Tauben gilt das gleiche.

(3) Tauben kämpfen lange, Falken kurz.

(4) Der Sieger erhält 10 Punkte, ein verletzter Verlierer wird mit einem Punktabzug von – 20 bestraft. Ein langer Kampf führt zu einem Abzug von – 3 Punkten.

Trifft in diesem Spiel ein Falke auf eine Taube, ist das Ergebnis klar: Der Falke gewinnt (+ 10 Punkte), die Taube verliert, bleibt aber unverletzt (0 Punkte). Ständig den Falken zu spielen, ist auf Dauer aber teuer: Falken, die gegen andere Falken kämpfen, haben im Mittel einen Punktverlust. Tauben, die gegen Tauben kämpfen, schneiden in der Gewinn-Verlust-Matrix mit einem mittleren Gewinn von + 2 Punkten dagegen relativ gut ab. Eine Population aus lauter Tauben hätte damit in der Evolution einen Selektionsvorteil gegenüber einer Falkenpopulation.

155.1 Kämpfende Rothirsche

Vergebene Punktzahl:
Sieg: + 10 — Langer Kampf: – 3
Niederlage: 0 — Verletzung: – 20

Taktik	Falke	Taube
Falke	**– 5** [0,5 · (+10) + 0,5 · (–20)]	**+10**
Taube	**0**	**+2** [0,5 · (+10) + (–3)]

155.2 Gewinn-Verlust-Matrix im Falken-Tauben-Modell

Was aber passiert, wenn eine der Tauben zur Falkentaktik wechselt? Da der Falke gewinnt, werden immer mehr Tauben zur Falkentaktik wechseln. Dies wiederum erhöht die Wahrscheinlichkeit, auf andere Falken zu treffen. Damit hängt die Gewinnerwartung von der relativen Häufigkeit der Falken [F] und der Tauben [T] ab:

Gewinnerwartung der Falken = – 5 · [F] + 10 · [T]
Gewinnerwartung der Tauben = 0 · [F] + 2 · [T]

Stabil ist eine solche Mischpopulation, wenn die Gewinnerwartungen für Falken und Tauben gleich sind:

– 5 · [F] + 10 · [T] = 0 · [F] + 2 · [T]

Löst man diese Gleichung auf, ist das Verhältnis Falken : Tauben = 8 : 5. Als stabil erweist sich in diesem Fall somit eine gemischte Strategie, bei der mit einer Häufigkeit von 8/13 die Falkentaktik und mit 5/13 die Taubentaktik gewählt wird. Ein solches stabiles Gleichgewicht verschiedener Taktiken nannte MAYNARD SMITH eine **evolutionsstabile Strategie (ESS).**

1 Beschreiben Sie ausführlich die in der Matrix aufgeführten Werte.

2 Kommunikation

2.1 Kommunikation zwischen Arten

Menschen, die mit ihren Zimmerpflanzen sprechen, werden gern belächelt: Pflanzen können schließlich nicht hören, und antworten können sie schon gar nicht. Kommunizieren können Pflanzen allerdings durchaus, denn **Kommunikation** besteht nicht nur darin, dass man miteinander spricht. Unter Kommunikation versteht man die *Signalübertragung* von einem *Signalsender* zu einem *Signalempfänger.* Signale sind Reize, die einzig der Informationsübermittlung dienen. Die rote Farbe der Vogelbeeren ist ein Signal: Mit ihm übermittelt die Eberesche dem Vogel, dass ihre Früchte reif und schmackhaft sind. Die grüne Farbe der Blätter ist dagegen kein Signal, obwohl auch sie etwas über den Zustand des Baumes aussagt.

Die adaptive Bedeutung eines Signals liegt darin, dass der Sender das Verhalten des Empfängers zu seinen Gunsten verändert. Voraussetzung dafür ist, dass der Empfänger das Signal nicht nur erkennt, sondern auch darauf reagiert. Dies ist zu erwarten, wenn auch der Empfänger von dem Signal profitiert. In diesem Sinne ist die rote Farbe der Vogelbeeren ein **„ehrliches" Signal,** von dem der Vogel profitiert, weil er über die Verfügbarkeit einer nahrhaften Mahlzeit informiert wird. Frisst der Vogel die Früchte, profitiert die Pflanze ebenfalls, da ihre Samen verbreitet werden. Die Samen mancher Pflanzen keimen sogar besser, wenn sie zuvor den Magen-Darmtrakt eines Fruchtfressers passiert haben.

Informationsübermittlung kann über verschiedene **Sinneskanäle** erfolgen. Pflanzen nutzen vielfach den optischen Kanal der Signalempfänger für die *visuelle Kommunikation.* Sie können aber auch über Pheromone *chemisch* miteinander kommunizieren. Neben diesen Sinneskanälen spielen im Tierreich mechanische Sinne eine wichtige Rolle für die *akustische* und *taktile* Kommunikation. Manche Arten können auch über elektrische Impulsmuster kommunizieren *(elektromagnetische* Kommunikation).

Obwohl es paradox erscheint, gibt es ehrliche Kommunikation zum beiderseitigen Vorteil auch zwischen Räubern und ihren potenziellen Beutetieren. Wenn beispielsweise eine ruhende Gazelle eine Hyäne oder einen Geparden erblickt, duckt sie sich nicht etwa noch tiefer ins Gras, sondern verhält sich im Gegenteil äußerst auffällig: Sie steht auf, stößt bellende Laute aus und trommelt mit den Hufen auf den Boden. Kommt der Räuber näher, springt sie mit allen vier Beinen fast senkrecht in die Luft. Diese „Prellsprünge" hielt man lange für Warnsignale, die andere Gazellen auf den Räuber aufmerksam machen sollten. Aber Gazellen verhalten sich ebenso, wenn keine Artgenossen in der Nähe sind. Diese Beobachtung ist eher vereinbar mit der Hypothese, dass Prellsprünge ebenso wie die anderen Verhaltensweisen der Gazelle Signale an den Räuber sind: Lässt sich dieser davon überzeugen, dass die Gazelle in Top-Form und somit keine leichte Beute ist, sollte sich dies auf seine Bereitschaft anzugreifen auswirken.

156.1 Kommunikation zwischen Pflanze und Tier

156.2 Kommunikation zwischen Beute und Räuber: Prellsprung eines Springbocks

Die Gazelle steckt natürlich in einer Zwickmühle: Ignoriert der Räuber ihre Signale, hat sie nicht nur seine Aufmerksamkeit auf sich gelenkt, sondern auch wertvolle Energie verschwendet, die sie für die Flucht dringend benötigen würde. Auf der anderen Seite ist ihre Demonstration umso überzeugender, je mehr Kraft sie aufwendet: Ein armseliger Hüpfer wird die Wahrscheinlichkeit eines Angriffs eher erhöhen als verringern. Die Zuverlässigkeit und damit die Wirksamkeit des Signals ist also umso höher, je kostspieliger es ist. Verhaltensbeobachtungen zeigen, dass dies der Fall ist: Raubtiere brechen die Jagd auf Gazellen ab, wenn diese ihre Kraft durch eindrucksvolle Prellsprünge zur Schau stellen. Davon profitieren beide Beteiligten: Der Räuber verschwendet keine Energie, und die Gazelle verringert ihr Risiko gefressen zu werden.

Nicht immer dient Kommunikation aber beiden Beteiligten. **Täuschung** durch Signale ist eine Strategie, von der nur der Signalsender profitiert, während der Empfänger Kosten tragen muss. Relativ gering sind die Kosten für eine Biene, die auf einer Bienenragwurz landet. Die Blüte dieser Orchidee ist eine *Täuschblume.* Sie ähnelt in ihrer Farbe und Form einer weiblichen Wildbiene und ahmt sogar deren Sexuallockstoff nach. Eine männliche Biene lässt sich in ihrem Versuch, die Blüte zu begatten, von derselben Blüte in der Regel nur einmal täuschen. Dies aber genügt der Pflanze zur Bestäubung, die für diesen Dienst keinerlei Gegenleistung in Form von Nektar leistet.

Wesentlich härter trifft es manche Glühwürmchen. Glühwürmchen sind Käfer, die durch artspezifische Lichtsignale Sexualpartner anlocken. Die Weibchen der Gattung *Photuris* imitieren allerdings das Paarungssignal der Weibchen von der Gattung *Photinus.* Trifft ein argloses *Photinus*-Männchen ein, um sich zu paaren, wird es gefressen.
Für das *Photuris*-Weibchen ist ihr Opfer mehr als nur eine Mahlzeit. Es kommt nämlich zugleich in den Genuss seiner Abwehrwaffen, denn die Gattung *Photinus* verfügt über die ungewöhnliche Fähigkeit, chemische Verbindungen herzustellen, die sie für Vögel und Spinnen ungenießbar machen. Das räuberische Weibchen gibt das chemische Beutegut an die Eier weiter, die es legt, und erhöht damit nicht nur seine eigene Lebenserwartung, sondern auch die seiner Nachkommen.

157.1 Täuschblumen. A Bienenragwurz; **B** Aronstab (täuscht Fliegen durch Aasgeruch)

157.2 Leuchtkäfer. A *Photuris*-Weibchen verspeist *Photinus*-Männchen; **B** Lichtsignale verschiedener Leuchtkäferarten

1 Die dargestellten Fälle zwischenartlicher Täuschung sind Beispiele für **Mimikry** (engl., Nachahmung, Angleichung). Erklären Sie das Phänomen und suchen Sie nach weiteren Beispielen für Mimikry.

158.1 Kommunikation bei Affen. A Grüne Meerkatze; **B** Sonagramme verschiedener Warnrufe

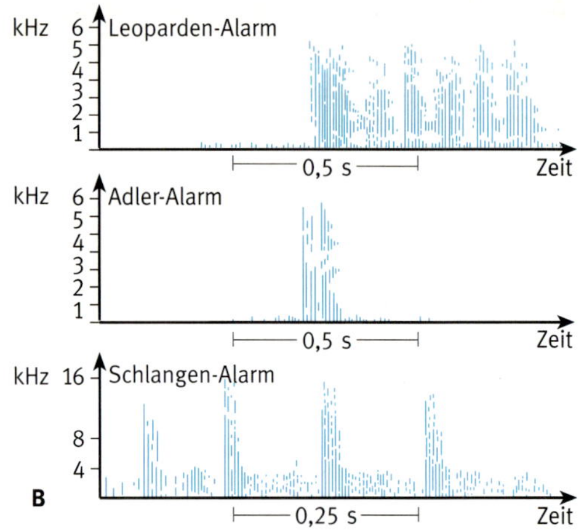

2.2 Innerartliche Kommunikation

Wie konnte sich die räuberische Kommunikation der *Photuris*-Leuchtkäfer in der Evolution durchsetzen? Sollte die natürliche Selektion nicht dazu führen, dass die *Photinus*-Männchen nicht mehr auf den „Schwindel" hereinfallen? Männchen, die auf das Signal der *Photuris*-Weibchen reagieren, können ihre Gene nicht mehr an die kommende Generation weitergeben – sie sterben. Aber Männchen, die nicht auf das Signal reagieren, würden ihre Gene ebenfalls nicht an die kommende Generation weitergeben – sie würden schließlich auch nicht mehr auf die Signale der eigenen Weibchen reagieren. Der Erfolg der *Photuris*-Weibchen basiert also auf der Bedeutung innerartlicher Kommunikation.

Kommunikation zwischen Artgenossen kann sehr unterschiedliche Funktionen haben. Sie kann – wie bei Leuchtkäfern – den Kontakt zwischen Sexualpartnern ermöglichen. Sie kann aber beispielsweise auch dazu dienen, Artgenossen vor Gefahren zu warnen. Grüne Meerkatzen – katzengroße Affen, die in den afrikanischen Savannen leben – verfügen über mehrere, akustisch unterschiedliche Warnrufe, mit denen sie vor Leoparden, Adlern oder Schlangen warnen. Hört ein Affe einen solchen Ruf, reagiert er nicht einfach nur panisch, sondern ganz gezielt: Bei Leopardenalarm flüchtet er auf den nächsten Baumwipfel, bei Adleralarm ins Unterholz, und bei Schlangenalarm stellt er sich auf die Hinterbeine und sucht die Umgebung ab. Die Warnrufe scheinen also sehr spezifische Informationen zu übermitteln und nicht einfach nur Angst auszudrücken.

Um diese Hypothese zu überprüfen, haben amerikanische Forscher Freilandexperimente durchgeführt, bei denen sie den Affen zuvor per Tonband aufgenommene Warnrufe vorspielten – ohne dass ein Raubfeind anwesend war. Die Playback-Versuche zeigten, dass ein vom Tonband abgespielter Leopardenalarm die gleiche Reaktion auslöste wie der Leopard selbst, und dies war auch der Fall, wenn die Forscher die Länge oder die Stärke der Warnrufe veränderten. Die akustische Struktur eines Rufes, die man in einem Sonagramm sichtbar machen kann, war das einzige Merkmal, das zu unterschiedlichen Reaktionen führte. Früher, so schrieben die Forscher, hätte man die Möglichkeit von sich gewiesen, dass Tiere Kommunikation benutzen, um etwas *über* Dinge mitzuteilen. Heute ist klar, dass die Lautäußerungen der Meerkatzen genau diese Funktion haben: Sie versorgen die Gruppenmitglieder mit Informationen über Objekte und Ereignisse in ihrer Umwelt.

Ebenfalls für unmöglich gehalten hatte man, dass Affen oder andere Tiere Kommunikation benutzen, um Artgenossen zu täuschen. Gelegentlich beobachteten die Forscher jedoch, dass Meerkatzen Leopardenalarm gaben, wenn gar kein Leopard in der Nähe war. Dabei handelte es sich nicht um versehentlichen Fehlalarm, sondern um den gezielten Versuch, Rivalen zu erschrecken und in die Flucht zur schlagen. Solche Täuschungsmanöver sind aber selten, und es ist auch leicht zu verstehen, warum dies so ist. Erfolgreich wird ein unehrliches Signal nur dann sein, wenn die Mehrzahl der Signale ehrlich sind: Wer ständig lügt, dem glaubt man nicht.

Freilandexperimente haben auch dazu beigetragen, die Funktionen des Vogelgesangs aufzuklären. Schon lange war vermutet worden, dass der Gesang unter anderem der Revierverteidigung dient. Einen schlüssigen Beleg für diese Hypothese brachte jedoch erst ein Experiment, das der Oxforder Verhaltensökologe John KREBS mit Kohlmeisen durchführte. KREBS fing männliche Kohlmeisen aus ihrem Revier heraus und ersetzte sie durch ein Tonbandgerät, mit dem er den Gesang der Meisen aufgenommen hatte. Kohlmeisen haben ein Gesangsrepertoire, das aus bis zu sechs verschiedenen Strophen besteht. In einem Teil der unbesetzten Reviere ließ KREBS nun dieses gesamte Repertoire ertönen, in einem anderen Teil nur einzelne Strophen, und in einem dritten Versuchsansatz, der als Kontrolle diente, kamen aus dem Lautsprecher nur Töne einer Blechpfeife. Fast alle dieser Kontrollreviere wurden schon nach wenigen Stunden von umherstreifenden Kohlmeisenmännchen übernommen, während diejenigen, aus denen Kohlmeisengesang erklang, deutlich länger unbesetzt blieben.

Der Versuch zeigt aber auch, dass akustische Signale allein auf die Dauer nicht ausreichen, um Rivalen abzuschrecken. Daher singen Vögel oft von exponierten Stellen aus, um auch optisch ihre Anwesenheit zu unterstreichen.

Dass auch Vögel zur Signalfälschung greifen können, um Artgenossen zu täuschen, zeigt ein Experiment, das der dänische Biologe Anders MØLLER mit Rauchschwalben durchführte. MØLLER war aufgefallen, dass die Männchen in der von ihm beobachteten Brutkolonie regelmäßig Alarmrufe machten, wenn sie zu ihrem Nest zurückkehrten und ihr Weibchen nicht vorfanden. Katzen oder Greifvögel waren nicht in der Nähe, allerdings hatte MØLLER mehrfach gesehen, dass Weibchen die Abwesenheit ihres Partners ausnutzten, um sich mit einem anderen Männchen zu paaren. Diese Tätigkeit brachen sie aber fluchtartig ab, wenn sie einen Warnruf hörten.

Um die Hypothese zu testen, dass Männchen gezielt falschen Alarm geben, um ihre Partnerin vor Seitensprüngen abzuhalten, scheuchte MØLLER die Weibchen selbst aus dem Nest, wenn ihr Partner kurzfristig abwesend war. Tat er dies während der Zeit, in der die Weibchen paarungsbereit waren und Eier legten, reagierten die Männchen fast immer mit Alarmrufen, davor und danach jedoch so gut wie nie.

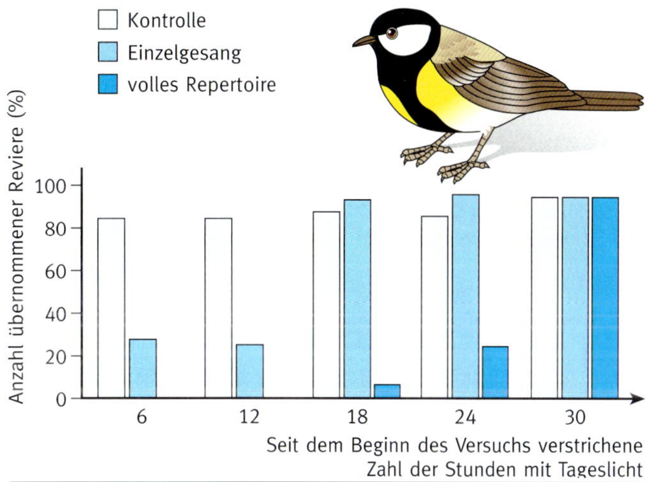

159.1 Ergebnisse von Playbackversuchen zur Revierübernahme bei Kohlmeisen

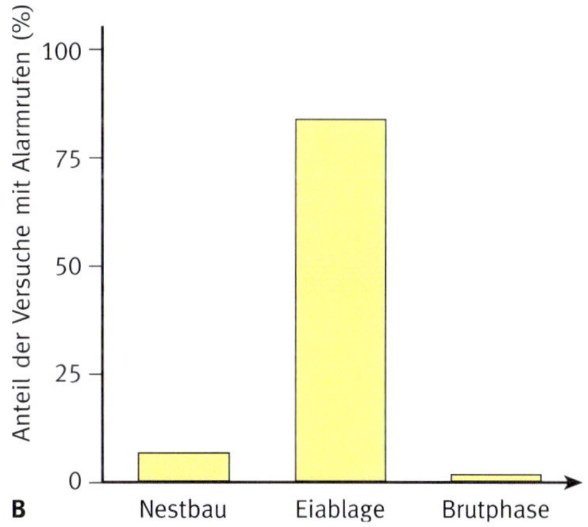

159.2 Rauchschwalben.
A Paar am Nest;
B Häufigkeit, mit der Männchen auf die Abwesenheit ihrer Partnerin mit Alarmrufen reagieren

1 Die Klassische Ethologie definierte Kommunikation folgendermaßen: „Eine Partei – der Aktor – sendet ein Signal aus, auf welches die andere Partei – der Reaktor – auf solche Weise reagiert, dass die Arterhaltung gefördert wird."
Nehmen Sie Stellung zu dieser Definition.

2 MØLLERS Experimente stützen die Hypothese, dass Rauchschwalben Signalfälschung betreiben, um ihre Fitness zu maximieren. Begründen Sie diesen Satz.

3 Gruppenleben

160.1 Feldhase

160.2 Wildkaninchen

3.1 Evolution sozialer Systeme

Sobald Tiere in der Lage sind, selbstständig zu überleben, stehen sie vor einer weitreichenden Entscheidung: Sollen sie dort bleiben, wo sie geboren sind, oder abwandern? Junge Feldhasen haben in dieser Hinsicht keine Wahl: Sie werden von ihrer Mutter, die außer in der Paarungszeit keine anderen Erwachsenen in ihrer Nähe duldet, aus ihrem Streifgebiet vertrieben.
Im Gegensatz zu Feldhasen, die ein **solitäres** Leben als Einzelgänger führen, leben Wildkaninchen in permanenten **sozialen** Gruppen. Eine Kaninchengruppe besteht meist aus ein oder zwei erwachsenen Männchen, mehreren erwachsenen Weibchen und deren Jungen. Obwohl Hasen und Kaninchen recht nahe miteinander verwandt sind, unterscheiden sich beide Arten also unter anderem darin, wer mit wem zusammenlebt: Hasen und Kaninchen haben unterschiedliche **Sozialsysteme.**

Anders als Hasen werden junge Kaninchen von den Erwachsenen in der Regel in ihrem Heimatrevier geduldet. Damit ist eine wichtige Voraussetzung für die Entstehung sozialer Gruppen gegeben. Allerdings wandern auch viele Kaninchen aus ihrem Heimatrevier ab, sobald sie geschlechtreif werden – und zwar freiwillig. Das erscheint auf den ersten Blick merkwürdig, denn Abwandern ist mit Risiken verbunden: Auswanderer fallen in dem ihnen unvertrauten Gelände leichter Raubfeinden zum Opfer, sie benötigen mehr Zeit zur Nahrungssuche, und ob sie überhaupt einen Ort zum Leben finden, ist alles andere als sicher.

160.3 Anteil im elterlichen Revier bleibender Eichelspechte in Abhängigkeit vor der Verfügbarkeit freier Reviere

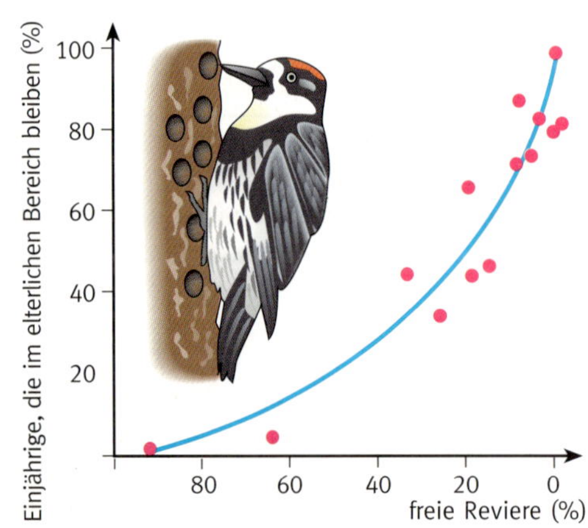

Die Alternative – zu bleiben – ist allerdings auch mit Kosten verbunden: Blieben alle Nachkommen im elterlichen Revier, müssten sie untereinander und mit ihren Eltern um dieselben Ressourcen konkurrieren. Außerdem stünden ihnen als Sexualpartner nur Verwandte zur Verfügung. Zeugen Verwandte miteinander Nachkommen, erhöht diese *Inzucht* das Risiko, dass sich potenziell schädlich auswirkende rezessive Allele, die im heterozygoten Zustand stumm und somit unschädlich sind, homozygot kombiniert werden und sich auf den Phänotyp auswirken. Daher sind Fehlgeburten und eine erhöhte Sterblichkeit der Nachkommen eine häufig beobachtete Folge von Inzucht. Eigenschaften, die dazu führen, dass Inzucht vermieden wird, sollten also einen Selektionsvorteil haben.
Kaninchen lösen das Problem ebenso wie die meisten anderen Säugetiere: Die Männchen gehen, die Weibchen bleiben. Auch bei Säugetieren wie dem Feldhasen, bei denen beide Geschlechter abwandern, wandern die Männchen meist weiter weg. Dies führt dazu, dass erstens Inzucht vermieden wird und zweitens Gruppen bei Säugetieren meist aus mehr oder weniger nahe miteinander verwandten Weibchen bestehen. Gehören einer solchen Gruppe, wie bei den Kaninchen, auch Männchen an, sind diese mit den Weibchen – abgesehen von eigenen Töchtern – nicht verwandt.

Dafür, dass Nachkommen im elterlichen Revier bleiben und es auf diese Weise zur Entstehung sozialer Gruppen kommt, kann es allerdings auch andere Gründe geben. Amerikanische Eichelspechte machen ihre Entscheidung, ob sie aus dem elterlichen Revier abziehen oder bleiben, davon abhängig, wie erfolgversprechend ihre Chancen sind, ein eigenes Revier zu besetzen. Sind die meisten Reviere in der Nachbarschaft besetzt, bleiben sie und ziehen dann in der Regel keine eigenen Jungen auf. Sind viele Reviere frei, besetzen sie dagegen ein eigenes Revier.
Neben Arten, die ihr ganzes Leben in permanenten sozialen Gruppen verbringen, gibt es auch viele, die sich nur kurzzeitig zu Gruppen zusammenschließen. Beispiele sind viele Seevögel, die Brutkolonien bilden, weil geeignete Nistplätze selten sind und gemeinsames Brüten das Raubfeindrisiko vermindert.

Die Vielfalt der Sozialsysteme

Sozialsysteme zeichnen sich durch eine große Vielfalt aus, die man auf unterschiedliche Weise klassifizieren kann. Die Klassische Ethologie unterschied folgende Typen:

Aggregationen sind Ansammlungen von Tieren, die nur durch bestimmte äußere Faktoren zustande kommen – beispielsweise Schmetterlinge, die sich an einer Tränke einfinden.

Anonyme Verbände beruhen auf sozialer Anziehung, die Mitglieder einer solchen Gruppe kennen einander aber nicht persönlich.

Individualisierte Verbände sind dagegen Gruppen, deren Mitglieder einander persönlich kennen.

Außerdem unterschied man zwischen **offenen** und **geschlossenen** anonymen Verbänden: Ein offener anonymer Verband ist beispielsweise ein Fischschwarm, zu dem jeder Fisch Zugang hat. Ein geschlossener anonymer Verband wie ein aus Tausenden von Individuen bestehender Ameisen„staat" gewährt dagegen nur Mitgliedern Zugang – Gruppenfremde werden an ihrem Geruch erkannt und vertrieben oder gar getötet.

Oft ist es allerdings gar nicht so einfach zu entscheiden, ob die Mitglieder einer Gruppe einander persönlich kennen. Auch die Unterscheidung zwischen offenen und geschlossenen Verbänden ist problematisch: Gruppenfremde werden oft bekämpft, und doch kommt es in den meisten Gruppen mehr oder weniger häufig zu einem Mitgliederaustausch. Heutige Verhaltensökologen klassifizieren Sozialsysteme daher pragmatischer:

Solitär leben Arten wie der Feldhase, bei denen beide Geschlechter Einzelgänger sind und allenfalls längere Bindungen zwischen dem Brutpflege betreibenden Elternteil und Jungtieren bestehen.

Soziale Gruppen werden anhand der Anzahl der erwachsenen Männchen und Weibchen klassifiziert: Biber leben beispielsweise in *Paaren*, Kaninchen oder Gorillas meist in *Ein-Männchen-Mehr-Weibchen-Gruppen*, Schimpansen dagegen in *Mehr-Männchen-Mehr-Weibchen-Gruppen*. Neben solchen gemischtgeschlechtlichen Gruppen gibt es auch Gruppen, die nur aus Männchen oder Weibchen bestehen. Beispiele sind Elefanten, bei denen die Weibchen in Gruppen leben, die Männchen dagegen solitär sind, oder Hirsche, die nur zur Paarungszeit gemischtgeschlechtliche Gruppen bilden.

Eine Sonderform sozialer Gruppen sind **eusoziale Gruppen** (griech. *eu*, gut), wie man heute die „Staaten" der Ameisen, Bienen oder Termiten nennt, bei denen sterile Kasten bei der Aufzucht der Nachkommen der wenigen fortpflanzungsfähigen Individuen helfen.

161.1 Sozialsysteme I. A Anonymer Verband; **B** individualisierter Verband

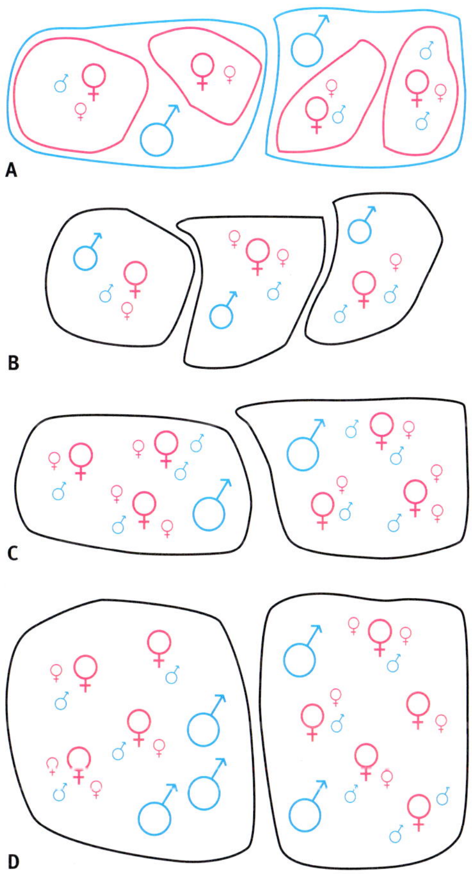

161.2 Sozialsysteme II. A Solitäre Art; **B** Paare; **C** Ein-Männchen-Mehr-Weibchen Gruppen; **D** Mehr-Männchen-Mehr-Weibchen-Gruppen

162.1 **Aggression zwischen Gruppenmitgliedern.** **A** Streitende Berberaffen; **B** Anzahl aggressiver Interaktionen in Abhängigkeit von der Gruppengröße bei Braunen Kapuzineraffen

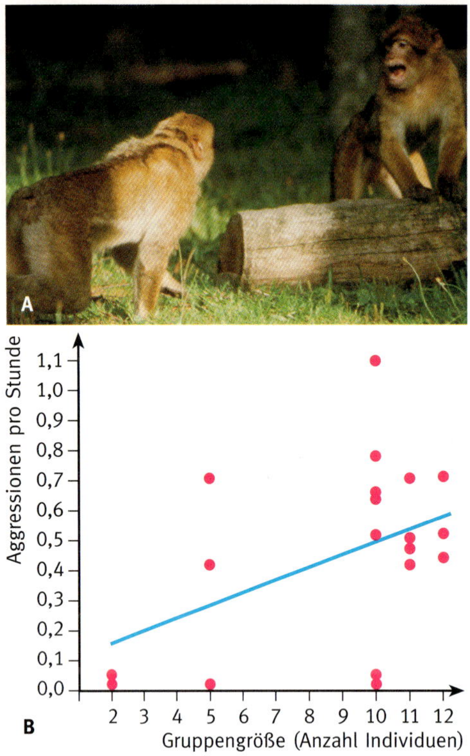

162.2 Savannenpaviane auf Nahrungssuche

162.3 Milbenbefall bei Rauchschwalben in Abhängigkeit von der Brutkoloniegröße

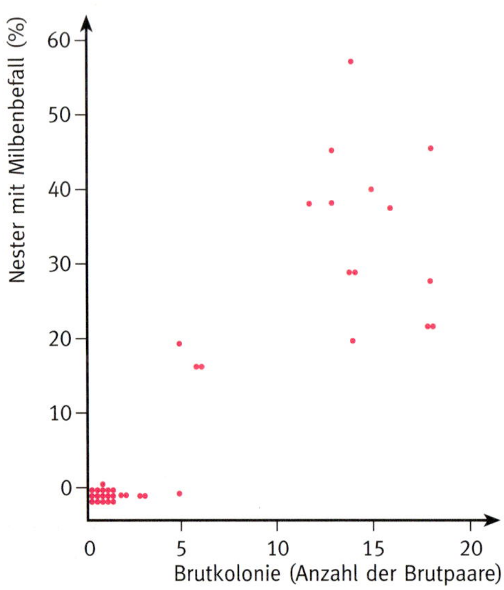

3.2 Kosten und Nutzen des Gruppenlebens

„Kampf findet immer statt, wo mehrere nach gleichem Ziele streben", schrieb Alfred BREHM vor mehr als hundert Jahren in seinem berühmten „Tierleben", und er fuhr fort: „Bei den Affen vergeht aber sicher kein Tag ohne Streit und Zank."

BREHM hatte recht: „Streit und Zank" ist bei Affen, die fast alle in Gruppen leben, nahezu allgegenwärtig. Bei Kapuzineraffen, die in den Wäldern Südamerikas leben, hat man beobachtet, dass die Häufigkeit aggressiver Auseinandersetzungen von der Gruppengröße abhängt: In großen Gruppen kommt es deutlich häufiger zu Kämpfen als in kleineren Gruppen. Ursache für die häufigen Auseinandersetzungen ist die Tatsache, dass in Gruppen lebende Tiere um dieselben Ressourcen *konkurrieren.* Ein Affe, der allein lebt, kann in aller Ruhe seine Frucht verzehren; einer, der mit anderen zusammenlebt, muss einen Teil seiner Energie darauf verwenden, die ergatterte Nahrung gegenüber anderen Gruppenmitgliedern zu verteidigen. Dieser Konkurrenzdruck wächst, je mehr Mitglieder eine Gruppe hat.

Paviane auf Nahrungssuche demonstrieren einen weiteren Kostenfaktor des Gruppenlebens. Um satt zu werden, müssen die Tiere oft weite Strecken zurücklegen, und der hierfür notwendige Zeit- und Energieaufwand wird umso größer, je mehr Mitglieder die Gruppe hat: Eine größere Gruppe hat eine begrenzte Anzahl von Früchten schneller aufgefressen als eine kleinere.

Ein anderer Nachteil des Gruppenlebens ist das erhöhte **Infektionsrisiko:** Je enger Tiere oder Menschen zusammenleben, desto größer ist die Gefahr der Übertragung von Krankheitserregern und Parasiten. Rauchschwalben, die in Kolonien brüten, leiden beispielsweise viel häufiger unter Blut saugenden Milben als solche, die allein brüten. Dabei geht es für die Schwalben nicht nur um ein wenig Blut: Wird ein Schwalbenkind gleich nach dem Schlüpfen von Milben befallen, hat es kaum eine Überlebenschance.

Konkurrenz um Fortpflanzungschancen ist ein weiterer Grund, warum das Leben selbst in eusozialen Gruppen oft alles andere als harmonisch ist. Bei vielen Ameisenarten unterdrückt beispielsweise die Königin mithilfe von

Pheromonen die Entwicklung der Eierstöcke ihrer Arbeiterinnen. Wachsen in einem Ameisenvolk mehrere potenzielle Königinnen heran, kommt es unter ihnen zu heftigen Auseinandersetzungen – nicht selten mit tödlichem Ausgang für eine der Konkurrentinnen.

Warum leben viele Tiere angesichts dieser Nachteile dennoch in Gruppen? Einen möglichen Grund demonstrieren Moschusochsen. Werden diese von Wölfen angegriffen, bilden sie einen Verteidigungsring, den auch ein größeres Wolfsrudel kaum durchbrechen kann. Erhöhter **Schutz vor Raubfeinden** ist vermutlich der wichtigste Selektionsvorteil, den Gruppenleben bietet. *Kooperative Verteidigung* ist für wehrhafte Tiere eine wirksame Möglichkeit, sich vor Raubfeinden zu schützen. Weitaus bedeutsamer sind aber zwei andere Faktoren: Zum einen verringert der bereits angesprochene *Verdünnungseffekt* das Risiko, Beute eines Raubfeindes zu werden. Zum anderen erhöht sich mit der Anzahl der Tiere, die nach Raubfeinden Ausschau halten und sich gegenseitig warnen können, die Chance, durch *rechtzeitige Flucht* zu entkommen. Wildlebende Javaneraffen auf Sumatra bemerken einen (harmlosen) Forscher tatsächlich umso eher, je größer die Gruppe ist, in der sie leben.

Für einen Jäger, dessen Erfolg davon abhängt, dass er möglichst spät entdeckt wird, ist das Leben in Gruppen dagegen eher unvorteilhaft. Allerdings können auch Jäger davon profitieren, in Gruppen zu leben: Afrikanische Wildhunde oder Wölfe, die als typische Hetzjäger Beutetiere jagen, die oft viel größer sind als sie selbst, **kooperieren bei der Jagd.** Auch Schimpansen, die regelmäßig kleinere Affen jagen, machen eher Beute, wenn sie zu mehreren auf die Jagd gehen.
Ein dritter Selektionsfaktor, der Gruppenleben begünstigt, ist die **gemeinschaftliche Verteidigung** von Ressourcen gegenüber konkurrierenden Artgenossen. Wenn sich beispielsweise zwei Kapuzineraffengruppen um den Zugang zu einem der in den artenreichen tropischen Regenwäldern nicht eben häufigen fruchttragenden Bäume streiten, gewinnt mit großer Regelmäßigkeit die größere der beiden Gruppen.

1 Gruppenleben stellt grundsätzlich einen Kompromiss dar. Begründen Sie diese Feststellung.

163.1 Verteidigungsring bei Moschusochsen

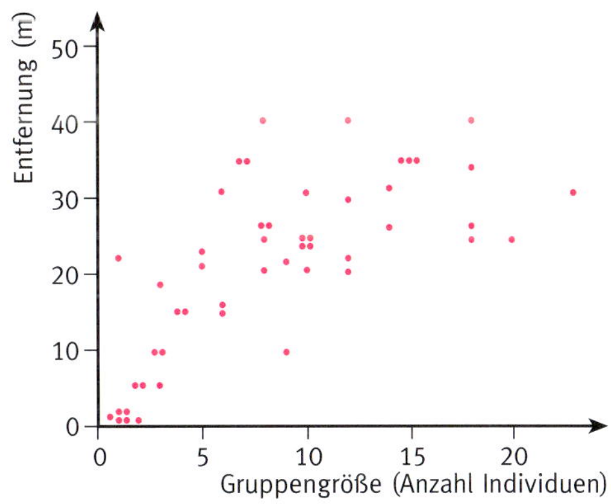

163.2 Zusammenhang zwischen der Gruppengröße von Javaneraffen und dem Entdecken von Beobachtern

163.3 Kooperative Jagd bei Wildhunden

163.4 Kooperative Verteidigung von Ressourcen. **A** Zwischen-Gruppen-Aggression bei Hanumanlanguren; **B** Ausgang von Gruppenbegegnungen in Abhängigkeit von der Gruppengröße bei Braunen Kapuzineraffen

164.1 Hackordnung

3.3 Konfliktmanagement

Manchmal kann man keinen Kampf gewinnen, ohne einen Freund zu verlieren – das ist das Dilemma, vor dem in Gruppen lebende Tiere stehen: Mit Artgenossen zu kooperieren ist vorteilhaft, aber die Kooperationspartner sind gleichzeitig Konkurrenten – was zwangsläufig zu **Konflikten** führt.

Anders als BREHM vermutete, findet „Kampf" allerdings nicht „immer statt, wo mehrere nach gleichem Ziele streben." Aggressive Auseinandersetzungen sind zwar ein häufig eingesetztes Mittel, um Konflikte zu entscheiden, aber sie sind nicht das einzige: Um die potenziellen Kosten eines Konfliktes zu minimieren, stehen Tieren und Menschen Strategien zur Verfügung, die geeignet sind, Konflikte zu entschärfen. Solche Verhaltensweisen bezeichnet man als **Konfliktmanagement.**

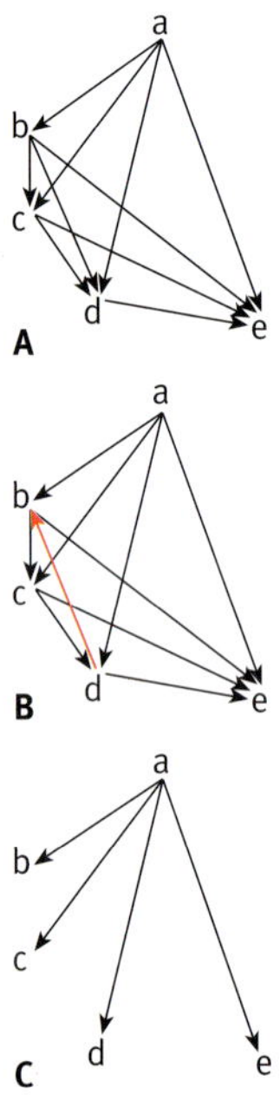

164.2 Hierarchieformen. **A** Lineare Hierarchie; **B** Hierarchie mit Dreiecksbeziehung; **C** „Monarchie" („Einzelherrschaft")

Eine Möglichkeit, die Kosten von Konflikten zu minimieren, besteht darin, eine **Rangordnung** auszubilden. Rangordnungen oder **Dominanzhierarchien** (lat. *dominare,* beherrschen) haben den Effekt, dass sie den Zugang zu umstrittenen Ressourcen regeln, ohne dass es ständig zu zermürbenden Kämpfen kommt. Solche Hierarchien sind nicht nur in menschlichen Gesellschaften, sondern auch im Tierreich weit verbreitet: Es gibt sie bei vielen Säugetieren, aber auch bei Vögeln, Reptilien, Fischen und Insekten. Auf einem Hühnerhof beispielsweise herrscht eine strenge „Hackordnung": Huhn A hackt auf Huhn B herum, Huhn B auf Huhn C, und so weiter. Traditionell bezeichnet man die einzelnen Rangpositionen innerhalb einer Hierarchie mit den Buchstaben des griechischen Alphabets: Das ranghöchste Tier ist das α-Tier, danach kommt das β-Tier, dann das γ-Tier, und ganz zum Schluss das ω-Tier. Eine solche Hierarchie nennt man *linear.*
Nicht linear sind Hierarchien, wenn Individuum A über Individuum B und Individuum B über Individuum C dominant ist, aber C dominant ist über A. Solche Dreiecksverhältnisse sind in größeren Gruppen nicht selten.
Eine andere Form der Hierarchie entsteht, wenn ein einzelnes Individuum über alle anderen Gruppenmitglieder dominant ist, zwischen denen aber keine sozialen Unterschiede bestehen.

Hierarchien sind das Resultat der Gesamtheit der **Rangbeziehungen** zwischen den Individuen einer Gruppe. Das kennzeichnende Merkmal einer Rangbeziehung ist ihre *Asymmetrie:* Würde Huhn A ebenso oft auf Huhn B herumhacken wie Huhn B auf Huhn A, wäre ihre Beziehung **egalitär** (franz. *égalité,* Gleichheit). Das Gegenteil einer egalitären Beziehung ist eine **despotische** Beziehung (gr. *despotes,* Herrscher): Huhn A hackt immer nur auf Huhn B herum, aber niemals Huhn B auf Huhn A.
Anders als in der Umgangssprache enthalten die Begriffe „egalitär" und „despotisch" in der Verhaltensökologie keinerlei moralische Wertung: Sie kennzeichnen nur zwei entgegengesetzte Pole eines Kontinuums. Despotisch nennt man eine Beziehung auch nicht nur dann, wenn einer auf dem anderen „herumhackt". Neben einer solchen **aggressiven Dominanz** gibt es nämlich auch Rangordnungen, in denen die jeweiligen Kräfteverhältnisse durch mehr oder weniger subtile Signale angezeigt werden: Wölfe und Hunde signalisieren ihre Unterwerfung unter ein ranghöheres Rudelmitglied durch einen eingekniffenen Schwanz, Affen präsentieren ihr Hinterteil oder entblößen ihre Zähne, und Menschen lächeln ihren Chef an oder machen „einen Diener". Ranghohe Individuen betonen ihren Status anders – Wölfe und Hunde beispielsweise durch einen aufgerichteten Schwanz.

Werden Rangunterschiede nicht durch tätliche Aggression, sondern durch Signale übermittelt, spricht man von **formalisierter Dominanz.** Rangbeziehungen können in einer solchen formalisierten Hierarchie ebenso klar und eindeutig sein wie in einer „Hackordnung". Oft kann man die Existenz von Rangbeziehungen sogar eher an *submissiven* Verhaltensweisen (lat. *submittere*, unterwerfen) der rangniederen Individuen erkennen als an aggressiven Verhaltensweisen der Dominanten.

Inwiefern führt die Ausbildung von Rangbeziehungen zur Kostenbegrenzung von Konflikten? Rangordnungen basieren in der Regel darauf, dass die Kräfteverhältnisse zwischen den Mitgliedern einer Gruppe ungleich verteilt sind. Konflikte durch Kämpfe auszutragen, kann für alle Beteiligten mit Kosten verbunden sein: Erstens birgt jeder Kampf ein nicht unerhebliches Verletzungsrisiko, und zweitens kann ein Kampf eine soziale Beziehung beschädigen, die für beide Seiten mit Nutzen für die eigene Fitness verbunden ist.
Sind die Gewinnchancen für beide Beteiligten erkennbar ungleich verteilt, macht es für den Schwächeren keinen Sinn, sich auf einen Kampf einzulassen, den er nicht gewinnen kann. In diesem Fall können *Demutsgesten* ein Mittel sein, schon im Vorfeld eines möglichen Konfliktes **Deeskalation** zu betreiben: Man signalisiert, dass man die Ansprüche des anderen anerkennt, und senkt so die Wahrscheinlichkeit eines Angriffs.
Dass von einer Rangbeziehung beide Beteiligten profitieren, kann allerdings nicht darüber hinwegtäuschen, dass Kosten und Nutzen in einer Rangbeziehung extrem ungleich verteilt sind. Ein ranghohes Individuum ist gleichsam im Besitz eines Berechtigungsscheins zum Zugang zu begehrten Ressourcen, was sich bei Tieren vor allem positiv auf die Ernährung und den Fortpflanzungserfolg auswirkt. Ein rangniederes Individuum profitiert allenfalls davon, dass es sinnlose Kämpfe vermeidet, aber die mit einem niedrigen sozialen Status verbundenen Kosten sind vielfach erheblich: ein schlechterer Gesundheitszustand, eine geringere Lebenserwartung, eingeschränkte Fortpflanzungschancen und anderes mehr.
Wenn dies so ist, stellt sich natürlich die Frage, warum rangniedere Individuen ihren Status akzeptieren. Die Antwort lautet: Weil die möglichen Alternativen – sich aufzulehnen oder die Gruppe zu verlassen – mit noch höheren Kosten verbunden wären.
Allerdings sollte man auch erwarten, dass in hierarchisch gegliederten Gesellschaften Individuen nicht nur um Ressourcen konkurrieren, sondern auch um möglichst hohe Rangpositionen. Dass dies der Fall ist, zeigen beispielsweise die Beobachtungen Jane GOODALLs an wilden Schimpansen, bei denen es immer wieder zu *Rangwechseln* an der Spitze der Gruppe kam. Ergibt sich die Gelegenheit zum sozialen Aufstieg, scheuen sich Schimpansenmännchen auch nicht, einen Konflikt durch einen blutig verlaufenden Rangkampf auszutragen.
Aber auch α-Tiere müssen unter Umständen Kosten in Kauf nehmen: Bei Murmeltieren, Wölfen und Wildhunden hat man in ihrem Blut eine erhöhte Konzentration des Stresshormons Cortisol festgestellt – was sich negativ auf das Immunsystem und die Lebenserwartung auswirken kann.

165.1 Formalisierte Dominanz bei Berberaffen.
A Drohmimik; **B** Demutsgeste

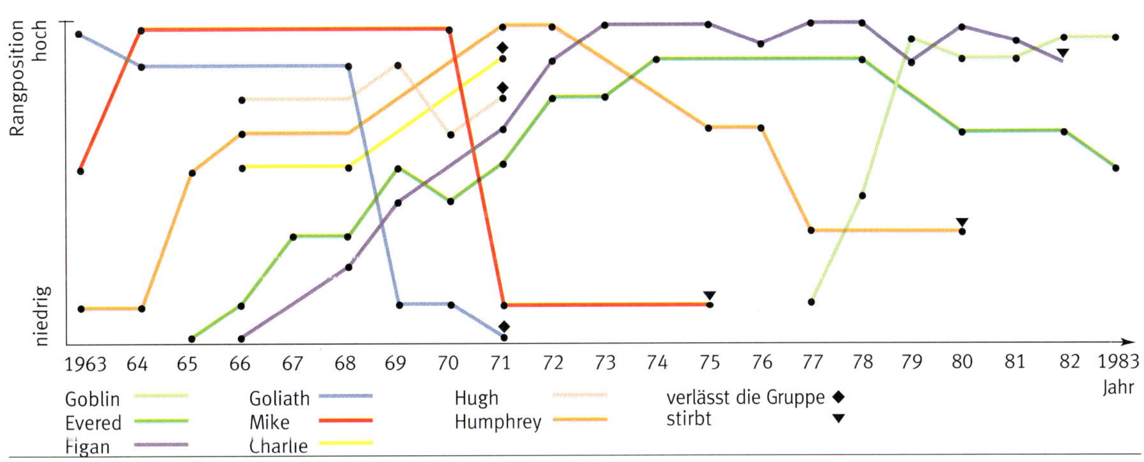

165.2 Rangwechsel zwischen Männchen einer Schimpansengruppe

166.1 Konfliktmanagement.
A Menschen im Fahrstuhl;
B Verhalten von Schimpansen bei hoher und geringer Individuendichte

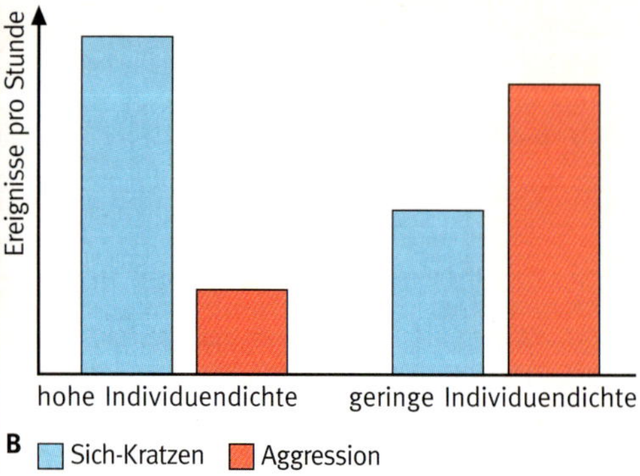

Jeder, der schon einmal in einem voll besetzten Aufzug gestanden hat, weiß, dass soziale Enge Stress verursacht: Man fühlt sich unwillkürlich unwohl. Allerdings weiß auch jeder, der sich schon einmal in einer solchen Situation befunden hat, dass unkontrollierte Gewaltausbrüche in voll besetzten Fahrstühlen nicht die Regel sind. Tatsächlich tun Menschen in solchen Situationen alles, um keine Konflikte heraufzubeschwören: Sie vermeiden Blickkontakt und bemühen sich, einander möglichst wenig zu berühren.
Dennoch waren Verhaltensforscher lange überzeugt, dass „das Zusammengepferchtsein vieler Menschen auf engem Raum ganz unmittelbar aggressives Verhalten auslöst“, wie Konrad LORENZ 1973 schrieb. Versuche, die amerikanische Psychologen mit Laborratten durchgeführt hatten, schienen die These zu bestätigen: Überbevölkerung, also eine unnatürlich hohe Individuendichte, führte bei diesen Tieren auch dann zu einer erheblichen Steigerung aggressiven Verhaltens, ja sogar zu Kannibalismus, obwohl alle genug zu fressen hatten.

Die Ergebnisse auf Menschen zu übertragen, schien nahe zu liegen: Großstädte gelten schließlich geradezu als Brutstätten der Gewalt. Auch auf die Frage, warum dies so ist, hatten Biologen eine Antwort parat: Menschen haben die längste Zeit ihrer Stammesgeschichte in Kleingruppen mit maximal 150 Individuen gelebt und seien mithin an das Leben in anonymen Massengesellschaften nicht angepasst.
Versuche, einen Zusammenhang zwischen Bevölkerungsdichte und Gewaltkriminalität nachzuweisen, waren allerdings wenig erfolgreich. Anders als LORENZ meinte, löst soziale Enge offenbar nicht unmittelbar und automatisch aggressives Verhalten aus.
Nachweisen lässt sich allerdings, dass enges Zusammenleben auf begrenztem Raum Stress verursachen kann: Wissenschaftler haben in Kotproben von Schimpansen, die unter beengten Verhältnissen leben, deutlich höhere Konzentrationen des Stresshormons Cortisol festgestellt als bei Schimpansen, die unter weniger beengten Verhältnissen in größeren Gehegen leben. Dass soziale Enge für die Tiere eine psychische Belastung darstellt, ist auch an ihrem Verhalten sichtbar: Sie kratzen sich viel häufiger.
Trotz der Anspannung, unter der die Tiere stehen, vermeiden sie es aber, Aggressionen zu zeigen. Ganz anders als nach der These von LORENZ zu erwarten wäre, sind Aggressionen bei Schimpansen in kleineren Gehegen sogar erheblich seltener als in größeren Gehegen. Genau wie Menschen im Fahrstuhl verhalten sich Schimpansen in potenziell konfliktträchtigen Situationen also eher so, dass Konflikte erst gar nicht ausbrechen.

Schimpansen und andere Affen zeigen noch eine weitere Technik des Konfliktmanagements: Sie „lausen“ einander in Spannungssituationen besonders häufig. Dieses Verhalten dient nicht nur dazu, Parasiten zu entfernen. Es führt auch zur Ausschüttung von Endorphinen im Gehirn des „Gelausten“ – und trägt somit aktiv zur Entspannung bei.
Lässt sich eine aggressive Auseinandersetzung dennoch nicht verhindern, steht Menschen und anderen Primaten noch ein Mittel zur Entspannung zur Verfügung: Sie versöhnen sich. Bei Schimpansen sehen derartige Versöhnungen ganz ähnlich aus wie bei Menschen: Sie reichen sich die Hand oder küssen und umarmen sich.

1 Beschreiben Sie, mit welchen Mitteln Menschen und andere Primaten Konflikte entschärfen.

Das MILGRAM-Experiment

In den Jahren 1960 bis 1963 führte der Psychologe Stanley MILGRAM eine Serie von Experimenten durch, die ihn weltberühmt machte. Versuchspersonen waren amerikanische Durchschnittsbürger – Angestellte, Arbeiter, Hausfrauen, Beamte. Sie wurden gebeten, an einem Test über die Wirkung von Strafreizen auf Lern- und Gedächtnisleistungen teilzunehmen. Jeweils zwei einander unbekannte Versuchspersonen sollten unter Aufsicht eines Versuchsleiters an dem Test mitwirken: der eine als „Lehrer“, der andere als „Schüler“. Die Aufgabe des „Schülers“ bestand darin, bestimmte Wortpaare einander zuzuordnen; bei jedem Fehler sollte ihm der „Lehrer“ mithilfe eines „Schockgenerators“ einen Elektroschock verabreichen und die Stromstärke bei jedem folgenden Fehler erhöhen.
Der „Schockgenerator“ war ein Gerät mit 30 Kippschaltern, die in Bereiche wie „leichter Schock“, „schwerer Schock“ und so weiter unterteilt waren. Die Skala begann bei 15 Volt und endete bei 450 Volt, wobei die letzten beiden Schalter nur die Markierung „XXX“ trugen.
Nachdem der „Lehrer“ mit der Wirkung eines elektrischen Schlages von 45 Volt bekannt gemacht worden war, wurde der „Schüler“ auf einen an einen „elektrischen Stuhl“ erinnernden Sitz geschnallt, und der Versuch begann.

In einer der Versuchsserien saß der „Schüler“ in einem Nebenraum, aber seine Reaktionen auf die Elektroschocks waren deutlich zu hören: bei 135 Volt ein schmerzliches Stöhnen, bei 270 Volt ein qualvolles Brüllen, und nach 330 Volt hörte man schließlich nichts mehr. Spätestens bei 300 Volt äußerten viele „Lehrer“ Zweifel an dem Vorgehen. Daraufhin sagte der Versuchsleiter: „Sie müssen weitermachen“, oder „die Schocks mögen schmerzhaft sein, hinterlassen aber keine bleibenden Schäden“, und ausbleibende Antworten müssten als Fehler gewertet werden.

Die Autorität des Mannes im grauen Kittel eines Technikers, den die Versuchspersonen meist mit „Professor“ ansprachen, hatte ungeahnte Wirkungen: Trotz der Schreie ihrer Opfer und schließlich der beunruhigenden

167.1 MILGRAMS Versuchsaufbau

Stille drückten über 60 Prozent der Versuchspersonen den Schalter mit der maximalen Stromstärke: 450 Volt.

Echt an dem ganzen Versuch war nur der Probeschock, den der „Lehrer“ bekommen hatte. Der „Schüler“ war in Wirklichkeit ein Mitarbeiter MILGRAMs, seine Antworten waren vorgegeben, und die Schocks, die er erhielt, waren ebenso wie seine Schmerzensschreie nur vorgetäuscht. Tatsächlich ging es MILGRAM auch nicht darum, die Wirkung von Strafreizen auf Lernverhalten zu untersuchen; er wollte wissen, wie sich Rangbeziehungen auf das Verhalten von Menschen auswirken können: Kann Gehorsam gegenüber einer Autorität „ganz normale“ Menschen dazu verleiten, sich unmenschlich zu verhalten? Die Antwort lautete: ja.

MILGRAM hatte seine Experimente unter dem Eindruck des Holocaust durchgeführt, und er hatte nichts dagegen, dass sie später das „EICHMANN-Experiment“ genannt wurden – nach jenem Nazitäter, der „im Rahmen seiner Pflichterfüllung“ mit bürokratischer Gründlichkeit die Transporte Millionen unschuldiger jüdischer Menschen in Vernichtungslager organisiert hatte. Nur sollte dies nicht den Blick dafür verstellen, dass „ganz gewöhnliche Menschen zu Handlungen in einem grausamen Vernichtungsprozess veranlasst werden können“, und „nur vereinzelte Menschen über genügend Standfestigkeit verfügen, um der Autorität wirksam Widerstand entgegenzusetzen.“
Einer dieser Menschen war eine junge Deutsche, die im „Dritten Reich“ aufgewachsen war. „Vielleicht haben wir zuviel Qual gesehen,“ sagte sie, nachdem sie sich geweigert hatte, mit dem Experiment fortzufahren.

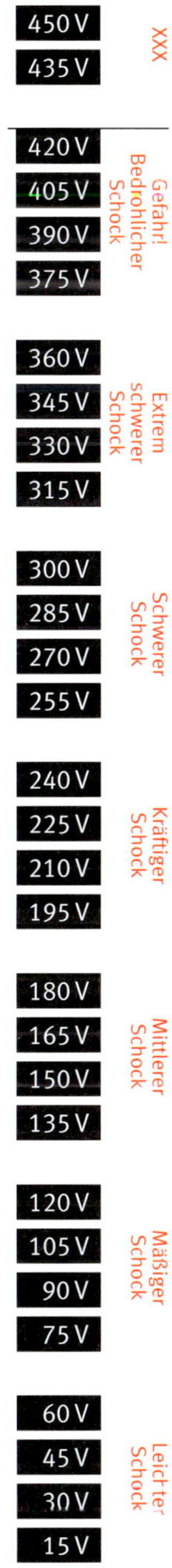

167.2 MILGRAMS „Schockgenerator“

3.4 Sozioökologie

168.1 Totenkopfaffe

Rein äußerlich sind die im Regenwald Costa Ricas lebenden Totenkopfaffen von ihren Verwandten auf dem südamerikanischen Kontinent kaum zu unterscheiden. Auch in ihrer Lebensweise sind sich sämtliche Totenkopfaffen sehr ähnlich: Überall durchstreifen diese kleinen, agilen Primaten den tropischen Regenwald in großen, gemischtgeschlechtlichen Gruppen auf der Suche nach Früchten und Insekten. Vergleicht man jedoch Tiere aus verschiedenen Regionen genauer, stellt man bemerkenswerte Unterschiede fest:
In Costa Rica leben Totenkopfaffen in ausgesprochen friedlichen und weitgehend egalitären Gesellschaften. Selbst erfahrene Beobachter erkennen keine Rangordnung zwischen den Mitgliedern einer Gruppe.
In Surinam ist „Zank und Streit“ dagegen an der Tagesordnung, und der Ausgang von Konflikten wird durch klare Rangbeziehungen geregelt.
Stabile, lineare Hierarchien findet man auch bei peruanischen Totenkopfaffen, aber es gibt einen wichtigen Unterschied: Während bei den Affen in Surinam die Männchen dominant über die Weibchen sind, ist es in Peru genau umgekehrt.

Trotz identischer Sozialsysteme – alle Totenkopfaffen leben in Mehr-Männchen-Mehr-Weibchen-Gruppen – gibt es also tiefgreifende Unterschiede in den Beziehungen zwischen den Gruppenmitgliedern verschiedener Totenkopfaffenpopulationen. Die Gesamtheit eines solchen Beziehungsgefüges bezeichnet man als die **Sozialstruktur** einer Gruppe. Wie lassen sich unterschiedliche Sozialstrukturen erklären?

Wenn das Verhalten von Lebewesen an die Umwelt, in der sie leben, angepasst ist, kann man erwarten, dass unterschiedliche Sozialstrukturen das Ergebnis unterschiedlicher ökologischer Verhältnisse sind. Entsprechend nennt sich der Zweig der Verhaltensökologie, der sich mit den Wechselwirkungen zwischen der Ökologie und dem Sozialverhalten von Lebewesen beschäftigt, **Sozioökologie.**

Der auffallendste ökologische Unterschied zwischen den verschiedenen Totenkopfaffenpopulationen betrifft ihre Ernährung. In Surinam fressen die Affen Früchte, die in großer Anzahl auf so kleinen Bäumen heranreifen, dass ein einzelner Affe sie gegen Konkurrenten verteidigen kann. In Peru sind die Fruchtbäume viel größer. Sie tragen aber ebenfalls so viele Früchte, dass sich aggressive Konkurrenz um Nahrung – und damit die Ausbildung einer Rangordnung – auszahlt. Die wenigen Früchte auf den mittelgroßen Bäumen in Costa Rica lassen sich dagegen nicht effektiv verteidigen. Entsprechend selten sind Konflikte, und die Ausbildung einer Rangordnung unterbleibt. Warum in Peru die Weibchen das dominante Geschlecht sind, in Surinam aber die Männchen, ist allerdings noch unklar.

168.2 Sozioökologie von Totenkopfaffen

POPULATION / MERKMAL	COSTA RICA	PERU	SURINAM
Nahrung (typischer Fruchtbaum)			
Gruppengröße (Anzahl Individuen)	40–65	45–75	15–50
Aggressive Konkurrenz um Nahrung (Ereignisse/Stunde)	sehr selten (0,004)	häufig (0,286)	sehr häufig (1,50)
Rangordnung	kaum erkennbar (egalitär)	stabile lineare Hierarchie, Weibchen dominant über Männchen	stabile lineare Hierarchie, Männchen dominant über Weibchen

3.5 Konflikte zwischen Gruppen

Bis Anfang der 70er Jahre des 20. Jahrhunderts waren Biologen überzeugt, dass der Mensch das einzige Lebewesen ist, das Kriege gegen Mitglieder der eigenen Art führt. Heute weiß man, dass dies falsch ist: Nach Einschätzung von Bert HÖLLDOBLER und Edward WILSON sind Ameisen die aggressivsten und kriegerischsten Tiere überhaupt. Das „außenpolitische Ziel" der Ameisen, die „mit ihren organisierten Bosheiten bei weitem uns Menschen übertreffen", lässt sich nach Meinung der beiden Forscher „so zusammenfassen: ständige Bedrohung der Territorialgrenzen benachbarter Kolonien und, falls möglich, die totale Vernichtung des Nachbarvolkes."

Krieg lässt sich definieren als organisierte und tödliche Gewalt zwischen Gruppen derselben Art. Wie das Verhalten der Ameisen zeigt, ist diese Form der Zwischengruppenaggression keineswegs spezifisch menschlich. Bei vielen Ameisenarten gibt es sogar spezielle Soldatenkasten: Tiere mit riesigen Köpfen und Kiefern, die nur dazu dienen, Feinden wie mit einer Drahtschere Köpfe, Beine und andere Körperteile abzuschneiden.

Natürlich ist das Verhalten von Ameisen und Menschen nicht direkt vergleichbar, denn anders als das Verhalten von Menschen beruht das der Ameisen auf wenigen einfachen Regeln. Stirbt beispielsweise eine Ameise, wird sie von ihren Nestgenossinnen gar nicht beachtet. Erst nach ein oder zwei Tagen veranlasst der Geruch von Ölsäure die Arbeiterinnen, den Leichnam aus dem Nest zu schaffen. Gegnerische Ameisen werden an ihrem Geruch erkannt und erbarmungslos bekämpft. Um einen automatisch ablaufenden „Instinkt" handelt es sich dabei jedoch nicht: Ameisen sind in der Lage, die Kampfkraft ihres Gegners abzuschätzen und ihr Verhalten danach auszurichten. Ist die gegnerische Kolonie zahlenmäßig überlegen, ziehen sie sich zurück, ist sie unterlegen, greifen sie an.

Anders als bei Ameisen verlaufen bei den meisten anderen Tierarten Konflikte zwischen Gruppen eher unblutig: Die Sieger verdrängen die Verlierer, versuchen aber nicht, diese zu vernichten. Unrühmliche Ausnahmen von der Regel sind zwei Primatenarten: Menschen und Schimpansen.

Bis um 1970 meinte man, dass Schimpansen in friedlichen, offenen Gemeinschaften leben, zu denen jeder Zutritt hat: Jane GOODALL hatte immer wieder kleine Grüppchen beobachtet, die sich, wenn sie einander trafen, lautstark begrüßten und bald wieder – oft in anderer Zusammensetzung – trennten. Heute weiß man, dass diese Grüppchen Teil einer größeren Gruppe sind, und dass Schimpansen keinerlei Hemmungen haben, Mitglieder anderer Gruppen zu überfallen und zu töten.
Anfang 1973 spaltete sich die Gruppe, die GOODALL über Jahre beobachtet hatte, in die Kasakela-Gruppe und die Kahama-Gruppe auf. Diese Gruppenspaltung bildete den Auftakt zu einer Serie von Ereignissen, die als „Schimpansenkrieg von Gombe" bekannt wurde: Männchen der Kasakela-Gruppe drangen immer wieder in das Gebiet ihrer Nachbarn ein und griffen diese mit äußerster Brutalität an. Der letzte Überlebende der Kahama-Gruppe starb 1977 an den Verletzungen, die ihm sechs Männchen der Kasakela-Gruppe zugefügt hatten.
Wenige Jahre nach ihrem Sieg wurden allerdings auch die Mitglieder der Kasakela-Gruppe immer öfter Opfer von Überfällen ihrer Nachbarn im Norden und Süden, die auf diese Weise ihr Territorium erweitern konnten.

Die Ausrottung einer Schimpansengruppe durch eine andere wurde zwar bislang nur einmal beobachtet, aber aggressive Auseinandersetzungen zwischen Schimpansen benachbarter Gruppen sind keine Ausnahme: Sie wurden im gesamten Verbreitungsgebiet von Schimpansen beobachtet.

Bemerkenswert ist das Verhalten der Schimpansen aufgrund folgender Beobachtungen:

1. Täter sind grundsätzlich Männchen. Weibchen nehmen nur selten als „Mitläufer" teil.
2. Täter treten grundsätzlich in Gruppen auf, und sie überfallen nur zahlenmäßig unterlegene Gegner – vorzugsweise andere Männchen, Kinder oder alte Weibchen.
3. Das gesamte Vorgehen der Tiere deutet auf bewusstes und planmäßiges Handeln hin.
4. Ziel der Attacken ist nicht die Vertreibung des Gegners, sondern seine Vernichtung.

1 Vergleichen Sie das Verhalten der Schimpansen mit menschlichen Banden- oder Stammeskriegen.

169.1 Der „Schimpansenkrieg" von Gombe

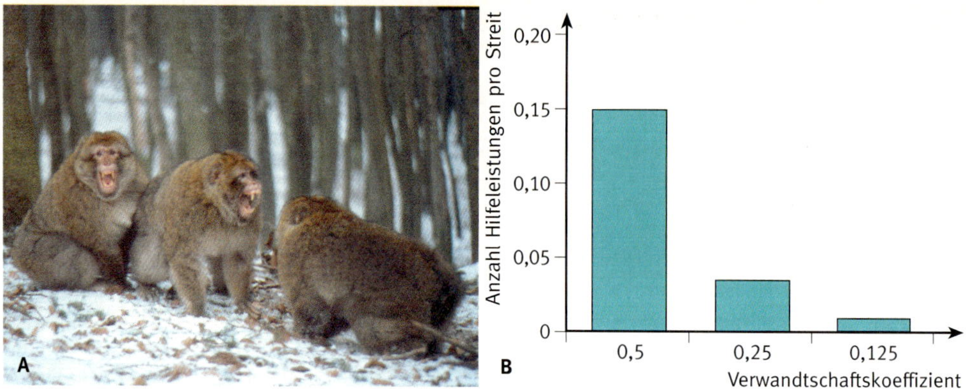

170.1 Altruismus. **A** Unterstützung bei Berberaffen; **B** Unterstützungshäufigkeit und Verwandtschaft bei Schweinsaffen

3.5 Altruistisches Verhalten

Mutter–Kind:	0,5
Vater–Kind:	0,5
Eineiige Zwillinge:	1,0
Zweieiige Zwillinge und andere Vollgeschwister:	0,5
Halbgeschwister:	0,25
Großeltern – Enkel:	0,25
Onkel/Tante – Neffe/Nichte:	0,25
Cousins ersten Grades:	0,125
Unverwandte Individuen:	0,0

170.2 Verwandtschaftskoeffizienten bei diploidem Erbgang (alle Nachkommen entstehen aus befruchteten Eizellen)

Wenn zwei Affen miteinander kämpfen, ruft dies nicht selten einen dritten auf den Plan, der für einen der beiden Partei ergreift. Sich in einen Kampf einzumischen, ist nie ganz risikolos: Mit ihren rasiermesserscharfen Eckzähnen können Affen einander schwere Verletzungen zufügen. Derartige Verhaltensweisen, bei denen ein Individuum einem anderen hilft und dabei Kosten auf sich nimmt, nennt man selbstlos oder **altruistisch.**

Altruistisches Verhalten ist in menschlichen Gesellschaften und auch im Tierreich weit verbreitet: Kaninchen warnen ihre Artgenossen vor Raubfeinden, indem sie mit ihren Füßen laut auf den Boden trommeln, obwohl sie damit den Räuber auch auf sich selbst aufmerksam machen; Affen helfen Artgenossen, wenn diese in Bedrängnis sind, und gehen damit das Risiko ein, selbst verletzt zu werden. Und Honigbienen stellen sogar ihr gesamtes Leben in den Dienst ihres „Staates“: Sie verzichten auf eigene Fortpflanzung und versorgen statt dessen die Brut ihrer Königin.

Wie konnten sich derartige Verhaltensweisen in der Evolution durchsetzen? Mit dem DARWINschen Konzept der Individualselektion sind sie nicht erklärbar: Kein Individuum hat einen Selektionsvorteil, wenn es zugunsten anderer auf eigene Fortpflanzung verzichtet oder Leben und Gesundheit aufs Spiel setzt. DARWIN sah das Problem, und er kam seiner Lösung schon erstaunlich nahe. „Bei den geselligen Instinkten“, vermutete er, „hätte die Selektion auf die Familie und nicht auf das Individuum zur Erreichung eines nützlichen Zieles eingewirkt.“

Diesen Gedanken führte William HAMILTON 1964 mit seinem Konzept der **Gesamtfitness** zu Ende. Die Gesamtfitness setzt sich aus zwei Anteilen zusammen:

- der *direkten Fitness,* die Individuen über die Weitergabe eigener Gene an den Genpool der nächsten Generation durch eigene Fortpflanzung erzielen, und
- der *indirekten Fitness,* die Individuen dadurch erzielen können, dass sie die Fortpflanzung von Verwandten fördern, mit denen sie aufgrund gemeinsamer Abstammung auch Gene gemeinsam haben.

Wie viele Gene zwei Individuen miteinander teilen, drückt der genetische **Verwandtschaftsgrad** oder Verwandtschaftskoeffizient aus. Bei sexueller Fortpflanzung erhalten diploide Organismen jeweils die Hälfte ihrer Erbanlagen von der Mutter, die andere Hälfte vom Vater. Damit liegt der mit dem Buchstaben r (engl., *relatedness*) bezeichnete Verwandtschaftskoeffizient zwischen Eltern und Kindern bei r = 0,5. Mit abnehmender Verwandtschaft sinkt der Verwandtschaftskoeffizient: Cousins ersten Grades haben beispielsweise im Mittel nur noch 12,5 Prozent ihrer Gene gemeinsam (r = 0,125).

Dass sich dies auf das Verhalten von Tieren auswirkt, zeigen Beobachtungen an Schweinsaffen: Sie unterstützen einander bei Streitereien umso häufiger, je näher sie miteinander verwandt sind. Damit verhalten sie sich so, wie es die Theorie der **Verwandtenselektion** erwartet: Altruismus sollte sich in der Evolution umso eher durchsetzen können, je enger die Beteiligten miteinander verwandt sind. Diese Form von Altruismus nennt man **nepotistischen Altruismus** (lat. *nepos,* Verwandter).

Formal beschreiben lassen sich die Bedingungen, unter denen sich altruistisches Verhalten in der Evolution durchsetzen kann, mit der **HAMILTON-Ungleichung:** $K < r \cdot N$.
Danach müssen die Kosten (K) einer Hilfeleistung für den Helfer geringer sein als der Nutzen (N) für den Begünstigten, multipliziert mit dem Verwandtschaftskoeffizienten (r) zwischen den Beteiligten. Mit anderen Worten: Je näher zwei Individuen miteinander verwandt sind, desto eher wird man erwarten können, dass sie einander auch unter Inkaufnahme erheblicher Risiken und Kosten helfen.

Eine extreme Form des Altruismus ist das Verhalten der Arbeiterinnen in den eusozialen Gesellschaften der Ameisen, Bienen und einiger anderer Tiere: Sie verzichten zeitlebens auf eigene Fortpflanzung und helfen statt dessen ihrer Mutter – der „Königin" – bei der Aufzucht ihrer Geschwister. Begünstigt wird dies durch ein Vererbungssystem, das man **Haplo-Diploidie** nennt: Bei Ameisen, Bienen und Wespen entstehen Söhne aus unbefruchteten (haploiden) Eizellen, Töchter dagegen aus befruchteten (und damit diploiden) Eiern. Dies hat zur Folge, dass Schwestern untereinander enger verwandt sind, als sie es mit eigenen Kindern wären: Da sie sämtliche Gene ihres Vaters erben, beträgt der Verwandtschaftskoeffizient zwischen Schwestern bei haplodiploiden Arten nicht wie sonst üblich 0,5 – sondern 0,75! Durch die Aufzucht der eigenen Geschwister kann eine Bienenarbeiterin also besser zur Verbreitung der eigenen Gene beitragen als durch die Produktion eigener Nachkommen!
Ganz freiwillig ist der Verzicht der Arbeiterinnen auf eigene Fortpflanzung allerdings nicht: Die „Königin" unterdrückt mithilfe eines Pheromons, der *Königinsubstanz*, die Entwicklung der Eierstöcke der Arbeiterinnen. Altruistisches Verhalten kann also auch eine Folge von **Manipulation** sein.

Altruistisches Verhalten ist aber nicht auf Verwandte beschränkt. Wenn Schimpansen bei einer ihrer Jagden Beute gemacht haben, geben sie auch anderen Gruppenmitgliedern etwas ab – auch solchen, mit denen sie nicht verwandt sind. Die Freigiebigkeit hat allerdings ihre Grenzen: Schimpansen teilen am ehesten mit jenen, von denen sie selbst schon einmal etwas bekommen haben oder von denen sie zuvor „gelaust" wurden. Schimpansen verhalten sich also nach dem Motto „Wie du mir, so ich dir". Dieses auf Gegenseitigkeit beruhende Verhalten nennt man **reziproken Altruismus.**

Reziproker Altruismus kann sich in der Evolution nur durchsetzen, wenn eine Hilfeleistung zu einem späteren Zeitpunkt erwidert wird. Dies setzt voraus, dass die Beteiligten einander kennen, dass sie sich an vergangene Interaktionen erinnern können und dass sie Gelegenheit haben, wiederholt miteinander zu interagieren. Aus diesen Gründen ist reziproker Altruismus im Tierreich nicht häufig.
Hinzu kommt ein Problem, das unter dem Namen *„Schwarzfahrer-Problem"* bekannt ist. Ein Schwarzfahrer ist jemand, der öffentliche Verkehrsmittel benutzt, ohne sich an den Kosten zu beteiligen. „Schwarzfahrer" gibt es auch bei Schimpansen: Individuen, die ständig betteln, selbst aber nie etwas abgeben. Die enge soziale Gemeinschaft der Schimpansen gibt diesen jedoch die Möglichkeit, dem Schwarzfahrer-Problem zu begegnen: Mit „Geizhälsen" teilen sie nicht, und werden sie dennoch von ihnen angebettelt, reagieren sie ausgesprochen aggressiv.

1 Auf die Frage, ob er sein Leben für einen Bruder opfern würde, antwortete der britische Populationsgenetiker John HALDANE scherzhaft: Für einen nicht, wohl aber für drei – oder auch für neun Vettern. Erläutern Sie diese Aussage.

2 Erklären Sie das Zustandekommen der Verwandtschaftskoeffizienten in Abbildung 171.1.

Vater–Tochter:	1,0
Tochter–Vater:	0,5
Vater–Sohn:	–
Mutter–Tochter:	0,5
Mutter–Sohn:	0,5
Sohn–Mutter:	1,0
Schwestern:	0,75
Brüder:	0,5
Bruder – Schwester:	0,5
Schwester – Bruder:	0,25

171.1 Verwandtschaftskoeffizienten bei haplodiploidem Erbgang

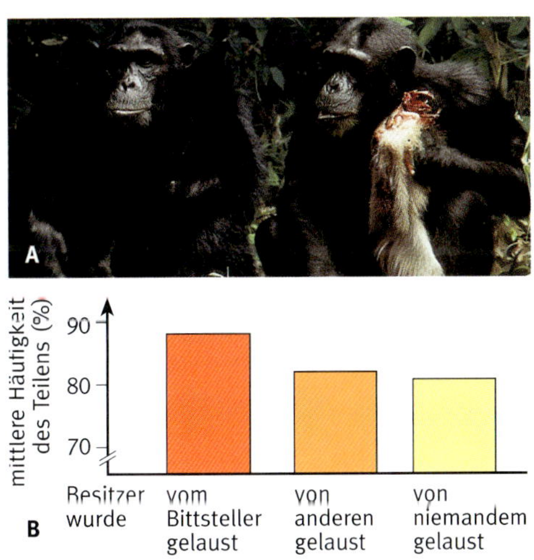

171.2 Reziproker Altruismus bei Schimpansen. **A** Schimpansen mit erbeutetem Colobusaffen; **B** Häufigkeit des Teilens in Abhängigkeit vorherigen „Lausens"

4 Sexualstrategien

4.1 Geschlechtsunterschiede

Männchen und Weibchen einer Art können sich auf vielfältige Art und Weise voneinander unterscheiden. Als **primäre Geschlechtsmerkmale** bezeichnet man die Keimdrüsen oder *Gonaden* sowie die äußerlich sichtbaren *Genitalien.* Einen Penis, an dem man oft schon im Mutterleib auf einem Ultraschallbild erkennen kann, ob ein Kind ein Junge ist, haben allerdings nicht alle Tiere. Bei den meisten Vögeln beispielsweise kann man Männchen und Weibchen am Aussehen ihrer Genitalien nicht unterscheiden, da beide Geschlechter eine Kloake besitzen.

Sekundäre Geschlechtsmerkmale sind Merkmale, die nicht unmittelbar mit dem Fortpflanzungsakt in Zusammenhang stehen. Beispiele sind die Mähne des männlichen Löwen, das Geweih eines männlichen Hirsches oder das prächtige Gefieder des Pfauenhahnes. Milchdrüsen oder andere Strukturen, die der Ernährung der Jungen dienen und oft nur bei einem Geschlecht – meist den Weibchen – ausgebildet sind, zählen ebenfalls zu den sekundären Geschlechtsmerkmalen. Und auch Verhaltensweisen, die typischerweise nur bei einem Geschlecht auftreten, wie der Gesang männlicher Singvögel, gehören zu den sekundären Geschlechtsmerkmalen.

Auch in ihren Chromosomen können sich die Geschlechter unterscheiden: Männer haben ein X- und ein Y-Chromosom, Frauen zwei X-Chromosomen. Bei vielen Schmetterlingen ist es allerdings anders herum: Nicht die Männchen, sondern die Weibchen haben zwei unterschiedliche Geschlechtschromosomen. Viele Schildröten, Krokodile und andere Reptilien schließlich besitzen gar keine Geschlechtschromosomen. Bei diesen Tieren erfolgt die Geschlechtsbestimmung nicht genetisch, sondern über die Temperatur, bei der die Eier ausgebrütet werden.

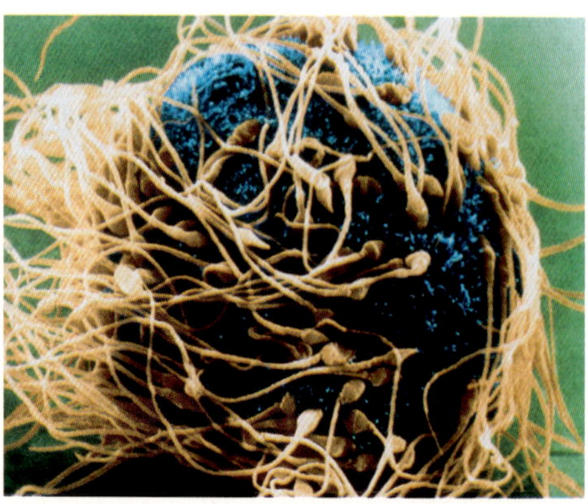

172.1 Eizelle und Spermien eines Menschen

Unterscheiden sich Männchen und Weibchen einer Art in ihrem Aussehen oder ihrem Verhalten, bezeichnet man dies als **Sexualdimorphismus.** Bei manchen tropischen Insekten ist er so groß, dass die jeweiligen Geschlechter lange Zeit für Angehörige verschiedener Arten gehalten wurden. Bei anderen Arten wiederum haben selbst Spezialisten Mühe, Männchen und Weibchen auseinander zu halten.

Bei all dieser Vielfalt stellt sich die Frage, worin besteht er eigentlich, der berühmte „kleine Unterschied"? Die Antwort lautet: In der Art der Geschlechtszellen, die die Geschlechter produzieren. Männchen nennt man die Individuen, die sehr kleine, bewegliche Gameten, die Spermien, herstellen; Weibchen heißen die Individuen, die große, unbewegliche Gameten, die Eizellen, produzieren.

Obwohl mit dem bloßen Auge gar nicht erkennbar, ist „der kleine Unterschied" aber gar nicht so klein: Bei Wirbeltieren liegt das Größenverhältnis von Spermium zu Eizelle bei etwa 1 : 1 000 000. Entsprechend groß sind die Unterschiede in den jeweiligen Mengenverhältnissen: Die Eierstöcke einer Frau enthalten bei der Geburt etwa 400 000 Eizellen, von denen im Laufe des Lebens ungefähr 400 heranreifen. Ein Mann produziert dagegen zwischen 30 und 50 Millionen Spermien – pro Tag! Eizellen und Spermien unterscheiden sich also nicht nur in ihrer Größe, sondern vor allem auch in ihrer jeweiligen Anzahl.

Welche Folgen dieser Geschlechtsunterschied für die Fortpflanzungsstrategien der Geschlechter hat, konnte der britische Genetiker Angus BATEMAN 1948 an der Taufliege *Drosophila* zeigen. BATEMAN kreuzte Tiere aus verschiedenen Zuchtlinien, die sich in ihrem Phänotyp unterschieden, und konnte so feststellen, wer wie viele Nachkommen hatte. Einzelne Männchen hatten wesentlich mehr

Nachkommen als jedes Weibchen. Allerdings blieben auch wesentlich mehr Männchen als Weibchen kinderlos: Bei den Männchen waren es 21 Prozent, bei den Weibchen nur 4 Prozent. Die Unterschiede im Fortpflanzungserfolg waren bei den Männchen also weitaus größer als bei den Weibchen.
Das zweite Ergebnis von BATEMAN betraf die Frage, wovon der Fortpflanzungserfolg der Fliegen abhing. Bei den Weibchen machte es keinen Unterschied, ob sie sich mit einem oder mehreren Männchen gepaart hatten. Bei den Männchen war dies völlig anders: Die Anzahl ihrer Nachkommen stieg linear mit der Anzahl der Weibchen, mit denen sie sich gepaart hatten.

BATEMANs Schlussfolgerung lautete: Da es weit mehr Spermien als Eizellen gibt, jede Eizelle aber nur einmal befruchtet werden kann, sind befruchtungsfähige Eizellen zwangsläufig eine knappe Ressource. Knappe Ressourcen aber bedeuten Konkurrenz: Männchen werden um die Befruchtung von Eizellen konkurrieren. Und damit hängt der Fortpflanzungserfolg eines Männchens in erster Linie davon ab, wie viele Eizellen es befruchtet.
Für Weibchen stellt sich die Sachlage anders dar: Spermien sind im Überfluss vorhanden, sodass sich Konkurrenz um sie erübrigt. Vor allem aber kann ein Weibchen die Anzahl seiner Nachkommen nicht dadurch erhöhen, dass es sich mit möglichst vielen Männchen paart. Entscheidend für den Fortpflanzungserfolg eines Weibchens ist also nicht die Anzahl seiner Geschlechtspartner, sondern es sind Faktoren, die den Aufzuchtserfolg der Nachkommen beeinflussen. Um zu wachsen und zu überleben brauchen die Jungen in erster Linie natürlich Schutz und vor allem Nahrung. Aber auch die Wahl des richtigen Geschlechtspartners kann wichtig sein, denn das Überleben der Jungen ist nicht nur von ihrer Ernährung, sondern auch von ihrer genetischen Ausstattung abhängig – und die stammt zur Hälfte vom Vater.

BATEMANs Schlussfolgerungen gelten nicht nur für Taufliegen, sondern für alle Arten, bei denen die Weibchen mehr Zeit und Energie in die Aufzucht der Nachkommen investieren als die Männchen. Und da dieser Geschlechtsunterschied schon bei der Gametenproduktion beginnt, gilt dies für die weitaus meisten Arten.

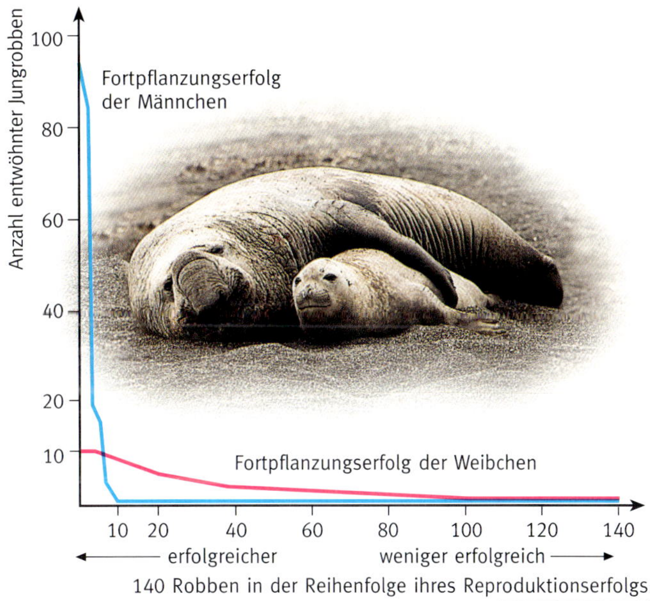

173.1 Fortpflanzungserfolg männlicher und weiblicher See-Elefanten

Besonders ausgeprägt ist dieser Geschlechtsunterschied bei Säugetieren, bei denen das Fortpflanzungspotenzial der Weibchen durch die Dauer der Trächtigkeit und der Stillzeit eingeschränkt ist. See-Elefanten sind ein besonders drastisches Beispiel.
See-Elefanten werden im Alter von drei Jahren geschlechtsreif und insgesamt selten älter als 14 Jahre. Die Weibchen bringen nach einer Tragzeit von elf Monaten pro Jahr nur ein Junges zur Welt, das sie vier Wochen säugen. Mehr als zehn Jungtiere zieht kaum ein See-Elefantenweibchen in seinem Leben auf; die allermeisten Weibchen bringen es auf maximal vier Kinder, die bis zur Entwöhnung überleben.
Männliche See-Elefanten beteiligen sich nicht an der Aufzucht ihrer Kinder; ihr Fortpflanzungserfolg ist allein durch die Anzahl der Weibchen, die sie begatten können, begrenzt. Erfolgreiche Männchen können in ihrem Leben bis zu 100 Jungtiere zeugen. Allerdings gelingt dies nur ganz wenigen, nämlich jenen, die aufgrund ihrer körperlichen Überlegenheit in der Lage sind, anderen Männchen den Zugang zu fortpflanzungsbereiten Weibchen zu verwehren. Die allermeisten See-Elefantenmännchen bleiben ihr Leben lang kinderlos.

1 Verhaltensökologen beschreiben die Fortpflanzungsstrategien der Geschlechter so: Männchen betreiben in erster Linie Paarungsaufwand, Weibchen dagegen elterlichen Aufwand. Erläutern Sie diese Aussage!

4.2 Konkurrenz um Fortpflanzungschancen

„Die furchtsamsten Tiere, welche nicht mit irgend welchen speziellen Waffen ausgerüstet sind, lassen sich während der Zeit der Liebe in verzweifelte Kämpfe ein", wusste Charles DARWIN 1871 zu berichten. „Zwei männliche Hasen hat man gesehen, welche solange mit einander fochten, bis einer getötet war."

Heftige Kämpfe um den Zugang zu fortpflanzungsbereiten Weibchen sind tatsächlich für die Männchen vieler Tierarten typisch, und zuweilen kommt es dabei auch zu Todesfällen. Häufiger als Todesfälle sind bei solchen *Beschädigungskämpfen* freilich Verletzungen. Etwa ein Viertel aller männlichen Rothirsche zieht sich beispielsweise in der Brunftzeit bei Kämpfen mit Artgenossen ernsthafte Verletzungen zu, die ihre Fortpflanzungschancen erheblich schmälern. Ein solches Risiko einzugehen lohnt sich nur, wenn der potenzielle Nutzen hoch ist. Tatsächlich zeigen Vaterschaftsanalysen, dass erfolgreiche Hirsche, die das Paarungsmonopol über eine Gruppe von Weibchen erringen, in ihrem Leben bis zu 80 Kälber zeugen können.

Wegen der hohen potenziellen Kosten vermeiden Hirsche Beschädigungskämpfe allerdings, so lange es möglich ist. Begegnen sich zwei Rivalen, kommt es in der Mehrzahl der Fälle zunächst zu einem „Röhr-Duell". Da das Röhren energetisch sehr aufwendig ist, handelt es sich um ein Signal, das dem jeweiligen Gegner zuverlässige Informationen über die eigene Kampfkraft übermittelt. Gibt dennoch keiner der beiden auf, beginnen sie ihre Kräfte zu messen, indem sie im Parallelgang neben einander einher stolzieren. Erst wenn auch dies zu keinem Ergebnis führt, kommt es zum Beschädigungskampf.

Aber auch auf Hirsche, die sämtliche Rivalen besiegt und einen Harem mit Weibchen erobert haben, kommen noch Kosten zu. Das Energie zehrende Röhren zeigen auch Haremsbesitzer, die ihre lautstarken Rufe rund um die Uhr etwa 3000mal täglich ertönen lassen. Dies dient der Abschreckung weiterer Rivalen und hat noch einen zusätzlichen Nutzen: Das Röhren löst bei Weibchen die Paarungsstimmung aus, sodass ein Hirsch, der kräftig röhrt, die Weibchen in seinem Harem in kürzester Zeit erfolgreich begatten kann. Vorteilhaft ist dies allein schon deshalb, weil ein Hirsch, der einen Harem kontrolliert, auf dem Höhepunkt der Brunft seine Nahrungsaufnahme für etwa drei Wochen nahezu einstellt: Er hat zum Fressen einfach keine Zeit mehr. Eine solche Fastenperiode halten nur Männchen durch, die über genügend Energiereserven verfügen und in bester körperlicher Verfassung sind.

Das Verhalten der Hirsche verdeutlicht ein grundsätzliches Problem, vor dem Männchen stehen: Es genügt nicht, um Weibchen zu werben oder zu kämpfen; Männchen müssen ihre Sexualpartnerinnen auch gegen andere Männchen abschirmen und mögliche „Seitensprünge" der Weibchen verhindern. Die *Überwachung* von Weibchen ist also ebenfalls Teil der männlichen Sexualstrategie.

Die Formen dieser Überwachung sind sehr unterschiedlich. Männliche Berberaffen pflegen dem Weibchen, mit dem sie sich gerade gepaart haben, das Fell – und sorgen so zumindest kurzzeitig dafür, dass ihnen ihre Sexualpartnerin nicht gleich wieder wegläuft.

Bei den Seychellen-Rohrsängern, die wie viele Singvögel in einer Paarbeziehung leben und die Jungen gemeinsam aufziehen, folgt das Paarmännchen seiner Partnerin buchstäblich auf Schritt und Tritt – allerdings nur in den vier

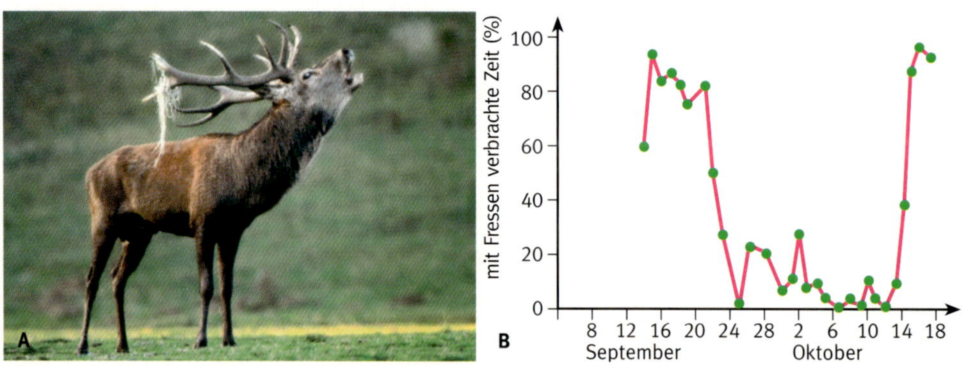

174.1 Verhalten männlicher Rothirsche in der Brunftzeit. **A** Röhren; **B** Nahrungsaufnahme

Tagen zwischen Befruchtung und Eiablage. Nur in diesem Zeitraum ist nämlich eine Fremdbefruchtung möglich.
Die Männchen vieler Insektenarten und Krebstiere gehen noch einen Schritt weiter: Sie bleiben nach der Paarung einfach auf dem Weibchen sitzen, bis dieses die Eier ablegt. Gut beobachten kann man dies beispielsweise bei manchen Libellen, bei denen Männchen und Weibchen ein Tandem bilden und das Männchen auf diese Weise Rivalen am Zugang zum Weibchen hindert.

Tiere setzen in der Konkurrenz um Fortpflanzungschancen aber nicht nur auf physische Stärke. Wenn männliche Stichlinge beispielsweise im Moment der Besamung einen Rivalen entdecken, der ebenfalls versucht, die Eier des Weibchens zu befruchten, erhöhen sie die Anzahl der Spermien, die sie ausstoßen, um bis zu 75 Prozent. Was nun folgt, nennt man **Spermienkonkurrenz:** Nicht mehr die Tiere selbst, sondern ihre Spermien konkurrieren um die Befruchtung einer oder mehrerer Eizellen. Im Fall der Stichlinge wird dabei das Männchen die höchsten Befruchtungschancen haben, das die meisten Spermien ins Wasser abgibt.

Welche Rolle Spermienkonkurrenz im Sexualleben vieler Tiere spielt, zeigt ein Blick auf die primären Geschlechtsmerkmale der Männchen. Verglichen mit Menschen haben männliche Berberaffen beispielsweise ungewöhnlich große Hoden. Die eigentliche Ursache dafür ist, dass sich die Weibchen dieser Art auf dem Höhepunkt ihrer Brunst nicht nur außerordentlich oft paaren – im Durchschnitt alle 20 Minuten –, sondern auch eine ausgesprochene Neigung zu häufigem Partnerwechsel haben. Dies führt dazu, dass die Spermien mehrerer Männchen um die Befruchtung der weiblichen Eizelle konkurrieren. In einer solchen Situation haben Männchen mit großen Hoden, die viele Spermien produzieren, einen Selektionsvorteil.

Vergleichende Untersuchungen an so unterschiedlichen Tiergruppen wie Primaten oder Schmetterlingen zeigen, dass die Hodengröße der Männchen zuverlässig darüber Auskunft gibt, ob sich die Weibchen der jeweiligen Art in einer Fortpflanzungsperiode nur mit einem oder wenigen oder mit vielen Männchen paaren.

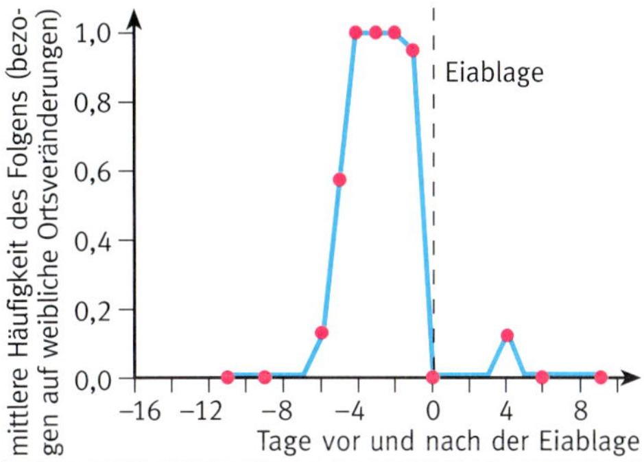

175.1 Partnerüberwachung beim Seychellen-Rohrsänger

175.2 Seychellen-Rohrsänger

175.3 Hodengröße eines erwachsenen mannlichen Berberaffen

Art	**Hodenmasse** absolut (g)	**Hoden** relativ zur Körpermasse (%)
Orang-Utan	35,3	0,063
Gorilla	29,6	0,031
Schimpanse	118,8	0,300
Mensch	40,5	0,079

175.4 Hodengrößen verschiedener Primatenarten

1 Beschreiben Sie, wie Männchen um die Befruchtung weiblicher Eizellen konkurrieren.

2 Entwickeln Sie anhand der Daten in Tabelle 175.4 eine begründete Hypothese, ob und wie häufig die Weibchen der jeweiligen Arten ihre Sexualpartner innerhalb einer Fortpflanzungsperiode wechseln.

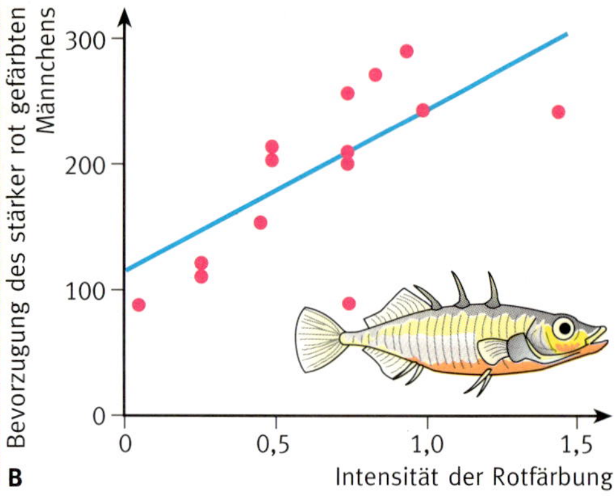

176.1 Attraktive Männchen. **A** Argusfasan; **B** bevorzugte Sexualpartner weiblicher Stichlinge

4.3 Partnerwahl

Der Argusfasan – benannt nach dem hundertäugigen Riesen Argos, einer Figur aus der griechischen Mythologie – gab Biologen lange Zeit Rätsel auf. Seine Schönheit faszinierte DARWIN, der die mit dreidimensional erscheinenden Augenflecken verzierten Schwungfedern des Männchens mit Kunstwerken höchster Vollkommenheit verglich. Und da das Männchen seine eleganten Federn nur bei der Balz so aufrichtet, „dass sie ihre volle Wirkung entfalten“, war für DARWIN klar, dass „die raffinierteste Schönheit nur als Reizmittel für das Weibchen dienen kann und zu keinem anderen Zweck.“ Für DARWIN war die Schönheit des männlichen Argusfasans ein Ergebnis weiblicher Partnerwahl: Weibchen würden die am schönsten gemusterten Männchen am ehesten „akzeptieren“.
Für Konrad LORENZ waren die stark verlängerten Schwungfedern des männlichen Argusfasans dagegen eines der „dümmsten Produkte intraspezifischer Selektion“, da sie „denkbar unzweckmäßig“ seien: „Der Hahn kann kaum mehr fliegen“ – und wird mithin eher einem Raubfeind zum Opfer fallen als ein weniger benachteiligter Vogel. Ein solches Merkmal, das für seinen Träger einen Nachteil darstellt, bezeichnet man als *Handicap*.

Auch der rote Bauch des männlichen Stichlings in der Fortpflanzungszeit ist ein Handicap: Ein rotbäuchiger Stichling geht ein viel höheres Risiko ein, im Maul eines Hechtes zu enden, als ein blassbäuchiger. Was DARWIN und LORENZ im Fall des Argusfasans vermuteten, ist für Stichlinge nachgewiesen: Stichlingsweibchen bevorzugen Männchen als Sexualpartner, die einen leuchtend roten Bauch haben. Die Frage ist nur: Warum tun sie dies? Ein roter Bauch mag schön sein, bleibt aber dennoch ein Handicap! Und wenn dieses Handicap, wie es bei Argusfasanen und Stichlingen der Fall ist, eine genetische Grundlage hat, wird das weibliche Wahlverhalten noch rätselhafter: Schließlich werden auch die Söhne des Weibchens dieses Handicap erben!

Im Jahr 1975 schlug der israelische Biologe Amotz ZAVAHI eine Lösung des Rätsels vor, die seither als **Handicap-Prinzip** bekannt ist. Ein Handicap, argumentierte ZAVAHI, ist ein Signal, das zuverlässige Informationen über die genetische Qualität des Senders übermittelt. Nur wer über besonders gute Erbanlagen verfüge, könne sich nämlich ein teures Handicap leisten.
Ähnliches hatte schon 60 Jahre zuvor der englische Biologe Sir Ronald FISHER vermutet: Ein leuchtend roter Bauch könnte ein Indikator für besonders gute Erbanlagen sein und somit dazu führen, dass ein besonders rotbäuchiges Stichlingsmännchen auch besonders kräftige und gesunde Nachkommen zeugt.
FISHER entwickelte noch eine zweite Hypothese, die das Wahlverhalten der Weibchen erklären könnte: Wenn beides – das anfänglich noch nicht so übertrieben ausgeprägte Merkmal des Männchens und die Vorliebe des Weibchens für dieses Merkmal – erblich ist, dann muss es zu einer Art Selbstläufer-Prozess kommen, den man als **Runaway Selektion** bezeichnet: Wenn Stichlingsweibchen eine Präferenz für rotbäuchige Männchen haben und diese Vorliebe an ihre Töchter weitergeben, wird die Farbe in jeder Generation immer kräftiger werden, da die am kräftigsten gefärbten Männchen den meisten Nachwuchs zeugen werden. Zum Stillstand kommt dieser Pro-

zess erst, wenn die Kosten des Merkmals seinen Nutzen überwiegen. Da es hier nur um sexuelle Attraktivität geht, ist diese Hypothese auch unter dem Namen **Sexy-Sons-Hypothese** bekannt.

Welche Hypothese am wahrscheinlichsten zutrifft, ist nicht leicht zu entscheiden, zumal ein FISHERscher Selbstläuferprozess fast nie auszuschließen ist. Aber der rote Bauch eines Stichlings scheint tatsächlich etwas über seine Qualität – genauer: die Qualität seiner Immunabwehr – auszusagen: Mit Parasiten belastete Stichlinge bleiben blassbäuchig.
Auch beim Pfau, dessen Gefieder nicht weniger prachtvoll ist als das des Argusfasans, gibt es Befunde, die das Handicap-Prinzip stützen: Pfauenhennen bevorzugen Hähne mit besonders vielen und großen Augenflecken auf ihrem Rad, und die Küken, die von solchen Männchen gezeugt wurden, sind gemessen an ihren Überlebenschancen offenbar kräftiger und gesünder als jene, die weniger prächtige Väter haben.

Männchen können zum Überleben ihrer Jungen aber noch mehr beitragen als gute Gene: nämlich materielle Ressourcen. Auch dies beeinflusst die Partnerwahl von Weibchen. Bei vielen Tierarten verteidigen die Männchen beispielsweise Reviere. Diejenigen mit den größten und nahrungsreichsten Revieren sind in der Regel auch diejenigen, die am ehesten eine Sexualpartnerin finden. Dass sich dies direkt auf den weiblichen Fortpflanzungserfolg auswirkt, hat man bei Ochsenfröschen nachgewiesen: Die Sterblichkeit der Kaulquappen ist in großen Revieren weitaus geringer als in kleinen Revieren.
Eine andere Strategie besteht darin, dem Weibchen vor oder während der Paarung Nahrung anzubieten. Welche Wirkung solche „Brautgeschenke" haben können, ist besonders gut an einem Insekt mit dem etwas irreführenden Namen Mückenhaft untersucht (das keine Mücke, sondern eine Schnabelfliege ist). Mückenhafte fangen kleinere Insekten oder Spinnen und bieten diese dem Weibchen an. Beginnt das Weibchen zu fressen, leitet das Männchen die Paarung ein, die umso länger dauert, je größer das „Brautgeschenk" ist. Ist das „Brautgeschenk" nämlich zu klein, bricht das Weibchen die Paarung ab – was die Befruchtungschancen des Männchens deutlich verringert.

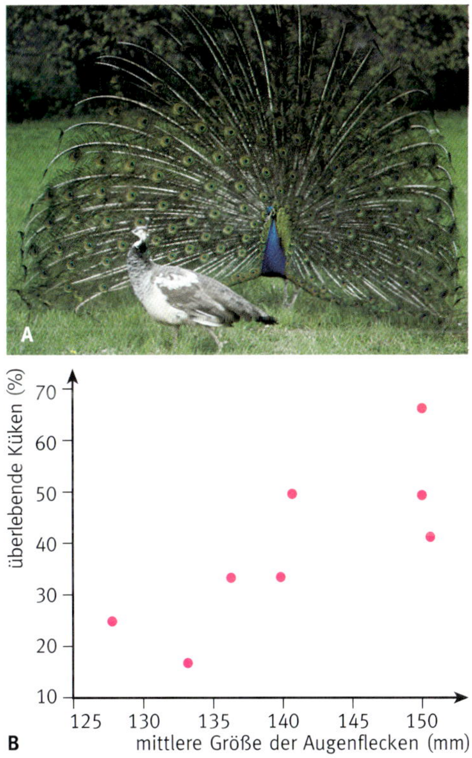

177.1 Partnerwahl beim Pfau. **A** Hahn und Henne; **B** Überleben der Jungen in Abhängigkeit von der väterlichen Merkmalsausprägung

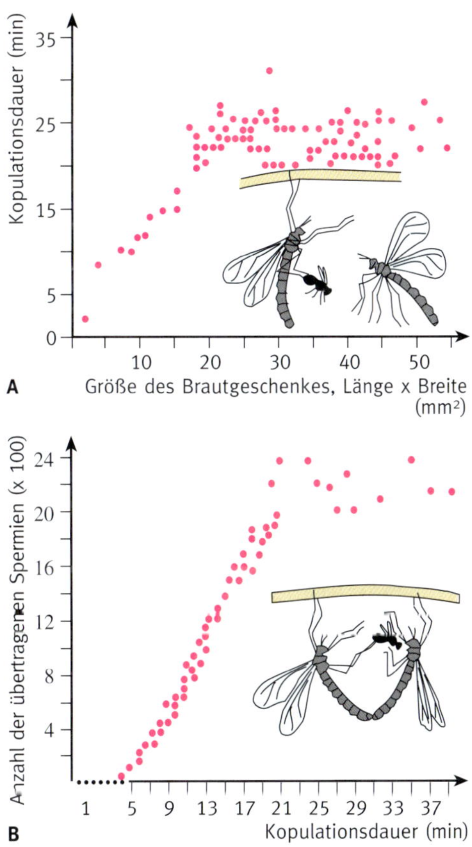

177.2 Partnerwahl beim Mückenhaft. **A** Paarungsdauer; **B** Anzahl übertragener Spermien

4.4 Paarungssysteme und Geschlechterkonflikte

178.1 Trauerschnäpper. **A** Männchen; **B** Weibchen

Wenn im Frühjahr die Trauerschnäpper aus ihrem afrikanischen Winterquartier heimkehren, suchen sich die Weibchen unter den bereits im Brutgebiet ansässigen Männchen einen Partner, der über ein Revier mit einer Bruthöhle verfügt. Beide zeugen miteinander Junge und ziehen diese auch gemeinsam auf. Trauerschnäpper leben, wie es scheint, in Einehe. Aber manchmal trügt der Schein. Nicht wenige Männchen führen nämlich ein Doppelleben: In einem zweiten Revier, das mehrere hundert Meter vom ersten entfernt ist, leben sie mit einem zweiten Weibchen. Die Beziehung zu diesem so genannten Sekundärweibchen ist allerdings eine rein sexuelle: An der Aufzucht der Jungen, die sie mit ihm zeugen, beteiligen sich die Männchen nicht.

Tiere schließen natürlich keine Ehen. Abgesehen davon sagt der Begriff im biologischen Sinne eher etwas darüber aus, wer mit wem lebt, aber nicht notwendigerweise, wer mit wem sexuelle Beziehungen unterhält. Daher haben Biologen den Begriff **Paarungssystem** eingeführt. Paaren sich beide Geschlechter nur mit einem Partner beziehungsweise einer Partnerin, spricht man von **Monogamie** (gr. *monos,* allein; *gamein,* heiraten); gibt es mehrere Partner, spricht man von **Polygamie** (gr. *poly,* viele).

Dass männliche Trauerschnäpper zur Polygamie neigen, ist angesichts der unterschiedlichen Fortpflanzungsstrategien der Geschlechter zu erwarten. Ein Männchen mit einem Sekundärweibchen hat im Durchschnitt 60 Prozent mehr Nachkommen als ein monogames Männchen. Aus der Sicht des Sekundärweibchens stellt sich die Sachlage aber anders dar: Da sie keine Hilfe bei der Aufzucht der Jungen haben und die Jungen somit weniger Futter erhalten, ziehen Sekundärweibchen im Mittel 40 Prozent weniger Junge auf als monogam verpaarte Weibchen. Der Fortpflanzungserfolg primärer Weibchen ist dagegen kaum geringer als der monogam verpaarter Weibchen.

Der Fall der Trauerschnäpper zeigt, dass sich aus den unterschiedlichen Fortpflanzungsstrategien der Geschlechter fast zwangsläufig ein **Interessenkonflikt** ergibt – was nicht bedeuten muss, dass den Beteiligten ihre Interessen bewusst sind.

Polygame Männchen gibt es auch bei den häufig in Gärten und Parkanlagen brütenden Heckenbraunellen. Bei diesen Vögeln besetzen die Weibchen Reviere, die sie gegen andere Weibchen verteidigen. Sind zwei benachbarte Weibchenreviere nicht zu groß, kann ein Männchen beide kontrollieren und sich mit beiden Weibchen paaren. Anders als der Trauerschnäpper beteiligt sich das Heckenbraunellenmännchen an der Aufzucht beider Bruten. Da jedoch beide Bruten weniger Nahrung erhalten, ziehen die betroffenen Weibchen weniger Junge auf als monogam verpaarte Weibchen. Heckenbraunellen zeigen freilich auch, dass die Weibchen nicht zwangsläufig die Verlierer des Geschlechterkonfliktes sind. Ist ein Weibchenrevier so groß und unübersichtlich, dass ein Männchen es nicht mehr kontrollieren kann, entsteht ein *polyandrisches* Paarungssystem (gr. *andros,* Mann): Das Weibchen paart sich mit mehreren Männchen (meist sind es zwei). Im Interesse der Männchen ist dies nicht, da jeder Rivale den eigenen Fortpflanzungserfolg schmälert. Das Weibchen hingegen profitiert, da sich beide Männchen an der Aufzucht der Jungen beteiligen.

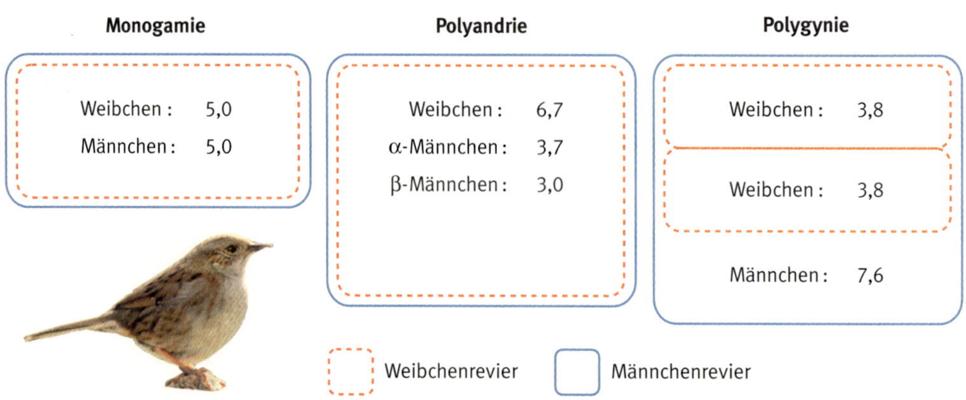

178.2 Fortpflanzungserfolg (mittlere Anzahl flügger Jungvögel) männlicher und weiblicher Heckenbraunellen in Abhängigkeit vom Paarungssystem

Die Vielfalt der Paarungssysteme

Paarungs- oder Fortpflanzungssysteme sind das Ergebnis individueller Fortpflanzungsstrategien. Wer dabei seine Interessen am ehesten durchsetzen kann, ist oft von ökologischen Rahmenbedingungen abhängig: Ein männlicher Trauerschnäpper kann seine polygamen Neigungen beispielsweise nur verwirklichen, wenn genügend Bruthöhlen verfügbar sind. Aus solchen Gründen sind Paarungssysteme nicht unbedingt artspezifisch, sondern innerartlich oft variabel. Im Tierreich sind sämtliche theoretisch vorstellbaren Paarungssysteme verwirklicht.

Monogamie. Die zeitlich beschränkte oder dauerhafte Sexualbeziehung zwischen einem Männchen und einem Weibchen findet man bei manchen Wirbellosen (Wüstenassel, Harlekin-Garnele), einigen Fischen und Säugetieren (Biber, Gibbons) sowie bei vielen Vögeln. Gerade hier haben Vaterschaftstests jedoch gezeigt, dass viele Nestlinge nicht von dem Männchen stammen, das man für den Vater halten würde. In solchen Fällen handelt es sich im strengen Sinne nicht um ein monogames Paarungssystem. Man spricht von „sozialer Monogamie“. Monogamie kann verschiedene Ursachen haben: (1) Männchen haben nur beschränkte Möglichkeiten, weitere Weibchen zu begatten; (2) beide Geschlechter werden zur Aufzucht des Nachwuchses benötigt. Monogamie gibt es aber auch bei Arten, die keine Brutpflege betreiben.

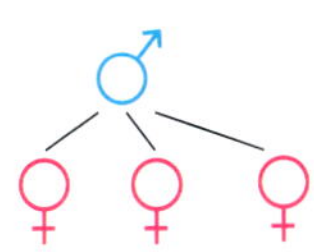

Polygynie (gr. *gyne*, Frau). Ein Männchen paart sich mit mehreren Weibchen. Diese Form der Polygamie ist das häufigste Paarungssystem im Tierreich. Polygynie kann entstehen, wenn Männchen mehrere Weibchen gegen andere Männchen verteidigen können oder wenn sie über Ressourcen verfügen, die Weibchen zur Aufzucht der Jungen benötigen (zum Beispiel ein Revier mit viel Nahrung).

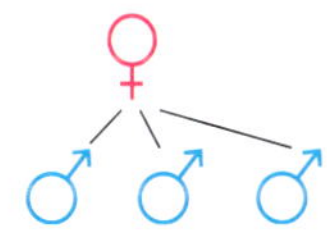

Polyandrie. Dass sich ein Weibchen mit mehreren Männchen paart, ist selten und nur für Arten typisch, bei denen die Weibchen um Männchen konkurrieren und diese die Brutpflege übernehmen. Bei Heckenbraunellen und Krallenaffen kann Polyandrie entstehen, wenn Männchen Rivalen nicht am Zugang zu Weibchen hindern können. Weibchen profitieren durch Paarungen mit mehreren Männchen, weil sie von diesen Hilfe bei der Aufzucht der Jungen erhalten.

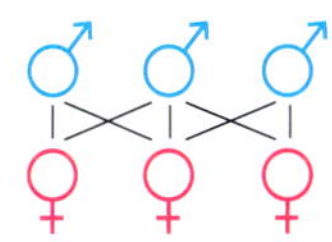

Polygynandrie und Promiskuität. Beide Geschlechter paaren sich mit mehr als einem Partner; bei engeren Bindungen zwischen den Sexualpartnern spricht man meist von Polygynandrie, fehlen diese, von Promiskuität. Verbreitet ist dieses Paarungssystem vor allem bei solitären Arten und bei Arten, bei denen die Weibchen während eines längeren Zeitraumes paarungsbereit sind (Affen und Menschaffen). Ursache ist auch hier, dass Männchen Rivalen nicht am Zugang zu Weibchen hindern können und Weibchen durch Paarungen mit mehreren Männchen profitieren – beispielsweise dadurch, dass sie die Vaterschaft verschleiern und so das Risiko der Kindestötung durch Männchen verringern.

Menschliche Ehen sind eine kulturelle Institution – und als solche mit Paarungssystemen von Tieren nur eingeschränkt vergleichbar. In der Bundesrepublik Deutschland ist die Monogamie die gesetzlich vorgeschriebene Eheform, und dies gilt für viele andere Gesellschaften. Im internationalen Kulturenvergleich ist dies jedoch eher die Ausnahme: Die meisten menschlichen Kulturen erlauben Polygynie und praktizieren sie auch. Polyandrie ist dagegen sehr selten, Polygynandrie als Eheform unbekannt.

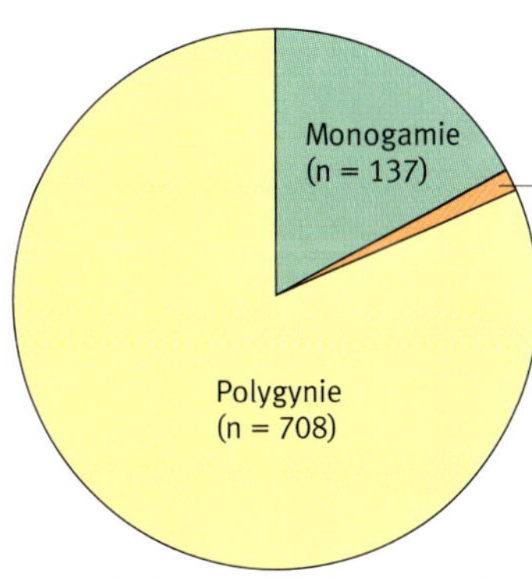

179.1 Eheformen in menschlichen Kulturen

4.5 Fortpflanzungserfolg

Das Jahr 1976 sollte für den See-Elefantenbullen mit der Nummer 126 zum erfolgreichsten seines Lebens werden. Im Alter von elf Jahren gelang es ihm, sämtliche Rivalen auf der kalifornischen Insel Año Nuevo in Zweikämpfen zu besiegen und so zum ranghöchsten Männchen der Herde aufzusteigen. Und der Aufwand lohnte sich: 47 Jungtiere zeugte er allein in diesem Jahr – ebenso viele, wie in seinem gesamten übrigen Leben. Ein Jahr später verlor er die Alpha-Position an einen jüngeren Konkurrenten; in diesem Jahr zeugte er nur noch sieben Kinder.
Dass der Fortpflanzungserfolg männlicher See-Elefanten entscheidend von ihrem Rang in der männlichen Hierarchie abhängt, lässt sich an ihrem Paarungserfolg ablesen: Ranghohe und speziell Alpha-Männchen paaren sich deutlich häufiger als rangniedere Männchen. In Gruppen mit nicht mehr als 50 Weibchen kann das dominante Männchen sogar ein absolutes Fortpflanzungsmonopol erreichen. Das war Männchen 126 nicht möglich: Seiner Gruppe gehörten über 600 Weibchen an.

Auch der Fortpflanzungserfolg weiblicher See-Elefanten ist rangabhängig: Ranghohe Weibchen sind bei der Aufzucht ihrer Jungen erfolgreicher als rangniedere Weibchen. Ranghohe Weibchen verfügen über mehr Energiereserven und können ihre Kinder vor bissigen Nachbarinnen besser beschützen. Noch wichtiger als der Rang ist jedoch ihre Lebenserwartung und damit die Zeit, die ihnen überhaupt zur Fortpflanzung zur Verfügung steht.

Da nicht jede Paarung automatisch die Befruchtung eines Eies zur Folge hat, sagen Beobachtungsdaten über den Paarungserfolg männlicher Individuen nicht notwendigerweise etwas über ihren tatsächlichen Fortpflanzungserfolg aus. Mit der Methode des *genetischen Fingerabdrucks,* der individualspezifische Sequenzen in der DNA sichtbar macht, ist es jedoch möglich, Vaterschaftstests durchzuführen und so den Fortpflanzungserfolg männlicher Individuen direkt zu messen.

Mithilfe von Haarwurzelzellen und Darmepithelzellen aus Kotproben, aus denen sich DNA extrahieren ließ, hat dies ein Team um Jane GOODALL an den Schimpansen des Gombe-Nationalparks getan. Dabei zeigte sich, dass von den 14 Schimpansenkindern, die getestet werden konnten, fünf von den beiden aufeinander folgenden Alpha-Männchen Wilkie und Goblin gezeugt worden waren und zwei weitere von dem wenig später zum Alpha aufgestiegenen Frodo. In drei weiteren Fällen war die Mutter des jeweiligen Kindes entweder eine Schwester oder die Mutter des Alpha-Männchens – und kam damit für dieses als Sexualpartnerin nicht in Frage: Schimpansen vermeiden für gewöhnlich ebenso wie Menschen Inzest (lat. *incestus,* Blutschande). Nur zwei Jungtiere waren von rangniederen Männchen gezeugt worden, und beide hatten sich einer ganz besonderen Taktik bedient: Sie hatten sich mit den betreffenden Weibchen von der Gruppe abgesetzt und blieben einige Tage im Wald verschwunden. Ranghohe Männchen tun dies gewöhnlich nicht: Sie setzen eher darauf, paarungsbereite Weibchen aggressiv gegen mögliche Rivalen zu verteidigen.

soziale Rangstellung	1968	1969	1970	1971	1972	1973
α	37	49	28	28	13	12
2	31	22	18	19	10	8
3	14	14	11	8	14	13
4	4	4	9	13	9	4
5	6	1	5	4	8	6
6	0	4	1	4	10	4
7	2	1	4	4	4	8
8	1	1	5	2	4	8

180.1 Paarungserfolg der zehn ranghöchsten Männchen einer See-Elefantengruppe

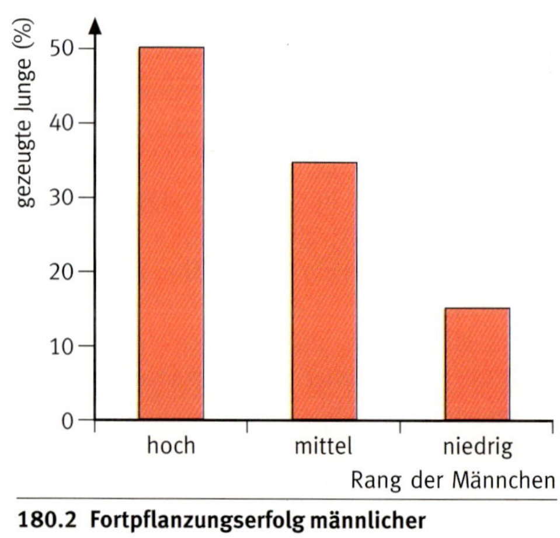

180.2 Fortpflanzungserfolg männlicher Schimpansen

4.6 Infantizid

See-Elefantenbullen sind nicht dafür bekannt, übermäßig rücksichtsvoll zu sein: Immer wieder kommen Jungtiere ums Leben, weil sie von einem der zweieinhalb Tonnen schweren Bullen buchstäblich erdrückt werden.

Fälle von **Kindestötungen** oder **Infantizid** (lat. *infans*, Kind; -zid von lat. *caedere*, töten) durch Angehörige der eigenen Art haben in der Verhaltensforschung für viel Aufsehen gesorgt, denn sie widersprachen zwei zentralen Annahmen der Klassischen Ethologie:
Erstens ging die Klassische Ethologie davon aus, dass Verhalten der Arterhaltung dient. Das Töten von Artgenossen ist aber „im Sinne der Arterhaltung höchst unzweckmäßig", wie Konrad LORENZ 1955 betonte. Eine angeborene innerartliche Tötungshemmung sollte daher Tiere daran hindern, sich gegenseitig auszurotten.
Zweitens war man überzeugt, dass das Kindchenschema ein Schlüsselreiz ist, der grundsätzlich Brutpflegeinstinkte auslöst – und somit gerade Jungtiere zuverlässig vor Artgenossen schützen sollte.

See-Elefantenjunge, die durch See-Elefantenbullen umkamen, waren mit diesen Annahmen noch einigermaßen vereinbar: „Die Hemmungen können gelegentlich auch versagen", meinte LORENZ. Außerdem spricht nichts dafür, dass See-Elefantenbullen Jungtiere gezielt töten – es handelt sich wohl eher um Unfälle. In vielen anderen Fällen ist dies aber anders. Männliche Heckenbraunellen zerstören beispielsweise gelegentlich ganz gezielt die Brut von Weibchen, die sich nicht mit ihnen gepaart haben. Auch bei Delfinen, Zebras, Löwen, Affen und vielen anderen Tierarten hat man Kindestötungen durch Männchen beobachtet.

Als Ursache für Kindestötungen kommen verschiedene Möglichkeiten in Betracht:

- *Pathologie:* Tiere, die Jungtiere der eigenen Art töten, sind verhaltensgestört.
- *Kannibalismus:* Für den Täter ist das Opfer eine willkommene Mahlzeit.
- *Populationsregulierung:* Kindestötungen dienen dazu, Überbevölkerung zu verhindern.
- *Fortpflanzungsstrategie:* Männchen töten Kinder, um ihren eigenen Fortpflanzungserfolg zu erhöhen.

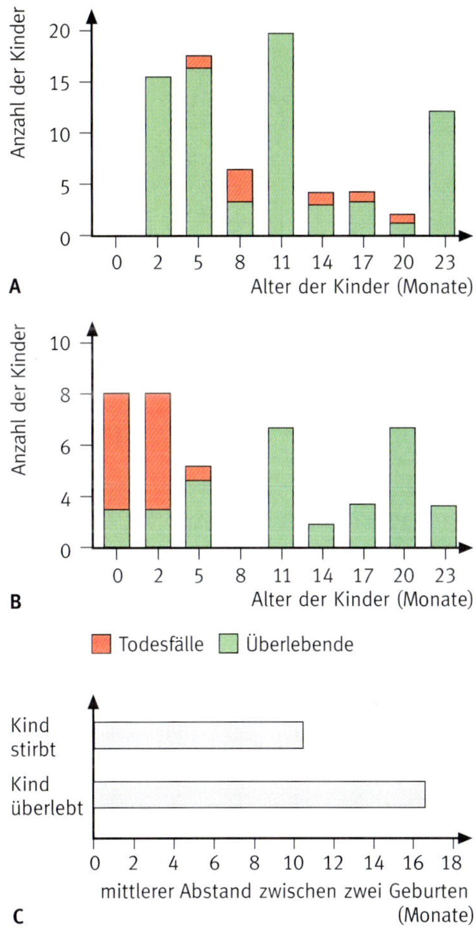

181.1 Säuglingssterblichkeit bei Roten Brüllaffen.
A in stabilen Gruppen;
B nach Gruppenübernahme durch neue Männchen;
C Einfluss des Kindstodes auf die Fortpflanzung der Mutter

Welche Hypothese trifft am ehesten zu? Wenn es sich um Kannibalismus handelt, sollte man annehmen, dass der Täter sein Opfer frisst. Handelt es sich dagegen um eine männliche Fortpflanzungsstrategie, ist zu erwarten, dass der Tod eines Kindes die Fortpflanzungschancen des Täters auf irgendeine Weise verbessert.
Letzteres ist durch viele Untersuchungen belegt: Männliche Brüllaffen töten beispielsweise gezielt Säuglinge, wenn sie das dominante Männchen einer Gruppe abgelöst haben, fressen sie aber nicht. Der Tod der vom Vorgänger gezeugten Jungtiere führt dazu, dass deren Mütter deutlich schneller wieder fortpflanzungsbereit werden als Mütter, deren Kinder am Leben bleiben. So erhält der Täter die Chance, selbst Nachkommen zu zeugen – und kann sie in der Regel auch nutzen.

1 Formulieren Sie zu jeder der vier genannten Hypothesen zur Verursachung von Infantizid überprüfbare Erwartungen.

5 Brutpflege

5.1 Nutzen und Kosten der Brutpflege

Vorausgesetzt das Wetter spielt mit, schaffen es viele mitteleuropäische Singvögel, im Jahr zwei oder sogar drei Bruten aufzuziehen. Der Nutzen eines solchen Verhaltens ist offensichtlich: Die Gene eines Vogels, der mehrere Bruten aufzieht, werden im Genpool der nächsten Generation stärker vertreten sein, als die eines Vogels, der nur eine Brut aufzieht.
Vögel betreiben **Brutpflege:** Sie kümmern sich aktiv um die Aufzucht ihrer Jungen, indem sie die Eier ausbrüten und die geschlüpften Jungen versorgen, ernähren und schützen. Auf diese Weise maximieren die Vogeleltern ihre eigene genetische Fitness.

Nicht alle Tierarten betreiben Brutpflege. Irgend eine Form **elterlichen Aufwandes** ist aber in jedem Fall mit Fortpflanzung verbunden. Unter elterlichem Aufwand versteht man alles, was Eltern tun, um das Aufwachsen ihrer Jungen zu gewährleisten. Dies beginnt mit der Produktion von Geschlechtszellen – und kann damit auch schon enden: Korallen, Schwämme oder Austern, aber auch Wirbeltiere wie viele Fische geben ihre Gameten einfach ins Wasser ab und kümmern sich nicht weiter um sie.
Obwohl hier noch gar keine Nachkommen vorhanden sind, ist auch die Produktion von Gameten bereits elterlicher Aufwand. Bei Fischen, Vögeln und anderen Tieren hängt nämlich das Wachstum und das Überleben der Jungen nicht zuletzt von der Größe der von der Mutter produzierten Eizelle ab.

Andere Arten gehen einen Schritt weiter. Meeresschildkröten schwimmen oft Tausende Kilometer, um an ganz bestimmten Stränden ihre Eier zu vergraben. Diese Tiere betreiben **Brutfürsorge:** Sie treffen Vorkehrungen für das Überleben ihrer Jungen, ohne bei ihnen zu bleiben. Aber auch das Austragen der Jungen im Körper der Mutter, also die Schwangerschaft, wird zur Brutfürsorge gerechnet.

Brutpflege ist die aufwendigste Form elterlichen Aufwandes. Vogeleltern, die mehrere Bruten pro Jahr aufziehen, bekommen dies zu spüren. Je größer die Anzahl der Jungvögel nämlich ist, um die sie sich kümmern müssen, desto geringer ist die Wahrscheinlichkeit, dass die Eltern die kommende Brutsaison noch erleben werden. Brutpflege kostet also nicht nur Zeit und Energie, sondern verkürzt die Lebensspanne.
Unmittelbare Folge dieses Umstandes ist, dass die natürliche Selektion ökonomisches Elternverhalten fördert: Eltern, die zu viel an Brutpflege leisten, schaden ihrer Fitness letztlich ebenso wie Eltern, die ihre Kinder vernachlässigen. Entscheidend für die Fitness eines Individuums ist nämlich nicht sein kurzfristiger Fortpflanzungserfolg, sondern sein Lebensreproduktionserfolg.

Mütter, die sich für ihre Kinder buchstäblich opfern, gibt es aber auch. Manche Spinnen pflanzen sich nur einmal im Leben fort und sterben bald darauf. Der Körper der sterbenden Mutter dient ihren bis zu 600 geschlüpften Jungen als Nahrung: Sie saugen ihn aus.

182.1 Elterlicher Aufwand. A Koralle bei der Gametenabgabe; **B** Eier legende Meeresschildkröte; **C** Jungtiere der Röhrenspinne *Stegodyphus pacificus* saugen ihre Mutter aus.

Die Evolution der Brutpflege

Eine Elefantenkuh produziert in ihrem ganzen Leben nur wenige Nachkommen, deren Aufzucht die Mutter viel Zeit und Energie kostet. Nach einer Tragzeit von zwei Jahren säugt sie ihr Kind noch einmal mindestens zwei Jahre. Bis das Jungtier von der Mutter unabhängig ist, dauert es noch viele weitere Jahre.
Eine Auster produziert dagegen im Jahr ungefähr 500 000 000 Eizellen, die sie einfach ins Wasser abgibt und sich selbst überlässt.
Wie kommen diese Unterschiede zustande? Eine einfache Analogie kann helfen, die Frage zu beantworten. Jeder Fabrikant weiß, dass es zwei grundsätzlich unterschiedliche Strategien gibt, am Markt erfolgreich zu sein: Man kann entweder billige Massenware produzieren oder teure Qualitätsprodukte. Qualität lässt sich nur auf Kosten von Quantität produzieren, denn Qualität bedeutet hohe Stückkosten und entsprechend geringere Stückzahl.
Ist die Nachfrage hoch, wird jeder Fabrikant, der billige Massenware produziert, schnell reich werden. Ist der Markt dagegen gesättigt, wird nur der Fabrikant erfolgreich sein, der auf konkurrenzfähige Qualitätsprodukte setzt.

Lebewesen stehen vor einem vergleichbaren Problem. Im Prinzip hat jede Art die Fähigkeit, sich exponentiell zu vermehren. Irgendwann stößt jedoch das Wachstum jeder Population an Grenzen: Die *Tragekapazität* der Umwelt ist erreicht, weil irgendeine lebenswichtige Ressource knapp wird. Ist dieser Zeitpunkt gekommen, wird die natürliche Selektion Lebewesen belohnen, die in die Konkurrenzfähigkeit ihrer Nachkommen investieren: Lebewesen, die Brutpflege betreiben. Da die Umweltkapazität mit dem Buchstaben K bezeichnet wird, heißt diese Form der Selektion **K-Selektion.**
In der Wachstumsphase einer Population sind dagegen Lebewesen erfolgreich, die in der Lage sind, sich schnell und massenhaft zu vermehren – und entsprechend wenig in ihre Nachkommen zu investieren. Da das Wachstum einer Population mit dem Buchstaben r bezeichnet wird (engl. *rate of reproduction*), spricht man hier von **r-Selektion.**
Diese Überlegungen lassen sich auch auf verschiedene Arten übertragen. Je nach den Umweltbedingungen, denen sie ausgesetzt sind, hat die natürliche Selektion unterschiedliche **Lebenslaufstrategien** gefördert. Elefanten leben in einer Umwelt, die ihnen praktisch keine Expansionsmöglichkeiten bietet. Entsprechend verfahren Elefanten nach der **K-Strategie:** Sie wachsen und vermehren sich langsam und investieren viel in die Konkurrenzfähigkeit ihrer Nachkommen. Auch Austern leben normalerweise an der Tragekapazität ihrer Umwelt. Aber in der Umwelt einer Auster kann schon ein Sturm dazu führen, dass eine ganze Austernpopulation zusammenbricht und auf diese oder andere Weise ein neuer Lebensraum entsteht. Daher verfahren Austern nach der **r-Strategie:** Durch Massenproduktion von Nachkommen sind sie jederzeit in der Lage, frei werdende Lebensräume rasch zu besiedeln.
Austern und Elefanten repräsentieren natürlich nur zwei Extrembeispiele auf den gegenüber liegenden Enden eines Kontinuums. Irgendwo dazwischen sitzt die Maus: aus der Sicht der Auster ein extremer K-Stratege, in den Augen des Elefanten aber ein extremer r-Stratege.

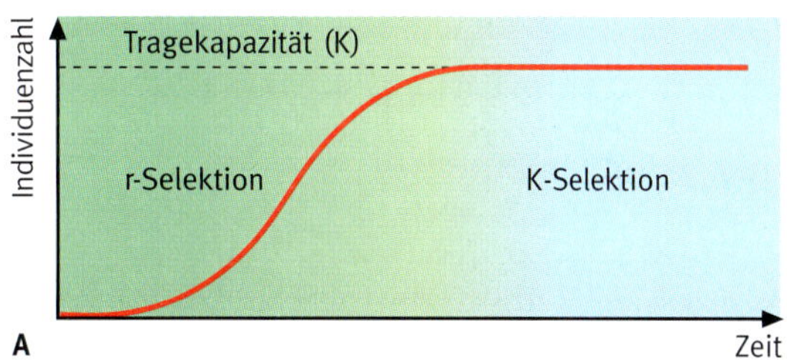

A

B	**r-Selektion**	**K-Selektion**
Umweltbedingungen	variabel, schwankend	stabil
Sterblichkeit	oft hoch, unabhängig von der Populationsdichte	eher niedrig, abhängig von der Populationsdichte
Wettbewerbsform	Expansionswettbewerb	Verdrängungswettbewerb
Merkmal	**r-Strategie**	**K-Strategie**
Individualentwicklung	rasch	langsam
Körpergröße	klein	groß
Gehirngröße	klein	groß
Lebensspanne	kurz	lang
Fortpflanzungsbeginn	früh	spät
Vermehrungsrate	hoch	gering
Wurfgröße	groß	klein
elterliche Fürsorge	gering oder fehlend	ausgeprägt

183.1 r- und K-Selektion. A in Abhängigkeit vom Populationswachstum; **B** Bedingungen und Kennzeichen

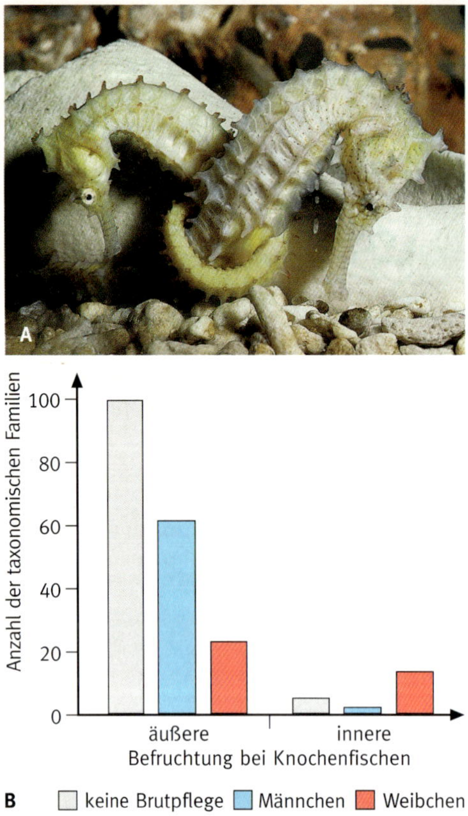

184.1 Brutpflege bei Fischen.
A Seepferdchen;
B Brutpflege in Abhängigkeit von der Befruchtungsform

184.2 Brutpflege bei Amphibien.
A Geburtshelferkröte;
B Brutpflege in Abhängigkeit von der Befruchtungsform

5.2 Die elterliche Zuständigkeit

Die vorwiegend in tropischen Meeren verbreiteten Seenadeln und Seepferdchen gehören zu den skurrilsten Fischen der Welt, und dies nicht nur wegen ihres Aussehens, sondern vor allem wegen ihrer Fortpflanzungsbiologie. Bei ihnen werden nämlich die Männchen schwanger. Bei der Paarung umschlingen sich Männchen und Weibchen mit ihren Schwänzen und das Weibchen entlässt seine bis zu 1500 Eier in eine taschenartige Hautfalte am Bauch oder Schwanz des Männchens. Danach verschließt das Männchen seine Bruttasche, befruchtet die Eier und bringt nach 10 bis 30 Tagen winzige, aber voll ausgebildete Jungfische zur Welt.

Innere Befruchtung und Brutfürsorge durch Männchen: Das ist eine im Tierreich höchst ungewöhnliche Kombination. Die meisten Fische pflanzen sich durch äußere Befruchtung fort: Sie entlassen ihre Eier und Spermien einfach ins Wasser. Es gibt aber auch viele Fische mit innerer Befruchtung, wie den zur Familie der lebend gebärenden Zahnkärpflinge gehörenden Guppy. Allerdings erfolgt hier die Befruchtung der Eizellen im Körper der Mutter.
Auch dass sich das Männchen an der Aufzucht der Nachkommen beteiligt, ist für Tiere insgesamt eher ungewöhnlich – für Fische allerdings nicht: Sofern sie überhaupt Brutpflege betreiben, sind es nämlich häufig die Väter, die sich um die Jungen kümmern.
Ein Beispiel aus der heimischen Tierwelt ist der Stichling: Das Weibchen laicht in ein vom Männchen gebautes Nest ab, das Männchen besamt die Eier und übernimmt die Versorgung der Brut, indem es ihr sauerstoffreiches Wasser zufächelt und sie gegen Fressfeinde verteidigt.
Stichlinge repräsentieren das für Fische typische Muster: Bei Arten mit äußerer Befruchtung ist väterliche Brutpflege häufiger als mütterliche, während für Arten mit innerer Befruchtung das Umgekehrte gilt. Dasselbe Muster findet sich bei Amphibien: Auch hier ist väterliche Brutpflege häufiger bei äußerer Befruchtung, mütterliche dagegen bei innerer Befruchtung.

Inwiefern kann der Typ der Befruchtung die Brutpflege beeinflussen? Für die Entwicklung einer befruchteten Eizelle ist innere Befruchtung zweifellos vorteilhaft, und insofern profitieren alle Beteiligten: Mutter, Vater und Kind.

Für denjenigen, der die Kinder austrägt, birgt innere Befruchtung allerdings ein Risiko: Er kann von seinem Partner verlassen werden und muss dann – wenn die Kinder eine Überlebenschance haben sollen – die Kosten der Aufzucht allein tragen. Bei Seepferdchen trägt dieses Risiko der Vater, im Regelfall jedoch die Mutter.
Bei äußerer Befruchtung ist dies etwas anders: Ein Stichlingsweibchen laicht zuerst ab, erst danach besamt das Männchen die Eier. Das Weibchen kann währenddessen davonschwimmen und die Pflege der Brut dem Männchen überlassen.

Dem Seepferdchen- und dem Stichlingsvater bleibt letztlich nichts anderes übrig, als sich um die Aufzucht ihrer Jungen zu kümmern. Beide könnten aber noch einen weiteren Grund haben, dies zu tun. Das Seepferdchen kann sich absolut sicher sein, dass es der Vater seiner Kinder ist! Erfolgt die Befruchtung der Eizellen dagegen im Körper der Mutter, führt dies zur **Vaterschaftsunsicherheit:** Männchen können nicht sicher sein, dass sie tatsächlich der Vater der vom Weibchen geborenen Kinder sind. In diesem Fall ist zu erwarten, dass sich Männchen bei der Brutpflege zurückhalten, da es ein Fitnessverlust wäre, in die Kinder eines Konkurrenten zu investieren.
Bei äußerer Befruchtung können Männchen dagegen kontrollieren, ob ihre Spermien die einzigen mit einer Befruchtungschance sind. Sie sind entsprechend eher geneigt, die Brutpflege zu übernehmen.

Sind Vaterschaftsunsicherheit und die Möglichkeit, die Partnerin sitzen zu lassen, hinreichende Gründe dafür, dass sich bei den meisten Arten mit innerer Befruchtung die Männchen nicht an der Brutpflege beteiligen? Das Verhalten von Reptilien, Säugetieren, aber auch Insekten unterstützt die Hypothese: Sie zeichnen sich sämtlich durch innere Befruchtung aus, und väterliche Brutpflege ist in allen drei Tiergruppen äußerst selten. Bei weniger als fünf Prozent aller Säugetierarten beteiligen sich die Väter an der Brutpflege.
Innere Befruchtung kennzeichnet freilich auch Vögel – und hier ist Brutpflege durch beide Eltern die Regel: Bei 95 Prozent der Arten helfen Männchen bei der Aufzucht der Jungen. Dafür, dass männliche Vögel eher als männliche Säugetiere geneigt sind, bei der Aufzucht der Jungen zu helfen, gibt es mehrere Gründe.

185.1
Brutpflege bei Reptilien, Säugern und Vögeln.
A Alligatormutter schützt ihre Jungen; **B** Elefantenmutter säugt Junges; **C** Rauchschwalbe füttert Junge

- Insekten zu fangen ist energetisch weniger aufwendig als Milch zu produzieren (was auch für Männchen nicht prinzipiell unmöglich ist);
- trotz des relativ geringen Aufwandes wirkt sich die Hilfe des Männchens positiv auf die Überlebensrate der Jungvögel aus;
- bei Vögeln dauert es nach der Begattung nur Stunden oder Tage, bis sämtliche Eier gelegt sind. In dieser Zeit kann ein Männchen seine Partnerin relativ wirkungsvoll überwachen und damit die Vaterschaftsunsicherheit verringern.

Vaterschaftsunsicherheit wirkt sich aber auch auf das Verhalten von Vögeln aus: Haben männliche Rauchschwalben Hinweise dafür, dass ihre Partnerin „fremdgeht", reduzieren sie ihre Hilfe bei der Brutpflege.

1 Zwischen den Geschlechtern gibt es einen Interessenkonflikt um die Übernahme der Brutpflege. Erläutern Sie.

186.1 Laktation. **A** Hormonelle Wirkungen des Saugens; **B** Komponenten des Geburtenintervalls

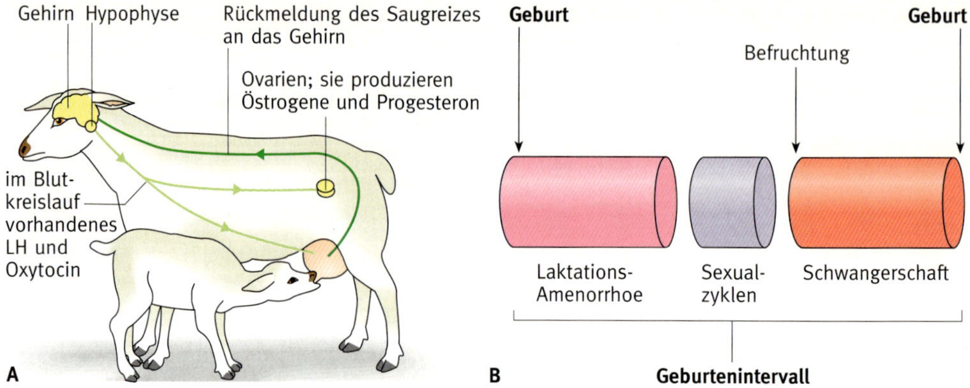

5.3 Unterschiedliches Elterninvestment

Sobald sich der Mund des neugeborenen Lammes um die Zitze seiner Mutter schließt, setzt dieser Reiz eine hormonelle Kaskade in deren Körper in Gang: Das durch den Saugreiz ausgelöste Signal wird an den Hypothalamus geleitet, der daraufhin die Produktion des Neurotransmitters Dopamin verringert. Dies führt dazu, dass im Hypophysenhinterlappen die Peptidhormone Vasopressin und Oxytocin vermehrt ausgeschüttet werden. Darauf wiederum reagiert der Hypophysenvorderlappen, der die Ausschüttung des Hormons Prolactin um das 15fache des Normalwertes steigert.

Prolactin ist ein Hormon mit vielen Wirkungen. Bei Fischen reguliert es den Wasserhaushalt, Vögel bringt es in Brutstimmung, und bei Säugetieren steuert es unter anderem die Milchproduktion oder *Laktation* (lat. *lactare*, Milch geben).
Erst drei Stunden nach Einsetzen des Saugreizes sinkt der Prolactinspiegel wieder auf den Normalwert – allerdings nur, wenn die Zitze in dieser Zeit nicht erneut gereizt wird. Bei Müttern, die ihre Kinder häufig und rund um die Uhr stillen, bleibt der Prolactinwert somit ständig erhöht.

Prolactin hat aber noch einen weiteren Effekt: Es hemmt die Ausschüttung der weiblichen Sexualhormone. Ein ständig erhöhter Prolactinspiegel führt dazu, dass der weibliche Sexualzyklus unterdrückt wird und somit auch kein Eisprung erfolgt. Diese Phase, in der die weibliche Regel ausbleibt, heißt *Laktations-Amenorrhoe* (gr. a-, nicht; *menes*, Monatsblutung; *rhoe*, Fluss).

Häufiges Stillen ist für den Säugling vorteilhaft: Je mehr Muttermilch er bekommt, desto schneller wird er wachsen, desto höher sind seine Überlebenschancen und desto eher wird er später in der Konkurrenz mit Artgenossen erfolgreich sein. Davon profitiert seine Mutter natürlich auch; gleichzeitig geht dies aber auch zu Lasten ihrer Fitness, denn solange sie ihn so häufig stillt, kann sie keine weiteren Kinder bekommen.

Stillen ist ein typisches Beispiel für **Elterninvestment.** Darunter versteht man jegliche Investition eines Elters in einen individuellen Nachkommen, die dessen Überlebens- und Fortpflanzungschancen erhöht, gleichzeitig aber die elterliche Fähigkeit verringert, in weitere Nachkommen zu investieren.
Eltern stehen damit vor einem Problem: Wie sollen sie die ihnen zur Verfügung stehenden Ressourcen auf ihre Nachkommen aufteilen? Kann man erwarten, dass sie alle gleich behandeln, oder könnte es biologische Gründe dafür geben, dass Eltern bestimmte Nachkommen bevorzugen?
Aus biologischer Sicht ist zunächst zu erwarten, dass Eltern Fehlinvestitionen vermeiden. Ein Mutterschaf muss beispielsweise sehr schnell lernen, die eigenen Lämmer von fremden zu unterscheiden, weil Lämmer schon kurz nach der Geburt in der Lage sind, selbstständig in der Herde umherzulaufen. Fremde Lämmer zu säugen, würde der Fitness der Mutter schaden. Aus diesem Grund werden Mutterschafe schon wenige Minuten nach der Geburt auf den Duft ihrer Lämmer geprägt. Danach weisen sie jedes Lamm ab, das bei ihnen zu saugen versucht, aber nicht genau dieselbe Duftmarke trägt wie ihre eigenen Lämmer.

Aber auch die eigenen Nachkommen behandeln Eltern durchaus nicht immer gleich – obwohl sie mit allen ihren Kindern gleich nah verwandt sind (r = 0,5).

Bei der Kalifornienmöwe hat man festgestellt, dass ältere Möwen ihren Nachwuchs öfter füttern und ihr Nest auch häufiger gegen räuberische Artgenossen verteidigen als dies jüngere Möwen tun. Ein solches Verhalten findet man auch bei Rothirschen: Ältere Hirschkühe wenden mehr Energie für die Ernährung ihrer Kälber auf.
Evolutiver Hintergrund für das verstärkte Investment älterer Eltern ist die Tatsache, dass mit zunehmendem Alter die weitere Lebenserwartung sinkt und damit auch die Wahrscheinlichkeit, weitere Kinder zu bekommen, immer geringer wird. Damit verringern sich auch die Kosten des Elterninvestments.

Auch das Geschlecht eines Kindes kann elterliches Verhalten beeinflussen. Langjährige Beobachtungen an Schimpansen im Taï-Nationalpark der westafrikanischen Elfenbeinküste zeigen, dass ranghohe Schimpansenmütter, gemessen an der Länge ihrer Geburtenintervalle, zwei Jahre länger in ihre Söhne als in ihre Töchter investieren. Rangniedere Weibchen tun das Gegenteil: Sie investieren knapp ein Jahr mehr in die Aufzucht ihrer Töchter.
„Gerecht" ist das Verhalten der Schimpansenmütter nach menschlichen Maßstäben natürlich nicht, aber evolutionsbiologisch macht es Sinn: Gesetzt den Fall, dass er später selbst einmal einen hohen Rang haben wird, kann nämlich der Sohn eines ranghohen Weibchens einen sehr viel höheren Fortpflanzungserfolg erreichen als deren Tochter. Für rangniedere Weibchen gilt das Umgekehrte: Ihre Söhne werden möglicherweise wenige oder gar keine Nachkommen zeugen, während dies für ihre Töchter, deren Fortpflanzungserfolg weniger vom Rang abhängig ist, nicht gilt.

Eine noch drastischere Form unterschiedlichen Elterninvestments ist die *Brutreduktion*. Viele Greif- und Seevögel legen regelmäßig zwei Eier, ziehen aber ebenso regelmäßig nur ein Junges auf. Das zweite Ei dient hier quasi als „Rückversicherung", falls aus dem ersten kein Küken schlüpft oder dessen Aufzucht misslingt. Andere Arten, wie etwa viele Enten, lassen ihre gesamte Brut im Stich, wenn überdurchschnittlich viele Eier oder

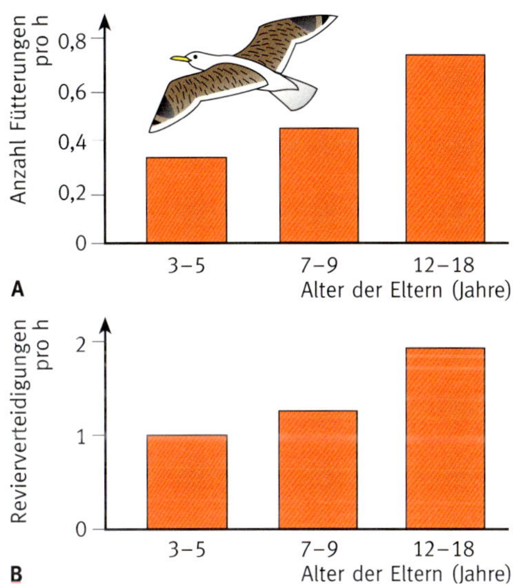

187.1 Elterninvestment bei Kalifornienmöwen.
A Fütterungen und Lebensalter der Eltern; **B** Nestverteidigung und Lebensalter der Eltern

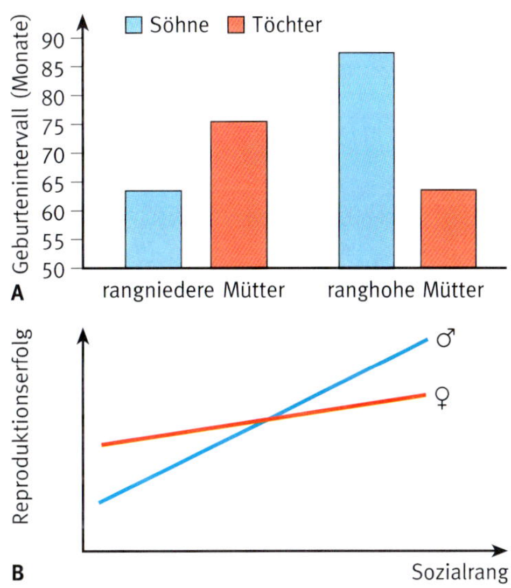

187.2 Elterninvestment bei Schimpansen.
A Länge der Geburtenintervalle; **B** theoretischer Zusammenhang zwischen Rang, Geschlecht und Fortpflanzungserfolg

Küken durch Räuber oder Parasiten verloren gehen. Damit sind sie in der Lage, schnell eine weitere Brut zu beginnen und so auf Kosten der im Stich gelassenen Jungen ihren Fortpflanzungserfolg zu erhöhen.
Brutreduktion kennt man auch von Säugetieren. Haushunde verkleinern ebenso wie Hamster und andere Nagetiere manchmal besonders große und kostenintensive Würfe, indem sie die kleinsten und schwachsten Jungen aus dem Nest schubsen und verhungern lassen.

1 Erläutern Sie, warum sich mit zunehmendem Alter die Kosten des Elterninvestments verringern.

5.4 Eltern-Kind-Konflikte

Die Szene zwischen der Affenmutter und ihrem Kind macht es deutlich: Zwischen Eltern und Kindern herrscht nicht immer reine Harmonie. Konflikte sind nicht selten und fast immer geht es dabei um die Dauer und den Umfang des Elterninvestments.

Ein typisches Beispiel ist der bei Säugetieren anzutreffende Entwöhnungskonflikt. Jungtiere, denen die Mutter den Zugang zu ihrer gewohnten Nahrungsquelle verweigert, geben ihrem Protest oft lautstark Ausdruck: Sie bekommen regelrechte Wutanfälle, fangen an zu schreien, wälzen sich auf dem Boden oder werden aggressiv. Beide Parteien – Mutter und Kind – machen damit deutlich, dass sie unterschiedliche Interessen haben.

188.1 Mutter-Kind-Konflikt bei Berberaffen

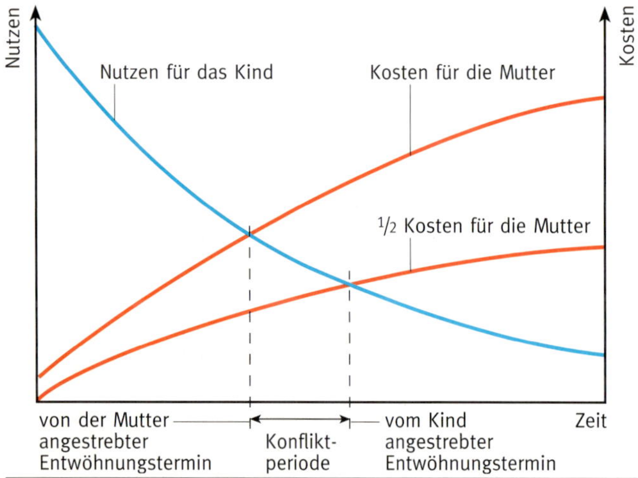

188.2 Theorie des Entwöhnungskonfliktes (Schema)

Der Säugling profitiert davon, wenn er mit Muttermilch versorgt wird. Seiner Mutter entstehen dadurch jedoch Kosten, die mit der Zeit immer größer werden, denn häufiges Stillen ist nicht nur energetisch sehr aufwendig, sondern unterdrückt auch die eigene Fortpflanzung. Säugetiermütter, die ihre Jungen so früh wie möglich entwöhnen, werden daher insgesamt mehr Nachkommen haben als Mütter, die dem Drängen ihrer Kinder länger als notwendig nachgeben.

Die Theorie des Eltern-Kind-Konfliktes nimmt daher an, dass sich Mutter und Kind über den Zeitpunkt der Entwöhnung uneins sind: Mütter sollten ihre Kinder abstillen, sobald die mit der Laktation verbundenen Kosten für die eigene Fitness den Nutzen für das Kind zu übersteigen beginnen. Kinder haben aber einen Selektionsvorteil, wenn sie ihre eigene Gesamtfitness maximieren – und nicht die ihrer Mutter. Wann das Kind seine Entwöhnung akzeptieren sollte, lässt sich anhand einer einfachen Modellrechnung zeigen.
Teilt das Kind mit seinem noch ungeborenen Geschwister 50 Prozent seiner Gene, sollte es diesem auch nur die Hälfte dessen gönnen, was es selbst von seiner Mutter bekommt. Rechnerisch halbieren sich damit auch die Kosten für die Mutter. Aufgeben sollte das Kind seinen Widerstand gegen seine Entwöhnung erst, wenn diese Kosten höher werden als der Nutzen, den es selbst durch das Stillen hat. Einem Geschwister noch weniger zu gönnen würde zu einem Verlust an indirekter Fitness führen, der für die Gesamtfitness des Kindes nachteilig wäre.

Reale Konflikte zwischen Säugetiermüttern und ihren Kindern während der Entwöhnung zeigen, dass das in der Grafik dargestellte Modell nicht nur Theorie ist. Da Kinder kleiner und schwächer sind als ihre Eltern, sind ihre Möglichkeiten sich zu widersetzen aber begrenzt. Sie setzen daher in erster Linie psychologische Mittel ein, um mehr Investment zu erlangen, als die Eltern ihnen zuzugestehen bereit sind: Sie senden Signale aus, die sie hilfsbedürftiger erscheinen lassen als sie wirklich sind.
Der Konflikt beginnt aber schon im Mutterleib. Der Fetus produziert ein Hormon namens Plazenta-Lactogen, das Insulin bindet und so den mütterlichen Blutzuckerspiegel ansteigen lässt. Auf diese Weise erhält er mehr Glukose, als es im Interesse der Mutter ist.

5.5 Geschwisterkonflikte

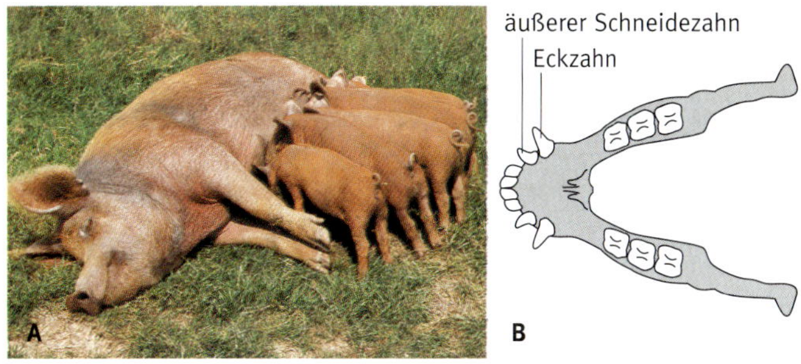

189.1 Hausschwein. A saugende Ferkel; **B** Gebiss eines Ferkels (Unterkiefer)

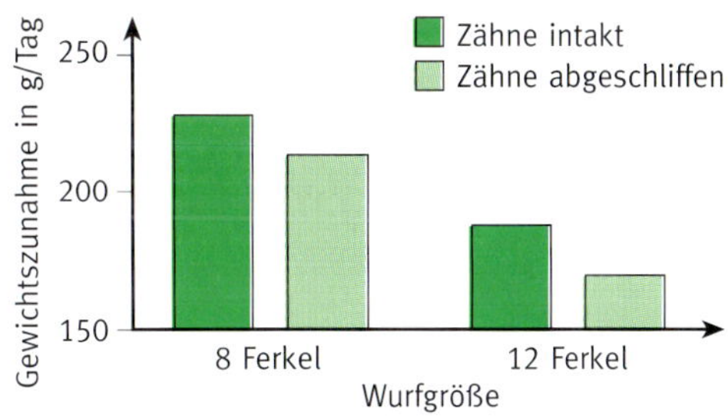

189.2 Gewichtszunahme von Ferkeln in ihren ersten drei Lebenswochen

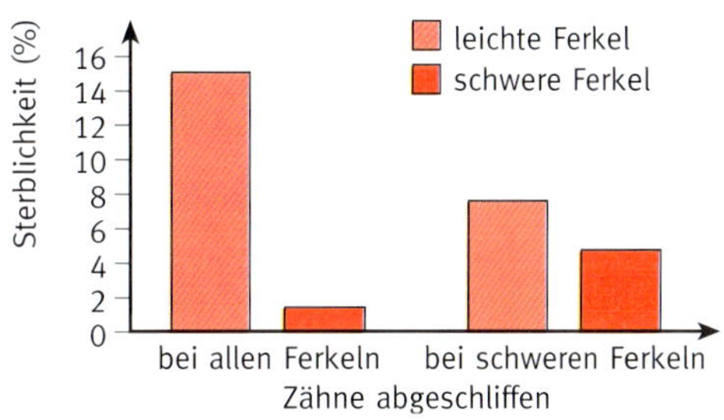

189.3 Sterblichkeit von Ferkeln

Dafür, dass sich neugeborene Ferkel in ihren ersten drei Lebenswochen ausschließlich von Muttermilch ernähren, verfügen sie über ein bemerkenswertes Gebiss: Sämtliche Milchzähne sind schon bei der Geburt vorhanden, Schneide- und Eckzähne sind messerscharf. Die äußeren Schneidezähne wirken von ihrer Stellung her eher wie zusätzliche Eckzähne.

Schweinezüchter wissen, dass sich die Ferkel mit diesen Zähnen gegenseitig oft verletzen, und schliffen sie deshalb häufig ab. Wissenschaftler haben sich diese Praxis zunutze gemacht, um herauszufinden, welche Funktion diese Zähne haben – denn zum Milch trinken brauchen die Ferkel sie ganz sicher nicht.
Die Experimente ergaben, dass Ferkel mit intakten Zähnen in ihren ersten drei Lebenswochen stärker an Gewicht zulegten als Wurfgeschwister mit abgeschliffenen Zähnen. Besonders deutlich war der Unterschied in großen Würfen mit zwölf Ferkeln – obwohl hier alle Ferkel insgesamt langsamer wuchsen. Ließ man nur die Zähne der kleinsten Ferkel intakt, wirkte sich dies positiv auf ihre Lebenserwartung aus: In Würfen, bei denen sämtlichen Neugeborenen die Zähne abgeschliffen worden waren, war die Säuglingssterblichkeit der kleinsten Ferkel doppelt so hoch wie in Würfen, in denen man die Zähne der kleinsten Ferkel intakt gelassen hatte.
Damit war klar, dass das spezialisierte Gebiss den Ferkeln nützt: Sie setzen es als Waffe gegen ihre Geschwister ein, zwischen denen heftige Rivalität um den Zugang zu den mütterlichen Zitzen herrscht. Besonders umkämpft sind die vordersten Zitzen, da sie am meisten Milch produzieren, und auch hier hatten Ferkel mit intakten Zähnen einen klaren Vorteil gegenüber solchen mit abgeschliffenen Zähnen.

Geschwisterkonflikte sind bei Arten, die Brutpflege betreiben, weit verbreitet. Bei Hausschweinen ist der Konflikt besonders ausgeprägt, weil Sauen oft mehr Ferkel gebären als sie aufziehen können und Wurfgeschwister nicht selten verschiedene Väter haben – also Halbgeschwister sind.
Heftige Geschwisterrivalität mit manchmal tödlichem Ausgang für die unterlegenen Jungen gibt es auch bei Tüpfelhyänen, deren Würfe bis zu drei Jungtiere umfassen können. Da die Mutter nur zwei Zitzen hat, kommt es zwischen Drillingen zu heftigen Rangkämpfen, bei denen sich die Neugeborenen mit ihren Zähnen auch Verletzungen beibringen. Der rangtiefste der Drillinge hat kaum eine Überlebenschance: Er verhungert.

Geschwisterkonflikte mit tödlichem Ausgang sind auch von vielen Greifvögeln, Reihern, Tölpeln und anderen Seevögeln bekannt. Die auf den Galapagos-Inseln lebenden Blaufußtölpel legen beispielsweise zwei Eier. Schlüpfen beide Küken, hackt das ältere regelmäßig das jüngere zu Tode oder wirft es aus dem Nest. Ist die Nahrung knapp und das ältere Küken bereits unterernährt, kommt es bei diesen Vögeln grundsätzlich zur Geschwistertötung.

1 Bei Hausschweinen ist der Geschwisterkonflikt besonders ausgeprägt, weil Wurfgeschwister oft Halbgeschwister sind. Erläutern Sie diese Aussage.

5.6 Kooperative Aufzucht

190.1 Graufischer

Graufischer, die an den Ufern des ostafrikanischen Viktoriasees leben, haben es nicht leicht, ihre Jungen zu versorgen. Von den vier bis fünf Jungen eines Brutpaares verhungert oft die Hälfte, weil die Eltern nicht in der Lage sind, genügend Fische in all die hungrigen Schnäbel zu stopfen. Aber nicht bei allen Brutpaaren ist die Verlustrate so hoch. Viele haben nämlich Helfer, die sie bei der Brutpflege unterstützen: Anstatt selbst zu brüten, füttern diese Helfer die Jungen bereits vorhandener Brutpaare mit Fischen.

Kooperative Aufzucht, wie sie die mit dem Eisvogel verwandten Graufischer betreiben, stellte für Verhaltensforscher lange Zeit kein besonderes Problem dar: Wenn Artgenossen den Eltern bei der Brutpflege helfen, dient dies schließlich der Arterhaltung! Erst nachdem klar geworden war, dass sich altruistisches Verhalten in der Evolution nur durchsetzen kann, wenn es auch der eigenen Fitness dient, begannen Forscher das Helfersystem der Graufischer genauer zu untersuchen.

Graufischer brüten in Kolonien mit teilweise über 50 Brutpaaren. Sobald die weiblichen Nachkommen geschlechtsreif sind, verlassen sie ihre Heimatkolonie für immer, während die Männchen in der nächsten Brutsaison zurückkehren. Eine Partnerin zu finden, mit der man Junge zeugen und aufziehen kann, ist für junge Graufischer allerdings nicht einfach: Da die Weibchen die Eier allein ausbrüten und dabei oft Opfer von Schlangen oder Waranen werden, herrscht in den Brutkolonien Männchenüberschuss.

Findet ein Männchen keine Partnerin, stehen ihm zwei Optionen offen: Es kann nichts tun oder einem Brutpaar bei der Aufzucht seiner Jungen helfen. Dass ein Männchen zum Helfer wird, ist nach der Theorie der Verwandtenselektion dann zu erwarten, wenn es mit dem Brutpaar verwandt ist: Auf diese Weise kann es seine indirekte Fitness maximieren.

Diese Erwartung wurde in einer Untersuchung der Graufischer vom Viktoriasee aber nur bedingt gestützt: Von den 124 registrierten Helfern waren 71 ein- oder zweijährige Söhne des jeweiligen Brutpaares, die übrigen 63 waren aber mit dem Brutpaar nicht oder nur weitläufig verwandt. Diese als „sekundäre Helfer" bezeichneten Männchen fütterten zwar wesentlich weniger als die „primäre Helfer" genannten Brüder und die Eltern der Jungvögel, aber dennoch warf der Befund eine wichtige Frage auf: Gibt es bei Graufischern „echten" Altruismus – in dem Sinne, dass ein Individuum zugunsten eines anderen Kosten auf sich nimmt, ohne einen Fitnessgewinn zu erzielen? Die Forscher hielten dies für unwahrscheinlich und untersuchten genauer, welche direkten und indirekten Fitnesserträge mit den verschiedenen Taktiken der Graufischer verbunden waren.

Die erfolgreichste Taktik bestand darin, schon im ersten Jahr selbst zu brüten und dadurch einen hohen direkten Fitnessgewinn zu erzielen. Im zweiten Jahr war der Fitnessgewinn der Brütenden etwas geringer, da Brutpflege die eigenen Überlebenschancen schmälert.

Primäre Helfer konnten im ersten Jahr nur indirekte Fitnessgewinne erzielen, hatten aber eine geringe Chance, im zweiten Jahr selbst zu brüten und dadurch ihre direkte Fitness zu maximieren. Weitaus besser schnitten in dieser Hinsicht die sekundären Helfer ab, die fast alle im zweiten Jahr ein Weibchen fanden und damit auch deutlich erfolgreicher waren als die „Nichtstuer". Fast jeder zweite sekundäre Helfer verpaarte sich mit dem Weibchen, dem es im Jahr zuvor geholfen hatte.

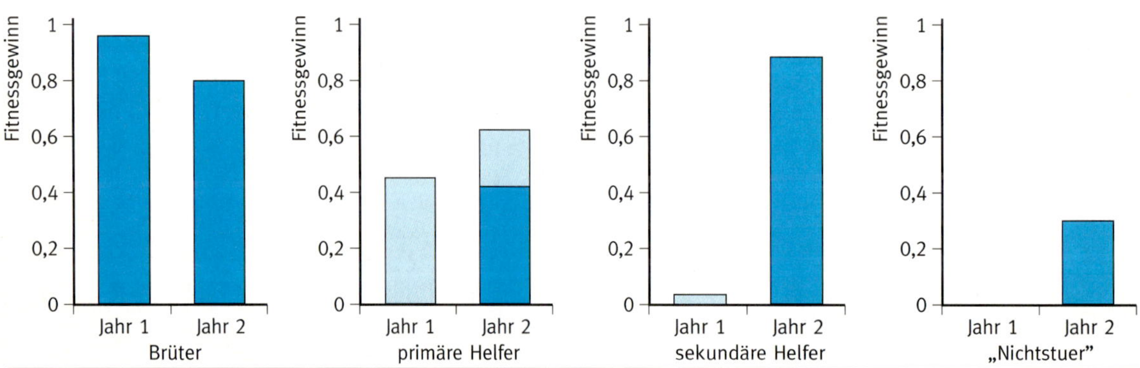

190.2 **Direkte** (blau) **und indirekte** (hellblau) **Fitnesserträge der verschiedenen Taktiken männlicher Graufischer**

Das Verhalten der sekundären Helfer ist also alles andere als uneigennützig – über beide Jahre gemessen war ihr Zuwachs an Gesamtfitness fast so hoch wie der der primären Helfer. Dafür, dass sekundäre Helfer im zweiten Jahr einen so hohen direkten Fitnessgewinn erzielten, gibt es mehrere Gründe:

- Aufgrund des relativ geringen Brutpflegeaufwandes haben sie eine höhere Überlebenschance als primäre Helfer (74 Prozent versus 54 Prozent).
- Aus demselben Grund sind sie körperlich kräftiger und damit oft in der Lage, ihren Vorgänger zu verdrängen.
- Primäre Helfer konnten das Weibchen, dem sie geholfen hatten, nur dann als Partnerin gewinnen, wenn das vorjährige Paarmännchen nicht mehr am Leben war und das Weibchen nicht ihre Mutter war; eine solche Inzestschranke existiert bei sekundären Männchen nicht: Sie sind mit den Weibchen, denen sie geholfen haben, nicht verwandt.
- Darüber hinaus macht ihre Hilfe sekundäre Männchen für Weibchen offenbar attraktiver als „Nichtstuer“: Sie werden eher als Partner akzeptiert.

Graufischer haben also unterschiedliche Gründe, sich an der Aufzucht der Jungen etablierter Paare zu beteiligen. Primäre Helfer maximieren ihre indirekte Fitness, indem sie bei der Aufzucht ihrer jüngeren Geschwister helfen. Sekundäre Helfer können dadurch, dass sie unverwandten Paaren helfen, ihre eigenen Fortpflanzungschancen erhöhen.

1 Erläutern Sie, welche Bedingungen die Evolution kooperativer Aufzuchtssysteme fördern.

Die Evolution der Großmutter

Eigentlich sind Großmütter nichts Besonderes. Bei Arten mit zweigeschlechtlicher Fortpflanzung hat jedes Individuum sogar zwei Großmütter: eine mütterlicherseits und eine väterlicherseits. Menschliche Großmütter zeichnen sich aber durch ein Merkmal aus, das sie von Großmüttern anderer Arten unterscheidet: Sie sind meist jenseits des gebärfähigen Alters.

Beim Menschen tritt das Ende der weiblichen Fruchtbarkeit, die **Menopause** (gr. *menes,* Monatsblutung; *pausis,* Aufhören), im Alter von 45 bis 50 Jahren ein. In dieser Hinsicht unterscheiden sich Menschen nicht von Schimpansen, die ebenfalls in Alter von etwa 45 Jahren in die Menopause kommen. Die weitere Lebenserwartung eines so alten Schimpansenweibchens ist allerdings nahe Null, während Frauen in diesem Alter im Durchschnitt noch weitere 35 Lebensjahre vor sich haben.
Dass Menschen so viel älter werden als ihre nächsten lebenden Verwandten, ist natürlich auch eine Folge verbesserter Hygiene, Ernährung und Medizin: Noch vor 150 Jahren lag die durchschnittliche Lebenserwartung in Mitteleuropa bei knapp 40 Jahren.

Aber natürlich gab es auch vor 150 Jahren Menschen, die älter als 40 wurden. Und diese hatten auch gute Chancen, noch älter zu werden: Die weitere Lebenserwartung einer Frau jenseits der Menopause betrug vor 150 Jahren immerhin 24 Jahre. Dies stützt die Annahme, dass das lange Leben jenseits des fortpflanzungsfähigen Alters beim Menschen kein Kulturprodukt, sondern ein Ergebnis der Evolution ist.
Aber wie kann Überleben ohne Fortpflanzung einen Selektionsvorteil haben? Eine Antwort gibt die „Großmutter-Hypothese“: Großmütter maximieren ihre Fitness, indem sie bei der Aufzucht ihrer Enkel helfen. Ähnlich wie bei den Graufischern sollte demnach die Existenz einer Großmutter jenseits des fortpflanzungsfähigen Alters einen positiven Einfluss auf den Fortpflanzungserfolg ihrer Kinder und das Überleben ihrer Enkelkinder haben.

Auswertungen finnischer und kanadischer Kirchenbücher aus dem 18. und 19. Jahrhundert unterstützen die Großmutter-Hypothese: War mindestens noch eine Großmutter am Leben und lebte sie im selben Ort wie ihre Kinder, wirkte sich dies positiv auf die Anzahl und das Überleben ihrer Enkelkinder aus, und dieser Effekt war umso größer, je länger die Großmutter am Leben war.

EVOLUTION

6 Evolutionäre Psychologie

6.1 Umwelten evolutionärer Angepasstheit

Die letzten lebenden Dodos bekamen holländische Schiffbrüchige vermutlich im Jahre 1662 zu Gesicht, und das Leben dieser großen, unförmig aussehenden, flugunfähigen Vögel währte nicht mehr lange: Sie landeten im Kochtopf oder am Bratspieß der hungrigen Seeleute.

Der auch als Dronte bekannte Dodo ist die erste Tierart, deren Aussterben einigermaßen genau datiert ist – und die dadurch traurige Berühmtheit erlangte. Dodos waren mit den Tauben verwandte Vögel von der Größe eines Schwans. Es gab sie nur auf Mauritius, einer knapp 1000 Seemeilen östlich von Madagaskar liegenden Insel im Indischen Ozean. Zwei nahe verwandte, ebenfalls ausgerottete Arten lebten auf den Nachbarinseln Réunion und Rodriguez.
Mauritius – heute ein Urlaubsparadies – war 1507 von portugiesischen Seefahrern entdeckt und 90 Jahre später von den Holländern in Besitz genommen und zur Strafkolonie gemacht worden. Die Holländer brachten Schweine, Ziegen und Ratten mit und führten aus ihren ostindischen Kolonien auch Javaneraffen ein. All dies trug zum Aussterben der auf der Insel ohnehin nie sehr zahlreichen Dodos bei. Zum Verhängnis wurde ihnen aber etwas anderes: ihre völlige Arglosigkeit. Dodos fürchteten sich nicht vor Menschen, die sie bequem mit der Hand fangen konnten.

Menschen haben mit Dodos natürlich nicht viel gemein. Aber das Schicksal der Dodos veranschaulicht ein Prinzip, das auch für Menschen von heute hochaktuell ist.

„Dies wird die erste Generation sein, in der die Kinder vor ihren Eltern sterben", verkündete eine britische Studie im Juni des Jahres 2004 – und erregte damit verständlicherweise auch diesseits des Ärmelkanals großes Aufsehen. Hauptursache des Problems sei Übergewicht – mit all seinen gesundheitsschädlichen Folgewirkungen, deren Kosten die deutsche Verbraucherschutzministerin prompt auf über 70 Milliarden Euro pro Jahr bezifferte.
„Selbstmord mit der Gabel" – so hatte Konrad LORENZ das Ernährungsverhalten heutiger Zivilisationsmenschen schon 1978 genannt: „so fett wie möglich, so süß wie möglich und so wenig wie möglich mit unverdaulichen Ballaststoffen beladen."
Dumm wie ein Dodo, könnte man in Anlehnung an das geflügelte Wort „dead as a Dodo" sagen – auch wenn sich hierin nur eines der gängigen zeitgenössischen Vorurteile gegenüber Dodos widerspiegelt: Der Name Dodo leitet sich angeblich vom portugiesischen *doido* (dumm) ab.
Mit der Gabel „Selbstmord" zu begehen ist jedoch ganz sicher nicht vernünftig. Vor allem aber scheint es biologisch – ebenso wie das Verhalten des Dodo – nicht angepasst zu sein, denn ihre genetische Fitness maximieren Menschen zweifellos nicht, wenn sie sich derart ungesund ernähren.

192.1 Dodo (Stich aus dem Jahr 1848)

192.2 Übergewichtige Jugendliche

Gerade das Verhalten des Menschen scheint soziobiologischen oder verhaltensökologischen Annahmen zu widersprechen, denn Menschen verhalten sich oft ganz und gar nicht so, als seien sie bemüht, ihre Fitness zu maximieren: Sie ernähren sich ungesund, treiben zu wenig Sport und praktizieren sogar Empfängnisverhütung. Sind biologische Theorien mithin ungeeignet, menschliches Verhalten zu erklären?
Die Vertreter der **evolutionären Psychologie** sehen dies nicht so. Die evolutionäre Psychologie ist eine Disziplin, die sich erst in den vergangenen 20 Jahren aus der Soziobiologie und Verhaltensökologie entwickelt hat. Sie beschäftigt sich speziell mit den evolutionsbiologischen Ursachen dafür, warum die menschliche Psyche so und nicht anders beschaffen ist – kann aber auch erklären, warum der Dodo ausgestorben ist.

Die Grundlagen der Evolutionspsychologie wurden weitgehend unabhängig von dem österreichischen Zoologen Konrad LORENZ und dem britischen Psychiater John BOWLBY erarbeitet. LORENZ entwickelte die Grundlagen der **evolutionären Erkenntnistheorie,** die davon ausgeht, dass Gehirn und Sinnesorgane des Menschen primär keine Erkenntnis-, sondern Überlebensorgane sind – angepasst an die Umwelt, in der der Mensch lebt. Dieser Ansicht war auch BOWLBY, aber er ging noch einen Schritt weiter.
BOWLBY fragte sich, warum so viele Kinder auf Londons Straßen überfahren wurden. Die Antwort war ganz einfach: In der Umwelt, in der der Mensch entstanden war, gab es keine Autos. Menschen, folgerte BOWLBY, sind nicht an die Umwelt angepasst, in der sie heute leben, sondern an diejenige, in der sie sich – und mit ihnen ihr Gehirn und ihr Wahrnehmungsapparat – entwickelt haben. Diese Umwelt nannte BOWLBY die **Umwelt der evolutionären Angepasstheit.**

Dasselbe Argument trifft auf den Dodo zu: In der Umwelt der evolutionären Angepasstheit des Dodo gab es weder Menschen noch andere gefährliche Raubfeinde. Ein „Gehirnmodul“, das es ihm gestattet hätte, Furcht vor Menschen so schnell zu lernen wie ein Rhesusaffe Furcht vor Schlangen lernt, brauchte der Dodo nicht. Als sich seine Umwelt jedoch plötzlich änderte und Menschen auf Mauritius landeten, wurde ihm genau dies zum Verhängnis.

Umwelten sind nie statisch, aber Menschen haben die Umwelt, in der sie leben, weit mehr verändert als jede andere Spezies. Insofern ist das Konzept der Umwelt der evolutionären Angepasstheit für Menschen besonders relevant. Eine Welt voller Überraschungseier, Sahnetorten und Pommes frites ist reichlich neu, und selbst vernunftbegabten Wesen fällt es schwer, den Versuchungen zu widerstehen.
Was heute krank macht, war in der Umwelt der evolutionären Angepasstheit des Menschen jedoch hochgradig angepasst: „Für den fast dauernd vom Hunger bedrängten Steinzeitmenschen“, meinte LORENZ, war es „sicher eine gute Strategie“, ein ständiges Bedürfnis nach „Kalorienbomben“ zu haben.

Der Ausdruck „biologisch angepasst“ wird also nicht ganz einheitlich gebraucht: Manchmal ist damit gemeint, dass ein bestimmtes Merkmal die Fitness seines Trägers erhöht. Evolutionspsychologen gebrauchen den Begriff aber allgemeiner: Merkmale sind dann biologisch angepasst, wenn sie durch *Anpassung* zustande gekommen sind, also ihren Erfolg der natürlichen Selektion im weitesten Sinne (einschließlich der sexuellen und der Verwandtenselektion) verdanken. Jedes Merkmal, das auf diese Weise zustande gekommen ist, ist aber zwangsläufig durch Selektionsdrücke entstanden, die in der Vergangenheit gewirkt haben. Damit besteht auch grundsätzlich die Möglichkeit, dass es bei veränderten Umweltbedingungen die aktuelle Fitness seines Trägers nicht mehr erhöht.

1 Erläutern Sie, inwiefern die menschliche Psyche an die Umwelt angepasst ist, in der sie entstanden ist.

PORTRÄT

John BOWLBY, englischer Psychiater und Psychoanalytiker, führte als erster Wissenschaftler die DARWINsche Evolutionstheorie konsequent in die Psychologie ein und wurde damit zum Vater der evolutionären Psychologie. BOWLBY arbeitete vor allem auf dem Gebiet der Entwicklungspsychologie. Er erkannte zum Beispiel, dass menschliche Babys ein angeborenes Bindungsbedürfnis haben.

John BOWLBY
(1907–1990)

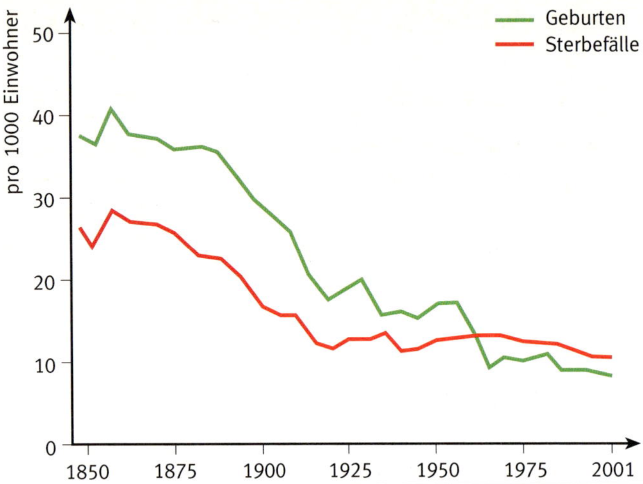

194.1 Geburtenrückgang in Deutschland

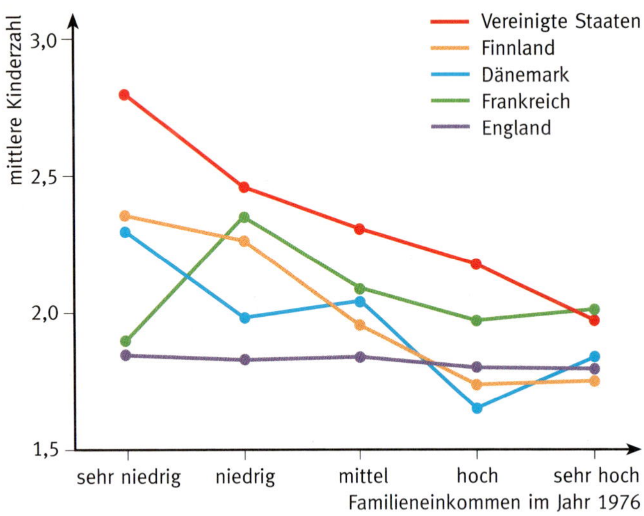

194.2 Familieneinkommen und Kinderzahl in fünf Industrienationen

194.3 Sozialer und sexueller Erfolg unverheirateter kanadischer Männer

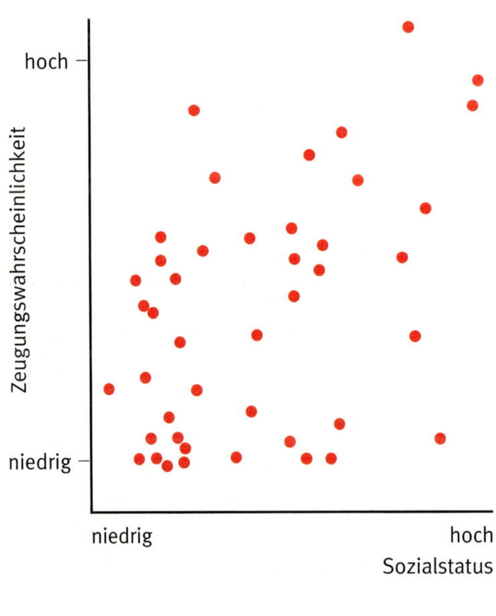

6.2 Menschliches Fortpflanzungsverhalten

Mit durchschnittlich 1,3 Kindern pro Ehe gehört Deutschland zu den Ländern mit den niedrigsten Geburtenraten. Immer mehr Menschen verzichten ganz bewusst darauf, Kinder zu bekommen. Welche Folgen dies für die Sozialpolitik hat, ist beinahe täglich aus den Zeitungen zu erfahren: Die Kosten für Renten- und Krankenversicherungen explodieren.
Noch vor 200 Jahren bekamen die Menschen in den westlichen Industrienationen wesentlich mehr Kinder. Erst nach Einsetzen der Industrialisierung Mitte des 19. Jahrhunderts begannen die Geburtenraten zu sinken, nachdem bereits zuvor ein Rückgang der Todesfälle zu verzeichnen war. Letzteres ist durch Fortschritte in Medizin und Hygiene leicht zu erklären; die Ursachen für den Geburtenrückgang sind dagegen weniger klar.

Eine 1976 von der UNO veröffentlichte Statistik warf eine weitere Frage auf: Warum bekommen ausgerechnet diejenigen, die über das höchste Einkommen verfügen, weniger Kinder als Menschen mit weniger Geld? Aus soziobiologischer Sicht wäre das Gegenteil zu erwarten: Ebenso wie bei Tieren sollte sich ein hoher sozialer Status positiv auf den Fortpflanzungserfolg auswirken. Lange Zeit war dies beim Menschen auch der Fall, aber in modernen Gesellschaften scheint der Zusammenhang verloren gegangen zu sein.
Die UNO-Statistik lässt natürlich einiges offen: Was ist mit Menschen, die gar nicht heiraten oder uneheliche Kinder haben? Was mit Menschen, die zum zweiten oder dritten Mal verheiratet sind? Dennoch deuten die Zahlen darauf hin, dass sich die meisten Menschen nicht so verhalten, als wollten sie ihre biologische Fitness maximieren.
Natürlich wollen Menschen dies auch gar nicht. Menschen denken ebenso wenig wie See-Elefanten oder Schimpansen an ihre Fitness. Das Verhalten aller drei Arten wird genau wie das aller anderen über ein psychisches Belohnungssystem gesteuert: Angenehme Erfahrungen werden gesucht, unangenehme gemieden.

Wie viele Kinder er zeugt, braucht einen See-Elefantenbullen nicht zu interessieren; sein psychisches Belohnungssystem ist hinreichend angepasst, wenn es ihn befriedigt, Riva-

len zu besiegen und Weibchen zu begatten. Beim Menschen ist dies nicht viel anders: Ein hoher sozialer Status ist ebenso wie sexuelle Betätigung mit angenehmen Gefühlen verbunden. Beides zusammen führte in der Umwelt, in der die menschliche Psyche entstand, nahezu automatisch zu einem hohen Fortpflanzungserfolg.
Untersuchungen an kanadischen Männern, bei denen die Anzahl der Sexualkontakte und auch die daraus resultierende Befruchtungswahrscheinlichkeit ermittelt wurde, deuten darauf hin, dass dies auch heute noch so wäre – gäbe es keine Verhütungsmittel.

Auch das Partnerwahlverhalten des Menschen ist durch biologische und kulturelle Einflüsse geprägt. Dies zeigt eine Studie, die amerikanische Psychologen 1989 veröffentlichten. Mehr als 10 000 junge Menschen aus 33 Nationen und 37 Kulturkreisen waren gefragt worden, wie viel Wert sie auf bestimmte Eigenschaften bei ihren zukünftigen Lebenspartnern legten. Jede der genannten Eigenschaften konnten die Befragten mit einer Skala, die von 0 („unwichtig") bis 3 („unverzichtbar") reichte, bewerten. Außerdem konnten sie angeben, wie viele Jahre älter oder jünger der oder die Zukünftige als sie selbst sein sollte.
Wenig überraschend war, dass Freundlichkeit und Verständnis überall auf der Welt ganz hoch im Kurs lagen. Bei anderen Merkmalen gab es große kulturelle Unterschiede. Keuschheit vor der Ehe war jungen Iren beispielsweise relativ wichtig (durchschnittliche Punktzahl: 1,5), jungen Schweden dagegen unwichtig (0,3 Punkte). Das meinten auch die jungen Deutschen; allerdings legten hier die jungen Männer doppelt so viel Wert darauf, dass ihre zukünftigen Partnerinnen „unberührt" in die Ehe gingen, als es die Frauen ihrerseits von ihren zukünftigen Männern erwarteten.
Ein solcher geschlechtstypischer Unterschied ist Ausdruck einer Sexualmoral, die Männern mehr sexuelle Freiheiten zugesteht als Frauen. Insofern handelt es sich um ein Kulturprodukt. Aber die weite Verbreitung dieser Sexualmoral und Entsprechungen im Tierreich deuten darauf hin, dass sie selbst Ausdruck biologischer Dispositionen ist. Derselbe Schluss liegt nahe, wenn überall auf der Welt Männer mehr Wert auf gutes Aussehen ihrer Zukünftigen legen als Frauen dies umgekehrt tun, oder wenn Männer überall auf der Welt jüngere Partnerinnen bevorzugen, Frauen dagegen ältere Partner.

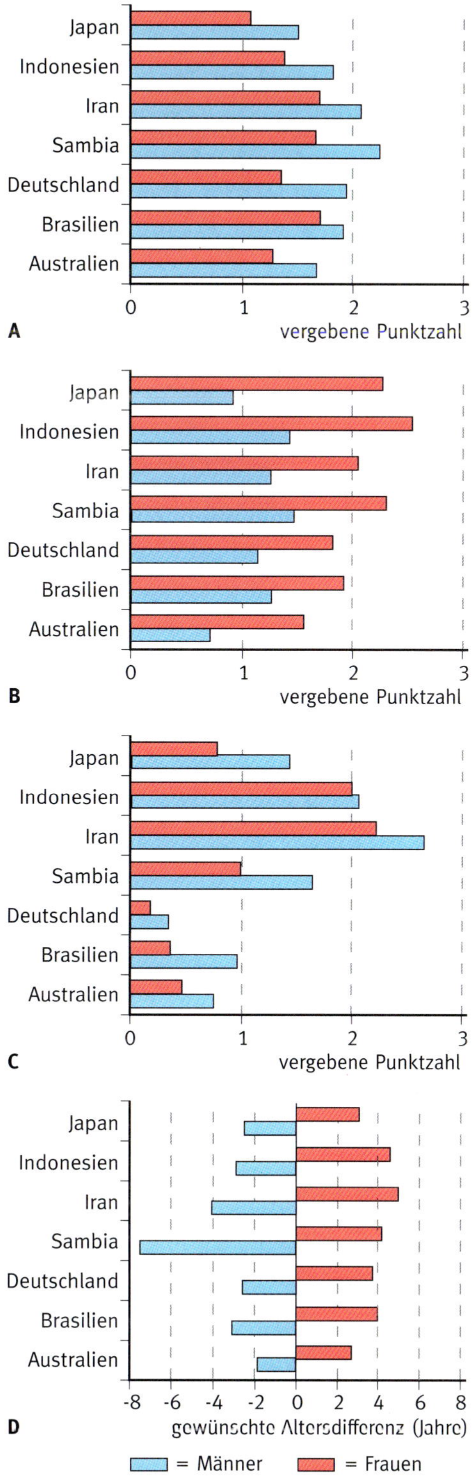

195.1 Menschliche Partnerwahlkriterien. **A** Gutes Aussehen; **B** gutes Einkommen; **C** Keuschheit vor der Ehe; **D** gewünschte Altersdifferenz

1 Beschreiben Sie die in Abbildung 195.1 dargestellten Befunde und diskutieren Sie, welche ultimaten Ursachen den unterschiedlichen Bewertungen von Männern und Frauen zugrunde liegen könnten.

Verhaltensökologie

1 Ringeltauben, die im Winter oft in größeren Schwärmen auf Nahrungssuche gehen, gehören zu den bevorzugten Beutetieren von Habichten. Aber nicht alle Habichtattacken verlaufen gleich erfolgreich, wie die unten stehende Abbildung zeigt.

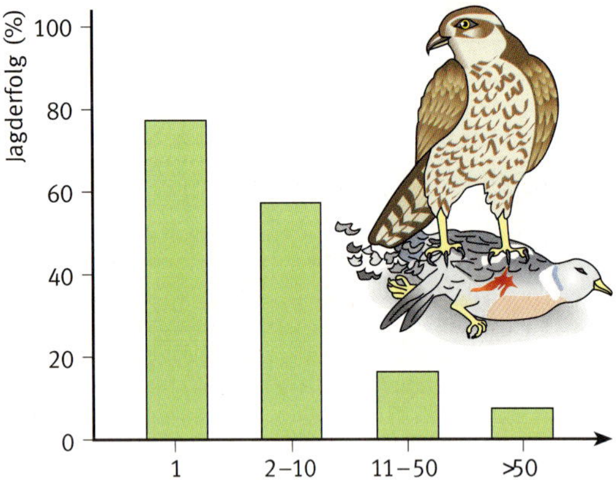

A

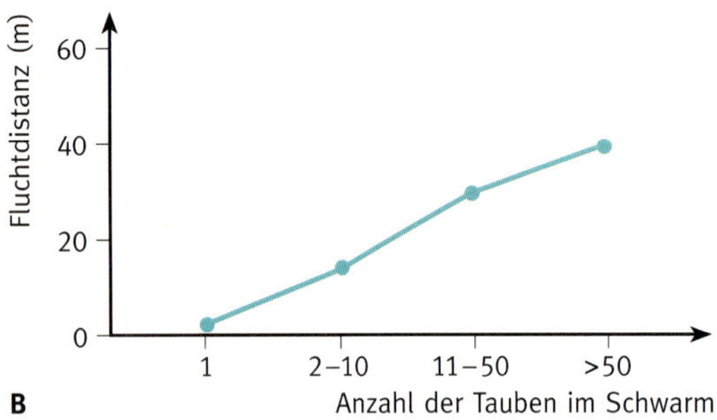

B

a) Beschreiben Sie den Jagderfolg der Habichte laut Abbildung A.
b) Erläutern Sie die Aussage von Abbildung B.
c) Welche weiteren Effekte könnten den Tauben nützen, wenn sie im Schwarm auftreten?

2 Bei Erdkröten kann man beobachten, wie Männchen um paarungsbereite Weibchen konkurrieren: Männchen, die sich an einem Weibchen festgeklammert haben, werden häufig von anderen Männchen angegriffen. Oft versuchen auch mehrere Männchen sich an ein Weibchen anzuklammern und ihre Konkurrenten gewaltsam zu verdrängen. Gelegentlich wird das Weibchen so lange unter Wasser gedrückt, dass es ertrinkt.

Wird ein Männchen, das auf einem Weibchen sitzt, von einem Konkurrenten berührt, quakt es. Die folgende Abbildung zeigt Ergebnisse eines Experimentes, bei denen man den Kröten das Maul zugebunden hatte und die Quaktöne vom Tonband abspielte.

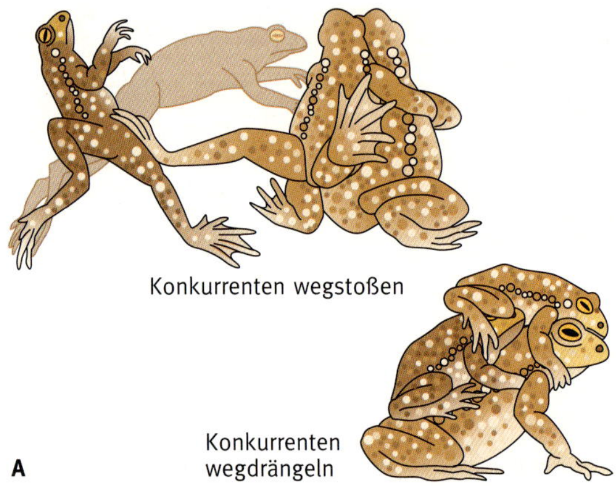

A

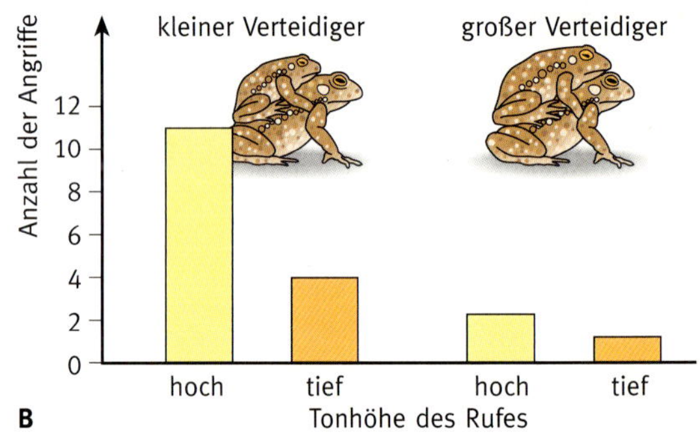

B

a) Beschreiben Sie die Ergebnisse des oben dargestellten Experimentes.
b) Deuten Sie den Signalcharakter des Quakens.
c) Kommt ein Krötenweibchen zu Tode, weil es von mehreren Männchen bestiegen wird, hat keines der Männchen mehr eine Fortpflanzungschance. Erläutern Sie, warum es dennoch zu solchen Fällen kommt und Männchen nicht die – im Sinne der Arterhaltung – schonendere Strategie wählen und nur unbesetzte Weibchen besteigen. Beziehen Sie in Ihre Überlegungen auch die Ergebnisse des obigen Experimentes ein.

3 Nordamerikanische Belding-Ziesel stoßen oft Warnrufe aus, wenn sie einen Raubfeind entdecken. Die Häufigkeit (in Prozent der Raubfeindkontakte), mit der sie dies tun, ist unterschiedlich:

Männchen	18 %
Weibchen ohne Verwandte	18 %
Weibchen mit Verwandten	39 %

a) Äußern Sie eine begründete Vermutung über das Sozialsystem der Ziesel.
b) Welches evolutionsbiologische Prinzip erkennen Sie in dem unterschiedlichen Verhalten der Ziesel?

4

Blaumeisen hielt man lange Zeit für monogam. Bei einer Untersuchung von Blaumeisen in einem Waldgebiet bei Antwerpen stellten belgische und englische Wissenschaftler jedoch folgendes fest:

(1) Im Jahr 1990 brüteten 39 Weibchen mit 32 Männchen, 1991 waren es 43 Weibchen mit 38 Männchen.

(2) In 11 von insgesamt 36 untersuchten Nestern befanden sich Junge, die nicht vom jeweiligen Paarmännchen gezeugt worden waren („illegitime“ Nachkommen); von den insgesamt 90 Jungen aus diesen 11 Nestern waren 33 illegitim.

(3) In 10 von 25 Nestern monogamer und in einem von 11 Nestern polygyner Männchen befanden sich illegitime Nachkommen.

(4) 206-mal wurde beobachtet, wie ein Weibchen in ein Nachbarrevier eindrang; 277-mal taten dies Männchen.

(5) Weibchen, deren eigenes Revier häufig von fremden Weibchen besucht wurde, drangen selten in Nachbarreviere ein; Weibchen, deren eigenes Revier selten von fremden Weibchen besucht wurde, taten dies dagegen häufig.

(6) Männchen, in deren Revier häufig fremde Weibchen eindrangen, zogen im folgenden Jahr mehr Junge auf als Männchen, die seltener aufgesucht wurden.

(7) Keines der 11 Männchen, in deren Nestern sich illegitime Nachkommen befanden, überlebte bis zur folgenden Brutsaison; von 21 Männchen, in deren Nestern keine illegitimen Nachkommen gefunden wurden, waren in der nächsten Brutsaison noch 13 am Leben.

a) Charakterisieren Sie anhand von Textbelegen das Paarungssystem der Blaumeisen.

b) Weibliche Blaumeisen scheinen eine Präferenz für bestimmte Männchen zu haben. Um was für Männchen handelt es sich?

c) Diskutieren Sie, welche ultimaten Ursachen dem Verhalten der Weibchen zugrunde liegen könnten.

d) „Seitensprünge“ sind nicht nur bei Blaumeisen verbreitet. Nennen Sie mögliche Kosten und Nutzen.

5 Die mit dem europäischen Eisvogel verwandten afrikanischen Graufischer *(Ceryle rudis)* sind eine von etwa 200 Vogelarten, bei denen die Eltern bei der Aufzucht ihrer Jungen von so genannten „Helfern“ unterstützt werden. Graufischer nisten in größeren Brutkolonien an den Ufern von Flüssen und Seen und ernähren sich und ihre Jungen, die als typische Nesthocker nackt und blind zur Welt kommen, von Fischen.

Zwischen 1976 und 1985 beobachteten deutsche Wissenschaftler Graufischer an zwei ostafrikanischen Seen. Einige der Befunde sind in der Tabelle dargestellt.

Merkmale der Graufischer	Viktoria-See	Naivasha-See
Ernährungsbedingungen		
Benötigte Zeit um einen Fisch zu fangen (Minuten)	13,0	5,9
Prozent erfolgreicher Tauchgänge	24	79
Brutbiologie		
Mittlere Gelegegröße	4,9	5,0
Mittlere Anzahl geschlüpfter Jungvögel	4,6	4,5
Prozent der Brutpaare mit		
0 Helfern	37	72
1 Helfer	43	28
2 Helfern	20	0
Mittlere Anzahl flügger Junger von Paaren mit		
0 Helfern	1,8	3,7
1 Helfer	3,6	4,3
2 Helfern	4,6	–

a) Beschreiben Sie die Unterschiede und Gemeinsamkeiten der beiden Graufischerkolonien.

b) Informieren Sie sich in der Literatur oder im Internet über die beiden Seen. Erläutern Sie, wie sich die jeweils dort herrschenden Lebensbedingungen auf die Brutbiologie der Graufischer auswirken. Berücksichtigen Sie dabei, dass die Stärke des Wellenganges (und die Trübung des Wassers) von der Größe des Sees abhängt.

c) Es gibt in den Brutkolonien am Naivasha-See nicht weniger potenzielle Helfer als in den Brutkolonien am Viktoria-See. Dennoch gibt es am Naivasha-See viel mehr Paare ohne Helfer. Nennen Sie eine Begründung für diesen Sachverhalt.

Glossar

Adäquater Reiz: spezifischer → Reiz, für den ein → Rezeptor reizbar ist

Adaptation: Anpassung des Auges an unterschiedliche Lichtintensitäten

afferente Bahn: neuronale Leitung vom → Rezeptor zum → Rückenmark

Aggregation: Ansammlung von Tieren, die nur durch äußere Faktoren bedingt ist

Akkommodation: „Scharf Stellen", Entfernungsanpassung des Auges

Aktionspotenzial, AP: Ionen-Einstrom verursacht Potenzialänderung an einer Membran nach dem → Alles-oder-Nichts-Prinzip

Alles-oder-Nichts-Prinzip: → APs werden bei Überschreitung eines Schwellenwertes in immer gleicher Intensität ausgelöst

Altruismus: „selbstloses" Verhalten; verringert die direkte → Fitness des Ausführenden zu Gunsten der eines Empfängers

angeborener Auslösemechanismus, AAM: hypothetischer → Reizfilter zur Reizerkennung und Aktivierung angeborener Verhaltensprogramme

Angepasstheit: Fähigkeit eines Lebewesens, aufgrund seiner genetischen Ausstattung in einer gegebenen Umwelt zu überleben und sich erfolgreich fortzupflanzen

Anpassung: Prozess, der in der Evolution durch → Selektion zur → Angepasstheit führt

Appetenzverhalten: ungerichtete Bewegung oder Bewegungsunruhe, die nach Ansicht der → Klassischen Ethologie durch das längere Nichtausführen einer → Instinkthandlung bedingt ist und die Suche nach einem entsprechenden → Schlüsselreiz darstellt (→ psychohydraulisches Instinktmodell)

assoziative Felder: Areale der Hirnrinde, die Informationen mehrerer Sinneskanäle integrieren und Bewegungsprogramme erzeugen

assoziatives Lernen: Verknüpfungen zwischen bestimmten Umweltreizen und eigenen Reaktionen

Attrappe: Nachbildung zur Erforschung von Reizwirkungen

autonomes Nervensystem: anderer Ausdruck für → VNS

Axon: Fortsatz von → Neuronen; leitet → APs vom → Soma weg

Bahnung: wiederholte Impulsübertragung zwischen → Neuronen fördert weitere Übertragungen dieser Art

bedingter Reflex: → Reflex, der durch Erfahrung bedingt ist

Behaviorismus: psychologische Schule, die Verhalten auf einfache Lernvorgänge (→ Konditionierung) reduzierte

Bewusstsein: (1) Zustand, in dem das Individuum sich selbst und seine Außenwelt erkennt/erlebt;
(2) durch Wachheit und Aufmerksamkeit gekennzeichneter Zustand des → Gehirns

Brutfürsorge: Vorkehrungen, die Eltern für das Überleben ihrer Jungen vor deren Schlupf beziehungsweise Geburt treffen

Brutpflege: aktive Betreuung der Jungen nach deren Schlupf beziehungsweise Geburt

chemische Synapse: Verbindung zwischen zwei → Neuronen, bei der die Überleitung durch → Neurotransmitter geschieht

cyclisches Adenosinmonophosphat (cAMP): intrazellulärer Botenstoff

Dendrit: fein verästelte Verzweigung von → Neuronen; entspringt dem → Soma

Depolarisation: Abnahme eines → Membranpotenzials durch Ionen-Einstrom, kann zum → AP führen

Divergenz: in der Neurobiologie; die Erregung verteilt sich durch → Kollaterale auf verschiedene → Neuronen

Effektor: ausführendes Organ, Muskel oder Drüse

efferente Bahn: neuronale Leitung vom → Rückenmark zum → Effektor

Egoismus: „eigennütziges" Verhalten; erhöht die direkte → Fitness des Ausführenden

Eigenreflex: aufnehmender → Rezeptor und ausführender → Effektor liegen in einem Organ

elektrische Synapse: Verbindung zwischen → Neuronen, bei der die Überleitung elektrisch über Ionenfluss durch → gap junctions geschieht

elterlicher Aufwand: alles, was Eltern tun, um das Aufwachsen ihrer Jungen zu gewährleisten

elterlicher Effekt: nicht genetisch vermittelter Einfluss eines Elters auf Merkmale seiner Nachkommen

Elterninvestment: jegliche Investition eines Elters in einen Nachkommen, die dessen Überlebens- und Fortpflanzungschancen erhöht und gleichzeitig die elterliche Fähigkeit verringert, in weitere Nachkommen zu investieren

Emotion: Gefühle, subjektive Begleitempfindungen von Verhaltensweisen und → Wahrnehmungen

Endhandlung: Abschlussbewegung einer Abfolge von → Erbkoordinationen, welche die Motivation senkt

Endknöpfchen: verdicktes Ende eines → Axons

endokrine Drüse: Organ, das → Hormone in ein Gefäßsystem abgibt

Endorphin: körpereigene Neuropeptide aus dem → ZNS; lagern sich an → Rezeptoren für Opiate an; wirken morphinähnlich

Erbkoordination: → Instinkthandlung; genetisch fixierter, formstarrer Bewegungsablauf

Ethologie: Vergleichende Verhaltensforschung

Eusozialität: Sozialsystem, das durch das Zusammenleben mehrerer Generationen, gemeinschaftliche → Brutpflege und sterile Kasten gekennzeichnet ist

evolutionsstabile Strategie (ESS): stabiles Gleichgewicht verschiedener → Taktiken einer → Strategie

Fitness: Maß für die relative Anzahl der Gene, die ein Individuum durch eigene Fortpflanzung (direkte Fitness) oder durch Unterstützung der Fortpflanzung Verwandter (indirekte Fitness) in den → Genpool der nächsten Generation einbringt

Formatio reticularis: vom verlängerten → Rückenmark bis in das Zwischenhirn ziehendes Netz von → Neuronen

Fremdreflex: aufnehmender → Rezeptor und ausführender → Effektor liegen in verschiedenen Organen

Frequenzmodulation: Intensität eines → Reizes oder eines → PSP wird über die Frequenz immer gleicher → APs kodiert

Ganglion: Nervenknoten

gap junction: → Ionen-Kanäle, die das Cytpolasma zweier Zellen direkt verbinden

Gehirn: deutliche Ansammlung von Nervenzellen im Kopfbereich

Genotyp-Umwelt-Interaktion: verschiedene Genotypen reagieren unterschiedlich auf dieselbe Umwelt

Genpool: Gesamtheit der Gene aller Individuen einer → Population

Gesamtfitness: Summe aus direkter und indirekter → Fitness

glandotropes Hormon: induziert in peripheren → endokrinen Drüsen die Freisetzung weiterer → Hormone

glatte Muskulatur: besteht aus einzelnen Zellen ohne sichtbare kontraktile Elemente

Gliazellen: Zelltyp im Nervensystem; als → SCHWANNsche Zellen zuständig für die → Myelin-Scheiden; unterstützen und versorgen Nervensystem

graue Substanz: Bereich von → Rückenmark oder → Gehirn der Wirbeltiere, der reich an Zellkörpern ist

Großhirn: deutlich aufgewölbtes Vorderhirn der Wirbeltiere

Gruppenselektion: Theorie, nach der die natürliche → Selektion Merkmale begünstigt, die dem Erhalt der Gruppe oder Art dienen

Haarsinneszellen: charakteristische → Rezeptorzellen im → Innenohr und → Seitenlinienorgan der Wirbeltiere

Habituation: reizspezifische Gewöhnung; einfache Form des → Lernens

HAMILTON-Ungleichung: theoretisches → Modell, das die Bedingungen für die Evolution → altruistischen Verhaltens im Rahmen einer Kosten-Nutzen-Funktion beschreibt

Handicap-Prinzip: Hypothese, nach der phänotypische Handicaps einen Selektionsvorteil haben, weil sie ein zuverlässiges → Signal für die genetische Qualität ihres Trägers sind

Handlungsbereitschaft: Motivation; Antrieb als Ursache einer bestimmten Handlung

Heritabilität: Anteil der statistischen Variabilität eines phänotypischen Merkmals, der auf genetischen Unterschieden zwischen den einzelnen Individuen einer → Population beruht

Hormon: körpereigener Botenstoff, wird in geringen Mengen über Körperflüssigkeiten verteilt und löst in spezifischen Wirkorten spezifische Reaktionen aus

Hyperpolarisation: → Repolarisation einer Membran über das ursprüngliche → Membranpotenzial hinaus

Hypophyse: Hirnanhangsdrüse an der Basis des Zwischenhirns; wird vom → Hypothalamus angeregt, → Hormone zu bilden

Hypothalamus: Teil des Zwischenhirns, steuert über → Releasing Hormone den Hypophysen-Vorderlappen

Individualselektion: Theorie, nach der die → Selektion Merkmale begünstigt, die dem Überleben und dem Fortpflanzungserfolg individueller Phänotypen dienen

Infantizid: Kindestötung; Tötung arteigenen, unselbstständigen Nachwuchses durch die eigenen Eltern oder nicht verwandte Individuen

Innenohr: im Schädelknochen liegender, flüssigkeitsgefüllter Teil des Ohres der Wirbeltiere

Instinkt: „innerer Antrieb"; umstrittener Begriff für „angeborenes" oder „genetisch bedingtes" Verhalten

Instinkthandlung: → Erbkoordination

Ionen-Kanäle: auf Grund von Ladung und Durchmesser für

bestimmte Ionen durchlässige Proteinporen einer → Membran

Kaspar-HAUSER-Versuch: Aufzucht unter Erfahrungsentzug

Kindchenschema: Merkmalskombination, die bei Menschen zum Erkennen eines kindlichen Entwicklungsstadiums führt und Betreuungsreaktionen auslöst

Klassische Ethologie: Richtung der Verhaltensforschung, die vor allem angeborene Mechanismen des Verhaltens untersuchte und der → Gruppenselektion große Bedeutung zumaß

klassische Konditionierung: → bedingter Reflex

Kleinhirn: aufgewölbter Teil des Hinterhirns bei Wirbeltieren

Kognition: Erkenntnis; höhere geistige Leistungen wie Denken, Sprechen und Planen

kognitives Lernen: → Lernen, das auf (bewusster oder unbewusster) Einsicht in Zusammenhänge basiert

Kollaterale: Verzweigungen des → Axons

Kommentkampf: ritualisierte Form des Kräftemessens, die nicht auf die Beschädigung des Gegners hinzielt

Kommunikation: Signalübertragung von einem Signalsender zu einem Signalempfänger

Komplexauge: aus zahlreichen Einzelaugen (Ommatidien) zusammengesetztes Auge

Konditionierung: Form des → Lernens, die auf wiederholter Konfrontation mit äußeren → Reizen beruht

Konfliktmanagement: Verhaltensweisen, die zur Entschärfung von Konflikten und zur Wiederherstellung guter Beziehungen eingesetzt werden

Kontrastverstärkung: Überhöhung gegensätzlicher Reizmuster

Konvergenz: in der Neurobiologie; ein → Neuron erhält über → Synapsen von vielen anderen Neuronen Informationen, die durch → Summation verrechnet werden

Krieg: organisierte und auf Vertreibung oder Vernichtung abzielende Gewalt zwischen Gruppen

K-Selektion: → Selektion, die langsame Fortpflanzung und hohe Konkurrenzfähigkeit fördert

laterale Inhibition: neuronales Verschaltungsmuster mit der Hemmwirkung seitlich einwirkender Zellen; dient zur → Kontrastverstärkung

Lebenslaufstrategie: Art und Weise, wie Lebewesen → Ressourcen für Wachstum, Entwicklung und Fortpflanzung nutzen; Beispiele: r-Strategie, K-Strategie

Leerlaufhandlung: scheinbar „sinnlose" Verhaltensweise, die nach Ansicht der → Klassischen Ethologie ohne äußere Reizeinwirkung allein durch → Triebstau ausgelöst wird

Lerndisposition: genetische Anlage für eine spezielle Lernbereitschaft

Lernen: Verhaltensänderung, die auf individueller Erfahrung beruht

limbisches System: ringförmig angeordnete Gehirnbereiche, die unter anderem an der Bildung von → Emotionen beteiligt sind

Macula-Organ: Lagesinnesorgan, bei dem die Fortsätze der Sinneszellen in eine beschwerte Gallerthaube ragen

markhaltiges Axon: von → Myelin-Scheide ummanteltes → Axon

Membranpotenzial: durch Ladungstrennung erzeugter Ladungszustand von Membranen; → Ruhepotenzial und → AP

Mimikry: täuschende Nachahmung von → Signalen; Beispiel Nachahmung der Warntracht einer wehrhaften durch eine harmlose Art („Scheinwarntracht")

Mittelohr: luftgefüllte Paukenhöhle, enthält die Gehörknöchelchen

Modell: (1) vereinfachte Nachbildung eines realen Systems, die dessen Struktur verdeutlicht (Strukturmodell), dem realen Vorbild in wichtigen Eigenschaften funktionell ähnelt (Analogiemodelle) oder theoretische Zusammenhänge erklärt (theoretisches Modell); (2) in der Psychologie und Verhaltensbiologie auch „Vorbild" („Lernen am Modell")

Motoneuron: → Neuron, das Informationen zu Muskeln leitet

motorische Endplatte: ein der → Synapse vergleichbarer Übergang zwischen → Motoneuron und → Muskelfaser

motorische Zentren: Gehirnareale, welche unmittelbar Muskeln ansteuern

Muskelfaser: kleinste Baueinheit der → quergestreiften Muskulatur

Muskelspindel: Dehnungsrezeptor im Muskel

Myelin-Scheide: elektrisch isolierende Hüllschicht; entsteht durch Wicklungen einer → SCHWANNschen Zelle um ein → Axon

Nastie: Bewegung von Pflanzen, bei der die Struktur die Bewegungsrichtung vorgibt

Natrium-Kalium-Pumpe: Membranprotein, das Natrium-Ionen aus und Kalium-Ionen aktiv in das → Axon befördert

Navigation: Bestimmen des relativen Standorts, um sich entsprechend einer → Orientierung auf einen Zielpunkt hinbewegen zu können

nepotistischer Altruismus: Verhalten, das zu Lasten der eigenen direkten → Fitness die Fitness von Verwandten erhöht

Nerv: makroskopisch sichtbares Bündel mehrerer → Axone

Nervenfaser: durch → Myelin-Scheide ummanteltes → Axon

Neurit: Synonym für → Axon

Neurohormon: entsteht durch Genexpression im → Neuron

Neuromodulator: Stoff, der Dauer und Intensität der von → Neurotransmittern ausgelösten → PSPs beeinflusst

Neuron: Nervenzelle

Neurotransmitter: enzymatisch hergestellte Substanz; dient der Weiterleitung oder Hemmung einer Erregung über den → synaptischen Spalt hinweg

operante Konditionierung: Verstärkung spontaner Verhaltensweisen durch Belohnung („Lernen am Erfolg")

optischer Apparat: Gesamtheit aller optischen Hilfsstrukturen des Auges

Orientierung: gerichtete Bewegung aufgrund von Umweltreizen

Paarungssystem: typisiert die sexuellen Beziehungen zwischen den Mitgliedern einer Art

Parasympathicus: körperlicher Regeneration dienender Teil des → Vegetativen Nervensystems

periphere Reizfilter: → Reizfilter im Bereich der Sinnesorgane und Sinneszellen entscheiden, ob ein Reiz transduziert wird (→ Transduktion)

Peripheres Nervensystem (PNS): Gesamtheit aller Nervenzellen, die bei Wirbeltieren vom und zum → ZNS führen

Pheromon: Botenstoff, der anders als → Hormone außerhalb des Körpers wirksam ist und das Verhalten von Artgenossen beeinflusst

Phytohormon: Botenstoff innerhalb einer Pflanze

Population: Gesamtheit der Individuen einer Art in einem definierten Gebiet

postsynaptisches Potenzial, PSP: entsteht analog der Konzentration der → Neurotransmitter; fördernd (exzitatorisch) oder hemmend (inhibitorisch), wird am Axonhügel in → APs verrechnet

Prägung: Lernvorgang, der in einer → sensiblen Phase abläuft und weitgehend irreversibel ist

prämenstruelles Syndrom, PMS: vor der Menstruation auftretende depressive Stimmung, teilweise mit körperlichen Beschwerden, Ursachen unklar

programmierter Zelltod: Regulationsprozess im Körper, bei dem funktionslos gewordene Zellen absterben

proximate Ursache: „Wirkursache"; physiologischer, genetischer oder jeder andere, direkt ein Merkmal beeinflussende, Mechanismus

psychohydraulisches Instinktmodell: überholtes → Modell, das einen → Instinkt als eine sich in einem Gefäß spontan aufstauende Flüssigkeit darstellte

Pyramidenbahn: → Axon-Verbindung → motorischer Gehirnzentren mit entsprechenden Teilen des → Rückenmarks

quergestreifte Muskulatur: die Zellgrenzen wurden zugunsten einer höheren Ordnung der kontraktiler Elemente aufgelöst, kleinste Baueinheit ist die → Muskelfaser

RANVIERscher Schnürring: Unterbrechung der → Myelin-Scheide eines → markhaltigen Axons

Reflex: unwillkürliche, schnelle und spezifische Reaktion auf einen → Reiz

Refraktärzeit: Erholungsphase, während der eine erneute → Depolarisation einer Membran nicht möglich ist

Reifung: Entwicklungsprozesse, bei denen Verhaltensweisen ohne Erfahrungen neu auftreten oder vervollkommnet werden

Reiz: wahrnehmbare Information aus der Umwelt

Reizfilter: neuronales Filtersystem, das der Selektion von Informationen dient

Releasing Hormon: Neuropeptide aus dem → Hypothalamus, wirken auf die → Hypophyse

REM-Phase: Stadium des Schlafes, in dem besonders häufig rasche Augenbewegungen stattfinden

Repolarisation: Rückkehr zum ursprünglichen → Membranpotenzial nach einer → Depolarisation

Ressourcen: sämtliche materiellen Grundlagen, die Lebewesen zum Überleben und zur Fortpflanzung benötigen und verbrauchen

Retina: die Netzhaut des Auges, bestehend aus Fotorezeptoren, Pigment- und Nervenzellen

Revier: → Territorium

rezeptives Feld: Gruppe von Sinneszellen, die auf ein → sensorisches Neuron → konvergieren

Rezeptor: (1) Sinneszelle; (2) Sinnesorgan; (3) → Rezeptormoleküle

Rezeptormoleküle: Membranproteine, mit spezifischen Bindungsstellen für molekulare Signale aus der Umwelt (Geruchs- und Geschmacksstoffe) oder körpereigene (→ Hormone; → Neurotransmitter)

Rezeptorpotenzial: → postsynaptisches Potenzial der Rezeptorzellen

Rhodopsin: Sehfarbstoff, bestehend aus dem Protein Opsin und dem Cofaktor Retinal

r-Selektion: → Selektion, die eine schnelle Vermehrung fördert und damit eine hohe Wachstumsrate der → Population zur Folge hat

Rückenmark: Hauptnervenachse der Wirbeltiere, bildet zusammen mit dem → Gehirn das → ZNS

Ruhepotenzial: → Membranpotenzial von Zellen, hervorgerufen durch ungleiche Ladungsverteilung

Runaway Selektion: durch positive Rückkopplung verursachte „Selbstläuferselektion"

saltatorische Erregungsleitung: schnelle, sprunghafte Weiterleitung von → APs in → markhaltigen Axonen

Sarkoplasmatisches Retikulum: röhrenförmiges Membransystem in einer → Muskelfaser, entspricht Endoplasmatischem Retikulum

Satellitentaktik: → Taktik, die darauf abzielt, ohne die Kosten eigener Signalproduktion die → Signale anderer Individuen zum eigenen Vorteil zu nutzen

Schlüsselreiz: Begriff aus der → Klassischen Ethologie für einen → Reiz oder eine Reizkombination, der eine angeborene, artspezifische und arterhaltende Reaktion auslöst

SCHWANNsche Zelle: Typ von → Gliazellen, die die → Myelin-Scheide → markhaltiger Nervenfasern bilden

second messenger: Botenstoff, der im Zellinneren wirkt, wenn spezifische Membranrezeptoren aktiviert werden

Seitenlinienorgan: Organ zur → Wahrnehmung von Wasserbewegungen bei Fischen und Amphibien

Selektion: unterschiedlicher Fortpflanzungserfolg der Individuen einer → Population aufgrund unterschiedlicher → Angepasstheit

sensible Phase: Zeitintervall innerhalb der Individualentwicklung, in dem auslösende Reizmuster zu einer → Prägung führen

sensorische Bahn: → afferente Bahn

sensorische Felder: Areale der Hirnrinde, die der Verarbeitung von Sinneseindrücken dienen

sensorische Nerven: → Neuronen, die Informationen von → Rezeptoren zum → ZNS weiterleiten

Sexualdimorphismus: Unterschiede im Aussehen und im Verhalten der Geschlechter einer Art

sexuelle Selektion: Evolutionsmechanismus, der auf individuell unterschiedlichem Erfolg im Zugang zu Sexualpartnern beruht

Signal: → Reiz, der ausschließlich der Informationsübertragung dient

Soma: Zellkörper eines → Neurons, enthält den Zellkern

Soziobiologie: Zweig der → Verhaltensökologie, der die → ultimaten Ursachen sozialen Verhaltens untersucht

Sozioökologie: Zweig der → Verhaltensökologie, der den Einfluss ökologischer Faktoren auf Sozialsysteme und Sozialstrukturen untersucht

Spermienkonkurrenz: Wettbewerb zwischen den Spermien eines oder mehrerer männlicher Individuen um die Befruchtung einer Eizelle

Stäbchen: lichtempfindlicher, aber farbuntüchtiger Typ der Fotorezeptoren der Wirbeltiere

Statozyste: Lagesinnesorgan in Form eines flüssigkeitsgefüllten Hohlraumes

Steroidhormon: lipophile Hormone mit Steroid-Struktur; Beispiele sind Geschlechtshormone und Corticoide

Strategie: genetisch fixierter Satz von Verhaltensregeln

Stress: Syndrom physiologischer Anpassungen an unspezifische exogene und endogene Faktoren

Stressoren: Faktoren, die → Stress auslösen

Strickleiternervensystem: Organisationsform der Nervenachsen bei Ringelwürmern und Gliederfüßern, charakterisiert durch regelmäßige Querverbindungen zwischen → Ganglien

Suchtgedächtnis: Assoziation der als angenehm empfundenen Wirkung mit der Tätigkeit des Drogenkonsums

Summation: Verrechnung mehrerer → PSPs am Axonhügel zu einer Frequenz von → APs

Sympathicus: körperliche Aktivität unterstützender Teil des → Vegetativen Nervensystems

Synapse: Kontaktstelle zwischen → Neuronen; wird gebildet von präsynaptischer Membran des → Endknöpfchens, → synaptischem Spalt und postsynaptischer Membran der Empfänger-Zelle; es gibt → elektrische und → chemische Synapsen

synaptische Bläschen: Vesikel zur Bevorratung von → Neurotransmittern im → Endknöpfchen

synaptischer Spalt: Interzellularraum zwischen präsynaptischer und postsynaptischer Membran

Taktik: Verhaltensoption innerhalb einer → Strategie

Täuschung: Form der → Kommunikation, die nur dem Signalsender nützt

Taxis: von der Richtung eines → Reizes abhängige Bewegung frei beweglicher Organismen

Territorium: verteidigter Aktionsraum eines Individuums oder einer Gruppe

Tetanus: dauerhafte Kontraktion eines Muskels

Tomographie: diagnostisches Verfahren, das Querschnittsbilder des Körpers liefert

Tötungshemmung: überholte Hypothese, nach der manche Tierarten eine angeborene Hemmung haben, Artgenossen zu töten

Tradition: durch → Lernen erworbenes Wissen oder Können, das an nachfolgende Generationen weitergegeben wird

Transduktion: Vorgang der Umwandlung von → Reizen in Erregungsmuster von Sinneszellen

Triebstautheorie: → psychohydraulisches Instinktmodell

Tropismus: von der Richtung eines → Reizes abhängige Bewegung von Organen nicht frei beweglicher Organismen wie Pflanzen

Übersprunghandlung: nach der → Klassischen Ethologie durch gegenseitige Hemmung zweier Verhaltenstendenzen mit gleicher Motivation aktiviertes situationsfremdes Verhalten

ultimate Ursache: „Zweckursache"; „Wozu-Frage": fragt nach der evolutionären → Angepasstheit eines Merkmals

unbedingter Reflex: auf einer angeborenen neuronalen Verschaltung beruhender natürlicher → Reflex

Vaterschaftsunsicherheit: durch → Spermienkonkurrenz entstehende Unsicherheit, wer der Vater eines Jungtieres/Kindes ist

Vegetatives Nervensystem, VNS: die Organfunktionen des Körpers regelnder, der willkürlichen Kontrolle entzogener Teil des Nervensystems der Wirbeltiere

Verhaltensökologie: Zweig der Verhaltensforschung, der die → Angepasstheit des Verhaltens an spezifische Lebensbedingungen untersucht

Verwandtenselektion: Förderung der indirekten → Fitness eines Individuums durch die Unterstützung der Fortpflanzung Verwandter (→ Altruismus)

Verwandtschaftskoeffizient: genetischer Verwandtschaftsgrad; Maß für den Anteil identischer Gene zweier Individuen, die von einem gemeinsamen Vorfahren stammen

Wahrnehmung: Erkennen und Einordnen eines Objektes durch Sinnesempfindungen

weiße Substanz: Bereich von → Rückenmark oder → Gehirn, der reich an → Axonen ist

Zapfen: am Farbensehen beteiligter Typ von Fotorezeptoren der Wirbeltiere

zentrale Reizfilter: → Reizfilter des → Zentralnervensystems

Zentralnervensystem, ZNS: Ansammlung von → Neuronen der Wirbeltiere, bestehend aus → Gehirn und → Rückenmark

Register

Fette Seitenzahlen weisen auf ausführliche Behandlung im Text hin; ein * hinter den Seitenzahlen verweist auf das Glossar; f. = die folgende Seite; ff. = die folgenden Seiten.

Hinweise zum sicheren Experimentieren

Den Praktikumversuchen ist in diesem Buch eine **Sicherheitsleiste** vorangestellt, die in bis zu neun Symbolfeldern Hinweise zu den Gefahren und zur Entsorgung gibt.

Die *orangefarbenen* Felder enthalten die *Gefahrensymbole* der verwendeten Stoffe. Diese Symbole geben Hinweise auf die Gefahren beim Umgang mit den betreffenden Stoffen. Folgende Gefahrensymbole werden verwendet:

Kennbuchstabe **T**	Giftig
Kennbuchstabe **T+**	Sehr giftig
Kennbuchstabe **Xn**	Gesundheitsschädlich
Kennbuchstabe **C**	Ätzend
Kennbuchstabe **Xi**	Reizend
Kennbuchstabe **O**	Brandfördernd
Kennbuchstabe **F+**	Hochentzündlich
Kennbuchstabe **F**	Leicht entzündlich
Kennbuchstabe **E**	Explosionsgefährlich
Kennbuchstabe **N**	Umweltgefährlich

Die *violetten* Felder geben *Hinweise zur sicheren Handhabung* der jeweiligen Stoffe.

Versuch unter dem Abzug oder in einer geschlossenen Apparatur durchführen

Schutzbrille tragen

Schutzhandschuhe tragen

Die *grünen* Felder geben *Hinweise zur sicheren und umweltschonenden Entsorgung.*

Entsorgung. Das für die Praktikumsversuche empfohlene Entsorgungssystem basiert auf den Sicherheitsempfehlungen der Kultusministerkonferenz. Es gelten folgende Prinzipien:

- *Vermeiden:* Das Entstehen unnötiger Abfälle oder unnötig großer Mengen an Abfällen ist zu vermeiden. Dazu ist eine sorgfältige Planung der experimentellen Arbeit in Hinblick auf Art und Menge der verwendeten Stoffe notwendig.
- *Umwandeln:* Nicht vermeidbare gefährliche Abfallstoffe werden in weniger gefährliche Stoffe umgewandelt: Säuren und Laugen werden neutralisiert. Lösliche Stoffe werden zu schwer löslichen Stoffen umgesetzt.
- *Sammeln:* Abfälle, die an Ort und Stelle nicht in ungefährliche Produkte umgewandelt werden können, werden gesammelt, um sie später einer geordneten Entsorgung zuzuführen. Durch das Sammeln in getrennten Behältern werden Wiederaufbereitung oder endgültige Entsorgung erleichtert.
- *Autoklavieren:* Abfälle, die angereicherte Kulturen von Mikroorganismen enthalten, müssen unter Dampfdruckbedingungen, wie sie in einem Schnellkochtopf erreicht werden, abgetötet werden. Danach werden sie dem Hausmüll zugeführt.

Entsorgungssystem: Beim Sammeln von Abfallstoffen ist ein möglichst einfaches System anzuwenden.
Chemikalische Abfälle werden in vier unterschiedlichen Sammelgefäßen getrennt. Der Behälter B1 dient dem Sammeln und der anschließenden Entsorgung durch den Sammlungsleiter, bei den Behältern B2, B3 und B4 erfolgt die endgültige Entsorgung durch ein zugelassenes Entsorgungsunternehmen. Abfallbehälter sind mit den Gefahrensymbolen und den Gefahrenbezeichnungen zu kennzeichnen.
Biologische Abfälle, also Kulturen von Mikroorganismen, werden in hitzebeständigen Abfallbeuteln, zum Beispiel in Bratenbeuteln, nur kurze Zeit gesammelt.

B1 — Im **Behälter B1** werden saure *und* alkalische Lösungen gesammelt. Der Inhalt dieses Behälters wird neutralisiert, bevor er ganz gefüllt ist. Der neutralisierte Inhalt wird anschließend der Kanalisation zugeführt. Abfälle, die giftige Stoffe enthalten, etwa saure Chromat-Lösungen, dürfen nicht in diesen Behälter gegeben werden.

B2 — Im **Behälter B2** werden giftige anorganische Stoffe wie Schwermetallsalze, Chromate oder Fluoride gesammelt.

B3 — Im **Behälter B3** werden *halogenfreie* organische Verbindungen gesammelt. Kleinere Mengen wasserlöslicher organischer Verbindungen wie Aceton oder Ethanol werden in den Ausguss gegeben.

B4 — Im **Behälter B4** werden *halogenhaltige* organische Verbindungen gesammelt.

A — In einem **Autoklaven** oder Dampfdrucktopf, zum Beispiel einem Schnellkochtopf, werden hitzebeständige Beutel gegeben, die Kulturen von Mikroorganismen enthalten. Diese werden 30 Minuten bei 120 °C erhitzt. Danach werden die Beutel dem Hausmüll zugeführt.